破壊された鉄橋と、枕木を井桁に組んで構築した鉄道橋

（上）戦車に肉薄し地雷を履帯下に投げる訓練
（下）支那事変で用いた九三式小火焰発射機

NF文庫
ノンフィクション

新装版
工兵入門
技術兵科徹底研究

佐山二郎

潮書房光人新社

はじめに

日本陸軍の工兵は最初フランス式を採用し、築城、坑道、架橋および交通（道路構築）の四種目から発足した。明治十八年頃からドイツ式に変えたが、工兵作業に大きな変化はなかった。

日露戦争の経験から、従来築城の一部であった突撃作業を、重要な一種目に格上げするとともに、坑道を重視するようになった。

第一次世界大戦では航空機が著しく発達し、橋梁が攻撃目標になることが予想されたので、架橋は渡河（漕渡と架橋）と称するのが適切となった。

以上の五種目、すなわち築城、坑道、渡河、交通、突撃作業が工兵作業の主体を形成し、平戦時ともこれらの作業を担任する部隊が工兵の主力であった。これらの部隊はいわば野戦工兵と総称することができる。

明治中期以後になると、陸軍の兵力は増加し、その作戦地も国外を想定するようになった。工兵は各種の技術機材を採用して、作業範囲を拡大し、野戦工兵だけでは間に合わなくなったので、専門的教育訓練を行なう部隊が必要となった。その最初が鉄道と通信であり、ついで日露戦争後の航空、第一次世界大戦後の測量、写真、電気、鑿井《さくせい》と広範囲に及んでいった。これらは使用する機材の進歩にもとづいて分科されたものであるから、いわば技術工兵と称することができよう。

工兵は直接戦闘はしないが、軍用として使用できる技術を採用し、これを軍用に適するよう改良するとともに、これを使用する部隊を育て、やがて新兵科、新兵種として独立させた。これが工兵の本領であった。

工兵作業はすべて全軍の戦勝に寄与することを目的とするが、直接戦闘に寄与する作業と、全軍的に戦勝に寄与する作業に分けることができる。前者には攻撃築城、敵前渡河、大河遡江、敵前上陸、攻撃鉄道、突撃作業などがあり、後者には重架橋、道路構築のほかに一般築城作業、一般鉄道作業、一般船舶作業、測量、電気、鑿井作業などがあった。

野戦工兵の分科には課目に応じ、甲種以下の名称がつけられた。最初は甲種（従来の野戦工兵）、乙種（坑道）、丙種（重交通）の三種だけだったが、その後、丁種（上陸）、戊種（大河機航渡河）を加え、ついには己種、辛種（特火点処理）と分科されていった。丁種および戊種は平時の常設部隊と関係なく、臨時編成で多数の独立工兵連隊が編成された。このほかに野戦道路構築隊が平素の動員計画にもとづき、兵站部隊として編成された。これは工兵将校を長とし、兵員はすべて未教育補充兵だった。以上のほかにも必要に応じ、築城、交通、基地設定のために臨時の工兵部隊が編成され、各種の名称がつけられた。作業は主として土工であった。

日露戦争の経験から明治40年頃に試製した突撃橋。

野戦工兵の装備器材は創設以来、円匙、十字鍬などの土工具、鋸、斧などの木工具、それに爆薬など、もっぱら臂力(人力)運搬器材だけであって、中隊ごとに小行李として駄載されていた。この状態は日清、日露戦争をへて第一次世界大戦後もしばらく継続した。したがって野戦工兵作業教育の基礎は円匙の使用法であり、背嚢に大型の円匙や斧などを装着して行軍するのが野戦工兵の特色であった。

日露戦争後、重要課目にとりあげられた突撃作業も依然として、鉄条鋏や急造携行爆薬筒など、日清戦争時代と大差のない器材をもって太平洋戦争に臨んだ。機甲師団の工兵は自動車に乗り、迅速に輸送されるが、下車後は土工具と木工具で作業を行なうほかはなかった。

しかし、器材がなければ目的を達成できない渡河だけは、明治の中期以後、欧州の先進国を模倣して制式架橋器材が制定され、車載および駄載の架橋材料中隊を編成していた。

当時の架橋方式は、鈍重な鉄舟と艪や棹による漕渡で、陸上の機動性に乏しかった。昭和の初頭になってようやく折畳舟と操舟機の開発により、渡河と架橋は軽快になり、対ソ作戦で予想される黒龍江の敵前渡河も可能と判断されるにいたったのである。

昭和十六年六月二十二日、ドイツ軍は突如としてソ連侵攻を開始した。これを契機として日本陸軍は関東軍特別演習と称した大動員を敢行し、約七〇万の大軍を満州に集結した。しかし、ソ連とは戦いを交えるにいたらず、部隊は待機していたが、太平洋戦争の進展にともない、各部隊は逐次南方に転用されていった。

以上のように野戦工兵の歩みを概観すれば、独特の器材を使用する丙種、丁種、戊種工兵は相当の発達をとげてきたといえるが、野戦工兵の主体であり、多数の部隊をもっていた甲種工兵は、渡河器材を除き、原始的器材装備で太平洋戦争を迎えたのである。このような状態であったのは、創設以来、在来の土工具と木工具を使用し、それでともかく作業をなし得ていたからであり、器材の改善を望む声がほとんどあがらなかったことにもある。

戦車の出現により、工兵が学ぶべき着眼は、その発動機と無限軌道を作業機械に応用し、自由に不斉地を通過できる機動性を得るとともに、作業機材を機械化することにあった。しかし、発動機が舟艇に装着されたのは昭和の初めであり、折畳舟や大小発動艇の完成は、民間にゴムボートや操舟機が普及した後から、若干の改良を加えて採用したものであった。発動機と無限軌道の併用に至っては、民間に類似の機械が発達しなかった関係もあって、工兵がとりあげたのは昭和十年過ぎのことだった。

それも戦闘作業を重視したため、散兵壕掘進車や対壕掘進車の開発を優先し、交通作業の基礎となるブルドーザーなどの作業車に着手したのは、昭和十七年の末、アメリカ軍の強大な作業力に驚かされたためであった。

突撃作業も太平洋戦争にいたるまで、原始的器材のほかには何もなかった。日露戦争後における野戦築城の中核は保塁であった。その外壕を通過するため、軽量な構桁《かまえげた》が使用され、これを突撃橋と称していた。すでに歩兵は二歩間隔の散兵で攻撃する時代に、黒山のように密集した工兵が、突撃陣地から押し出すのであるから、機関銃でなぎ倒されるのは必至であった。

第一次世界大戦後は保塁は廃止されて、分散築城となり、鉄条網が幾重にも張られるようになった。したがって外壕通過の突撃橋や滑り棒は姿を消したが、これに代わる突撃器材はなく、依然として鉄条鋏や急造携行爆薬筒を使用していた。

満州事変後、満ソ国境のソ連半永久陣地にベトン製のトーチカが逐次出現した。日本陸軍はこれに対応するため、装甲作業機などを開発した。ここに初めて技術兵科らしい突撃作業器材が生まれたのである。装甲作業機は秘密兵器で、少数の己種および辛種部隊を編成して、満州東部国境に配置していた。一般野戦工兵部隊はその姿を見ることはなかった。

一方、鉄道、通信、測量、写真、電気、鑿井を担任する技術工兵は、一般に使用する技術器材の進歩に刺激され、着々と改良を重ねていった。野戦工兵とは異なり、世界中の工兵と比べても遜色のないほど、用法と技術の面で発達していた。たとえば鉄道工兵が第一線部隊と協力し、先頭に立って鉄道占領を敢行したことは、陸軍が自ら開発した広軌牽引車などが威力を発揮したことによるといえよう。

太平洋戦争は一面で機械土工作業の横綱と、原始的土工作業の幕下との戦いであったとする見方があるが、本書ではひとまずそういった先入観を捨てて、工兵発達の歴史と活躍のあとをふりかえるとともに、従来ほとんど調査がなされなかった工兵器材について、限られた資料からできるだけ正確な姿を探っていくことにしたい。

工兵入門——目次

工兵入門

技術兵科徹底研究

第一章　工兵の沿革

欧州における工兵の発達

工兵は欧州で誕生し、他兵種の進歩とともに発達した。

火器がまだ発達していなかった時代の兵種は歩兵と騎兵のみであった。その後、三十年戦争（一六一八〜一六四八）で勇名を轟かせたスウェーデン国王グスターファトルフの創意により砲兵が新設され、それ以来、歩・騎・砲の兵種戦術として約二〇年をへた一六七一年、仏将ヴォーバンの鍬兵中隊が創設された。これが工兵の起こりとされている。

工兵的作業は人類の闘争が始まると同時に現われ、アッシリア、バビロニアの大築城や、秦の始皇帝の万里の長城など、上古の時代において、すでに大規模な工兵的作業が行なわれた。その後も工兵的作業は継続して存在したが、工兵という特殊な作業兵ができたのは、一〇六六年にフランスのノルマンジー公がイギリスに進攻したときに、その起源をみることができる。また、一三四六年、カレー攻撃中の英王エドワード三世が工兵砲手を設けたのを工兵の起源とすることもある。しかし、これらはいずれも一時的なものであって、工兵が兵種

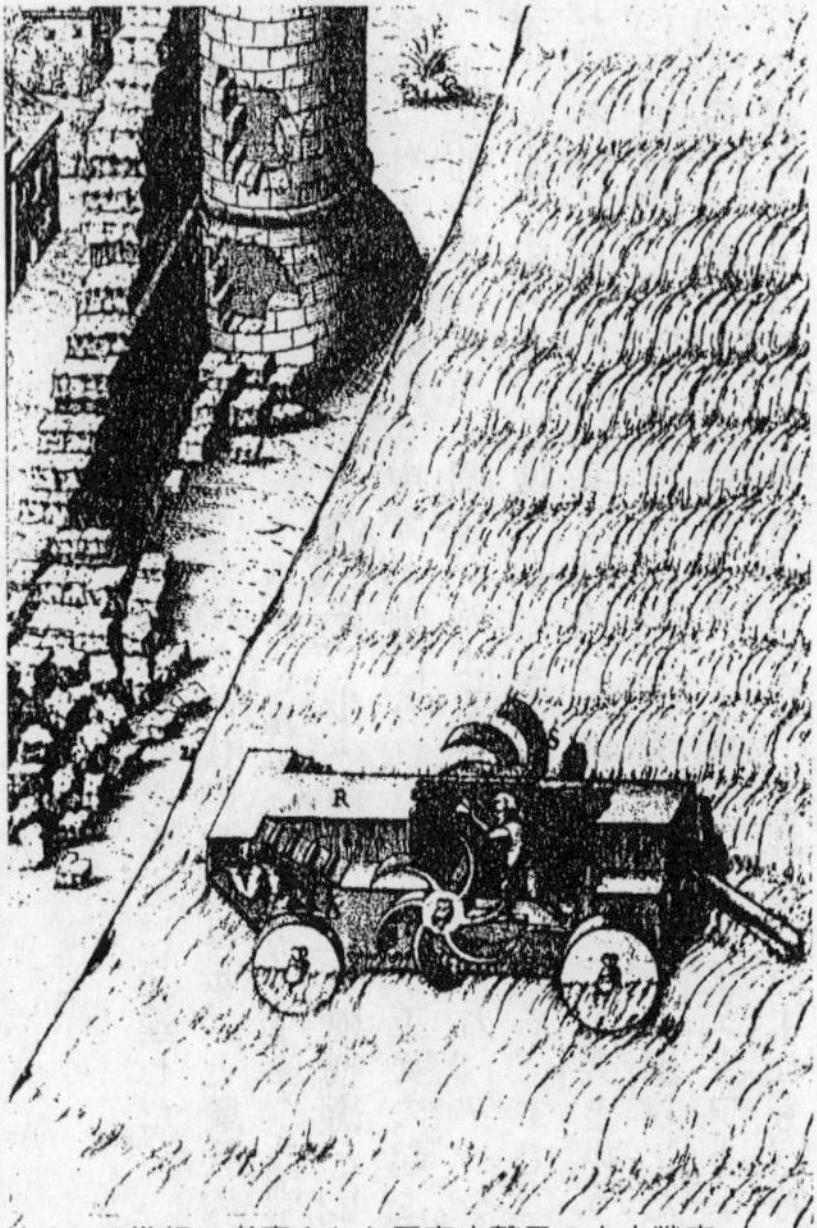

16世紀に考案された要塞攻撃用の水中戦車。

として確立したのはブォーバン時代とみるのが妥当と思われる。

ブォーバンは仏王ルイ十四世に仕えた名将で、城塞を攻略すること四八回、戦闘に参加すること一三〇回、そのうち八回負傷し、要塞を築造したのが三二回、改修が三〇〇回という、工兵的超人であった。

プロシアのフリードリッヒ大王は一七四〇年から二三年間の長期にわたり、三回のシレジア戦を敢行したが、大王は工兵を立派な兵種として確立し、工兵を架橋兵と坑道兵とに分けた。

ナポレオン戦争の当初、工兵の兵力は他の兵種に比べて極端に少なかった。例をプロシアにとれば、師団数一六ないし一八に対し、架橋工兵は二中隊半を持っていたにすぎなかったが、戦争の終期一八一五年には、工兵中隊は二一に増加し、一師団に対し工兵一中隊の割合になった。

しかし、それ以後の戦争においては、工兵の兵力は常に不十分であったのみならず、工兵の戦術的用法が未熟だったために、まだ世人の注目をひくことはなかった。一八七〇年の普仏戦争においても工兵は不足であったが、戦術的に使用されて初めてその活動が認められるに至った。

18世紀末、フランスのモンタランベル将軍は多角形経始と分派堡の利益をとなえた。

一八二九年には汽車、一八四三年には電信が発明されたが、これを陸軍で運用するための鉄道隊、電信隊の創設はやや遅れて、一八六六年のプロシアとオーストリアの戦争においてようやく編成された。また、工兵の分科として気球隊、移動水雷隊、写真班などが一八七〇年の普仏戦争のときに創設された。

工兵に器具、材料がなければ工兵の技能を発揮することはできないから、重要な器材を工兵と同行させる必要があった。十八世紀の初め頃、フリードリッヒ・ウイルヘルム一世（フリードリッヒ大王の父）は、橋梁急設用の銅舟を製作し、これを車両で運搬した。鉄舟はそれから百余年後の一八六〇年（万延元年、桜田門外の変が起こった）頃に、ようやく出現した。一八三九年にはプロシア

米独立戦争では、塹壕を掘るための土工具が必需品になった。

で土工器具車両の一隊を各軍団に配属した。その一軍団は二コ師団からなっていた。

第一次世界大戦の直前に、ドイツでは平時師団が五〇あり、これに対し工兵はわずかに三五大隊で、開戦にあたり一コ師団に一中隊半の工兵を持っていたにすぎなかった。こうした兵力の不足が、ドイツ軍の行動を遅鈍にした主因であった。ドイツは大戦間に工兵隊の増設に努めたが、新兵器の迫撃砲、火焔放射機、毒ガスなどに工兵の大部分をとられてしまい、工兵隊としては不足のまま戦争を終わった。

第一次世界大戦に新兵器が出現したため、工兵に新たな多くの任務が生じ、その兵力は各国ともきわだって増大した。一八〇〇年と一九三一年を比較してみると、歩兵は三分の一減少、騎兵は一八一五年が最も多かったが、その後三分の二減、砲兵は四倍となり、工兵は七倍になった。これはナポレオン時代と満州事変の頃とは、各国軍ともに工兵の重要度が増したことを示している。

第二次世界大戦に際し、英仏軍が前大戦に勝利した経験の延長線上にあったのに対し、ドイツ軍は革新的新戦術を採用し、前大戦のような陣地戦を避け、最新の兵器である飛行機、戦車を主に利用した運動戦を重視した。この運動戦には河川その他の障碍のため、運動を阻害されるおそれが大であったから、機械化により運動性と作業力とを増大した工兵隊および架橋縦列が必要となり、ドイツの新国防軍の建設にあたっては、工兵の編成装備に関して例を見ないような大革新が断行された。それは各師団には機械化工兵大隊が所属し、軍団および軍は師団工兵以外に機械化工兵大隊を持ち、戦車師団は運動性を備えた装甲工兵を、また山砲隊は山地工兵を編成し、これらにより電撃的戦果をあげたのである。

日本の工兵の発達

昔の日本の武士には工兵的側面があったということができる。塁壁や深濠の構築は武士が担任する仕事で、この作業を作事と称し、天守・櫓・御殿などの建築は大工・左官にまかせて、これを普請と称していた。作事は武士がなすべきことで、職人が関与するものではなく、かつ普請に武士が携わるのは潔しとはしなかった。このように作業の担当を区分していたが、工兵として特殊な兵種は決まっていなかった。

わが国で初めて工兵を設けたのは、明治維新の前、和歌山藩だった。幕府も慶応四年に工兵を設け、井上元七郎を工兵頭として、沼津兵学寮で工兵将校を養成した。沼津兵学寮では微分・積分まで技術教育を行なったといわれ、後に明治陸軍の工兵幹部となる者はほとんど沼津兵学寮の出身者だった。彼らはもともと幕府直属の武士であり、歩兵や砲兵の幹部には外様大名の陪臣が多く、工兵は他兵科とは違うという気位を持っていた。また沼津学校出身者は武士道精神で教育されていたから、工兵の犠牲的精神という特質は、この頃から受け継がれてきたということができる。

明治二年、大阪に土工兵を二小隊置き、一小隊の兵を四〇名とした。翌三年、土工兵を造築隊と改め、さらに五年に工兵隊と改めて東京に移し、兵学寮の付属となり、六年に東京鎮台に移された。

わが国で兵種としての工兵が歩・騎・砲とならんで四兵に認識されるようになったのは、明治六年からである。『工兵沿革史』の明治六年の項を見ると、「三月三日、六管鎮台編成表ヲ決定セラル、コノ時砲、工、輜重兵ノ編成表ヲモ制定セラル、八月十四日、各兵科ノ称ヲ定メラレ歩兵、騎兵、砲兵、工兵科トセラレタリ」とある。

明治六年、東京の第一鎮台に工兵二小隊を置き、その後逐次増加し、十一年には東京に工兵第一大隊を、大阪に第二大隊を、熊本に第三大隊を置き、各大隊とも二中隊編成とした。また、近衛に工兵一中隊を設けた。

明治十五年、軍備拡張計画を立て、十六年から仙台、名古屋、広島に工兵一中隊の新設に着手し、十八年に完結した。二十年には東京の第一大隊に野戦電信隊を付属したが、二十二年にはこれを廃止した。

明治二十一年、鎮台組織を師団編成に改めた。工兵大隊を師団の番号に改めたうえ、大隊を三中隊編成とし、二十三年に完結した。二十五年には近衛師団の工兵を二中隊編成の大隊に改め、二十七年に完結した。これで工兵は一師団あたり三中隊となり、日本陸軍はドイツの二倍の比率となった。

この期間の工兵教育はフランス式を採用し、明治六年から八年にわたり工兵操典を編纂発布した。その内容は野堡、対壕、坑道、架橋、測量に関するもので、当時における工兵教育の主眼は架橋と築城であった。

『工兵沿革史』にフランスからジュルタン工兵大尉とヴィエイヤール工兵大尉を招聘して、工兵教育を行なったと記載されている。ジュルタン大尉はブリュネーらとともに慶応二年から幕府に招かれていて、明治五年から後に来たのがヴィエイヤール大尉と工兵下士のジオケル、明治十年以降にクレトマン工兵大尉とカロハン工兵大尉が来日している。

明治二十年には電信隊用の軍用電信仮教則、二十三年には工兵電信教育仮手続などが発布された。明治十八年には架橋材料をイタリアから購入し、これに準拠した架橋材料が制定されている。

明治十年に起こった西南の役には、近衛工兵小隊が熊本鎮台工兵第六小隊とともに参加した。また、軍用電信隊を臨時に編成し、陸軍省には電信取扱所を置いた。

日清戦争

明治二十七、八年の日清戦争においては、工兵は鴨緑江の渡河、大同江の渡河、金州城の城門爆破などに活躍し、その他交通路の開設、築城の設備に協力した。大同江は非常に干満の差があり、一日に一回、上った船が下流に押し流され、また、つぎの潮のときに上ってく

江官屯の太子河に工兵第十二大隊が架橋した軍橋(上)。橋長は135メートル、架橋所要時間は4時間半。(下)第三軍の架橋。工兵第一大隊が応用材料を用いて遼河に架橋中の光景である。

るという時間のかかる渡河を行なった。鴨緑江の渡河のときは架橋材料中隊が駄馬編成なので、平壌から義州までの行軍に大変な苦労をした。

日清戦争後、三国干渉の苦杯をなめさせられた日本は、明治二十九年から国力の充実に努め、師団数を七から一三に増加した。したがって工兵も六大隊を増加して一三大隊となり、鉄道大隊一を加え、明治三十五年には電信教導大隊を新設した。

当時、工兵はフランス式の細かな形式的教育より、ドイツ式の簡潔で、各自に応用研究をさせる方式を採用する傾向にあった。明治二十五、六年に制定された内容が複雑な工兵操典に代えて、日清戦争の経験と、ドイツ式とを交えた簡明な教範に逐次改正されることになり、明治三十四年には架橋教範草案、築営教範、軍用電信教範草案を、三十六年には架橋教範(縦列の部)、鉄道教範草案第一篇を、三十七年には築城教範が発布された。

第六師団野戦電信隊。電線架設材料を運搬中の状況。

日露戦争

日露戦争には工兵は鴨緑江の渡河作戦から参加した。鴨緑江の渡河ではやはり駄馬編成の架橋材料しかなかったが、日清戦争の経験があったために、漕渡を行なったほど、整然と実施することができた。

電信隊は最初から野戦電信隊が設けられた。鴨緑江渡河後、有線電信と局地的な電信線を架設しつつ、兵站に沿って後方を追随していったが、各部隊の通信隊はまだなかったので、工兵が一括して電信隊を編成した。

旅順要塞の攻城戦では、工兵は数々の功績をあげた。そのいくつかをあげる。

一、要塞攻城戦に二十八センチ榴弾砲を使用することを発案して、敵の陣地を粉砕した。これが世界的に教訓を与え、第一次世界大戦においてドイツ軍が四二センチの巨砲を不意に出現させて、リエージュ、ナムールなどの要塞をまたたく間に攻め落とすことにつながった。

二、明治三十七年八月二十一、二日、旅順第一回総攻撃は不成功に終わり、盤龍山東および西堡塁だけがわが軍の手に落ちた。このとき敵はこれを奪回するため、執拗に逆襲して来て、取ってはまた取り返されること数回に及び、さすがに勇敢な日本軍もまさに万策尽きて、これを放棄しようとしたとき、工兵は爆薬に短い導火索をつけ、これに点火して来襲する敵に投擲した。これが非常に効果をあげ、敵は戦意を失って、盤龍山堡塁を確実にわが軍の手に収めることができた。この急造の手投爆弾が手榴弾となり、近接戦闘に欠くことのできない兵器となったのである。

ここで余談だが、手榴弾について述べる。

手榴弾のおこり

手榴弾は中国では火毬、煙毬などと称し、かなり古い時代から使用していた。宋代にいって文永の役（一二七四年）に元軍が使用した「てつはう」と称する火器がこれである。欧州で初めて手榴弾を戦用に供したのは、東洋に比べてはるかに後で、一四五〇年頃であった。その後、手榴弾は発達を遂げ、擲弾兵という特殊兵科が生まれた。手榴弾はクリミヤ戦において大いに使用されたが、その後は日露戦争まで使用されなかった。

日露戦争の旅順攻囲戦では、わが軍は対壕作業で前進し、敵の私語が聞こえるところまで

日露戦争における萬宝山前に設置されていたロシア軍の副防御。

わずか数メートルに接近した。ここに至って肉弾戦が展開されたが、多大の損害を受け、撃退されてしまった。そこで考えられたものが牛肉や鮭の空カンを利用し、これに火薬を詰めて緩燃導火索をつけた一種の手投爆薬で、これに点火して敵陣に投擲したところ、意外な効果をあげて旅順の攻撃に一進歩を来したのである。ロシア軍もまた手榴弾を使用し、手榴弾戦は戦場の花となった。世界各国はこの兵器に注目し、やがて第一次世界大戦における近接戦闘の有力な兵器となった。

日露戦争に参加した工兵第十一大隊の攻城日誌には、「手榴弾爆薬の多くは工兵隊において空缶を集めてダイナマイトを入れ、その中央に露国製デナミットおよび電勢信管一個を入れ、口火として小銃弾に尋常火薬を塡実し、導火索を付せり。これ雷管の欠乏を補うための窮策なり」とあり、その翌日の記述にも、「工兵第八大隊の一小隊をして徹夜手榴弾の製造に従事せしむ。その材料は、ダイナマイトおよび露国製ラカロックにして、空缶を応用せり」と

旅順攻城戦で使用した急造木製迫撃砲。旅順の博物館に展示されていたものである。

盤龍山西砲台に設けられた日本軍の急造木製迫撃砲。爆裂弾を300メートルまで放射した。

(上)木製投擲機。工兵学校で昭和初年まで使用された。(中)明治40年、樺太国境の画定に際し、日本側の委員が使用した測量機材。右から天測用経緯儀、子午儀、測量用経緯儀。(下)戦争後に設定された樺太の国境界標石。

ある。

手榴弾についてではないが、ドイツの観戦武官が旅順攻略戦を見て、「露軍は堡塁前に一条ないし二条の鉄条網を設け、いとも堅固に防御しているが、日本兵は鉄線鋏をもって切断し、あるいは憤慨のあまり手や歯をもって寸断し、その杭を引き抜きあるいは杭に綱を結びつけ、これを壕内から引き倒し、また竹製の破壊筒に火を点じ、鉄条網を破壊する。日本兵はこの竹筒を堡塁攻撃の際にも使用し、黒煙をもって露兵をいぶし、その機会に乗じ攻撃を行なった。また日本兵は約四〇ポンドの鉄製防楯をもって敵弾を防ぎ、かつこれを利用し昼間敵前において障碍物を破壊した」と記録を残している。

旅順攻城戦における工兵の功績の続きに戻る。

三、旅順攻撃にはわが国の火砲、弾薬の数量が不十分であった。そこで工兵は木製の花火筒を急造し、その中へ前項の手投爆弾と同様の装置をした爆薬を入れて、花火を打ち上げるのと同じ方法で、敵方に向かって発射した。これもなかなかの好成績を収め、この花火筒を迫撃砲と名づけた。

迫撃砲のおこり

手榴弾は投擲距離がわずか二、三〇メートルにすぎず、効力界が小さいことが難点だった。

一六六九年、オーストリアの砲兵大佐ホルストは肩にかついで発射する一種の迫撃砲を発明し、その後、各国は大いにこれを研究して採用した。

十九世紀の後半に至り、火砲の進歩が顕著となり、ことにメリニット弾と呼ばれる爆裂弾が発明されたことにより、いかに堅固な要塞であっても、この砲弾があれば遠距離から容易に破壊できると確信した。したがって要塞の正攻法は無用とみなされ、わが国でも日露戦争以前に、一時学校の教程から要塞正攻法を削除したことがあった。しかし、日露戦争の旅順攻囲戦において、この予想はまったく裏切られ、要塞は守兵が勇敢なときは、砲弾でも肉弾でも容易にこれを陥落することはできないことが立証され、再び正攻法が要塞攻撃の最も緊要なる戦闘法であることが認められるにいたった。

以上の理由により、第三軍は正攻法により旅順を奪取することに決し、対壕戦をもってこれに臨み、明治三十七年十二月には壕頭が敵に接触し、熾烈な手投爆薬戦が演じられた。このとき工兵部員工兵中佐今沢義雄は木製の迫撃砲を創作し、近距離より爆弾を射撃して、大いに威力を発揮した。これがわが国における迫撃砲戦闘の始めとなった。

第一師団参謀として、旅順要塞の攻撃を指揮した和田中将の手記に、要約するとつぎのようなことが書かれている。「旅順要塞に対しいよいよ正攻法による攻撃作業が開始されたが、作業員は麦袋の古ズックを外被に着し、敵の集中火の間に昼夜兼行作業を実施した。そのうち岩石質を掘るために、工具は甚だしく衰損して補充困難となり、土嚢は欠乏して上海まで買い出しに行っても、需要は充たされず、大行李米麦用の空カマスを集めるなどして、作業を実施した。この間にしばしば敵の小出撃を受け、これを撃退しつつ攻撃坑道作業を進めたために、多数の死傷者を出し、肉弾戦の名がいつとなく各方面において唱導されるにいたった。また今日用いられている迫撃砲も、この時代に考案されたものである。歩兵の突撃にはつねに工兵が携帯する黄色薬に雷管をつけた手榴弾を作り、先頭を進んで敵の歩兵陣地に投げ込み、その動揺に乗じて、わが歩兵が突入して敵陣奪取に成功したが、そのために工兵の死傷甚だ多く、何とかせねばならぬことになり、工兵廠において烟火筒を作り、五、六〇メートルの射程をもって、やや正確なる成果を得るようになり、手榴弾に代わることになった。それが現用迫撃砲の元祖をなした」

さらにもう一つ、旅順攻城戦における工兵の功績があった。

四、深対壕や穹窿対壕は日本陸軍の工兵が発案した方式で、敵にきわめて接近して壕を掘りつつ前進するとき、地上に土を投げあげると敵から集中火を浴びるため、一塊の土も壕の外に投げることなく行なう掘進法であった。

日露戦争後、上原元帥が工兵監に復帰し、第一回特別工兵演習が行なわれたが、日露戦争の戦訓をとりいれ、坑道戦を主体とした演習だった。工兵監は教育総監部における工兵固有のポストで、工兵監部は明治二十年に発足した。陸軍省や参謀本部における築城、要塞関係のポストもやはり工兵出身の将校が歴代占めていた。

第一次世界大戦

日露戦争後、わが国は兵力不足の苦い経験から二五師団計画を立て、まず四コ師団を新設し、明治四十年には二コ師団を、大正四年には朝鮮に二コ師団を増設したが、これ以上師団増設の運びにはいたらなかった。工兵も大正四年までに八コ大隊が増設された。明治四十年

機関銃を機首に装備したニューポール機。兵士が手にしているのは搭載された爆弾である。同機は第一次大戦の際に青島戦に参加した機体である。

には交通兵旅団司令部が設けられ、電信、鉄道、気球隊などを統轄して、その研究、教育にあたった。同年、電信教導隊内にあった気球班を独立して気球隊とした。

日露戦争後にはわが国の戦術体制が樹立され、この機運にのって大正二年五月、日本陸軍独特の工兵操典を発布して、工兵訓練の基準を与え、かつ工兵作業の戦術的用法を明らかにした。

日露戦争の経験にもとづき、明治四十年および四十一年に架橋教範(応用の部)、交通教範、築営教範、障碍物通過法、坑道教範を、四十二年には、鉄道教範草案が発布された。

第一次世界大戦が勃発すると、日本はドイツと国交を断絶し、大正三年九月、青島を攻略した。この攻撃には一コ師団半の兵力を主体として、工兵兵力は師団内の工兵大隊のほか、独立工兵第一連隊(三中隊編成)、鉄道第一連隊が参加した。この戦争は正攻法によって攻撃し、工兵の活躍には目覚ましいものがあった。

シベリア出兵

大正９年７月、修理中のオノン鉄道橋。シベリア出征の第五師団。

大正七年から十一年にいたるシベリア出兵は、広大なシベリア平原における戦闘であったから、鉄道を利用した作戦が多かった。鉄道隊は列車により敵を攻撃し、追撃するいわゆる鉄道作戦を発案し、多くの戦果をあげて一新機軸を開いた。

シベリア出兵において大谷大将がウラジオ派遣軍司令官として、列国軍を統括指揮することになり、日本からは第二（仙台）、第三（名古屋）、第五（広島）、第七（旭川）、第八（弘前）、第九（金沢）、第十一（善通寺）、第十二（久留米）、第十三（高田）、第十四（宇都宮）の各師団が逐次交代して出征した。当時、赤化したロシア軍過激派の勢いが強く、反過激派の勢力が弱かったため、日本軍が肩代わりして攻撃し、チタ、イルクーツクまで進撃した。その輸送機関として鉄道隊が動員され、鉄道沿線の戦闘は通信部隊と鉄道第一連隊が主体になって行なった。パルチザンは装甲列車を持っており、それに対抗するためにわが軍は無蓋貨車に山砲、野砲を載せ、機関銃も装備した。これで線路上を突進し、各停車場を占領しながら部隊を進めていった。列車部隊は尖兵列車とか前衛列車、本隊という区分を設け、数梯団となって列車行軍を実施し、ハバロフスクから西方に突進する鉄道戦では、サバイカル鉄道を占領した。

航空の分離

大正六年に帝政ロシアが崩壊し、北方からの脅威が弱くなるとともに、大正十、十一年のワシントン会議における海軍軍縮条約の締結が陸軍にも影響をおよぼし、大正十一年から十四年にわたり、陸軍の大整理が行なわれ、約一〇万に近い兵力と四コ師団が削減された。このため工兵も四コ大隊が減らされた。在営年限はすでに大正九年から二年在営制をとっていた。

経費削減のために実施された在営年限の短縮は、電信隊以外の工兵はそれまで除外されていたのであるが、大正九年に至り二年在営制をとらざるを得なくなった。これは一面、戦時得員の増加には効果があるが、工兵技術の向上に対しては非常な打撃であった。とくに鉄道兵において影響は大きかった。

このように整理する一方で、将来の発展を企図し、航空、鉄道、電信などの拡張を企画した。大正二年には気球隊を所沢に移し、四年には航空大隊と改変、飛行・気球各一中隊とした。また同年、交通兵旅団司令部を交通兵団司令部と改め、翌年、航空大隊に飛行中隊一を増設した。その後、飛行機の発達には著しいものがあり、大正八年には航空関係を交通兵から分離し、陸軍航空部を新設して、交通兵団司令部を廃止した。以後、航空はますます発達をとげ、大正十四年に至って航空兵種を独立して工兵科から分離し、航空部は航空本部とな

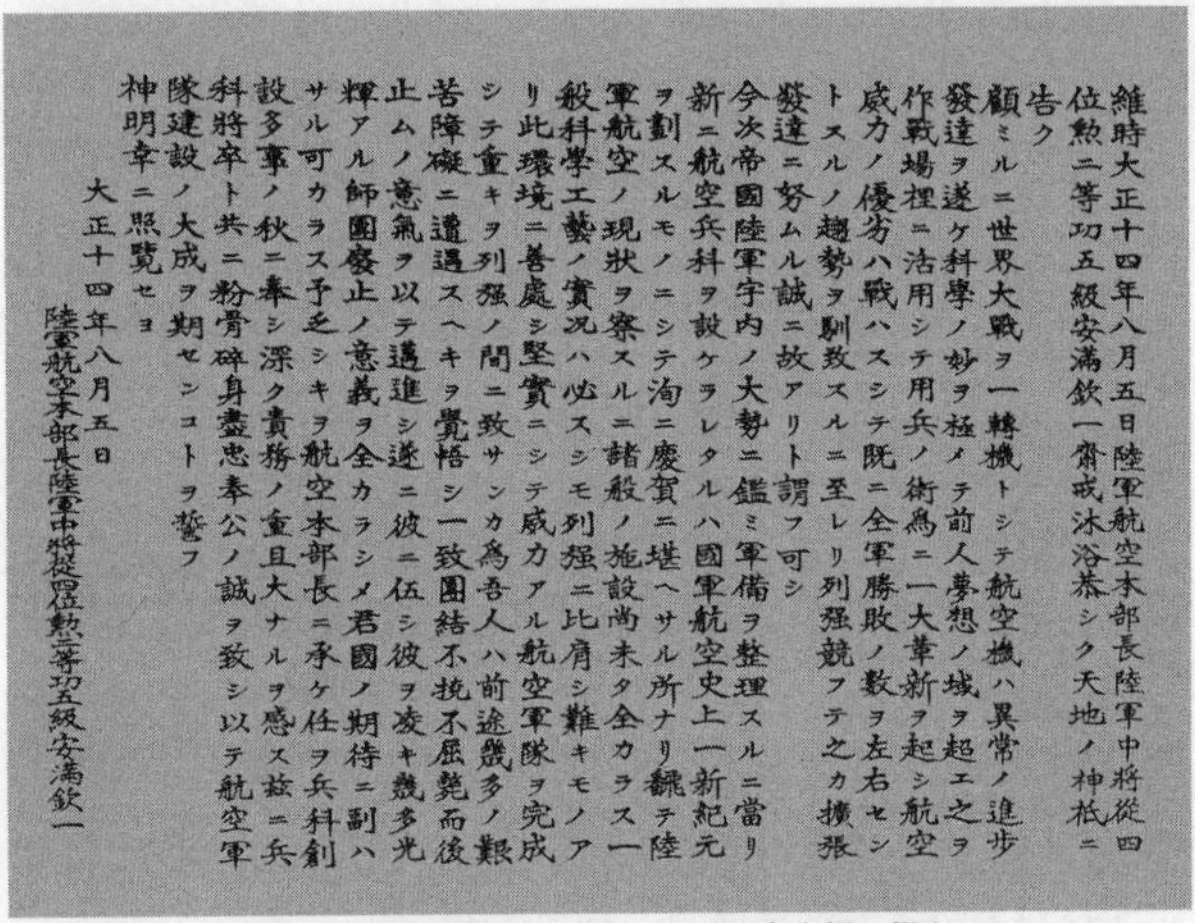
維時大正十四年八月五日陸軍航空本部長陸軍中将従四
位勲二等功五級安満欽一齋戒沐浴恭シク天地ノ神祇ニ
告ク
顧ミルニ世界大戦ヲ一轉機トシテ航空機ハ異常ノ進歩
發達ヲ遂ケ科學ノ妙ヲ極メテ前人夢想ノ域ヲ超エ之ヲ
作戦場裡ニ活用シテ用兵ノ術為ニ一大革新ヲ起シ航空
威力ノ優劣ハ戦ハスシテ既ニ全軍勝敗ノ数ヲ左右セン
トスルノ趨勢ヲ馴致スルニ至レリ列强競フテ之カ擴張
發達ニ努ムル誠ニ故アリト謂フ可シ
今次帝國陸軍宇内ノ大勢ニ鑑ミ軍備ヲ整理スルニ當リ
新ニ航空兵科ヲ設ケラレタルハ國軍航空史上一新紀元
ヲ劃スルモノニシテ洵ニ慶賀ニ堪ヘサル所ナリ飜テ陸
軍航空ノ現狀ヲ察スルニ諸般ノ施設尚未タ全カラス一
般科學工藝ノ實況ハ必スシモ列强ニ比肩シ難キモノア
リ此環境ニ善處シ堅實ニシテ威力アル航空軍隊ヲ完成
シテ重キヲ列强ノ間ニ致サンカ為吾人ハ前途幾多ノ艱
苦障礙ニ遭遇スヘキヲ覺悟シ一致團結不撓不屈斃而後
止ムノ意氣ヲ以テ邁進シ遂ニ彼ニ伍シ彼ヲ凌キ幾多光
輝アル師團廢止ノ意義ヲ全カラシメ君國ノ期待ニ副ハ
サル可カラス予乏シキヲ航空本部長ニ承ケ任ヲ兵科創
設多事ノ秋ニ奉シ深ク責務ノ重且大ナルヲ感ス茲ニ兵
科将卒ト共ニ粉骨碎身盡忠奉公ノ誠ヲ致シ以テ航空軍
隊建設ノ大成ヲ期センコトヲ誓フ
神明幸ニ照覧セヨ
大正十四年八月五日
陸軍航空本部長陸軍中将従四位勲二等功五級安満欽一

工兵から航空兵科が独立したときの奉告祭の祭文。

った。

明治十年の西南の役で政府軍は田原坂において薩軍の頑強な抵抗にあい、戦況は膠着状態に陥った。そこで政府軍は田原坂背後の敵情を偵察する必要から、普仏戦におけるフランス軍の軽気球にならって急遽、繫留気球の製作に着手した。同年三月には二個が完成し、試しに揚げてみたところ、一個は繫留索を切断して天空に飛び去り、別の一個は破裂するという思わぬ結果に終わってしまった。さらに同年六月に設計した気球が九月下旬に完成した。今度は前車の轍を踏まないよう頑丈に作ったところ、過ぎたるは及ばざるがごとしで、重量が重くなりすぎたため、予定の高さが出なかった。しかもこの気球が完成する前に、熊本城はすでに重囲を脱し、ついで田原坂の薩軍も敗退したので、この気球が実戦に使われる機会はなくなってしまった。

明治四十二年、陸軍は臨時軍用気球研究会を設け、気球と併せて飛行機に関する研究を始めた。当時すでに個人として飛行機の研究を始めていた人も少なくなかった。男爵奈良原三次は早くから奈良原式飛行機の模型を製作し、また男爵滋野清武は明治四十二年七月、民間飛行家として最初にフランスに留学した。

ついで、歩兵大尉日野熊蔵および工兵大尉徳川好敏は飛行機研究のため欧州出張を命じられた。明治四十三年十月、両大尉は帰国し、購入してきたグラーデ単葉およびファルマン複葉の二機も到着した。

十月十八日、代々木練兵場において、徳川大尉はファルマンに搭乗して飛行し、四分間で練兵場を二周、また日野大尉はグラーデを飛ばして一〇〇〇メートルの小飛行に成功した。これがわが国における初飛行である。

明治四十四年には所沢飛行場ができあがり、各兵科分遣将校をもって飛行訓練が開始された。大正元年秋、川越付近における特別大演習にはブレリオ式および軍用二層式飛行機に偵察将校を同乗させ、偵察勤務に良好な成績を収めた。これが軍用として飛行機を使用した始めである。

富士裾野での気球演習。工兵が取り扱った初期の気球である。

肉弾三勇士戦死の地。霊前に供えているのは使用したのと同じ急造破壊筒。

工兵の徴兵

第一次世界大戦はわが国の工兵に多くの教訓を与え、その教育もこれに順応して、大戦中に築城、突撃作業、坑道、爆破、架橋、交通、電信などの諸教範が改正され、または新たに発布された。

大正十一年には軽便鉄道教範、十四年には工兵操典、昭和元年には電信教範、同二年には野戦築城教範および爆破教範を改正発布し、昭和六年には無線電信教育規定が制定された。

大正八年には工兵が長らく待望していた陸軍工兵学校が創立され、同十三年には通信学校が新設されて、工兵教育は画期的発展をみるに至った。

その頃までの工兵隊の兵卒は漁師とか炭坑夫、鳶職などが多かった。明治十二年十一月陸軍省布達、徴兵事務条例の第七七条に「工兵ニ編入スヘキ者ハ務テ、木工、石工、竹工、船工、車工、鍛工、鞴《ふいご》工、桶工、泥工、馬具職、屋根職、茅屋根職、木挽職、指物職、建具職、穴蔵職、棒削職、餝職、杣職等ヨリ之ヲ撰フヘシ」とある。

満州事変

昭和六年、満州事変が勃発し、わが軍は寡兵ながらも張学良政権を駆逐した。その後、上海事変、熱河作戦などが行なわれ、この間の工兵の活躍には著しいものがあった。工兵戦術上においてはとくに新しい考案はなかったが、平素の訓練の粋を発揮した例は多かった。かつて芝増上寺境内に銅像があった廟巷鎮の爆弾三勇士や、興安山麓において敵の列車突放し妨害に対し、荒木中尉がこれを途中で脱線転覆させ、中尉自らその犠牲になったという話は当時知らない者はいなかったほどである。

支那事変における杭州湾上陸は三コ師団で、日本陸軍としては初めての大規模な敵前上陸だった。そしてこの大部隊を陸揚げした船舶工兵隊にとっても初陣であった。この海岸は波が非常に荒く、しかも遠浅で、よほど上手に操船しないと擱座してしまって、つぎの満潮時まで発動艇は動けなくなる。そこで、擱座させないよう、ある程度岸に近づいたら、上陸部隊をどんどん上陸させ、ただちに沖に帰るという方法で実行した。若干の擱座はあったが、船舶工兵の初陣としては上出来の成績だった。この船舶工兵は揚陸部隊として宇品の諸隊が参加したものである。

第二章　工兵の特性

工兵操典に書いてあるとおり、工兵の特性を一口でいえば、作業を実施して全軍戦勝の途を拓くことにある。工兵が携帯する小銃や機関銃は、工兵の作業を妨害する敵を駆逐するために使用することを建前とし、ときには歩兵と同様の射撃や突撃で戦闘することもあったが、その本筋とするところはあくまでも作戦地における技術であり、工兵的作業であった。工兵の特質としてはつぎのようなことがあげられる。

工兵の作戦目的

工兵は作戦の目的により作業の性質が変わる。作戦はその目的を大別して攻勢作戦と守勢作戦とに分かれる。工兵作業も攻勢作戦では主として進路開拓作業が多い。すなわち敵陣地および鉄条網、トーチカ、戦車壕などに通過法を設け、敵が破壊した交通路を開設し、または天然障碍の河川、泥濘地、断崖などに通路を開く作業を実施する。

守勢作戦においては敵を阻止するための作業が多い。陣地を作り、障碍を設け、交通設備を破壊するなどの作業を行なう。万里の長城やローマのドミチャヌス帝が北欧に築いた長城、近くではドイツの東方戦場における陣地がこれに該当する。

攻勢主義を採用したわが軍においても、作戦が長期化するときは、工兵は相当の阻止作業を実施したのである。

ベトンで覆われたトーチカの一例。

工兵作業の建設性

戦闘は人馬を殺傷し、築造物の破壊がつきものである。だが工兵作業には破壊作業ばかりでなく、建設的作業も多い。たとえば道路が破壊されればこれを修理し、河川に橋がなければこれを架設し、その他築城、宿営地設備などはみな建設である。

建設は破壊よりも常に長時間を要するものであるから、工兵作業は破壊を主とする他の兵科の行動に比べて、鈍重になりがちであった。また、歩兵、砲兵などの弾薬は国内で製造したものを作戦地に送って、ただちに使用できるのに対し、工兵が作業に用いる材料はその大部分を現地で調達して作業地点に運搬し、これを加工して初めて材料として使用することができるのである。これも行動に時間を要する理由である。

クリークの人柱。工兵隊の辛苦を表わした有名な写真。

工兵技術の現地主義

工兵技術は現地作業であった。敵のトーチカを破壊するためには、砲兵ならば数千メートル後方から砲撃によって破壊することができるが、工兵がこれを破壊しようとする場合には、自ら身を挺してトーチカに接近し、手ずから爆薬をこれに投入しなければ目的を達することができない。つまり工兵は目標から離れていては作業を実施することはできないのであり、必ず目標の位置に行って作業をする特質があった。昭和七年、上海事変の爆弾三勇士はその典型であり、ドイツは第一次世界大戦において五万の工兵を失ったといわれている。

工兵の犠牲的使命

工兵作業は他兵種の戦闘遂行を援助するためにあった。支那事変においては工兵が陣頭に立って火焔放射機や手榴弾で戦闘に参加することも多かったが、工兵はあくまでもその作業によって戦勝の途をひらくのであるから、作業の目的は他の戦闘兵種のため

(上)煙幕下、鉄条網に歩み板を被せて歩兵の突入路を開いている。(下)防毒面を着用して鉄条網の切断作業を実施する。

に進路を開拓することを主眼とした。たとえば敵前で障碍物を乗り越え、自ら陣地占領というような華やかな名誉を得ようとするものではなく、友軍歩兵を戦勝に導き、戦車隊、砲兵隊を前進させることにこそ、工兵の使命があった。

工兵作業の多面性

作戦地における工兵作業には、最前線における敵前渡河、戦場交通作業から、後方における兵站地の道路、鉄道、水路、揚陸作業に至るまで、その作業は作戦全地域にわたって行なわれる。ことに作戦地における交通機関は一日も休みなく活動するから、交通設備は絶えず

繫留気球に水素ガスを充塡する工兵。場所は陸軍工兵学校である。

破損し、この補修は戦闘間、駐留間を問わず要求されるために、工兵は作戦地に到着してから帰還にいたるまで、一日の休みもないのが実情だった。

工兵の分科と分離性

工兵技術はその種類が非常に多く、ほとんど科学全般にわたるから、各種の技術的分科に分ける傾向が大きかった。たとえば一人の兵士が発動機と電力を取り扱うことは困難であった。これは短時日で両方を教育することがむずかしいからである。同じく小舟を取り扱う者でも、水上の艀舟を取り扱う者と河川の舟を取り扱う者とは分科された。工兵の創設当時は何でもできる工兵で間に合わせていたが、機械化が進むと間に合わせ主義では実用にならなくなり、各種の特技をもつ工兵隊が生まれたのである。

銃砲と車両以外の新兵器の研究訓練は、どの国でも工兵が行なっていた。それらの初期の時代は工兵が育成するが、発展期に達すると工兵から分

(上)工兵学校で訓練に使用していたマークⅣ重戦車。
(下)マークⅣ重戦車の超壕。

離し、別に一兵科として独立させるか、または他兵種の兵器として提供されることが多かった。たとえば航空についてみると、前述したとおり、初め気球班として電信隊に所属していたものが、独立して気球隊となり、ついで所沢に移って飛行隊となり、大正の末期には独立の航空兵種になった。航空隊創立当時の有名な飛行将校である徳川、長沢、沢田らの飛行家はみな工兵科出身の人々であった。そのほか自動車、船舶、通信、毒ガス、偽装、手榴弾、迫撃砲、建築などはみな工兵科が養成したものであった。

工兵連隊の種類

工兵連隊の種類とその役割は左記のように分科された。

(上)ルノーＦＴ軽戦車。障碍物の突破試験。
(下)ホイペットA型中戦車の森林啓開。

甲　一般の野戦工兵で、築城、渡河、交通などの一般作業を担当した。

乙　坑道専門の部隊で、常設連隊では第十、第十四連隊の一コ中隊が担当した。

丙　重架橋、重桟橋などを構築する専門部隊で、常設連隊では第四、第十八連隊の一コ中隊が担当した。
丁　敵前上陸、舟艇機動、補給など上陸作戦専門部隊で、後に工兵から船舶兵になった。当初、常設では第五、第十一、第十八連隊の一コ中隊、支那事変以降は独立工兵連隊として編成した。
戊　九五式軽操舟機を用いる大河の渡河専門部隊で、独立工兵連隊として編成された。
己　装甲作業機を主体とする機械化工兵で、昭和十四年三月に創設された独立工兵第五連隊がその始めである。
辛　有線操縦の小型作業機などを使い、満ソ国境陣地を突破する目的で、昭和十五年八月に編成された極秘部隊、独立工兵第二十七連隊。
以上のいずれにも入らない特殊部隊に、電気、作井、測量の各中隊をもつ独立工兵第二十五連隊があった。

終戦時の工兵部隊

終戦時における野戦工兵部隊は四〇〇コを超え、左記のように様々な種類に分かれていた。

師団工兵連隊	七九
師団工兵隊	七一
戦車師団工兵隊	三
混成または独立混成旅団工兵隊	九八
海上機動旅団工兵隊	四

独立戦車旅団工兵隊	三
国境守備隊工兵隊	三
独立工兵連隊	二六
独立工兵大隊	七三
独立工兵中隊	六
特設工兵中隊	一二
独立船舶工兵中隊	三
船舶工兵連隊	二五

工兵用法の特質

工兵用法の特質として、指揮的には統一使用し、兵力的には集結使用することが重要であった。非常に種類の多い工兵作業を、作業ごとに十分な訓練を行なうことは、わずか一年や二年ではとうてい無理である。このため兵には各種の作業に共通する基礎的な作業を十分教育し、指揮官にはこれを総合して計画、準備、実施する能力を与えたのである。すなわち指揮官の総合指揮能力が作業能率を大きく左右した。その完全なものは中隊であって、中隊長は総合作業指揮能力の一通りを持っており、器材も必要なものは一応備え、たりないものは連隊からいつでも配当されるし、自分でも現地の材料を集めることができた。

中隊の中の一部の作業、たとえば橋を架けるときの杭を打っていく作業を担任するのが区隊である。区隊の中の単一作業、たとえば杭を打つときの舟を操縦する作業を担任するのが班であり、そして班内の個々の仕事、たとえば舟を操縦するときの竿あるいは綱を扱うのが兵である。この原則ですべての作業が行なわれる。したがって兵だけをバラバラに分けてしまっても、指揮能力や器材がともなわないと何にもならない。工兵は編成装備が貧弱で、兵力が少なかったために、ますますこの着意が重要であった。

工兵の任務は戦闘前、中、後を通じてきわめて多いにもかかわらず、兵力が少ないので工兵連隊長は師団全般のため、戦闘各期を通じてその作業量を計算し、必要な時機と地点に必要な兵力を配置しないと、どこも不十分になってしまう。工兵の装備は作業の種類に応じて、常に器材を変えなければならない。中隊は一応各種の器材を持って作業できるが、それでも装備の主体は連隊の器材小隊にあって、ここから必要な器材を配当されるのである。しかも材料の多くは現地で集めなければならない。つまり部隊が小さくなればなるほど、作業の種類は限定され、使用期間は短縮されるのである。小部隊を長期配属してもその能力は決して十分にはならず、工兵は集結使用が最も能率的であった。

工兵を他部隊に配属するのは、第一線戦闘部隊と一体となって突撃作業をするとき、たとえばトーチカ陣地の突破のような場合である。また、湿地、密林のような特殊地形における戦闘の場合も、それに必要な兵力と時期を定め、作戦が終われば速やかに一般の態勢に戻すことになっていた。

工兵の編成は連隊、中隊、小隊、器材小隊のように建制をとっているが、歩兵や砲兵のように建制が戦闘の単位にはならない場合が多かった。これは装備器材を現地の各種作業に応じて編合し、かつ材料を現地に求めるためであって、他兵種とは非常に異なる点である。もし工兵の兵力を増加し、任務を限定してこれに応じた装備を持たせれば、建制のまま使用できるであろうが、日本の国力では許されないことであった。ただし独立工兵には比較的この色彩の明瞭なものがあった。たとえば大河の渡河を専門とする部隊、独立工兵（戊）のようなものである。

工兵資材の補給

工兵の資材は制式器材以外は現地で調達するのが建前であった。補給を受けるのは爆薬ぐらいのもので、ほとんどの資材は現地で集めたといっても過言ではない。工兵にとっては器材があっても材料がなければどうにもならなかった。

工兵が資材を集めるには、まず偵察を行なわなければならない。これには自動車がないので、馬で駈けまわるか徒歩である。見つけた材料を運ぶ自動車がない。末期に工兵連隊にも自動貨車が装備されたが、これには装備器材が一杯に積んであった。ようやく集めた材料の加工は全部手作業である。少しずつ機械も整備されたが、完全に整備された部隊は一つもなかったというのが実情である。

一〇〇メートルの橋を架けるとなれば、木材だけでも二〇〇トン以上必要になる。また陣地構築ともなれば、歩兵一大隊分の野戦陣地で木材、鉄材、石材などをあわせて五〇〇トン以上の資材を集めなければならなかった。

工兵の教育

工兵の教育は作業各個教練の基礎作業（土工、漕舟、連結、爆破、木工、植杭、重材料の取り扱い）に重点を置き、これを十分に教育して工兵作業の基礎にした。また部隊の任務の特性に応じ、兵の優秀なものに優技教育（爆破、火焔、断崖攀登、渡河、測量、坑道）を行ない、戦闘および作業の先頭手を養成した。

特別教育の中で将校の特別教育はとくに重視された。これは工兵の作業が常に実地、実物教育を必要としたにもかかわらず、演習場や材料が十分でなかったのと、工兵作業が偵察、計画、準備、実施の全経過を通じて兵を必要とするものではなく、しかも偵察、計画、準備は工兵将校としてとくに重要であったので、これを特別教育で訓練したためである。これは下士官にも必要であったが、下士官の訓練は班教練であって、大部分は実兵を使って実地に訓練できたし、またその方が大切であった。

連合演習や秋季演習は大抵の場合、工兵には効果が少なかった。工兵の訓練は実地、実物が必要で、仮想では役に立たないのである。これに反し、工兵特別演習は非常に有益であった。これは二年に一度、工兵監部の指導計画で築城、渡河などの一課目について実施され、二年間に研究された主要事項の普及をかねて、全国工兵の首脳を集めて行なわれたものである。

第三章　工兵の作戦

工兵作業は地形や場所、兵種によってその作戦を異にする。本章では各作戦の歴史上の実例と、工兵の役割について述べる。

水上作戦

水上作戦には面をなす海面、湖面上の作戦と、線状をなす河川、運河などの作戦がある。湖、海においては上陸作戦と機動作戦があり、河川においては渡河作戦と、これを通路として使用する遡江作戦とがある。水上作戦において工兵は主として舟艇の操縦と、水中や水際障碍物の排除作業を実施した。

一、上陸作戦

上陸には二つの場合がある。敵地にすでに味方の橋頭堡があり、これを利用して上陸する場合と、それ以外の地点から上陸しなければならない場合である。第一次上海事件のとき、

太平洋戦争初期、マニラ湾のコレヒドール島への日本軍の敵前上陸。

上海の既設埠頭から上陸したのは前者の例で、支那事変における杭州湾上陸や太平洋戦争劈頭の各地上陸作戦は、すべて後者に属する。

陸軍の輸送は運送船により、集団で上陸すべき地点に輸送するのであるから、上陸地点の選定が最も重要で、この上陸点の偵察には必ず工兵将校も参加した。上陸作戦における工兵の任務は、運送船に積載された軍隊、軍需品を、海岸に揚陸することにある。太平洋戦争において上陸作戦を敢行してつねに成功したのは、上陸点の選定が良かったことと、工兵の迅速果敢なる上陸作業によるものであった。

二、水上機動作戦

海上における機動作戦の好例は、マレー作戦中、その西方海上において、逐次水上機動を行ない、敵に退却せざるを得ないようにさせたことがある。湖上機動の例は、日支事変中の南京追撃戦において、一部隊が蘇州西方太湖（琵琶湖の二倍）を横断して追撃したこと、あるいは昭和十四年の南昌攻略戦で、鄱陽《はよう》湖を航

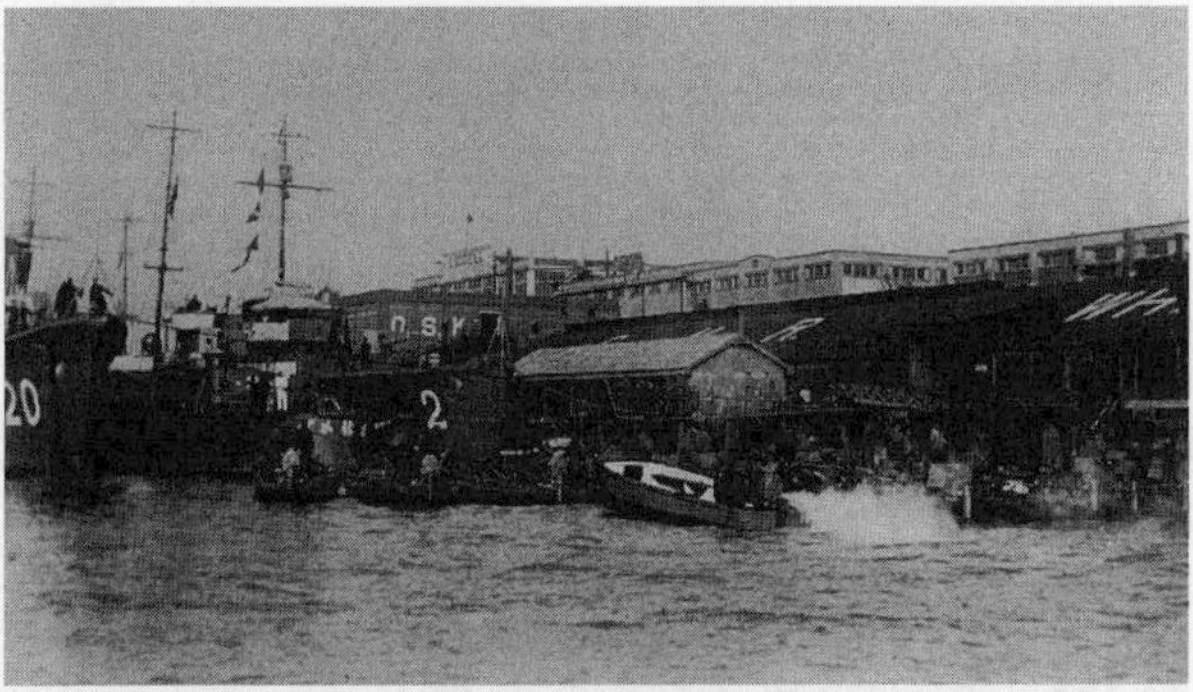
黄浦江河畔でクリーク戦闘準備のため伝令船への操舵機の取り付け作業。

行して呉城を攻略した例、さらに湖南省内の敵を攻撃するため、わが一部隊が舟航して敵の意表をつき、攻撃したことなどがある。

河川の遡江作戦は湖、海で行なう機動作戦とは若干その趣を異にし、幅の狭い河川を遠く舟や筏を使用して前進するのであるから、敵の防害を受けることが多く、しかもこれを側方に避けることもできない。したがってこれを啓開しなければならなかった。啓開とは障碍の排除と両岸の敵の撃滅である。敵が設置する障碍は木柵、船舶の沈下、機械水雷の放流、敷設水雷などであって、この排除が工兵の役割であった。

遡江作戦の目的は、敵地深く進入して要点を奪取し、あるいは機動により敵の側背に迫ることにある。前者の例は昭和十三年の漢口作戦、または太平洋戦争中、落下傘部隊により占領したパレンバン油田を確保するため、有力な部隊を遡江させて同地を確実に占領させた例がある。機動遡江作戦は中国において度々行なわれたが、有名なのは上海戦後の追撃戦において、いわゆるフォンゼークトラインを突破するため、遡江部隊を派遣したことである。同隊は苦戦の末、平望鎮を突破し、これが動機となって敵は永久陣地であるフォンゼークトラインを捨てて退却し、わが軍は容易にこの全線を突破、蘇州・嘉興の線に到達した。

三、河川戦闘

河川戦闘は陸上作戦の一つの場面にすぎないが、工兵が担任するところは渡河および架橋で、水上作業が主体となり、河の大小、敵状により難易がある。第一次世界大戦の初期、ドイツ軍はベルギーを席巻し、雪崩をうってフランスに進入したが、フランス軍はマルヌ河の障碍を利用して防御した。この河の幅はわずかに七〇メートル足らずであったが、ドイツ軍はこれを渡ることができず、全般的な攻勢作戦に失敗し、ついに西方戦場において戦闘は固着するに至った。

日支事変中の上海戦における蘊藻濱《うんそうぴん》クリークおよび蘇州河の渡河戦も、結果においては成功したが、この両河はともに四、五〇メートルの河幅にすぎなかったのに、非常な苦戦に陥ったことがしばしばあった。

第一次世界大戦でドイツ軍がセルビアを攻めるときのダニューブ河の渡河、日本軍の黄河の渡河などの大河川の渡河は技術上は困難であったが、戦史上からみれば成功していることが多い。日本軍は支那事変、太平洋戦争において河川戦闘はほとんど成功している。昭和十二年末の済南東北における黄河の渡河、十四年三月の南昌攻略戦における修水河の渡河、十五年、宜昌作戦における五月末の漢水の渡河、十六年十二月の九龍半島より香港島に対する渡河上陸作戦、十七年のマレー作戦におけるジョホール水道の渡河などが有名である。

これら渡河作戦における渡河の要領は、まず敵の意表に出て、工兵の操縦する機舟により その大部隊を渡河させる一方で、架橋材料を以て橋梁を架設し、残部の兵力および資材の通過を図るのである。

渡河は舟艇に軍隊、軍需品を載せて前岸に渡るのであるが、その舟艇にも発動機をつけたものとつけないものがある。現地で徴発した舟はもちろんつけていないが、この種の舟で渡河に成功した例も少なくない。昭和十三年、漢口攻略戦の際、稲葉部隊が漢口突入を目前にして、漢口北方戴家山にさしかかると、幅約八〇〇メートルの氾濫したクリークに遭遇し、ただちに地方舟を利用してこれを渡河し、戴家山の敵を突破して漢口を占領した。また、昭和十四年、南昌攻略の際、わが戦車部隊が南昌に突入しようとすると、河幅約一〇〇メートルの貢水にかけた橋を敵が破壊したため、斉藤部隊の一部は地方にある舟を徴集して白昼悠々これを渡り、南昌を占領したような例もある。

橋梁は軍隊が車載携行する組立式架橋材料、すなわち制式架橋材料によるものと、地方材料による応用架橋があった。制式架橋材料は昔は銅製の舟を橋脚としたが、鉄工業がさかんになると鉄舟となった。わが国も明治十八年頃から鉄舟を採用し、その後改良を加え、わが国独特の鉄舟と架橋材料を製作した。この架橋材料は運搬には苦労したが、架設速度は最も速く、敵前の架橋には欠かすことはできなかった。

軍隊が車両で携行する材料は輸送力に限度があるから、戦地における橋梁はなるべく応用架橋にした。たとえばマレー作戦で架設した橋梁は数千メートルの長さに達するが、これを

(上)渡河のため門橋に乗り移るホイペット戦車。
(下)門橋から角材の応用橋に移り、上陸直前のホイペット戦車。

すべて制式材料で作ることは不可能であった。制式材料で架設した橋梁でも、ただちにこれを応用架橋に替え、制式材料を撤収してつぎの使用に向けたのである。

応用架橋は普通の木橋のように橋脚に杭を打つことが多かったが、河川の状況により舟橋を使ったり、家屋の屋根のような

(上)門橋による戦車の漕渡。(下)門橋による九七式中戦車の渡河。

小屋組にすることもあった。また、鉄橋の破壊を補修するため木製のトラスも使用した。応用架橋は材料を集めることが最も重要であって、工兵が常に苦慮したところである。橋梁を使用するのは、漕渡に比べて軍隊および軍需品の通過が迅速に行なえるからであった。
わが軍では水路を利用して軍需品を輸送した例が多い。日露戦争では

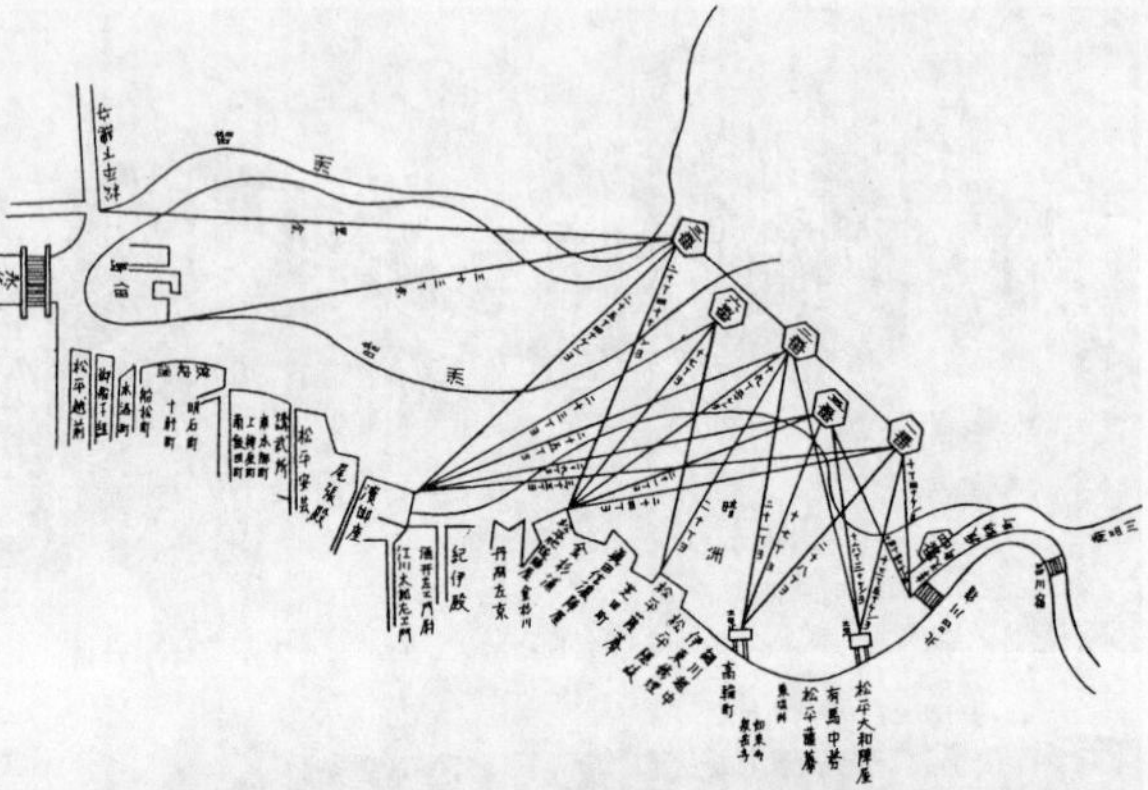

幕府が品川湾防備のために築造した６個の台場は安政元年に完成した。当時の艦砲の威力に抗し得る一種の海堡で、わが国が欧州式築城を応用した始めである。

牛荘から遼河を利用して大量の物資を輸送し、日支事変では中支および南支で大いに水路を利用した。上海戦直後、わが軍が蘇州河を利用して軍需品を前送しようとして上海租界から抗議を受けたが、わが軍はこれを利用して南京追撃戦の追送を実施したのである。

昭和十三年、漢口攻略戦においては、揚子江の北方および南方を西進する兵団に対して、揚子江を逆流する諸所のクリークの水運を利用して、軍需資材の補給を図り、前線に後顧の憂いがないように対応することができた。クリークというのは、日本にもいたる所にある灌漑用水や堀割のことで、中国では北支より中南支に多かった。道路よりも縦横に発達しているから、この利用を研究することはきわめて重要であった。中国語では塘《とう》・濱・涇《けい》に相当し、塘は人工的クリーク、濱・涇は天然の大きなクリー

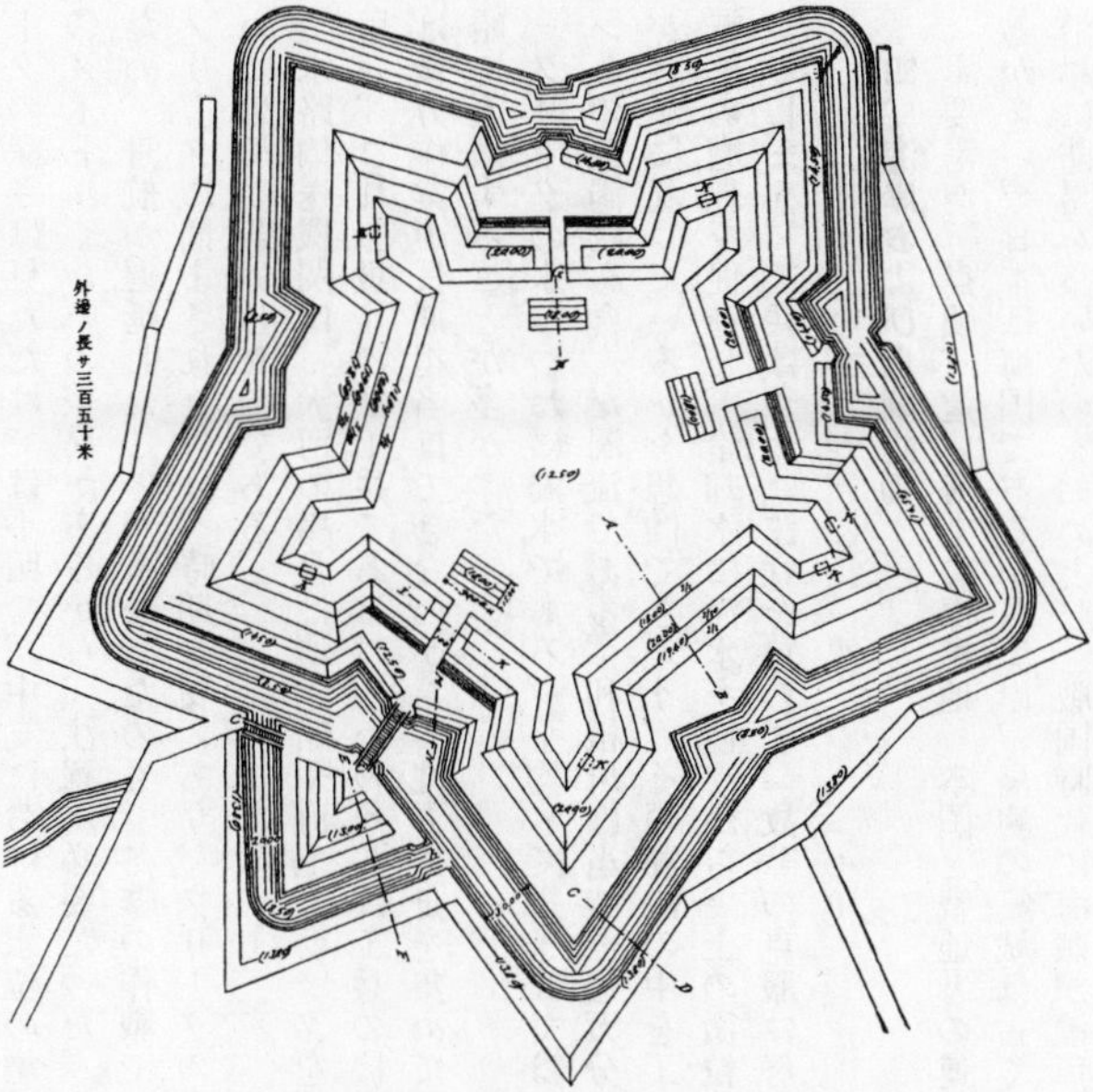

函館の五稜郭は元治元年に落成した。わが国では
西洋式築城を応用した本格的城堡の創始である。

クを意味している。中支の南京、上海付近の三角地帯には二万五〇〇〇浬のクリークがあるといわれていた。これはキロに換算すると四万五〇〇〇キロ以上であって、地球を一周しても余る長さである。中国人は道路よりはクリークを交通に利用し、道路はこの交通機関の補助的なものであったから、このような作戦地ではクリークを全面的に利用することになったのである。

　クリークを水運に使うための偵察は工兵が行なうことが多かった。クリークの深さは見ただけでは不明で、中支における水位の増減は夏と冬とで二メートルから一〇メートルぐらいの差異があるから、注意が必要だった。南京追撃戦でクリークが浅かったため、舟航が遅延したことが多かったのも、冬季の作戦であったからである。また上海戦でクリークに悩まされたのは、時期が夏であり、クリークの水位が高く、深さを増していたために渡河に苦労したのである。

水路輸送機関は、大河の場合は運送船や海上トラックを使用するが、クリークでは艀舟を用い、これを扱うのは工兵である。初めのうちは工兵の機舟で輸送することが多いが、工兵は後方作業の長期担当はできないから、地方民舟を集めて帆走するか、または臂力による曳船で運搬することが多かった。

クリークの水はつねに濁水である。平均して揚子江では三パーセント、黄河では九パーセントの混濁物を含んだ濁流である。利根川は当時一〇万分の三程度であったから、中国の河がいかに濁っているかを想像できよう。その濁流の中を工兵の機舟が航走すると、機械の回転部の磨耗を促進し、冷却水に河水を使うから、土の微粒子が沈殿して冷却水のパイプを塞いでしまう。工兵はつねに注意を怠らず、故障の克服に努力したのである。

四、海岸および島嶼防御

重要港湾、島嶼《しょ》、遠い海上の根拠地、本国と戦地との連絡点などは防御設備を施されることが多い。日本は海国であるから海岸、島嶼の築城は古くから行なわれ、元冠の際には九州沿岸に防塁を築いたのを始めとし、戦国時代に海賊が瀬戸内海の島嶼に築城したが、現代のように海岸の要点に築城したのは、文化四年（一八〇七）の川原の乱後、長崎港口に砲台を設けたのが始めである。嘉永六年（一八五三）、ペリー来航後、幕府はこれに刺戟されて、ただちに江戸防備の計画を立て、猿島、富津の線を第一線とし、羽田付近を第二線、品川浦より浜御殿、深川新地洲崎を第三線とした。まず第三線の防備をすることに決まり、その結果、築造されたのが、品川湾口の御台場であって、予定の十一台場のうち五ヵ所が完成した。当時、大砲の威力としては東京湾口の第一線で敵艦を防止することが困難であり、第三線を選んだのは止むを得なかった。

そのほか大阪防衛のため紀井の加太、淡路の由良、岩屋、播磨の明石などに砲台を築き、ついで大阪河口の天保山に、大阪直接防御のための砲台を設け、北辺の防備としては函館付近の弁天岬、山背、泊、立待崎に砲台を築いた。以上の砲台は幕府直接の築造であるが、文久三年（一八六三）には海岸砲台築造許可の令によって、各藩は多くの海岸砲台を建設した。

明治になって最初の一〇年間は海岸防備にまで手が回らず、山縣陸軍卿は何度も建議したが実現できなかった。明治十三年頃から東京および大阪湾口の防備に着手し、逐次軍港、要港、重要港湾、島嶼に防備を施していったが、これらの海岸築城工事はすべて工兵が実施したものである。

五、要塞建設

明治二十年、山縣元帥が臨時砲台建築部長を兼務して、要塞築城を強化した。これは当時、仮想敵国としては清国に進出してきた諸外国全部を想定していたので、海岸要地と軍港、商港の要地、近海の重要島嶼などに永久築城をしなければならないという思想が出てきたからであった。

明治二十年から三十年頃にかけて、東京湾、対馬、下関、紀淡海峡に要塞が建設されていった。日露戦争後四十二年頃になると、戦勝により発想が変わり、日本の周辺一七ヵ所を選定して要塞を作ることになった。しかしそれは全部は着手されず、七尾、鳥羽、和歌浦、小樽、女川、清水、宇和島はほとんど手をつけられなかった。

大正六年の日独戦争の終わりには、朝鮮海峡、津軽海峡、豊予海峡に重点が指向されることになり、大正九年には父島、奄美、澎湖島の守りを固めることになった。

第一次世界大戦後、築城部は古くなった要塞を整理するとともに、羅清、宗谷、幌筵、高雄、佐世保、父島、旅順に要塞を建設することを計画したが、あまり進展をみなかった。

津軽海峡、朝鮮海峡、東京湾の要塞に海軍の艦砲が使われていたが、南方の要塞にも軍艦の備砲を使ったところがある。太平洋戦争の最中に、小花台要塞に保管されていた戦艦「土佐」の備砲を、クェゼリン島に持っていったが、アメリカの駆逐艦の射程とこちらの戦艦備砲とがほぼ匹敵していたという。太平洋の島々では、タラワ、マキンの要塞でも、砲撃戦を行なっている。

要塞内の編成は砲台が主で、それにともなう観測所、電灯所、弾薬庫、交通通信居住施設など、重要な個々のものを、海岸要塞（対艦船用）および沿岸要塞（対上陸用）について、海正面重点に組み合わせて作った。その中の軽易な施設については、戦時施設として、有時の際に整備することになっていた。

海岸築城は兵器の発達によって、その築城すべき位置が変化してきた。江戸防御でも安政年間にあっては大砲の射程が短いから、富津付近の江戸湾口で敵艦を防ぐことができず、品川湾の直前に海堡を築いて、江戸を防御しようとしたが、火砲の射程が延びた明治時代になると、東京湾口の観音崎、富津岬付近に築城を進めた。これでもなお当時の火砲では観音崎から富津まで威力がおよばなかったから、その両岬の中間に数個の海堡を築いた。しかしその海堡ができあがる頃になると、火砲の射程が延長したから、海堡の必要がなくなって、軍艦からの砲撃に対抗するため、もっと前の方に築城しなければならなくなった。そのうちに飛行機が発達して、東京湾口を防御するだけでは東京を防御することはできず、大規模な防御法をとらざるを得なくなったのである。だが飛行機の攻撃が主になったからといって、東京湾口の防御が決して不要になったわけではなく、ハワイの真珠湾がわが特別攻撃隊の攻撃を受けたのをみれば、敵の艦艇や潜水艦に対する湾口防御が必要であることに変わりはなかった。

海岸築城は海正面と陸正面からなっている。戦史でその陥落の原因をみると、いずれも陸正面から攻撃を受けて陥落している。旅順、青島、香港、シンガポール、バターン半島、昭和十七年春のドイツ軍のセバストポール攻略など、すべて背後の陸正面からの攻撃を受けて陥落しているのである。

陸上作戦

一、戦車兵団と工兵

戦車部隊は行軍の長径が非常に長くなるものである。昭和十五年五月、ドイツ軍がマジノ線を突破するとき、クライスト大将の指揮する戦車九コ師団（車両四万五〇〇〇）は三梯団となって前進した。第一梯団のグーデリアン大将の四コ師団は四縦隊を併列して前進し、第二梯団の三コ師団はラインハルト中将が指揮し、二コ師団を前方、一コ師団は後方になって前進し、第三梯団はその二コ師団を前後に重畳して前進するような体制をとった。このとき第一梯団がフランスのマジノ線を突破しようとしているのに、第三梯団は二四〇キロ後方のドイツ国境をまだ出発していなかった。このことから戦車部隊の行軍長径の長さを知ることができる。

交通路が発達した欧州といっても、一道路上には戦車一コ師団以上は通行不能であった。一コ師団の車両数四、五〇〇〇とし、二師団あれば八〇〇〇両以上が通過するときに、道路をどれだけ破損するか、推測するに難くない。このドイツのクライスト戦車兵団がマジノ線を突破し、敵の妨害を排除しつつフランスの北岸カレーにいたるまでの大包囲行動における、一日平均速度が三五キロといわれる。この間、その配属工兵の活躍には多大なものがあった。敵陣地はマース河畔にあったから、同河に新橋を架設し、道路の補修などその他の膨大な作業量を抱えつつも、戦車兵団を長時間休止させることのないよう、迅速に作業を実施したのである。

戦車の重量が大きくなればなるほど装甲が厚く、敵の射撃に対し抗力をもつことができるが、その反面、重い車両を通過させることができる橋梁は架設が困難で、道路もより堅固でなければ戦車は行動できないことから、各国では中型戦車を主力としていた。それでも野砲の約一〇倍、貨物自動車の四、五倍の重さがあるから、従来使用していた橋梁では負担できないので、いっそう強固な橋梁を架ける必要があった。クライスト戦車兵団はマース河の渡河のため、夜半までに架橋を完了したというのであるから、最新式の架橋材料を使用したのであろう。

戦車の特徴は速力と装甲である。そのうち速力は戦車の生命である。速力を出すには路面さえ良好であれば、一日三〇〇キロや四〇〇キロは容易に走ることができるが、もし路面や橋梁に故障があればただちに停止し、この補修に一時間を要するとすれば三、四〇キロの遅延となり、二時間を要すれば六、七〇キロの遅延となるので、路上の故障を迅速に補修できるかどうかが、戦車戦闘にきわめて大きな影響をおよぼすことになる。工兵は作業の機械化によりこの目的を達成するほか、なるべく最前方に前進し、部隊が来着する前に補修を完了するように努めなければならず、夜間、本隊の休息時に先遣して修理を行なうほどの気魄が必要であった。

マレー攻略戦において敵は橋梁の大部を破壊して、わが戦車兵団の進撃を阻止しようとした。工兵は最も迅速にこの補修を完了し、戦局の進展を図ったが、結局、前進速度は橋梁修理時間によって決まるといっても過言ではない。日本工兵の補修は概して応用材料によったから、クライスト兵団に比べてやや時間を要したが、もしドイツ軍のように車両により携行する多くの制式架橋材料をもっていたら、日本軍の戦車兵団はいっそう迅速な進撃をみせたであろう。

二、道路交通

軍隊の自動車化にともなって、ますます道路の価値が増大した。良好なる道路が戦勝の要因の半ばを占めるといえるほどである。

ドイツは昭和十五年五月十日、オランダ、ベルギーに侵攻するにあたり、ロッテルダム西方の橋梁を落下傘部隊で占領し、ドイツ軍主力が到着するまで確保した。これによりドイツ軍は快進撃をみせ、わずか五日間でオランダを降伏させたことなどは、道路交通の保持が速やかな戦勝をもたらした好例である。

交通路はこのように非常に重要であるから、攻撃側はこれの維持に努め、防御側はこれを破壊しようとする。交通路の人為的破壊には橋梁、隧道などの術工物のみを破壊するものと、術工物だけでなく道路の路面まで破壊するものがある。前者はマレーにおけるイギリス軍に見られ、後者は中国軍につねに見られるところであった。

第一次世界大戦でも道路破壊および復旧作業が行なわれ、ドイツ軍がフランスに深く入ると、ある軍では長さ二〇〇ないし四〇〇メートル、負担力一六トンから二四トン以上の橋梁を八、九週間に二四〇架設したというから、一日に三本ずつ復旧したことになる。

中国の道路は揚子江流域およびそれ以南は雨が多いから、薄くマカダム舗装（砂利敷道）をしてあったが、それ以北は雨が少ないから舗装はしないように定めていた。南洋方面では道路の舗装が発達し、平らな広い道があったから作戦上、非常に便利だった。

第一次世界大戦でフランスは兵站路七〇〇〇キロに対し、九〇〇〇万トンの材料を使用したから、道路一メートルあたり一三トンの材料を使用したことになる。路面舗装は道路を堅固にするだけでなく、自動車などの疾走を軽快にし、血の一滴といわれるガソリンの消費量を節約できることにもなる。不良道と良道との能率の差は一対七で、良好な道路は不良道において使用するガソリンの約七分の一で足りるのである。

敵が破壊した道路より、軍隊が使用した結果破壊された道路の方が復旧作業は困難だった。これは使用の結果泥濘状態になったところへ砂利を少しぐらいいれても何ら手応えはなく、二、三メートルだけなら交通教範にあるように泥濘の部分を除去して、新しい土、石などをいれればよいが、これが数百、数千メートルにわたっては手の施しようがなかった。ことに雨天の際に新しい乾いた土はどこにも存在せず、また、石や砂利は中国の平原では容易に求めることはできなかった。

作戦輸送を完遂するためには、泥濘が浅いときは丸太道または束柴道を設ける。丸太道とは丸太を路面に道路と直角に並べ、これを地面に固着する方法である。泥濘がひどい場合は迂回路を利用する。迂回路がないときは乾燥した土地を選んで迂回路を新設する。やむを得ないときは泥濘部に架橋または類似の処置をとることもあった。

橋梁は道路とは違って、使用した結果の破損は少ないが、敵が破壊した跡を修理することが多かった。日本軍の占領地といっても、匪族の破壊、焼却を受けやすく、また、洪水による流失もあった。中国軍のように、わが軍の攻撃を防ぐため、その陣地前四、五〇キロにわたり道路を破壊するようなときは、道路と同様に橋梁の全部を破壊してあった。しかしわが軍の攻撃を受けて退却する場合には、陣地背後の橋梁の破壊は一部に止まることが多かった。マレー作戦においても敵は橋梁の全部を破壊したものは少なく、多くは部分的な破壊に止まっていた。このような場合は残った橋梁を利用して復旧作業を迅速に行なうことができた。道路の新設については、砲兵陣地や一時的移動に使用する道路は通れるということを基準として、道路の保存にはそれほど気を遣わなくてもよかったが、師団が後方から補給を受けるための道路は排水、舗装にまで注意を払った。上海戦において数コ師団並んで敵を攻撃したとき、道路がない方面に作戦した師団は、数本の道路を新設して、後方からの戦闘資材の補給を行なったのである。

近代軍は重装備となったから、作戦地における在来の橋梁、道路の中には、この重量に耐えられないものもあった。中国においては在来の道路のうち、石橋やアーチ橋が多かったから、別に橋を架ける必要があった。石橋が危ないとは考えにくいが、じつは石橋は重車両に対しては脆いもので、大砲や自動車が通ると折れることが多かったのである。

鉄道作戦

一、軍用鉄道の価値

鉄道は輸送量が大きく、一列車は自動車数中隊分あるいはそれ以上の搭載力をもち、自動車のように天候気象の影響を受けることなく、しかも遠距離に輸送できることの利がある。しかし鉄道線路は固定してあるものであり、道路上を縦横に走る自動車のように機動力を発揮することはできないし、線路と列車は敵飛行機の爆撃を受け、匪族、便衣隊によって線路を破壊されやすいという不利がある。だがその大輸送力は作戦上大きな価値があった。

鉄道は初め、兵力の移動と軍需品の輸送に使用されたが、第一次世界大戦およびシベリア出兵以来、砲撃、戦闘、追撃、退却にも使用されるようになり、このため装甲列車の出現をみるにいたった。列車をもって敵と戦闘し、追撃するという鉄道作戦は、シベリア出兵の際、広漠たるシベリアの平原において敵を捕捉するため、初めて現われた戦法である。目標は敵の列車および鉄道付近の敵であって、敵列車に対し衝突を覚悟で突進し、敵に鉄道破壊や抵抗する余裕を与えず、わが速力と射撃とを以て敵列車を捕捉するのである。

この前までは鉄道隊は第一線の後方にあって、輸送のみの業務を担任していたが、以来、第一線兵力として重視されるようになった。また、列車に大兵力を乗せて前進し、敵の攻撃にあえばただちに列車から下りて展開攻撃し、これを駆逐したら再び列車に乗って前進するという戦法も鉄道作戦の一種である。この戦法は満州事変でしばしば行なわれた。たとえば昭和七年、多門部隊がハルピンを攻略したのはこの戦法によったのである。

日本軍では兵力移動に鉄道を利用したことが多い。満州事変のように張学良の有する兵力二〇万に対し、わが軍はわずかに一万余を数えるにすぎなかったから、鉄道の輸送力とその速力とにより、急速に兵力を移動して目的を達成したのである。もし満州事変に鉄道がなかったなら、その大戦果は得られなかったであろう。支那事変でも北支において鉄道は比較的発達していたから、鉄道による兵力移動を相当行なっている。

鉄道による軍需品の輸送が戦略上多大な効果を収めた例は多い。日露戦争では南満州鉄道一本によって数十万の兵力に対して補給を行なった。シベリア出兵、満州事変はみな鉄道によって資材の補給を受け、日支事変でも数線の鉄道の輸送力によって補給を受けた。太平洋戦争におけるマレー、ビルマにおいて軍需品の輸送に鉄道を利用したことはよく知られている。

鉄道の建設および復旧作業にも鉄道隊は多大な苦心を払うものであって、その建設資材の所要量が膨大なこと、実施する建築作業が野戦工兵に比べて規模が大きいため、鉄道隊は文字どおり不眠不休の活動をしなければならなかった。道路に使用する橋であれば一六トンから二四トンぐらいの負担力の橋梁ですむが、鉄道の場合は機関車だけで百数十トンの重さがあるから、その作業がいかに大規模であるかを察することができよう。

作戦地における鉄道材料は野戦工兵と同じく、現地調達を原則としたから、鉄鋼やセメントはほとんど使用できなかった。戦地では鉄道も道路と同じく、新設するより破壊したものの復旧作業の方が多かった。敵は退却にあたって道路以上に鉄道を破壊するものである。また、わが軍の占領地内の鉄道に対しても便衣隊などを使って、破壊しようとすることが少なくなかった。日露戦争ではロシア軍のミスチェンコ騎兵集団が、遠く西方を迂回してわが占領地域を襲撃し、大石橋を中心として営口、海城、鞍山駅付近を数回逆襲、線路や橋梁が爆破されたこともあった。

敵の破壊程度は日露戦争でも日支事変でも、その初めのうちは失地を回復するものと信じ、再び使用するため車両などは持ち去ったが、線路には大きな破壊は加えなかった。しかし日露戦争では奉天会戦以後、日支事変では彰徳、徳州会戦以後、その破壊は徹底的となった。中国軍はとくに甚だしく、蔣介石の「鉄道を原状に復すべし」との命令により、鉄道敷設以前の畑地同様と化し、鉄道は陰も形も消えてしまったほどである。このような状態を復旧する鉄道兵、工兵の苦労は並大抵ではなかったであろう。便衣隊や兵匪による破壊は、レール

一、二条を外し、あるいはレールの下に爆薬をしかけたり、またはレールをそのまま残置して、ボルトを抜き取り、そのボルトの頭だけを残して、外見は完全なように装うという方法でわが列車を転覆しようとした。
鉄道妨害に「突き放し法」というのがある。これは鉄道線路の下り勾配に列車がいるとき、上の方から列車に重量物を積んで突き放し、列車に衝突させて損害を与えようとするもので、満州事変中、昭和七年十二月三日、わが列車が興安嶺にさしかかったとき、敵は貨車に石を満載して突き放したのである。もしこれに気がつかなければ、わが列車群に大損害をこうむるところだったが、列車から先遣された荒木中尉以下四名の斥候は、早期にこれを察知し、荒木中尉は二ヵ所に脱線器をしかけ、部下の兵を退避させて自らは完全を期するための点検中に、真っしぐらに突進してきた三両連結の列車が第一の脱線器により転覆し、同中尉はその下敷きとなって壮烈な戦死をとげた。そのうち第二の突き放し列車が突進してきたが、第二の脱線器によって脱線し、わが列車群は何の損害も被らなかったのである。荒木中尉の勇名は爆弾三勇士とともに、日本中に喧伝され、軍神として熊本や千葉市荒木山上に銅像が建立された。

二、満州の鉄道隊

満州事変以前における鉄道隊の戦時用法は、普通鉄道の建設、運転と、軍用機関車式軽便鉄道の建築、運転を主としていた。満州事変が勃発すると、鉄道隊は第一線戦闘部隊とともに鉄道沿線の戦闘に参加するようになった。とくに装甲牽引車、装甲列車を使用する鉄道の占領作戦に参加して、満州各地の平定作戦に多大な効果をあげたことと、将来の対ソ作戦の想定にもとづく要求とにより、鉄道隊は普通鉄道の応急修理、応急運転により、第一線部隊の迅速なる作戦行動に協力することを主とし、普通鉄道の建設、運転、改築、破壊に任ずることもあるとされた。軍用機関車式軽便鉄道の建築、運転は幹部にその能力を付与しておく程度に改め、昭和十一年にこれを明確に指示された。

当時、編成、装備を策定するうえで基準とした鉄道の状況はつぎのとおりであった。鉄道隊は装甲牽引車、装甲列車により第一線戦闘部隊とともに挺身し、鉄道を占領する。鉄道の修理はまず応急修理として、軽列車（一列車二〇トン輸送が基準）の運転、ついで重列車（機関車牽引の列車）が徐行できる程度に増強する。第一線の前進にともないこの作業を実施するものとし、一〇〇キロ区間を二週間で軽列車運行に耐える程度に修理し、二週間後には日量六〇〇トンを輸送できるようにすること。以後二週間で重列車の運行に耐え得るように増強し、停車場設備、通信保安設備を設ける。このような躍進作業により、機動作戦に鉄道輸送を追随させることが目的であった。

このため装備は装甲軌道車、鉄道牽引車および貨車からなる軽列車、鉄道工作車、力作車などの移動式作業器材、組立式橋梁材料、門橋、その他通信、保安にいたるまで高度に機械化された。作業の方式は前方および側方作業を併用するものとし、鉄道一コ連隊に対し陸上勤務中隊八隊、建築勤務中隊一隊、自動車中隊若干を補助部隊として配属する構想だった。このような応急修理、応急運転の作業経過において、鉄道一連隊が負担できる区域は二〇〇キロと想定して編成されたのである。普通鉄道の運転は鉄道一大隊にて一〇〇キロ区間を担任して、一日一六列車往復運転を限度とした。

満州の鉄道隊はこのようにして満州方面の予想戦場における作戦に即応できるよう、編成、装備を決めたが、昭和十六、七年頃、その水準にやや近づいたのは鉄道第三、第四連隊だけであり、内地から動員して派遣された鉄道第二連隊鉄道材料廠は、その装備においてまったく劣り、新式機械化器材を使用できる特業手すなわち熟練工はほとんどいない状況だった。中国、南方に使用された鉄道隊にいたっては、さらに甚だしいものがあった。

関特演で突如、満州に対して行なわれた約四〇万人の軍隊および七〇万におよぶ総兵力に相当する軍需品の集中輸送は、昭和十六年七月から九月までの二ヵ月余の期間中に無事に実施することができた。しかし、それから三年後には比島が奪回され、本土決戦が間近に予想されるようになって、大陸にある戦略物資の本土輸送がきわめて重要な問題になってきた。これを成功させるためには軍事鉄道機関で強力に管掌する以外に方法はなく、この要請により昭和十九年に大陸鉄道司令部が設けられた。司令部は昭和二十年一月、さらに増強されて、関東軍鉄道隊、朝鮮鉄道隊のほか、鉄道第十九、二十連隊、独立鉄道大隊、第一、第二装甲列車隊を指揮下に入れて、鮮満鉄道における一貫輸送業務にあたった。

三、軍用軽便鉄道

鉄道大隊が明治二十九年に設立されてから、翌三十年には軍用鉄道材料整備の審議が行なわれ、軌間を二四インチ（六〇センチ）とすることなどが決定された。その方針にもとづいてイギリスのバグナール社製サッドルタンク機関車二両、三トン有蓋貨車三両、無蓋貨車一

（上）最初に輸入された軽便五軸機関車。（下）軽便鉄道軌匡敷設作業。

六両を購入した。軌条は一四ポンドのもの二マイル分が整備された。

明治三十三年に、双合機関車五両、炭水車二両、五トン積貨車二〇両が鉄道大隊に支給され、ドイツ鉄道隊の方式によって訓練が開始された。

明治三十八年にはハノーベル社ほか八社製の双合機関車、天野工場、日本車輌株式会社、汽車製造株式会社製の五トン貨車お

(上)軽便鉄道の敷設を終え、機関車の試運転。場所は西習志野。
(下)軽便双合機関車。軌間60センチ。人間と比して大きさがわかる。

よびドイツクルップ工場、ロンバッハ工場、八幡製鉄所製の軌条一式数百マイル分が整備された。

これと前後して、ドイツの攻守城用の手押鉄道材料約一〇キロ分が到着した。これは軌間六〇センチで、機関車式軽便鉄道線路の前方地帯に使用する目的であった。

明治四十一年、

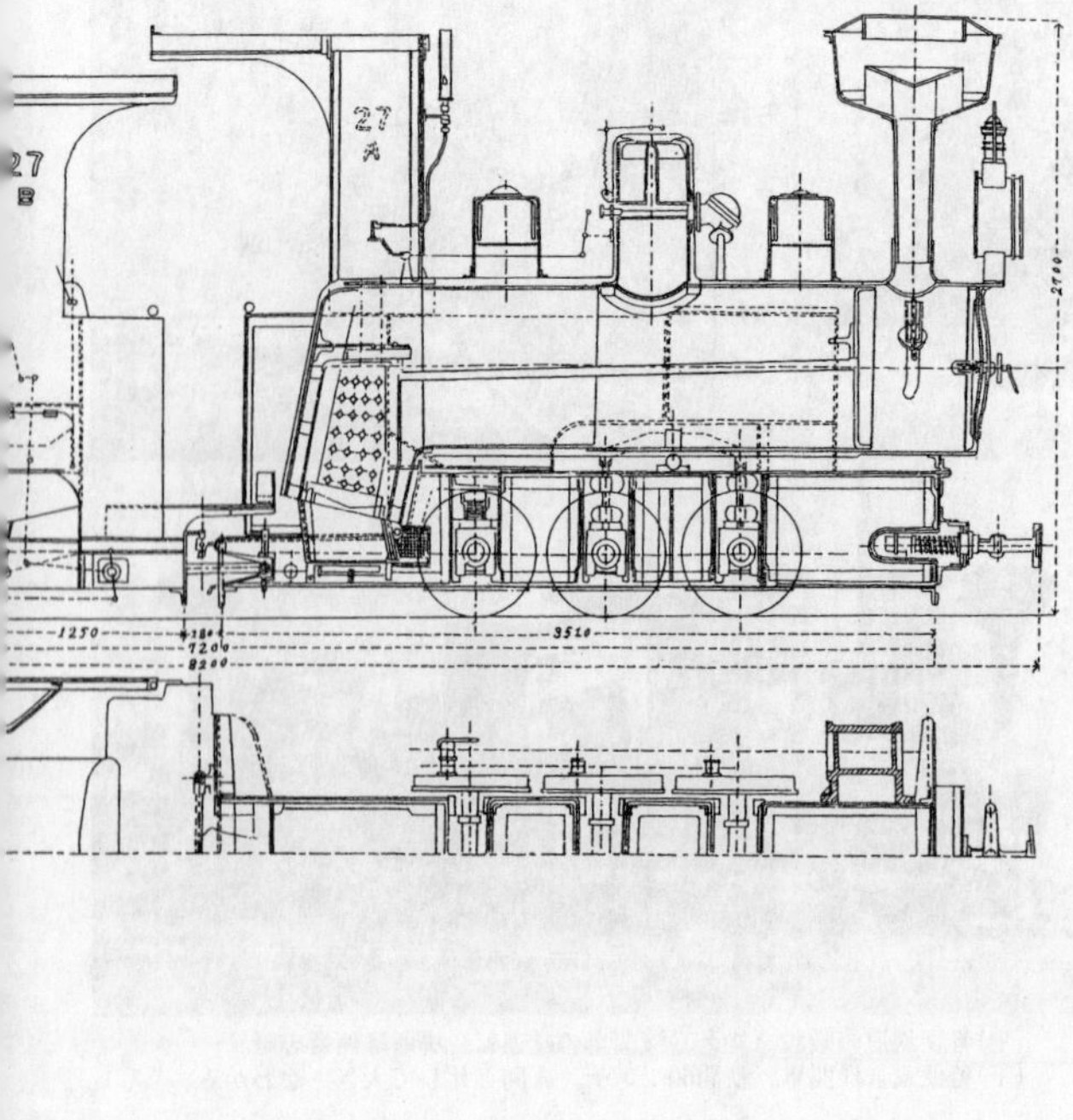

27
A
27
B
1250
7200
8200
3510
2700

軽便鉄道双合機関車

運転手台を相対向して連結した全く同一の単独機関車２両で，１人の運転手が運転する。１両の重量は13トン。

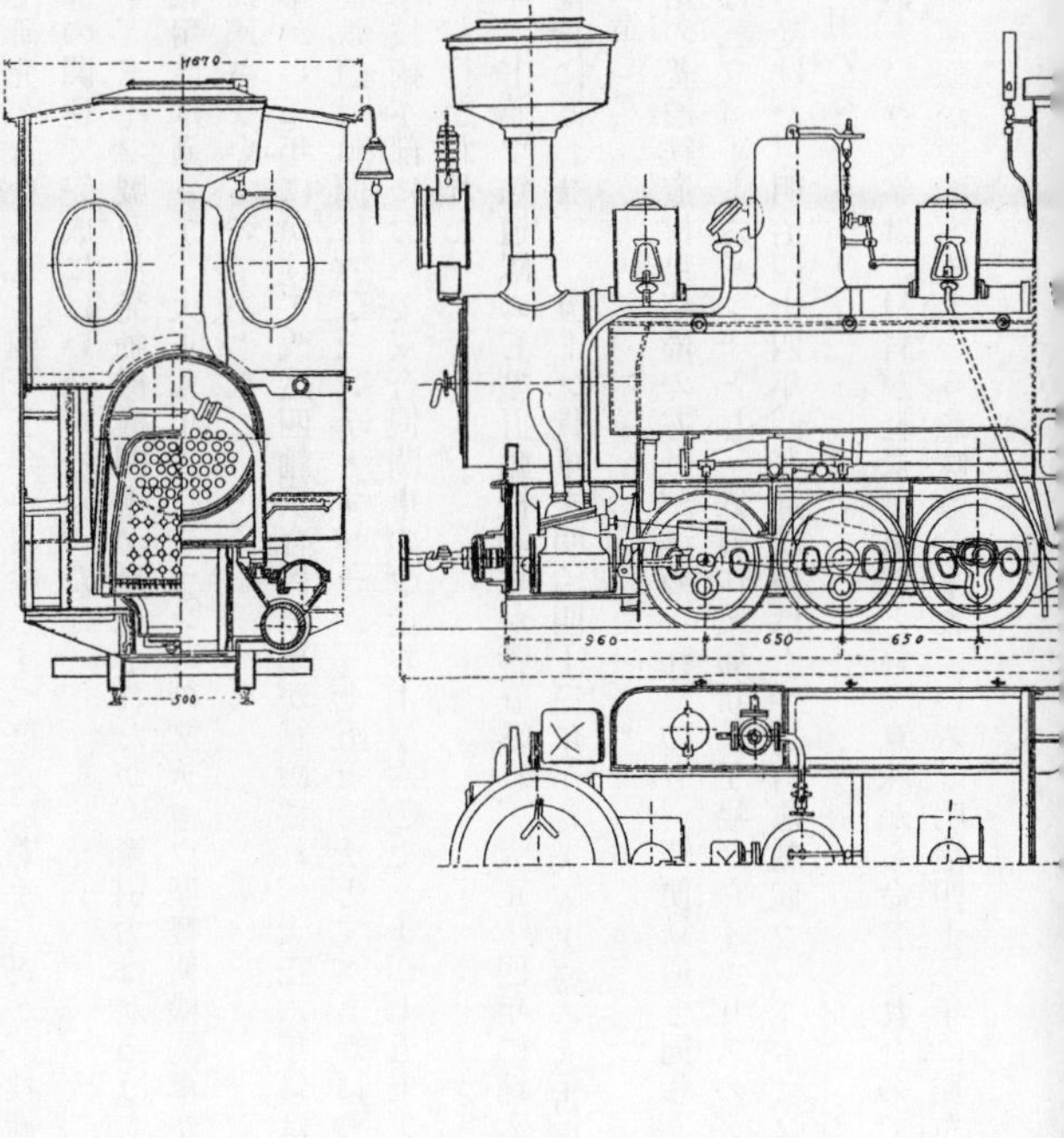

双合機関車の戦用に適さない点、使用に不便な点、命数を延長する点、寒地用に適合させる点について研究が行なわれ、四十二年から少しずつ修正に着手したが、技術上の困難と出兵および予算の関連で完成にはいたらなかった。

大正五年、ドイツ製石油発動機機関車が研究されたが、牽引力はかろうじて一三〇〇キロ程度で、戦用には適さず、大正九年にはフランスのプチョウ型軽便機関車が到着したが、これも実用に適さないものであった。

大正元年から二年にかけて改造四軸双合機関車が試験され、大正六年には交通兵団司令部で軍用軽便鉄道の軌間は六〇センチとすべきか、七五センチとすべきかについて研究された。ついで陸軍技術本部において双合機関車の改造および六〇センチ、七五センチの軌間比較に関する審査が行なわれた。

大正十年、ドイツ鉄道隊のE型五軸機関車が審査され、大正十四年に輸入された。以上の機関車の補給にあわせて、五トン貨車を明治四十三年から大阪工廠や名古屋工廠（日本車輌請負）で製造した。

鉄道隊用の普通鉄道材料整備の方針が決められたのも、軽便鉄道と同じく明治三十年だった。軌間は三フィート六インチとし、鉄道作業局新橋工場からイギリスのダブス製機関車などの移管を受けた。明治四十四年、普通鉄道はもっぱら広軌四フィート八インチ半（一四三五ミリ）を用いることになった。

軽便鉄道という文字は、材料が軽量であるという意味から命名されたのであろうが、一面また敷設、運転が楽であるという意味も含まれている。明治四十三年に発布された軽便鉄道

(上)軽便鉄道の敷設作業。欽州と南寧とをむすぶ約40キロ間に敷設した。
(下) 6節舟5隻からなる門橋による機関車の渡河。門橋舟の排水量は150トンに達する。これにより利根川4キロあまりを漕渡することができた。

法によると、軌間の大小については何の制限もなく、三フィート六インチの軽便鉄道も認めているが、大正八年に改正されて地方鉄道法に変わったため、軽便鉄道という文字は鉄道省の正規上からはなくなった。

四、軽便鉄道の活躍

陸軍で軽便鉄道を使用したの

(上)普通鉄道上部建築演習における軌条引き落とし作業。
(下)架設機による分解式鉄橋の架設。

は、明治二十八年、臨時台湾鉄道隊軽便鉄道班の後をうけて、台湾陸軍補給廠の手により各部隊駐屯地を連絡し、あわせて一般の利用に供するため、手押軽便鉄道を敷設したのが始めである。この手押線は一フィート七インチ半軌間の手押鉄道で、延長二二〇マイルに達し、後には総督府の手に移

(上)普通鉄道鉄橋の架設作業。(下)支那事変中、中国軍によって爆破された娘子関橋梁を鉄道第六連隊児玉大隊が枕木3000本余りを使用して修理を行なった。井桁に組まれた枕木のことを、工兵はサンドルという。

昭和15年、鉄道車両渡河器材、航送船の進水。黄河橋梁で使用した。

って縦貫鉄道の完成まで、重要な任務を果したものであった。

日露戦争において三中隊編成の鉄道大隊は、やがて四中隊に増大し、特技を有する志願兵出身の各兵科将校も配属された。出征部隊は満州軍の後方連絡を完成する安奉線の建設に着手し、二フィート六インチ軌間の機関車式軽便鉄道は黒溝嶺、鶏冠山の難路を曲折し、未完成のまま鉄道提理部へ引き継がれ、三十八年十二月に奉天に接続することができた。

ついで臨時鉄道隊は奉天—新民府間に六〇センチ軌間の軌条を敷設したが、この地方は氾濫の多い遼河の流域であって、多くの工程を架橋に費やし、明治三十九年五月にいたって双合機関車の運転をみたものの、戦局の推移によってこれ以上延長することなく終わった。

日露戦争の末期、樺太軍が編成されたとき、南樺太に機関車式軽便鉄道の敷設を行ない、寒地積雪と戦いながら、後の樺太庁鉄道の前身を開拓したが、大正九年、サガレン出兵にともなって、今度は北緯五〇度以北に再び双合機関車を運転し、アレキサンドロフスクーチャイオ間の連絡に奮闘したのは、歴史がくり返す奇遇であった。

日露戦争間、手押鉄道隊はあるいは鹵獲品を用い、あるいは内地の材料を徴集して、よく兵站線の構成に奮闘したが、一方では二十八センチ榴弾砲の据え付けおよび弾丸運搬のため、重砲兵隊において手押鉄道を使用したことがあった。

日露戦争後の軍備充実に際し、鉄道隊は連隊編成となって、千葉、津田沼に衛戍し、ドイツの例に倣って習志野、下志津の二大演習場を演習線路で一周する計画を立案、その後、千葉—津田沼—松戸間に軽便と広軌の二条の演習線が敷設された。

青島戦では労山湾が揚陸地に決定すると、ただちに鉄道兵によって六〇センチ軌間の手押兵站線が労山—黒見—李村間に急設された。これにより要塞攻囲の原則どおり、各砲台、陣地にいたる手の指を広げたような線路が作られて、火砲の展開と弾薬の輸送とに万全の備えができた。

五、軍用普通鉄道

陸軍が普通鉄道に手を染めたのは、明治二十九年に臨時台湾鉄道隊（鉄道班と軽便鉄道班があった）が全台鉄路総局の鉄道を占領したのが最初だった。明治三十三年の北清事変に、臨時鉄道大隊が連合軍の間に加わって、天津—北京間の線路の修理を行なったことが、日本人が広軌鉄道に触れた始めである。日露戦争の初頭には、臨時軍用鉄道監隷下の臨時鉄道大隊、工兵第四大隊ほかによって、まず京義線の建設に着手され、満州には野戦鉄道提理部が設けられて、広軌の五フィート（一五二四ミリ）軌道をとりあえず内地と同じ狭軌三フィート六インチ（一〇六七ミリ）に改修し、内地の機関車、客車、貨車を持っていって運転を開始した。

当時、わが国の鉄道の大部分は単線で、線路の延長は七一五四キロにおよび、政府と多数の民間会社が所有していた。陸軍では線区司令部を東京に設置し、使用すべき全鉄道を管理するとともに、その他の地方には必要に応じ、出張所または停車場司令部を置き、円滑に輸送を遂行した。

青島戦においては青島開城に先立ち、山東鉄道が軍の手に帰して、青島、済南間の広軌四〇〇キロの堂々たる借款鉄道が、臨時鉄道連隊によって復旧、管理され、ついで満鉄からの派遣員を加えて営業運転を開始するにいたった。

鉄道隊が日本の主要線である鉄道省線と異なる軌間の鉄道によって、訓練を行なっていることに少なからぬ不便はあり、狭軌、準軌、広軌と混雑はあるけれども、大体において軍用普通鉄道は一般鉄道を利用し、一般鉄道器材をそのまま軍需品にとり入れてきたということがいえる。したがって測量、土工、架橋、停車場、軌道引き延ばし、運転、運輸、工場作業など、すべて一般鉄道において実施する技術能力をほとんどそのまま取り入れて差し支えなかった。ところが戦場における鉄道の使命と、鉄道隊の任務が、作戦の迅速化と後方輸送の大量化にともなって、あるいは鉄道戦を引き起こし、あるいは急速な工務作業を要求されるため、独自の軍用的条件を多分に必要とするようになってきた。このため科学の進歩による新しい工業技術を着々と採用し、補給が確実で、運搬が容易に行なえるもの、労力の機械化、作業の迅速化につながる器材がつぎつぎに開発されるようになった。

六、タイ・ビルマ鉄道

タイ・ビルマ鉄道の正しい名称は〝泰緬連接鉄道〟といい、タイのノンプラドックからビルマのタンビュザヤまでの延長四一五キロ、東海道線では東京から関ヶ原までの距離に相当する。

最初の計画では、一日一方向三〇〇〇トンの輸送力を要求され、昭和十八年末までに完成する予定だったが、十八年五月になって工期を四ヵ月短縮すべしという命令があった。そのとき増加部隊として、独立歩兵一コ大隊、工兵二コ連隊、野戦病院四と兵站病院一が配属され、南方にあった防疫給水部も全部もってきた。

作業に参加した人員は日本軍が一万人、捕虜五万五〇〇〇人、現地の労務者七万人、それに象を四〇〇頭使ったが、食量が乏しく、悪性マラリアの本場であるうえ、コレラまで流行して、四万人を超える犠牲者が出たと推定されている。線路沿いのケオノイ河に作ったメクロン橋が、後に『戦場に架ける橋』のモデルになったところである。

機関車はC56というはじめから南方用に設計された機関車を使用した。南方の鉄道の線路の幅は一メートルで、日本の国鉄は一メートル六センチ七だから、六七ミリ縮められる構造になっていた。このC56の引く重列車を通すためには、長さ一〇メートルのレール一本につき、一三本の枕木を必要とするが、軌道車や鉄道牽引車が引く軽列車の場合は五本でよい。一三本のを重軌道、五本のを軽軌道というが、線路を敷設するときはまず軽軌道を作って、軽列車を走らせながら枕木を八本追加挿入し、重列車の通れる線路にした。昭和十八年十月十七日に連接式を行なったときは軽軌道だったが、十月二十五日に開通式を行なったときは重軌道への強化工事を完了していた。

開通式のあとは重列車の直通列車を毎日一列車運転した。そのうちに空襲が始まり、絶えず爆撃で橋を壊され、その修理に追われながらも、終戦まで動いていた。

泰緬連接鉄道はかの有名なスリーパコダ付近五七〇〇フィートのダウンス山脈の嶮を突破し、前人未踏の地に汽笛を奏した。それは日本の工兵史に残る大事業であった。この鉄道建設に従事した多くの捕虜の死の罪を問われ、異境において刑罰を課せられた者が少なくなかった。

七、終戦時における鉄道部隊の種別と部隊数

鉄道連隊	二〇
独立鉄道大隊	二三
独立鉄道橋梁大隊	二
独立鉄道工務大隊	二
独立鉄道工作隊	三
独立鉄道作業隊	四〇
手押軽便鉄道隊	四
装甲列車隊	三
鉄道材料廠	五

特設鉄道運輸隊　　二
特設鉄道工務隊　　三
特設鉄道橋梁隊　　四
野戦鉄道廠　　　　二

索道作戦

工兵の本領とするところは進路開拓である以上、不可能ということはできなかった。山岳地帯では交通が不便であるから、部隊の行動は非常に困難となる。ことに戦用資材、糧秣の補給が思うようにならず、道路の傾斜が急峻となって自動車も進むことができない。このような状態で使用するものが索道すなわちロープウェーである。

索道は第一次世界大戦でオーストリア軍とイタリア軍が国境のアルプスで対戦し、道路も自動車も通じないようなときに考案された交通機関で、山から山へケーブルを懸け、これにかごを吊るして電力で絶えず物を輸送した。これ以後ロープウェーが重視されるようになった。

日本の陸軍では東寧南方国境山脈の狭谷の地障を急襲突破するため、東寧方面に新設され、黒龍江の物量渡河にも応用することが研究されていたが、ほどなく比島に送られる途中で海没してしまった。

ビルマにおけるサルウィン河の渡河には、モチ鉱山にあった索道用の鋼索類を徴発して、応用することを考えた。両岸に大櫓を組み上げ、道路隊と臨時索道隊の全力をあげて、この五百数十メートルの間に、何度も失敗を重ねながら、ついにワイヤを張り渡すことに成功した。

この滑綱渡で五〇〇メートルの激流を、約一〇分間で往復することができた。この施設だけで合計約二万四〇〇〇の将兵、牛馬各一〇〇〇頭、自動車数百両、その他すべての軍需品を、約二ヵ月かけて渡河を完了した。

この渡河作業では、材料も、器材も、また部隊も新たに編成して、所期の作業目的を完全に達成し、昭和二十年六月下旬に完成したときは鳳集団長松山中将をはじめ、将兵が驚喜した。また、九月初めの引き渡しのときには、イギリス軍も吃驚し、激賞したほどである。

この作戦は不撓不屈と創意工夫という工兵の本領をよく発揮したものとして、工兵戦史の粋とされている。

交通網の遮断

欧州では第一次世界大戦後、要塞を作るよりも交通網を破壊する方が有効であるとする傾向が強くなった。たとえばベルギーがもしドイツ国境のアーヘンからリエージュに通じる鉄道およびその橋梁、隧道など約一〇〇ヵ所を開戦と同時に爆破していたら、大正三年におけるドイツ軍の進撃をリエージュ、ナムール要塞で防御するより有効であったろう。ベルギーはこの策を用いなかったから、ドイツ軍の第一列車はリエージュ駅に難なく進入し、そのときにはまだフランス軍の一部は外部堡塁に到着していなかったのである。

このことにより、防御は交通機関の徹底的破壊を有利とするにいたり、各国ともこの手段

鹿砦。さかもぎとも呼ばれ、敵の侵入を防ぐため木の枝で垣にしたもの。

をとるようになった。日支事変でも中国軍は初期においては交通路の破壊はそれほどでもなかったが、昭和十三年頃から交通機関の破壊は徹底的となった。

退却の際に交通網を破壊するときは、とくに注意を要した。ナポレオンのベレジナ河渡河にあたり、部隊が渡河の途中であるにもかかわらず、軍橋を焼却したため、溺れる者、捕虜となる者が四万五〇〇〇のフランス軍のうち、三万六〇〇〇に達し、ナポレオンはわずか九〇〇〇の兵を率いて退却したという。このような事態に陥るのを避けるため、作戦要務令には破壊命令者の権限が明示されている。

攻勢作戦をとる場合でも、交通網を遮断することがあった。日露戦争でわが挺進騎兵団が遠く敵翼を迂回して背後にいたり、敵の鉄橋を爆破したが、破壊の効果は不十分だった。支那事変中、昭和十三年五月の徐州会戦においてわが工兵が碭山付近で鉄道を爆破し、敵が徐州から西走するのを防害したことがある。

交通網遮断の手段は破壊と阻絶であるが、道路、鉄道、通信は破壊を主とし、水路は阻絶を主として行なわれた。

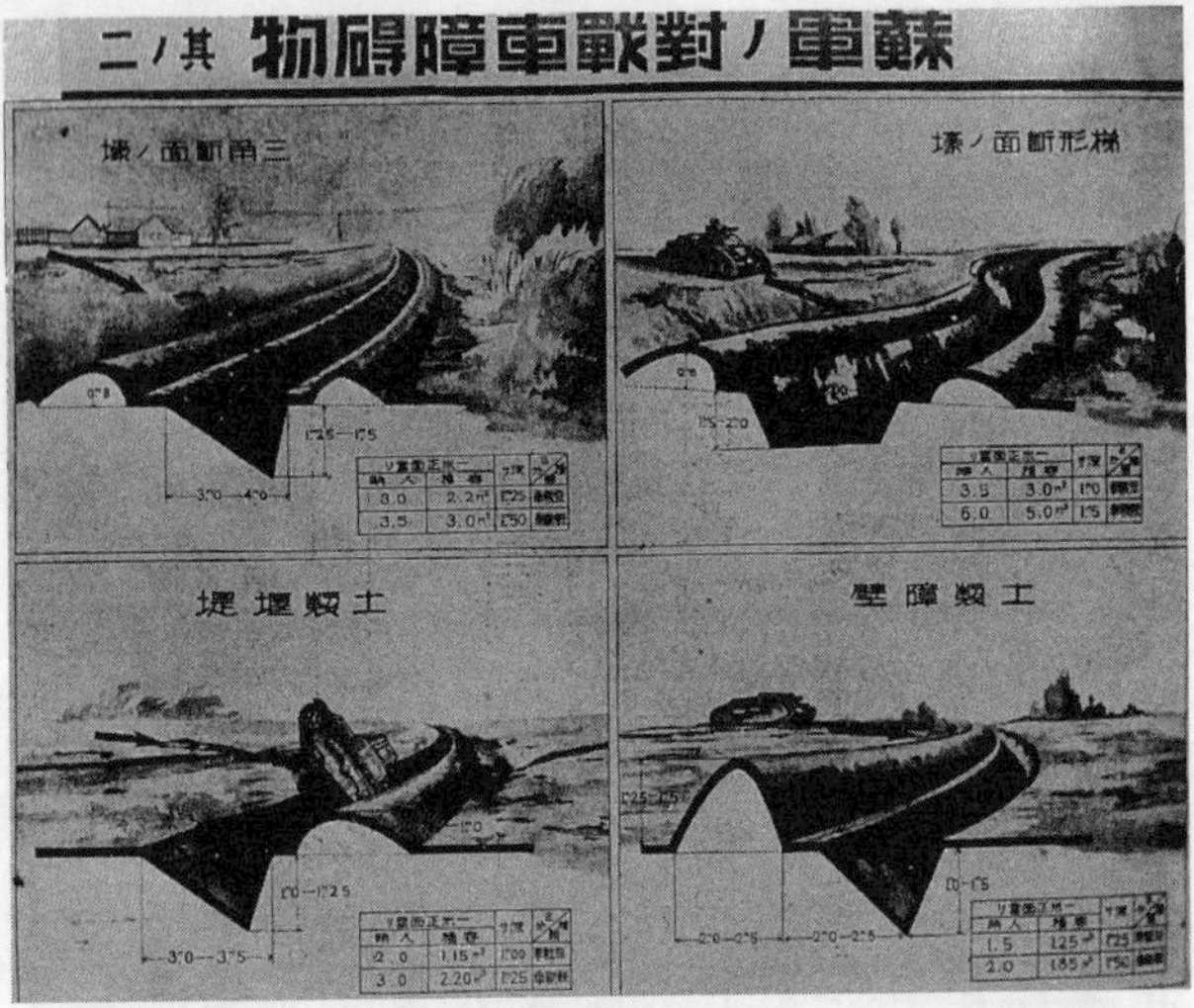

昭和十三年六月、敵が徐州会戦後、西方に退却したが、わが軍の急追にあい、黄河の堤防を破壊して日本軍の西進を阻止したのも一種の交通網遮断の手段だった。

従来、路面の破壊はあまり価値がなかったが、戦車、自動車の使用がさかんになるにつれて、路面を破壊する傾向が強まった。中国軍は昭和十四年頃までは道路約八〇メートルごとに深さ二メートル、幅七メートルの戦車壕を路面に作って、日本軍の戦車を阻止しようとしていた。それも単なる破壊に止まらず、掘り返した土を復旧に利用させないように、遠くに運搬して捨てるといった念の入れようだった。

昭和十四年後半以後は道路の形を全然止めず、なかには農夫がそれを利用して水田を作っていたところさえあったほどである。しかもその破壊は一局部に止ま

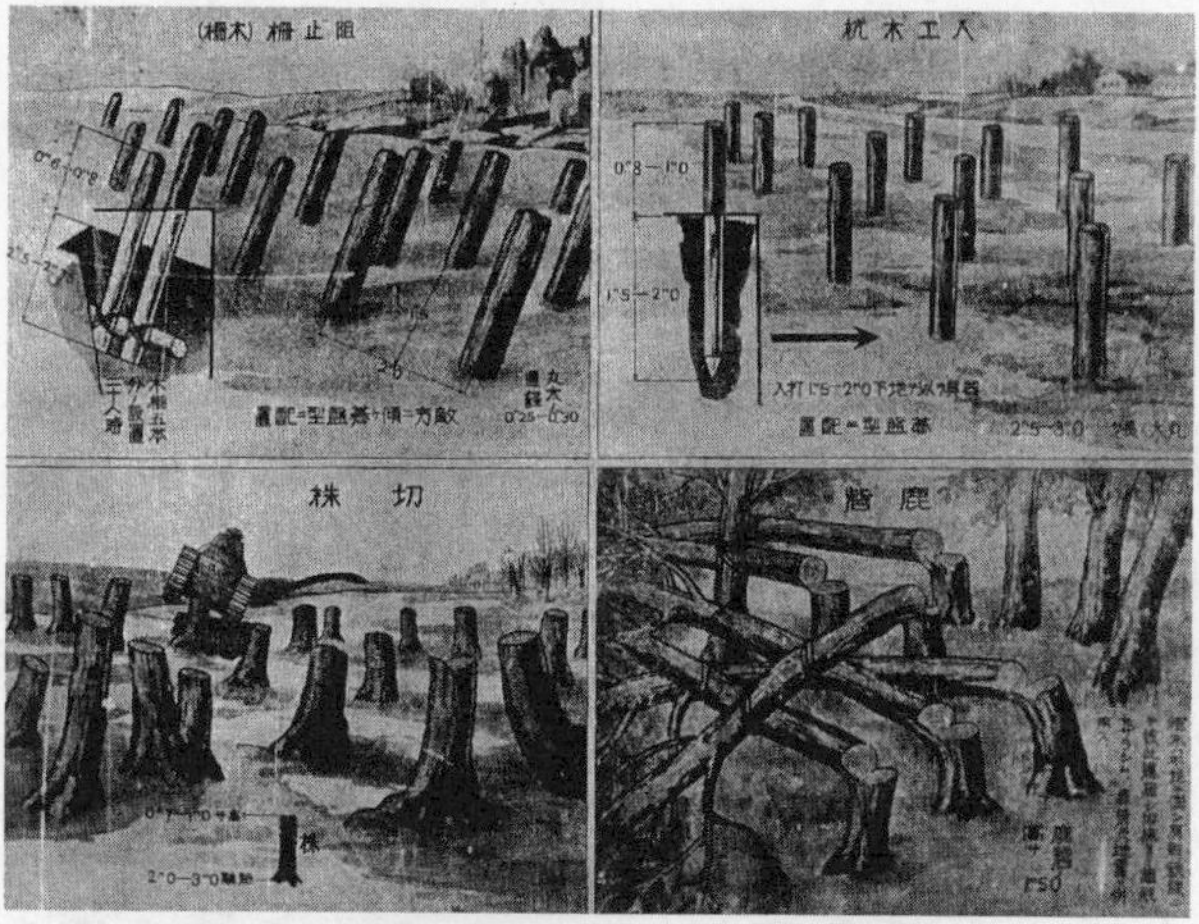

(右ページ)ソ連軍の対戦車障碍物。壕および土製障壁の例。
(上)同じくソ連軍の対戦車障碍物。木製障碍の例。

らず、四、五〇キロにもわたって破壊してあるから、じつに始末が悪かった。しかしわが工兵は万難を排してこれを克服し、どの進攻作戦においても軍の行動を渋滞させるようなことはほとんどなかった。

レールの破壊はカーブの部分を爆破するのが一番有効だが、便衣隊などは直線部を選び、列車が最も速力を出す部分に爆薬を装し、走行中の列車を爆破した。これは全速力を出しているときなので、大きな損害をこうむった。

水路は阻絶されることが多かった。中国軍は日本軍が使用するクリークを土砂で埋め戻し、あるいは木柵を河中に設け、または水雷を設置して妨害した。上海戦の初期、中国軍は日清汽船会社所有の船四隻を黄浦江中に沈めて、上海から上流への遡江を阻止し、揚子江では馬頭鎮付近に数隻の汽船を沈没させて、日本軍の遡江を防止した。また数千個の浮遊水雷を放流して、航行を妨害したのである。これらの障碍も日本海軍および輸送部隊の協力により、長時日を待たずにすべて排除したが、相当に面倒なものであった。

黄河と揚子江の堤防決壊は、決壊部が堤防のあちこちに設けられ、河水はこの決壊孔から陸地に奔流し、逐次決壊部が水の勢いで拡大されて大氾濫を起こした。支那事変では蔣介石が、作戦途中に揚子江の堤防を破って両岸に氾濫させた。これは中国人民にしてみれば、せっかくの畑が全部水に漬かって大損害を出すことになったが、日本軍の工兵隊は決壊したところを渡河するために目覚ましい活躍をした。

築城

一、攻撃築城の発達

築城は目的により攻撃築城と防御築城に分かれ、構築および使用期間の長短により、永久築城と野戦築城に分かれる。築城は古来、工兵が関係してきたところで、仏将ブォーバンが鍬兵という名の工兵を編成したのは、築城を専門に行なう兵種を必要としたためであった。

ナポレオン以前の戦争は、敵の重要都市や戦略要点を攻略すれば、勝敗は決したものであった。そして重要都市や一国の首府には要塞を設けてあるから、要塞の攻撃が最も重視された。つまり野戦における戦闘は要塞攻撃の前奏曲であって、要塞を攻撃する前に邪魔物の野戦軍をたたきつぶすため、野戦の攻防があったのである。

例を日本にみれば、前九年の役で、初めは各地で小ぜりあいに終始し、何ら解決をみない

十字鍬、円匙による塹壕の掘鑿。

まま一二年間も時を費やしたが、庚平五年にいたり源頼義が一挙、営岡より大進撃を開始して北進し、阿部貞任の拠点厨川の柵を陥れて、初めて乱を平定した。織田信長が浅井、朝倉両氏を攻めるのに、元亀元年六月、その野戦軍を姉川で撃破したが、これでもまだ解決をみず、四年後の天正元年八月にいたり、浅井氏の近江小谷城、朝倉氏の越前一乗谷城を攻略して、初めて近江と越前を平定することができたのである。

しかし、ナポレオンは目標を敵の城塞や都市に置かず、敵の主力野戦軍に置いて、ついに欧州を席巻した。これ以来、要塞攻撃は一つの派生的戦闘となったが、それでも重要な位置にある要塞は攻略することが必要だった。一八七〇年の普仏戦争におけるメッツ要塞、日露戦争の旅順の攻略はこの好例である。

以上のように、昔は要塞攻略が主要な戦闘であったから、強固な要塞を攻略するために攻撃築城が発達したのである。要塞の攻撃法には封鎖、奇襲、強襲、砲撃、正攻、謀略などがある。封鎖とは、要塞をとり巻いて外部との交通を遮断し、敵に弾薬糧秣を費消させて降伏を待つ方法である。わが国では秀吉がよくこれを利用した。播州三木城、因州鳥取城の攻略、紀州太田城および備中高松城の水攻めが有名である。奇襲とは、敵の防備のない地点または時機に乗じて攻撃する方法で、源義経の鵯《ひよどり》越の逆落《さか》とし、後醍醐帝の笠置城陥落、文明十八年に尼子経久が獅子舞に紛れて、出雲月山城を占領したことなどがこの例である。強襲は、真正面から攻め立てる方法で、日清戦争で旅順要塞は強襲で攻略した。日露戦争では第一回の総攻撃が強襲だったが、失敗に終わった。砲撃は要塞の設備および要塞内の住民を砲撃して降伏させるもので、士気旺盛な敵に対しては効果はないが、柔弱な敵に対しては成功することがある。正攻法は築城によって一歩一歩敵に接近し、奇襲、強襲、砲撃をも併用して攻略する方法だが、時間がかかる不利がある。謀略は舌先三寸で降伏させるもので、秀吉がその名人だった。以上の攻撃法のうち、築城を利用するのは封鎖と正攻法である。

十六、七世紀の頃は城塞の攻略戦がさかんに行なわれたから、攻撃築城はとくに発達した。当時、小銃は口径一八ミリ、射程二二五メートルにすぎず、大砲も三十年戦争の頃にようやく霰弾が発明されたが、発射速度はまだまだ遅かった。それにもかかわらず損害を減少して敵に接近するため、攻撃築城に各種の考案をめぐらし、火砲、歩兵陣地、交通壕などを巧みに利用し、仏将ヴォーバンが出る前には相当発達していた。この自ら造る人工的地物が、すなわち攻撃築城である。

その方法は、歩兵陣地を敵の堡塁に対して設け、その後交通壕を敵に対しジグザグ形に掘進して敵に接近し、一方、砲台を歩兵陣地前に設けて交通壕の掘進を掩護し、敵の出撃に備えるというものである。この方法は初めは成功したが、敵が城塞の両翼に臨時に陣地を設け、交通壕の先頭に向かって出撃して、これを破壊撲滅するようになったから、この攻撃法の成功はむずかしくなった。

ここにおいてブォーバンはつぎのような方法を試みた。歩兵陣地から交通壕を出し、敵との中間にいたると再び歩兵陣地を築き、敵の出撃に備えて交通壕を掩護する。そしてさらに交通壕を前進させて第三陣地を設け、こうして敵に接近していくのである。敵の出撃は歩兵陣地からの射撃で阻止することができる。交通壕をジグザグ形にする理由は、もし交通壕を敵に向けて真っすぐに進めると、敵から壕内を縦射されるからで、敵陣地のどこからも縦射を受けない方向に交通壕を向けるためである。このような電光形、鋸歯形の交通壕により敵に接近する壕を対壕という。

ブォーバン時代の散兵壕は非常に大きなものだったが、その後のフリードリッヒ大王やナポレオンらの戦術家はいずれも陣地に固着せず、機動戦とくに攻撃をもってただちに勝敗を決した。ことにナポレオンは要塞などに目もくれず、敵の野戦軍撲滅を戦闘の方針として、要塞攻撃は行なわなかった。したがってブォーバン以上の攻撃法はその後あまり見られなかった。

フランス革命のとき散開戦闘が始まり、戦闘法の革新をみるにいたったが、アメリカの南北戦争のときは南北両軍とも未熟の兵を使ったから、彼らは戦争の恐怖のためいつでも穴を掘って自己の身体を隠した。とまれば穴を掘り、宿営に着けばどれだけ疲れていても穴を掘った後でなければ、宿営設備や食事の準備をしなかったのである。しかし、これが価値のあることと認められて、世界の兵学界に大きな影響を与えた。そこで一夜のうちに掘ることのできる壕で、火力に対して十分掩護できるものという結論に達し、ここに断面の小さい散兵壕を各国とも採用し、攻撃築城にもこれを使用するようになったのである。

日露戦争における旅順、日独戦争の青島、上海事変などが日本軍が行なった攻撃築城の例である。正攻法は最初からこれでいこうとするものと、最初は別の攻撃法でいったが、それが成功しなかったため、正攻法にきり替えたものがある。青島戦は前者に属し、旅順、上海戦は後者に属する。旅順の攻撃作業には工兵は一般の指導と対壕作業を担任し、歩兵は歩兵陣地、交通壕の掘拡および工兵の行なう作業の援助にあたり、作業は交代制で行なった。

『西部戦線異状なし』のヴェルダン攻撃におけるドイツ兵のせりふにも、「戦場において我等に最も幸福を与えるものはパンと土なり。土は掘開して身を入れるならば如何なる砲撃を受けても少しも損傷を受けず、安全なり」というのがある。

二、防御築城

築城は戦時だけでなく、平時といえども国策の遂行に利用し、あるいは相手国に戦争を回避させる作用をもつものである。しかし築城そのものは死物であるから、これを人が活用することによって価値が出てくるのである。たとえば蔣介石政権は日本に対し、昭和八年以来、上海、南京付近および隴海線に沿う地区に防御陣地を設備しようとし、ドイツからフォン・ゼークト大将以下数十人の顧問を招聘して、堅固なトーチカ陣地を構築したが、日本軍と鉾を交えることになると、これら築城はまったく利用されず、死物同様の価値しかなかったのはその好例である。

その反対の例は、豊臣秀吉が天正十年、備中高松城を攻めるときに、毛利の軍が山陰方面から進撃してくるのに対し、鳥取城および私都城に専守防御を命じ、自ら大兵を率いて山陽道の高松城を攻略したことは、鳥取城、私都城を巧みに利用した防御築城の一例といえよう。

築城はどれほど堅固であってもいつかは陥落するし、これに兵力をとられるから築城を平時から設けるのは不要とする論者がいた。武田信玄がこの説の主張者であって、「人は城、人は石垣、人は濠だ」といって領内にほとんど築城しなかった。たしかに信玄の存命中はそのとおりとなったが、信玄が死んで一〇年目の天正十年には織田信長が容易に甲州に侵入し、勝頼が天目山の僻地に滅び去ったのは城塞を軽視したためにほかならなかった。

国防築城は国家が統一しているときに設けられ、欧州の中世および日本の戦国時代のように群雄割拠するときには作られない。上古においては秦の始皇帝が北辺の匈奴の侵入を防ぐため、万里の長城を築き、欧州ではローマのドミチャヌス帝が紀元八一年、ライン、ドナウ両河間に長城を設けたのが大規模な国防陣地の始めである。

わが国でも天智天皇の頃から対馬、九州付近、東北では仙台、新潟、鶴岡、秋田付近に第一線築城を行ない、中央の大和に高安城を設け、九州との中間の長門、屋島にも築城した。

十九世紀末には要塞若干個で築城地域を構成し、一要塞のみに攻撃が集中しないようになった。第一次世界大戦では円形要塞または独立堡の集団ではなお敵に突破されることの教訓を得たから、築城地帯の出現を見るにいたった。支那事変前の中国の国防陣地は南京周辺を中央とし、東方にはフォン・ゼークトラインを、北方には隴海線で陣地地帯を設け、揚子江その他の海岸にあった従来の要塞を補強した。

マジノ線は地帯幅四キロぐらいで、これを突破された後ろには若干の旧式要塞のほか何もなかった。しかもストラースブルグ以南は薄弱で、ベルギー国境にはマジノ線を造らず、野戦築城を強化した程度のものだった。これがドイツ軍に突破されたところである。豊かな国フランスがこれを造らなかったのは、議会が予算を通さなかったためであった。

これに反しドイツのジーグフリート線はベルギーに対しても設け、それ以北オランダ国境から海岸にいたるまで、軽易な築城をした。しかも陣地帯の幅は四、五〇キロで、マジノ線のような狭いものではなく、かつ拠点式ではなく分散配置式を採っていた。分散配置式は各戦闘機関を全地帯上に分散配置する。機関銃銃塔を鱗形に配置し、通常三個をもって一戦闘群とした。機関銃銃塔の代わりにトーチカを置く場合もあった。

トーチカというものは第一次世界大戦末期において、イギリス軍戦車に対処するため、ドイツ軍がコンクリート製トーチカを陣地内部に設けたのがその始めで、大きさは空中写真で見分けられない程度、すなわち幅四メートル以下に構築された。その後、ソ連でこれを採用し、第一線にもさかんに用いたため有名になった。トーチカの配列は四列以上とし、間隔は三〇〇から四〇〇メートル前後を標準とした。中支蘇州の東北にあるトーチカは六、七〇メートルの狭い間隔のものもあった。

三、永久築城の形式

築城を実施するには各種の器具および莫大な材料を必要とする。これについてはドイツのジーグフリート国境陣地の使用材料に関するヒットラーのつぎのような演説の中の数字によって、その一端をうかがうことができる。

○コンクリートおよび鋼鉄製堡塁数　二万二〇〇〇
○陣地帯の深さ　四〇〜五〇キロ
○材料　セメント六〇〇万トン、木材六九万五〇〇〇立方メートル、鉄条網用鉄線三〇〇万巻
○運搬　鉄道貨車毎日八〇〇〇両、自動車毎日一万五〇〇〇台
○労働者数　熟練工毎日九万人、一般労働者毎日五〇万人

わが国で（戦前）最も生産量が多かった昭和十二年のセメント生産高は六二〇万トンであるから、ほとんど一年分のセメントを使用し、またわが国の当時の木材の産出量は約一四〇万立方メートルであるから、年間の半ばを使用したことになる。いかに膨大な材料を必要としたかが分かる。

西洋では規模が大きな築城が上古の時代から行なわれ、紀元前七世紀、アッシリア・バビロンなどに築かれたものは高さ三〇メートル、幅二四メートルといわれている。紀元前二世紀頃、ローマ時代のカルタゴ城の高さは一四メートル、幅五メートルぐらいで、アッシリア時代の半分の高さになった。同時代の漢の長安城は高さ八メートル、幅約三メートルと低いが、十四世紀に築いた南京城は高さが一九メートル、外壕は幅六〇メートル以上あった。十六世紀の終わりの頃から十七世紀の初頭は、日本では天正、慶長の頃にあたるが、宏壮

な城郭が流行した時代で、熊本城は高さ二五メートルもあった。欧州ではこの一〇〇年前、十五世紀の末にフランスのチャールス八世が火砲を用いて、イタリアの多くの城塞を疾風迅雷のごとく攻略したので、イタリアの築城家は各種の考案をめぐらし、従来のような高い城壁では砲弾に抗することができなかったから、逆に城壁の高さを低くし、外壕を掘って壁脚を壕底に置いた。

施条砲の出現後、イギリスのゴスポルト堡塁は従来の複雑な形式を除き、十七世紀初頭の形式のように胸墻・外壕・斜堤の三要素で築城断面の主部分を構成し、側防はカポニエルという特別な構築物を採用した。一八八五年(明治十八年)に地雷榴弾が発明されるとカポニエルも破壊され、壕の内側被覆も破壊される危険があったから、外壕の内側斜面すなわち内岸は自然の土地のままとしたものが永久築城の形式となった。

四、野戦築城

野戦築城も古くから実施され、元亀、天正の頃には織田信長が長篠の戦いにて、銃手を防御するため竹柵を設け、賤ケ岳の対陣、小牧の対陣には堡塁を五〇〇から一〇〇〇メートル間隔に設けて拠点式防御法をとり、その堡塁は土塁が主体だった。

明治以来の立射散兵壕を見ると、明治の初めは大断面であったのが、明治十八年以後断面は小さくなり、壕の前崖が崩れるのを防ぐため、壕と胸墻との間に広い崖道を置いた。日露戦争の頃になるとこの崖道が射撃に不便であることと、射手の掩護を確実にするため、崖道を廃して前崖をなるべく急にすることに努めた。第一次世界大戦では敵の偵察を防ぐため、低胸墻主義と狭い壕幅が用いられた。第二次世界大戦では機関銃その他の重火器が歩兵戦闘の主体をなすようになり、各個散兵壕は従来のように重視されなくなった。

対戦車肉薄攻撃は工兵が案出した有効な手段であった。その方法は爆薬、火焔放射機をもってキャタピラを破壊し、ついで車体の重要部をも破壊するものであった。この方法はノモンハンでも用いられ、張鼓峰では昼間一〇人の攻撃隊が一二両の戦車を攻撃して、その大部分を破壊した実例がある。ガソリンを燃料とする戦車が燃えやすい欠陥をもっていることが、ノモンハン事件における日本軍の肉薄攻撃の結果明らかになった。このため以後の戦車にはガソリンは使用されなくなった。

トーチカ攻撃といい戦車攻撃といい、まことに原始的な手段ではあったが、物量の足りない実情と、日露戦争以来伝統的に第一線に挺身する犠牲的精神を培われた工兵の伝統が止むを得ず生み出した戦法であった。

地中戦

地中戦は攻撃側が敵の要塞または堅固な陣地を攻撃するにあたり、敵陣地の要部を地中から破壊しようとする戦闘であり、攻防を問わず工兵が担当した。

地中戦は昔から城郭攻撃に度々利用されており、わが国でも天文九年、毛利元就が石見松山城を攻撃する際、坑道を掘った実例がある。または慶長十九年、徳川家康が大阪（坂）城攻撃の際、金山の坑夫を使用して深い坑道を掘開し、城中から来た使者にこれを見せて大阪方に知らせることにより、大阪城内を震駭させたのは有名な話である。

岩石坑道における鑿岩機の使用。

その後、火薬が発達すると、地中戦の価値は増大し、欧州では早くからこれを利用して敵の防御施設を破壊し、攻撃陣地を推進するため噴火孔を設け、これを連接して攻撃陣地を設けるのに使用した。

攻撃坑道において一目標に指向する坑道の集団を坑道系と称し、坑道発起室とこれから発する三個以上の坑道からなる。坑道の配置は目標を包囲し、敵坑道と遭遇する際、これをその左右および下方から包囲撃滅するように行なう。坑道は各坑道の先端が並ばないように先進坑道は候敵および後進坑道の掩護を行なう。坑道を上下の二層に編成するときは、上層坑道が先進し、下層坑道は上層坑道と間隔をあけて前進する。

坑道の断面は交通を主とするものと、爆破用のものがあり、前者は本坑道と称し、後者は枝坑道と称した。

坑道は昼夜を分かたず連続して行なう。坑道が長遠になるときは横坑道により左右を連絡する。

爆破には二つの目的がある。一つは敵坑道の爆破で、これには小装薬を用いる。もう一つは目標爆破で、大装薬を用いる。

爆破の実施は各坑ごとに行なうのであるが、威力を増すため各坑一斉爆破を行なうこともある。坑道が目標に到達すれば、爆破すると同時に、地上部隊が突撃して、目標を奪取するのである。

(上)坑道器材。支分軌匡と坑道車。
(下)八柱演習場における坑道地雷爆裂。

　わが国で坑道により近代的地中戦を実施したのは旅順の戦いが始めであるが、これは東鶏冠山北砲台の攻撃築城に続く地中戦であった。

飛行場の設営

第一次世界大戦までの戦術においては、砲兵陣地の選定ということが戦術研究の骨幹をなしていたが、航空機が急激に発達した第二次世界大戦では、飛行場の位置の選定ということが重要な戦術研究の課題となった。飛行場の数、位置および迅速な設定がきわめて重要な問題となったのである。飛行場が砲兵陣地に比べて最も異なるのは大面積の滑走路である。したがって飛行場を設定することは大作業であって、広大な面積の土地を平坦にならすことと、雨天の際に泥濘にならないよう舗装することが必要だった。アメリカ軍は滑走路に鉄網を使用して急造した。また飛行場と飛行機の隠匿が必要であり、マレー作戦において英軍は飛行機を偽装したり、近くの森林を利用して隠していた。

飛行場は航空活動に欠くことのできない要素で、飛行機の発達とともに拡充されなければならなかったが、陸軍では作戦飛行場の重要性が長くなおざりにされていて、飛行場を設定する野戦的な機能は、兵備的にも用兵的にも大きく立ち遅れていた。

野戦飛行場設定隊という部隊が初めて編成されたのは、支那事変勃発後の昭和十二年十一月で、このとき三コ部隊が臨時編成され、現地で占領飛行場の整備にあたったが、十五年六月に復員、解体された。太平洋戦争の開戦に際しては、十六年七月、新たに六コの設定隊が編成され、それぞれ航空部隊の隷下にあって進攻作戦の進展にともない、占領飛行場の整備を行なっていたが、南東方面の戦況悪化とともに、逐次その方面に転用された。

この野戦飛行場設定隊は、いずれも現地労力を利用する建前で、手工具と数台の輾圧機だけが装備された一〇〇名程度の小部隊にすぎないものだった。ガダルカナル島をめぐる死闘が起こって、中部ソロモンにおける飛行場の設定が急を要するにいたったので、南方軍は実績のある第八師団の第九陸上輸卒隊を急遽南東に送り、一方、内地では十七年十月、第十野戦飛行場設定隊を新編急派したが、この部隊も一〇〇名足らずの小部隊に軌条と台車、輾圧機、砕石機程度の器材が装備されていたにすぎなかった。

ガ島奪回が失敗に終わる頃から、飛行場の急速設定問題がにわかに台頭し、十七年十一月、南方を視察した東条陸相は帰国早々、航空本部に対し、飛行場急速設定のための緊急研究を命じた。航空本部は十一月初め、柏飛行場において、その研究と新設定隊の編成とを同時に行なうこととし、二週間にわたって研究討議の結果、設定器材としてとりあえず流用できるものとして、伐開機、伐掃車、牽引車がとりあげられ、また部外の土木器材として、東京市土木課がもっていたダンプカー（運土車）、築地の堀さらい用のショベル（掬土車）、農林省が桑の木に使っていた抜根機の各一台を入手した。これらの器材による応急装備で編成された第十一野戦飛行場設定隊は、とうてい機械化設定隊といえるものではなかった。

この研究によって陸軍中央部は、わが国の土木器材の貧弱さを改めて認識するとともに、機力器材の研究、試作の緊急性と、飛行場設定に関する研究、教育、部隊育成の母体となる機関の必要なことを痛感し、昭和十八年二月、飛行場設定練習部が創設された。

練習部の研究には兵器行政本部、築城本部、第二、第四技術研究所と工兵学校が協力したほか、東京、京都両帝大の土木、建築、機械、自然科学の専門家や鉄道省の勅任技師が参加し、試作、生産のために小松製作所、久保田鉄工、帝国車輌、宮原機械に協力を求めた。

以上の結果、昭和十八年六月頃に設定隊の編成装備について一応の成案を得た。それは機械化装備の三コ中隊で、一日の処理土量一万立方メートルの能力をもつ設定隊（甲）と、半機械化装備で現地労力を利用し、一日の処理土量四五〇〇立方メートルの能力を期待する設定隊（乙）とがあり、ただちに甲設定隊四コの編成が発令された。

その兵員は、歩、砲、工、輜、戦車の各兵種と兵技、建技から差し出されたが、もちろん設定作業の経験はなく、航空知識も皆無に近い状態だった。また装備品の定数に対する生産状況は、ブルドーザー（排土車）が五〇台に対し二〇台、キャリオール（削土車）が六〇台に対し二台、ローラー（輾圧機）は年末までに五〇台の生産が見込まれたが、ダンプカー、抜根機などは生産の見込みもたたない状況だった。したがって当初の第十二、第十三設定隊（甲）は装備品未充足のまま、北方軍に編入された。

引き続き第十四〜第十七の設定隊（甲）、第百一、第百二設定隊（乙）が編成され、その大部は豪北、東部蘭印の飛行場設定作業にあたった。昭和十九年には第十八〜第二十四設定隊（甲）と、第百十一〜第百四十設定隊（乙）が編成され、比島および沖縄で、捷号作戦準備のための飛行場設定にあたった。

昭和十九年三月、飛行場設定練習部は航空基地設定練習部と改称されて、編成も強化され、多数の航空地区部隊の教育、編成を担当することになった。十九年になって戦況の悪化にともない、地下施設の研究に着手し、同年末からは従来の飛行場に対する考え方を転換し、秘匿飛行場を大量に急速設定するための緊急研究を開始した。

昭和十九年、二十年の間に第二十五〜第三十設定隊（甲）、第百四十一〜第百七十七設定

隊（乙）、第十一～第二十特殊設定隊（地下施設）が編成され、本土決戦に備える内地、朝鮮の飛行場設定にあたった。

以上が陸軍の飛行場設定部隊の推移であるが、仮想敵国にアメリカを加えて比島作戦を研究し始めた昭和八年頃、雨季の比島における飛行場の急速設定のため、技術本部はケ号装置と呼ばれる器材を考案した。これは飛行機の着陸のとき、滑走距離を短縮するため、飛行機の車輪にワイヤを引っ掛ける装置で、また軟弱地盤の路面処理については、孔あき鉄板を敷設する方式が有効であると判定していたが、制式器材としては採用されなかった。これは、南太平洋でアメリカ軍が、飛行場の急速設定のため大量の孔あき鉄板を使用し始めたおよそ一〇年前のことであった。

船舶工兵

一、船舶工兵のはじめ

陸軍における海運業務は、日清戦争直後の台湾に、各種の軍需品、民需品を輸送するため台湾補給廠が作られ、その後もこの補給廠が継続されて、日露戦争にはその宇品支部のあった宇品が、陸軍の港として活躍しはじめたあたりから始まる。

日清、日露戦争時代の上陸作戦は、海軍陸戦隊が敵岸を占領し、その掩護下に運送船から兵員や資材を木製の馬舟や団平船に乗り移らせ、これを一五〇トンぐらいの小蒸気船で陸岸まで曳航し、陸岸で切り離して上陸するという方式だった。日露戦争後、陸軍運輸部が設置されてから資材は整備されたが、上陸方式は依然同じかたちだった。

操舟機を備えた鉄舟。四角い箱は方形舟。

大正五年、木舟の小蒸気曳航方式を機械化する研究に着手した。大正九年には四国の宿毛で行なわれた上陸演習を上原元帥が視察し、木舟を鉄舟に変えるよう厳命を下した。それまで運輸部の資材研究は技術審査部や技術本部とは何の関係ももたずに、運輸部単独で予算をとって研究、整備していたので、未だかつて中央部の検閲を受けたことがなかったし、中央部もまた運輸部の実体を知らなかった。それが突然、鉄舟を開発することになり、研究を推進するために、この後運輸部の研究整備は陸軍省が計画することになった。

当時の舟艇はわずか四馬力の平底発動艇で、主に指揮連絡用に使われ、名称は伝令艇といっていた。

その頃の日本の工業界では鉄舟を作るのは容易ではなかったが、大正十一年に三菱造船所で溶接作業が成功するにいたって、初めてこの理想が実現した。

(上)戦車大発動艇に九六式15センチ榴弾砲を搭載した応用砲艇。昭和16年試作。
(下)九六式15センチ榴弾砲の舟艇射撃を行なう戦車大発動艇。

大発動艇の操舵席。

鉄舟の試製に着手したのは、大正九年、宿毛演習の後だった。さきにガリポリにおいて英仏連合軍が艦載水雷艇で英兵満載のカッターを曳航し、上陸を企図したところ、敵の砲火のため曳索は切断され、艇体は破損し、非常な苦境に陥ったので、八月にスブラに上陸した際は、早くも鉄製の三〇〇人乗り自走艇を使用した。これらの戦例を参考として、運輸部ではまず第一着手として、従来の馬船、団平船の若干隻に発動機を据え付け、自走能力を与えることの研究から始め、ついで機付艀舟を試作した。しかし船体の堅牢度、耐久性、凌波性、復元性は旧態依然たるものであった。

大正十四年に伊勢湾で陸海軍協同の上陸演習を行なった。このときも馬舟とほぼ同型の鉄製の平底舟に発動機をつけて使用したが、波風のために故障が続出し、数十名の犠牲者まで出てしまった。この反省から、従来の型にとらわれない新型の舟艇を開発することになり、最初に完成したのがV型鉄製小発動艇だった。この型は多分に漁船型をとりいれ、推進器にも工夫を加えて、試作をくり返し、ついに完成したものであった。

続いて戦車や火砲を上陸させることは小発動艇ではできないので、これを二つ着けたような舟艇を試作し、船首の頭板を倒して桟橋代わりとし、戦車などを揚陸する方式を考えたが成功しなかった。最後に艇の頭部の断面をW型にして、ここに大発動艇が完成した。この両者の完成をみたのは昭和二、三年頃のことである。

つぎに大小発動艇を泊地に持っていくのは、普通の輸送船ではできないから、運輸部で二層式甲板の特殊船を購入し、配属したのが二〇〇〇トンの宇品丸である。もと宗像汽船所属の第五室蘭丸であった。さらに航行中に船尾から水門を開いて発動艇を泛水《へんすい》でき、上甲板に飛行機を積み、カタパルトを設備した靖州丸を建造した。この靖州丸はその後、太平洋戦争においてきわめて有効に利用された。

元来、舟艇の操縦は運輸部の雇人である小蒸汽船員が行なっていたが、いざ戦闘になったときに、彼らに対し敵前で敢然と任務を果たすことを要求するのは無理である。そこで舟艇の操縦にあたる専門の工兵の育成について、初め工兵第五大隊の第三中隊に対してのみ、宇品陸軍運輸部本部の援助のもとに、発動艇の取り扱いに関する教育が行なわれた。

当時は上陸作戦は開戦当初に発生するもので、連続的に発生するものではなく、上陸後の軍需品揚陸などは沖仲仕を使って間に合わせようとする方針で、第三中隊は動員上、独立工兵連隊の要員に充当する方針は変わらなかった。この中隊は揚子江七了口の敵前上陸において、その機能を遺憾なく発揮し、その真価を認められるにいたった。引き続き昭和七年、工兵第十一、第十八大隊の各一中隊を丁中隊に指定して訓練を行なった。これが船舶工兵の始めである。

昭和四年に第一回上陸特別工兵演習が行なわれ、船舶工兵を主とする訓練の重要性が認識

(上)装甲艇(ＳＴ艇)。昭和15年、三菱重工横浜造船所が製作した。大陸作戦における渡河掩護を目的としてつくられた。全長11メートル、最高速力 9.6 ノットを出す。(下)装甲艇。

された。船舶工兵は三コ師団に三コ大隊の丁部隊が編成された。

支那事変が長期戦の様相を帯び、沿岸いたるところに上陸を企図すべき必要が生じるとともに、河川遡江作戦の必要も生じたため、これに対する補充上の要請にもとづき、昭和十六年、独立工兵第二十六連隊を山口県柳井に設けた。

船舶工兵隊の太平洋戦争における活躍は、大小の上陸作戦、舟艇機動、軍需品や兵力の輸送に不眠不休、あらゆる敵の攻撃を排除し、献身的作業を実施した。太平洋戦争は一面において船舶工兵の戦いであったということができよう。

二、支那事変以後の船舶輸送

高速艇(甲)神風。450馬力のガソリン機関を搭載し、最高速度は40ノットに達するという高速を発揮した。

支那事変が拡大し、日本陸軍は昭和十二年十二月末、南京、蕪湖の線を占領した後、さらに漢口に向かって追撃するため、揚子江遡江作戦の準備に着手した。戦場が拡大するにしたがい、船舶輸送司令部の業務もいよいよ繁忙をきわめた。

当時、船舶輸送司令部が保有していた船は、上陸用舟艇など直接保管するもののほか、輸送船約六〇〇隻、一五〇万トン、海上トラック約一〇〇隻、機帆船、漁船、ヤンマー船約三〇〇〇隻余りにおよんだ。上陸用舟艇はこの時期において軍令定数を改められ、従来の定数は大小発動艇一二〇隻であったが、大小発動艇各々六〇〇隻を目標として整備に着手した。その大部分は大阪の民間造船所に発注したが、小型強力発動機の製作技術が幼稚だったため、指導しつつ製作にあたった。とくに装甲艇用三八五馬力ディーゼル機関、高速艇用四〇〇馬力ガソリン機関については多大な努力を要した。

昭和十六年十二月、太平洋戦争に突入し、シンガポールを陥れ、比島を攻略、蘭印におよんで、ついに十七年末においては南太平洋ガダルカナル島にまで進軍した。しかし、攻勢は長くは続かなかった。昭和十七年の八月頃から南太平洋海域方面の制海制空権はしだいにアメリカ軍に奪還されるとともに、この頃から電波兵器が威力を発揮し始めたので、その後における日本軍の輸送はきわめて困難となった。

昭和十八年二月初頭、ラエ輸送に従事した船舶七隻は、百余におよぶ敵機の猛攻を受け、わずかに二十数分で全滅した。当時、輸送船の自衛のために対空兵装として用いたのは、高射砲と機関銃であったが、地上火器を流用したものにすぎなかった。しかも輸送船二隻に高射砲一門という貧弱な数であった。対潜のために乗船部隊の野山砲も利用されたが、これではとうてい成果を期待することはできないので、防空船というものを作り、船隊防空火網の基軸とした。

この船には高射砲数門ないし一〇門と、機関砲（二〇ミリ単装から二連装、二五ミリ二連装、同四連装に進歩した）数門を装備した。高射砲はその後、野山砲に代わって対潜任務もかねた。対潜兵装の船舶も相当あり、その後、迫撃砲が対潜火砲として使用されるようになった。このほかに爆雷も装備していた。中期以降に各種水中測定器（ス号、ラ号）の創案によって、ある程度の成果を収めた。対機雷兵装としては、繋留機雷に対してはパラベーンを装備したが、磁気機雷がしだいに増えてきたので、磁気機雷防雷具が作られたが、わずか二、三隻にしか装備することができなかった。

陸軍は今まで海軍が行なってきた海上掩護を自ら行なうようになり、まさに船舶作戦の様相を呈してきた。ことに敵の魚雷艇が猛威をふるうようになると、大型船舶はいよいよ影をひそめた。小型船舶としてはとりあえず大発動艇を主用したが、その搭載量においても輸送力においても十分ではなかった。蟻輸送とか毛細管輸送とか呼ばれたことが、その実態をよく現わしている。しかも輸送そのものが戦闘行動であるから、これに対応するため各種の舟艇が建造された。速力の大きいものとしては伊号高速艇、SB艇などが開発されたが、数が少なく、損害を避けるために暗夜を選び、陸岸近くを航行したので、時間的、距離的に輸送能力を減殺した。

このような状況に応じるため、中期以後、各種の船舶部隊が新設された。しかしこれを構成する兵員は広く各部隊から将兵を抽出して臨機編成し、船舶司令部できわめて短期間の教育を施したにすぎなかった。

三、マレー作戦

マレー戦線における日本軍の進撃は世界戦史にかつてない速さだった。

コタバル上陸には船舶工兵の独立工兵第十一連隊と第十四連隊が協力し、敵機の猛攻の中、船舶工兵の働きには目覚ましいものがあった。日本軍の上陸地点からマレー半島南端ジョホールバルまでは一一〇〇キロで、陸軍はこの距離を一気に攻略する方針を立て、敵はわが軍の進撃を阻止するため、当然橋梁を破壊するであろうとの予想のもとに、独立工兵四コ連隊を軍の編成に加えていた。この独立工兵と師団工兵が、敵が破壊した橋梁の修理に大活躍を

太平洋戦争初頭のマレー作戦中、門橋による自動貨車の渡河。
後方に見えるのは英軍に破壊されたクアルカンサルの鉄道橋。

したのである。作戦日数五五日で一日平均二〇キロを進撃し、毎日平均二回、合計九五回交戦するなかで、一日平均五条、合計二五〇もの橋梁を修理した。

横山工兵連隊は作業日数二八日間に架橋数五六、全長一六五五メートルの大記録を樹立した。同隊はシンゴラ上陸以来、つねに困難な戦況に挺進し、昼夜の別なく橋梁修理にあたり、主力第五師団の進撃を助け、この間、地雷の排除、戦車障碍物の除去、飛行場の整理などに身を捨てて友軍の進路を開拓する工兵魂を遺憾なく発揮した。

マラッカ海峡に沿う道路を前進する師団に協力するため、上陸用大小発動艇をマラッカ海峡に移送し、二五〇キロにおよぶ海上機動を実施した。師団の諸隊はこの海上機動によって、適時敵の側背面に不意に上陸し、前進速度を上げることに大きく貢献した。

ジョホールバルに進出した軍はジョホール水道の渡河、シンガポール島への敵前上陸の準備を開始した。マラッカ海峡を海上機動した大小発動艇をトラックで移送し、鉄舟、折畳舟、ゴムボートなど、すべての渡河材料を集めた。約一週間で準備を終わって、三コ師団を並列し、いっせいに渡航を開始した。工兵は総力を集中、敵の猛烈な銃砲火を冒して渡航を成功させ、大きな功績をあげたのである。

四、戦訓特報に見る工兵作業

マレーおよび比島における渡河の教訓

㈠、渡河の方式について

シンガポールは全体が要塞であるという観念により、ジョホール渡河は強襲渡河を採用し、香港の渡河は隠密作業を採用した。ただしジョホールにおいても左翼兵団の渡河に任じた鈴川工兵部隊は隠密作業を採用した。

強襲渡河においては砲兵は第一回上陸部隊が上陸し、上陸成功の信号があるまでは河岸を射撃し、射程を延伸しないことが必要である。各渡河とも敵の真面目な抵抗を受けたのは第二回または第三回以後であった。しかしコレヒドールにおいては舟艇達着直前に制圧射撃を中止したため、達着時に猛烈な敵の射撃を受けた。敵の射撃は二、三〇メートル以内が最も激しかった。

㈡、渡河点の選定について

シンガポール、コレヒドールともに要塞である。上陸点の選定においては敵の配備の虚を衝く考えは同じだった。シンガポールの西北角の両岸はジャングル地帯で、配備に隙があったが、コレヒドールの上陸点は上陸容易な反面、敵の防備は厳しかった。

㈢、渡河準備について

ジョホールの渡河準備は、当初、軍の計画では七日間と予定したが、第一線師団の準備がやや遅れたため、一日延長し、八日を費やして成功した。しかし、細部にわたり観察すると準備周到とはいえず、少なくとも一〇日ないし二週間は必要であった。

ア、作業隊の編成はすみやかに完了し、渡河準備を整斉と行なうことが必要である。とくに能力が異なる部隊を編合する場合は注意を要する。コレヒドール攻撃における海上作業隊は各種独立工兵を編合したもので、渡河実施の約一〇日前に、ようやくこれを掌握した。

イ、ジョホールおよびコレヒドール渡河においては、工兵隊は各々自隊の基本訓練を、また他部隊との総合訓練を一通り実施し、渡河に対する自信を大いに増強することができた。

ウ、ジョホールの渡河において、歩兵は工兵と一致団結し、長時日にわたりジャングル地帯において渡河器材を推進し、渡河を成功させた。

エ、長大な距離を輸送した渡河器材、とくに操舟機に相当な破損を生じた。このため渡河作業隊は積極的に渡河材料を入手し、人機一体化を図るとともに、渡河作業計画には十分な弾力性をもたせることが重要である。

オ、コレヒドール島においては渡河数日前の破壊射撃のときから制圧射撃を加味し、渡河の時機をたとえば第一日目の昼間は左翼隊の正面、第二日目は右翼隊の正面というように変えることにより、敵をゆさぶり、渡河時機を偽騙した。ジョホールにおいては左翼兵団に陽動させ、とくにその一隊に左側ウビン島に前夜上陸させて、敵の有力な部隊をその右側に拘束した。

(四)、渡河実施について

ア、第一回渡河部隊の服装は努めて軽装とすること。ただし浮胴衣は各自必ず装着させる必要がある。ジョホールの渡河部隊は軽装で、かつ浮胴衣を各自に装着させたため、渡河部隊は堅固な水際障碍物や水上の火焔攻撃(水上に重油を流し、これに点火したもの)に遭遇したが、損害を比較的軽微におさえることができた。コレヒドールは数日間の糧食と水を携行したため、一部の上陸点において、長いのは約四五分も達着のまま敵弾下にあり、相当の被害をこうむった例がある。

イ、快速魚雷艇に対しては、河川用装甲艇を必要とする。また水中障碍物を設置すれば効果がある。

ウ、コレヒドールにおいて、上陸後堅固な陣地にたてこもる優勢な敵と相当時日戦闘することを考慮し、上陸が最も困難な岩礁海岸に向けて、第一回目から中戦車、九八式臼砲のような重車両を舟艇に積んだため、敵の猛射を浴びて、上陸が困難となり、多数の損耗を受けた。

(五)、渡河資材について

ア、コレヒドール水道の渡河においては、第一線師団所要舟の一〇〇パーセントの予備を準備、交付した。コレヒドール攻撃の渡航では約三五パーセントの予備舟艇を準備した。その損耗の概数は、前者が全舟艇の約一〇パーセント、後者は約六〇パーセントに上った。

イ、コレヒドール渡河において、軍兵器廠より交付された操舟機は、格納油を塗布されたままだった。工兵部隊は受領後に整備を実施し、しかる後さらに人機一体化を図らなければならないことから、このような場合は少なくとも渡河実施一〇日前には交付する必要がある。コレヒドール渡航に使用した発動艇の中で、作業隊が入手した時機が最も遅かったのは、渡航の前夜だった。これでは人機一体必成の作業的信念をもって渡航にあたることは不可能である。

ビルマ「マユ」河の渡河ならびに水路輸送にもとづく教訓

㈠、渡河行程について

渡河材料二中隊（折畳舟約四〇隻、別に小発五）により、渡河開始二四〇〇～二四三〇より払暁までに、戦列部隊の大部の渡河に成功した。第一回渡河は漕渡による一斉渡河、爾後は単舟および門橋による機航で、一往復三〇～四〇分を要し、渡河当夜一～二往復を実施した。これは空地とも敵の妨害を受けず、まったくの奇襲だったことと、月明により渡河作業が容易だったことによる。

㈡、舟艇の秘匿、偽装について

敵機はわが舟艇を唯一の目標とし、昼夜を通じて攻撃してくる。そのため舟艇の秘匿場所、偽装に関しては細密なる注意を必要とする。

㈢、水路輸送について

ア、水路輸送は舟艇を含めて二、三隻の小群に分け、梯隊間隔をとり、対空監視を周密にし、夜間航行に徹底することを肝要とする。とくに薄暮または払暁時における油断は禁物である。

イ、河幅の広い河川では、陰影を考えて河岸に沿って航行し、必要であれば停止し、機関を止めて敵機の有無を観察しつつ、航行すること。

ウ、水路輸送は月明の関係および潮汐を顧慮し、航行時機を適切に選定することを必要とする。干満時の潮流を利用すれば有利である。

エ、舟艇は機関故障の場合を考えて、単舟では航行は避けること。

オ、大小発などの舟艇には、対空対地戦闘のため、機関銃、自動砲などを装備する必要がある。

マレーおよびバターンにおける架橋作業

㈠、マレー作戦における架橋速度の統計

進撃行程　一一〇〇キロ

所要日数　五五日

一日平均行程　二〇キロ

架橋数　約二五〇条

一日平均架橋数　四～五条

概ね三縦隊となって進撃し、一縦隊に一工兵連隊の割合とみなし得るので、一工兵連隊一日の架橋数は一～二条、二日に三条となる。

マレー作戦中、感状に輝く横山工兵連隊の架橋状況は左記のごとき迅速さであった。

作業日数　二八日

全橋梁長　一六五五・五メートル

平均橋梁長　三〇メートル

架設所要時間　　　　三五六・一時間
平均所要時間　　　　六・六時間
架設作業時間と他の作業との比　一対二（前進を含む）
これらの橋梁は重縦隊橋程度を目途とし、一部の補強により、中戦車級をも通過可能であった。

(二)、バターンにおける野戦道路隊の架橋速度の統計
橋梁数　　一一六条（長さ平均三〇メートル）
日数　　　六〇日
兵力　　　二中隊（建築勤務隊二を含む）

第四章　工兵の器材

工兵器材の開発

明治十六年に工兵会議が設立され、器材、築城、編成の研究にあたった。

日清戦争後に築城部が、明治三十六年に陸軍技術審査部が創設され、日露戦争に備える態勢が整った。

第一次世界大戦後の大正八年、技術審査部は技術本部に改変され、あわせて科学研究所が創設された。

その後、若干の機構改変があったが、太平洋戦争の直前に、兵器行政、造兵、補給、研究など地上兵器に関する全部門が兵器行政本部に統合され、一般工兵器材を担当する技術本部第二部は第三技術研究所になった。

一般工兵器材および有線通信器材のほとんどは技術本部第二部時代、満州事変の前後から約一〇年間に改良または制定された新器材をもって太平洋戦争に突入した。

大正から昭和初年にかけて部隊装備器材の重点だった架橋器材は、鈍重な鉄舟および艪棹

(上)三式潜航輸送艇。甲板艙に兵器弾薬を積載する。画面の左手には、九七中迫の床板が見えている。(下)三式潜航送艇。燃料の入った耐圧ドラム缶を艇外に積載している。

時代で、操舟機は一隊に二、三機しかなく、築城、道路、坑道作業に用いる土工、木工器材は、円匙、十字鍬、鋸、鉈など、もっぱら臂力器材のみであった。

その後、兵器の発達につれて、工兵器材についても新考案を採用し、作業能力の増大と、軍の機動に追随することが要求されるようになった。この要求に応えて最初に開発されたものが、装甲作業機と広軌牽引車であった。

建造中の㋴。昭和18年10月に日立製作所笠戸工場で第一号艇が進水し、海田市の日本製鋼所、月島の安藤鉄工所、仁川の朝鮮機械でも逐次建造された。終戦時には、愛媛県三島町の陸軍潜水輸送教育隊に24隻が帰還した。全身49.5メートル、排水量　水上273トン、水中346トン、最大速力　水上1.6ノット、水中4.4ノット、搭載能力　米24トン（兵員２万名の１日分）。

工兵器材の研究開発は昭和七年頃から本格的に始まった。工兵器材の開発は技術本部第二部が担当し、電波、電気の応用、その他一般機械の開発は、陸軍科学研究所の第一部が担当した。工兵器材の研究開発は、技術本部と科学研究所の二本立てで進められたのである。

最初は満ソ国境を想定して、鉄条網の破壊、側防機関銃座の制圧、トーチカの破壊といった国境陣地突破用の器材と、大河の渡河、大湿地帯の移動用器材などが主な課題だった。

器材の整備については、特殊工兵部隊を編成して訓練させることと、作戦資材として補給廠に集積しておくという方針で進められ、渡河器材などは満ソ国境に集積していた。しかし南方作戦が始まると一八〇度方向転換し、研究開発も上陸作戦の方法、離島への補給の問題、船舶の潜水艦に対する自衛手段などに重点を移して、最後には潜水輸送艇まで開発した。これは陸軍が作った潜水艦として、㋴という名称で知られている。隠密輸送のため、水上および水面下の航行を可能にした長さ四五メートルほどの小型潜水艇で、四〇トンの荷物を積載することができた。相当数が整備され、その一部は内地、マニラ間に就役した。レイテ島に一回、徳之島に一回、父島に数回の隠密輸送に成功したといわれている。

明治十九年器材表

まず始めに、明治十九年五月に改定された工兵大隊作業器具表から、主要な器材を抜粋する。器材というより道具といったほうが近いものばかりだが、これにより工兵の初期の器材というものを知ることができる。

この表には約三〇〇種の工兵用器材、材料が記載されている。後に名称が変わったものもあるが、主要な器材は太平洋戦争にいたるまで一般工兵器材として使われていた。

分類	器材名	定数	保存
積土器具	円匙	二四〇	三年
	十字鍬	二四〇	六年
	平鋤	二四	一五年
	斧	二四	二〇年
	土槁	二四	五年
	大槌	八	五年
編束物製造器具	小槌	二八	三年
	手鋸	一四	三年
	鉈	五四	五年
対壕器具	対壕叉	一二	一二年
	土押	六	一年半
	土搔	一〇	一〇年
	土嚢	三〇〇	一〇年
石工器具	煉瓦切	八	五年
	鏝	一六	二年
	石工鎚	四	三年
	石工鑿	一六	五年
架橋器具	鉄舟	六個分	一〇年

坑道器具	架柱	六個分	一〇年
	桁	九六	一〇年
	四臂築頭	二	一〇年
	手斧	八	八年
	直垂球	八	六年
	三角水準器	八	五年
	通気機	二	八年
伏地発煙器具	伏地雷機	一	一五年
	ブレゲー電気器	四	八年
	導電線 陸用	二	五年
	水中用	一	五年
穿貫火坑器具	右旋常鑽	一	一五年
	左旋常鑽	一	一五年
	有竿杵	一	八年
鍛工器具	鉄床	四	一五年
	向鎚	八	五年
	入鎚	六	六年
	仕上鎚	四	一〇年
木工器具	曲尺	八	五年
	玄翁鎚	一六	五年
	鉋	三二	三年

桶工器具	横鋸	四〇	二年半
	形木	一六	二年
	クレハリ	二	二年
	釿	二	五年
	正直	二	五年
測量器具	ブーソル・ア・エクリメートル	二	二〇年
	銅製アリダート	二	二〇年
	デクリナトワール	六	二〇年
	バイセン氏デビラトール	二	二〇年
電信材料	被覆線	五〇〇〇メートル	
	水底線	二〇〇〇メートル	
	電柱	六〇	
	通信器	八	
	電話器	二	

極秘・秘密器材

昭和十二年において極秘または秘密扱いとなっていた兵器には、つぎのような工兵器材が含まれている。新しい器材がつぎつぎに開発され、その多くは対ソ作戦用という目的のために、秘密扱いにされていたのである。器材名称と制定年月を列記する。

一、極秘兵器

大正十二年五月	難窃通信機
大正十三年六月	窃話機
〃	一号火焔発射器
〃	二号火焔発射器
昭和八年四月	九二式大時限発火機
〃	九二式小時限発火機
昭和八年六月	九三式軌道破壊具
昭和九年四月	特一号電話機
〃	九三式窃話機
昭和九年五月	九二式経路機
昭和九年九月	九三式小火焔発射機
昭和十年二月	九四式甲号消車
〃	九四式甲号撤車
昭和十年四月	九四式一号型特殊受信機
昭和十一年十二月	九四式三号型特殊受信機
〃	九四式四号型特殊受信機
昭和十一年三月	九五式断崖攀登具
昭和十一年五月	九五式装甲軌道車
昭和十一年七月	九五式軽操舟機

〃　九五式折畳舟
〃　九五式折畳舟門橋橋床
昭和十二年三月　九六式装甲作業機

二、秘密兵器

大正十五年四月　十五年式三号・五号無線電信機
昭和二年十一月　八七式一号・六号・七号無線電信機
昭和七年十月　十五年式四号無線電信機
昭和八年五月　一号・二号無線電信集所機
昭和八年九月　時報受信機
昭和十一年五月　九五式電信機
昭和十一年六月　九五式大空中聴音機
昭和十一年十二月　九四式一号無線機
〃　九四式二号甲・乙・丙・丁無線機
〃　九四式三号甲・乙・丙・丁無線機
〃　九四式四号甲・乙・丙・丁無線機
〃　九四式五号無線機
〃　九四式六号無線機

工兵連隊支給器材表

昭和十四年一月、陸軍兵器本廠長へ令達された「内地及満州派遣工兵聯隊並工兵学校特別支給器材表」により、教育および演習用という名目で支給された器材の品目と数量の概略を左表にまとめる。

品目	満州派遣連隊	留守隊・補充隊	工兵学校	近衛工兵連隊	工兵第十九連隊
九三式小火焰発射機	六	四～九	―	六	六
九八式装薬磁石	一八	一二～二四	二六	一八	一八
高圧探知器	四	三～六	六	三	三
電圧検知器	四	三～六	六	三	三
防電具	一〇	九	一〇	九	九
九八式地雷探知器	六	六～九	一〇	六	六
銃眼閉塞具	一二	一二～一五	一六	一二	一二
九五式折畳舟	二〇	一〇～五八	七〇	五八	一〇
同 門橋橋床	三	三～一〇	一八	一〇	三
九五式軽操舟機甲	三	三～三四	七〇	三四	三
九一式大浮嚢舟	六	四～六	六	六	六
九一式小浮嚢舟	六	四～六	六	六	六
九四式携帯浮嚢舟	六	六	六	六	六
軽渡河器材徒橋(米)	一〇〇	七〇	―	七〇	七〇
湿地橋(米)	一〇〇	四〇～六〇	―	六〇	六〇
浮嚢靴	一五	一五	一五	一五	一五
九五式断崖攀登具	三	二～六	四	二	二

九八式梯子	六	六	六	六	六
九二式経路機	三	三	三	三	三
字号布板	八	一二	一二	一二	一二
九二式携帯回光機	四	六	ー	六	六
重水平穿孔機	二	一〜三	四	一	一
潜水機	ー	（一部のみ）三	ー	ー	ー

昭和十四年度整備器材

昭和十四年四月に陸軍省機械課が作成した「昭和十四年度初度調弁器材表」には、およそ六〇〇種類の器材ごとに、当年度購入すべき数量と調弁費目が記されている。ここでは主要な品目と調弁数量を摘記する。

一、爆破器材
酸素救命器一〇八、酸素呼吸器一五五、九一式大時限発火機一八〇、九一式小時限発火機一九〇、九八式装薬磁石四〇七三五、九七式導電線鋏七三五、九九式爆破管五〇二〇
二、坑道器材
九二式動力鑿孔機四、一米軌匡三五
三、近接戦闘器材
九八式軽防楯三五〇〇〇、重防楯四三二〇、九三式両手鉄条鋏一七八七〇、九六式装甲作

酸素呼吸器

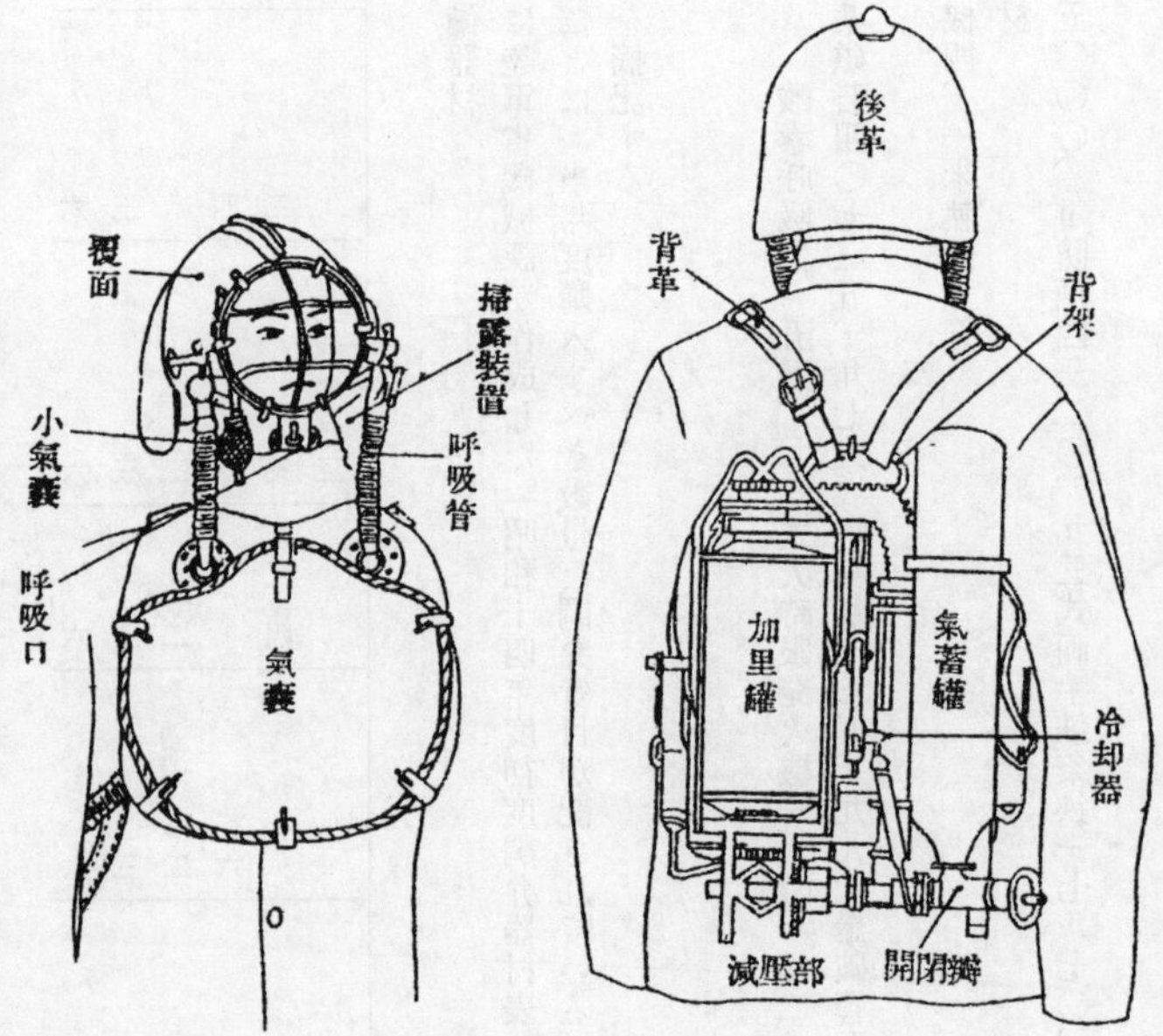
覆面
小氣嚢
呼吸口
掃露装置
呼吸管
氣嚢
後革
背革
背架
加里罐
氣蓄罐
冷却器
減壓部
開閉瓣

酸素救命器

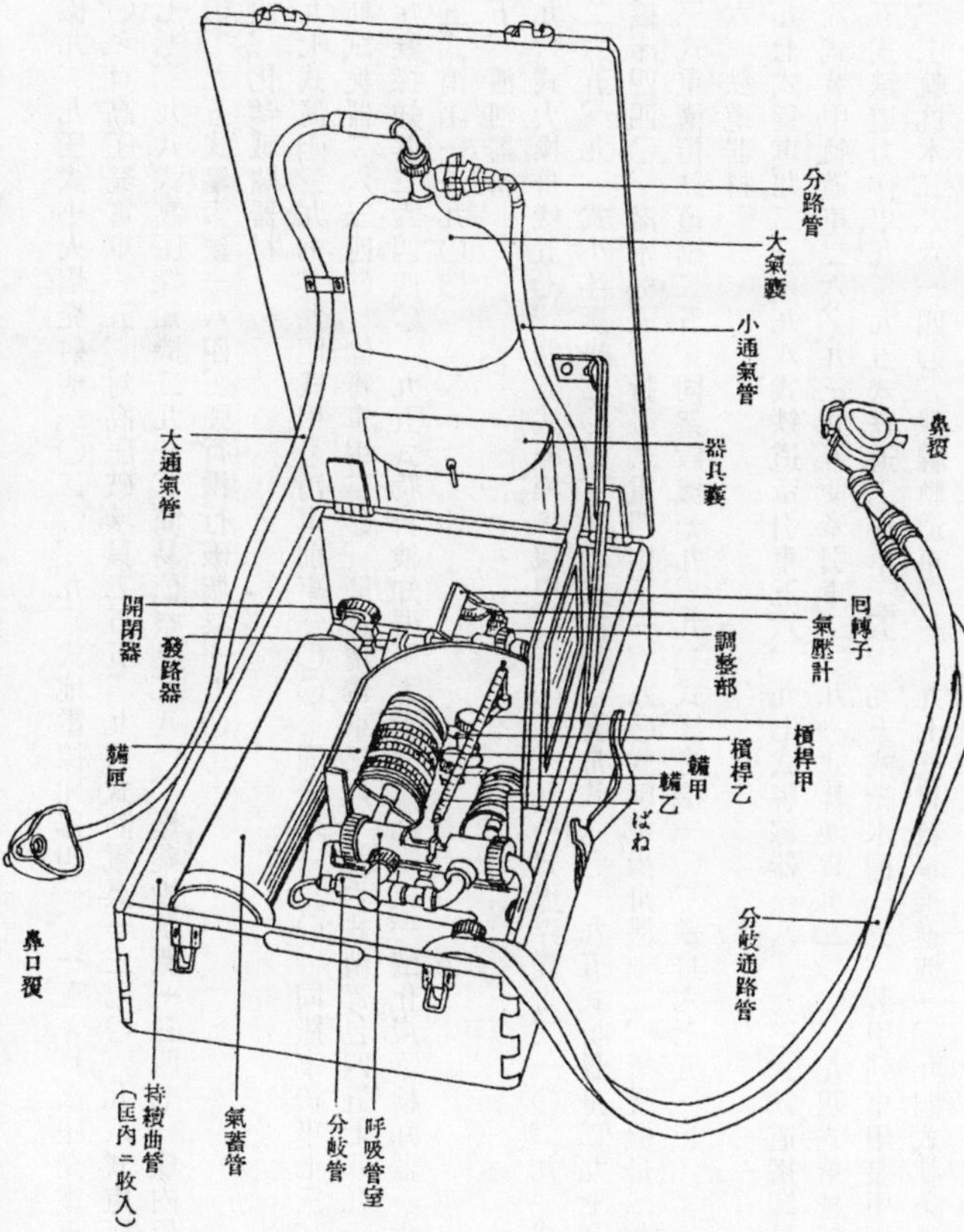
分路管
大氣嚢
小通氣管
鼻覆
器具嚢
大通氣管
開閉器
發路器
回轉子
氣壓計
調整部
槓桿甲
槓桿乙
鞴甲
鞴乙
ばね
鞴匣
鼻口覆
分岐通路管
持續曲管
(匣内ニ收入)
氣蓄管
分岐管
呼吸管室

業機九、九三式小火焔発射機一〇二〇、九八式地雷探知器四一、一五キロ高圧発電車二八、三〇キロ高圧発電車一五、対高圧破壊具二五五、九八式防電具一三七〇、九八式電圧検知器三七七、九八式高圧探知機二九一、簡易偵察具二八〇、爆薬投擲機一三四七、壕内信号機三〇〇、九五式鋼索鋏一八四、強行携行破壊具一五〇

四、化学戦闘器材

九七式濾函三九七、九四式甲号消車前車一〇〇、同後車一三〇、同撒車後車七三、九六式瓦斯試臭器二六三四〇、除毒車甲二〇、簡易消毒車三八、九六式消毒包四五七八九〇、九六式斥候探知器二六四四〇、九五式物料検知器一六七〇、九一式一酸化炭素検知器一六〇〇、九五式消函一二九〇〇

五、渡河器材

九六式大操舟機五七、九五式軽操舟機甲二三〇三、九一式大浮嚢舟二一〇、九一式中浮嚢舟二六五、九一式小浮嚢舟七〇〇、九四式携帯浮嚢舟八六〇、九五式折畳舟二九七一、同門橋橋床四四〇、潜水機五、折畳式重門橋三一、九〇式駄載操舟機一二、折畳機舟二九、改良九三式重構桁鉄道橋二五、同架設機一九、九二式操舟機一〇、鉄舟六七五

六、鉄道器材

九七式貨車九二三、九八式鉄道牽引車五六、九七式脱線器一八、九三式鉄道搭卸具一九、九八式装甲軌道車二六、九三式軽便牽引車二、九一式軽便貨車二〇〇、九四式乗越転轍二五、九五式鉄道力作車九、九五式鉄道工作車三五、九五式給水槽一三、装甲列車用装甲板九列車分、広軌枕木二二六一四〇、保線軌道車二一、九七式材料車推進機一、九四式軌条敷設車二

七、特種交通器材
湿地橋六六〇（メートル）、九八式梯子甲一三〇、九七式断崖攀登具一八、九五式断崖攀登具七三
八、有線通信器材
九二式電話機一〇七六六、九三式軽電話機一八〇〇、九三式十二回線交換機二〇二、九二式小被覆線二六四一四（巻）、九三式軽被覆線三一八〇、九七式二心水底線七四六、鉄地鏨一三七、九二式携帯回光機六〇四、一〇センチ回光機三五、九二式二十センチ回光機九八、九五式電信機一〇〇〇、自動印刷電信機五三、光電話機七一、九七式植柱作業車三三、九七式延線車三二、九八式多重電信機三六、九八式多重電話機二九、特三号電話機二一
九、無線通信器材
九四式六号無線機二三六二、九六式七号無線機二〇九、小型無線機三五〇〇、特設受信機戊四九、高速度通信機五、短波受信機一三、超短波受信機七
十、機力器材
九七式三十キロ発電車二〇、九七式空気圧縮車五〇、九七式工作車二二、九五式力作機二
十一、作井給水器材
九七式動力作井機一五、九五式動力揚水機九〇、九八式五瓩水槽一七、九三式手動揚水機九（昭和十五年二月の「兵器名称及び用語の簡易化に関する規程」により、鑿井機という用語は作井機に変わった）
○

土工器材

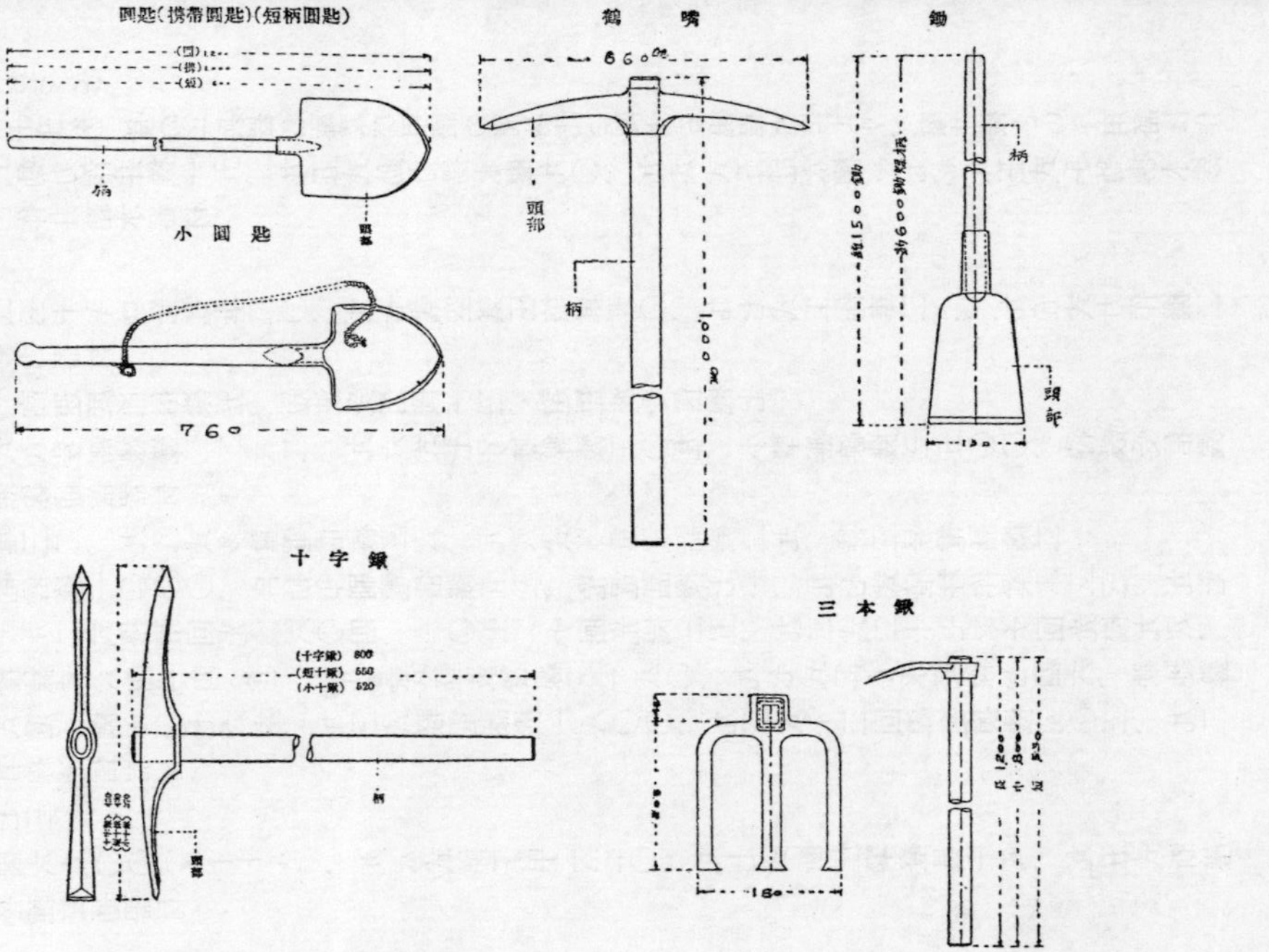

円匙（携帯円匙）（短柄円匙）
（円）
（携）
（短）
柄
頭部
小円匙
760
鶴嘴
660
頭部
柄
900
鋤
約1500粍
約600粍
柄
頭部
十字鍬
（十字鍬）800
（短十鍬）550
（小十鍬）520
柄
頭部
三本鍬
180
長 1,200
中 800
短 530

木工器材(各種の鋸など)

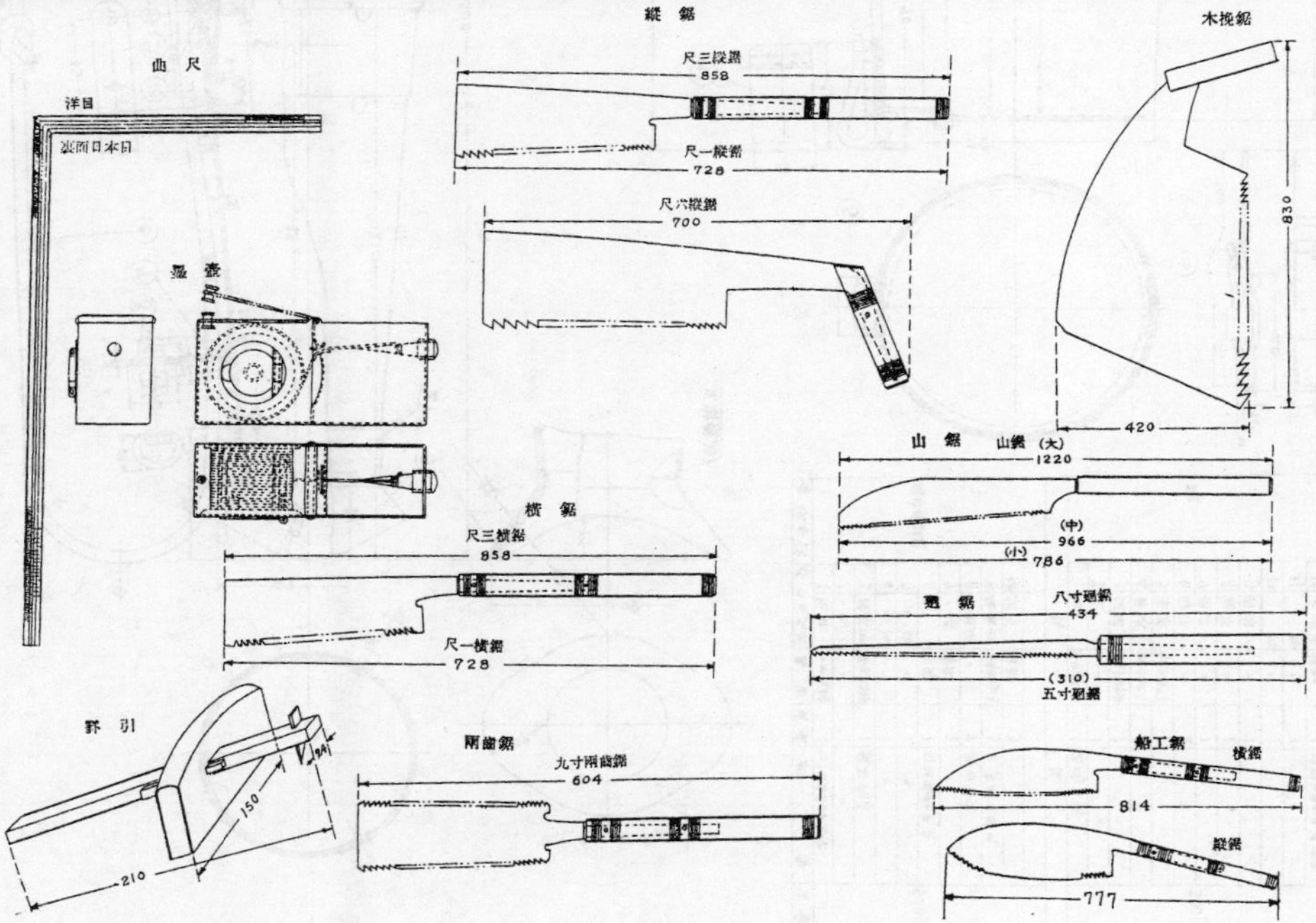
曲尺
洋目
裏面日本目
墨壺
縦鋸
尺三縦鋸
858
尺一縦鋸
728
尺六縦鋸
700
横鋸
尺三横鋸
858
尺一横鋸
728
罫引
210
150
両歯鋸
九寸両歯鋸
604
木挽鋸
830
420
山鋸
山鋸 (大)
1220
(中)
966
(小)
786
廻鋸
八寸廻鋸
434
(310)
五寸廻鋸
船工鋸
横鋸
814
縦鋸
777

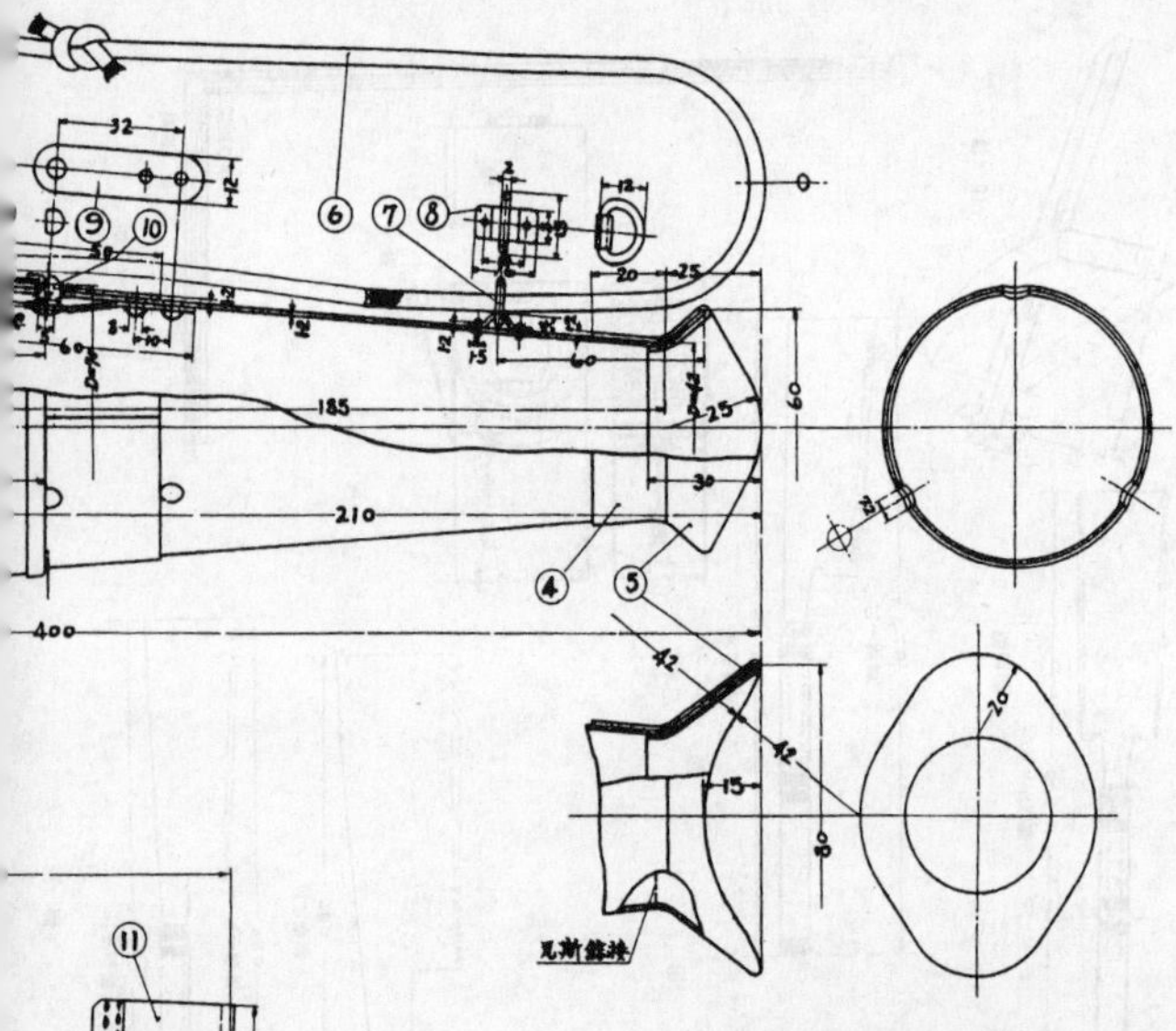

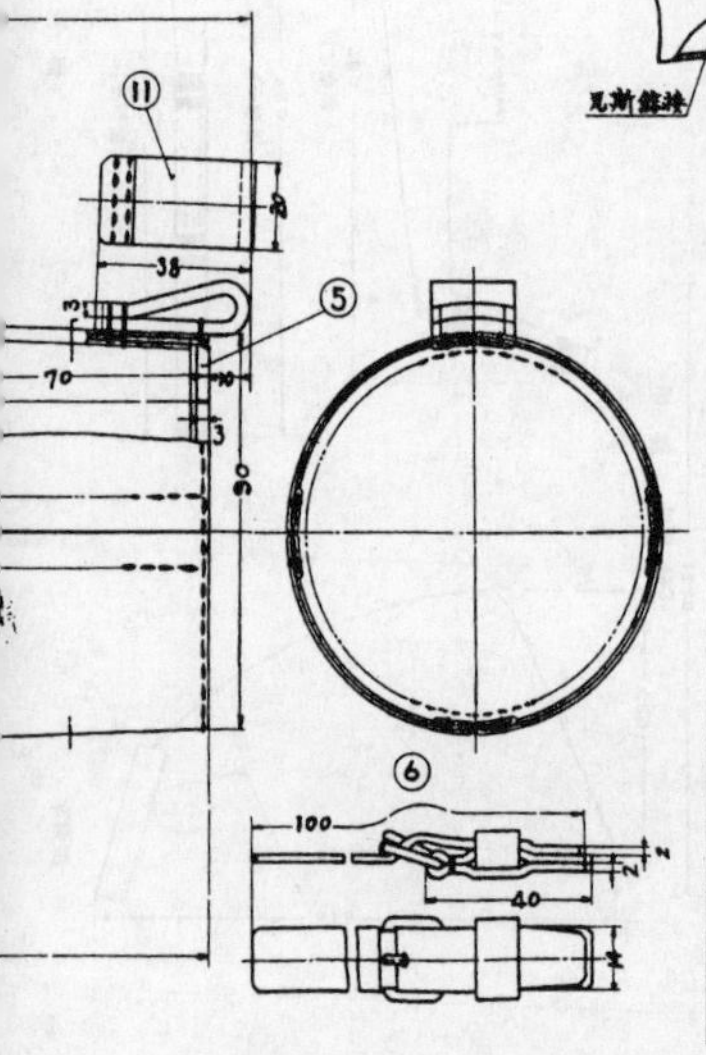

全体名称	番号及名称		品質	員数	摘要	重量
携帯擴声筒	1	筒(甲)	アルミニウム鈑	1	内外面共茶褐色塗	500g
	2	〃(乙)	〃	1	〃	
	3	被革(甲)	褐色手縫革	1	鹽石翻着	
	4	〃(乙)	〃	1	〃	
	5	〃(丙)	〃	1	〃	
	6	紐	木綿	1	打紐茶褐色染	
	7	〃鐶	黄銅	2		
	8	〃駐板	〃	2	鋲四箇共	
	9	補強板	[illegible]	3	〃黄銅六箇共	
	10	駐筒	軟鋼	3		
属品						
嚢	1	体	三号厚麻布	1	茶褐色染	300g
	2	蓋	〃	1	〃	
	3	側革	褐色手縫中革	1		
	4	當木	耐水甲乙	1		
	5	底革	褐色手縫中革	1		
	6	鋳革	〃	2		
	7	縁革	〃	1		
	8	框革	〃	1		
	9	當革(甲)	〃	1		
	10	〃(乙)	〃	1		
	11	〃(丙)	〃	1		
	12	木螺子	黄銅	4	球頭七番四号 蓋板共	

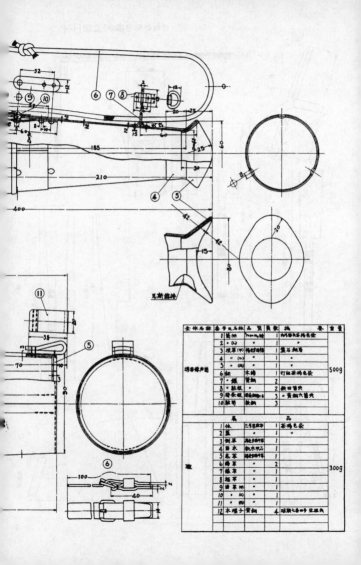

携帯伝声筒

昭和3年12月12日制定

重量0.8キロ

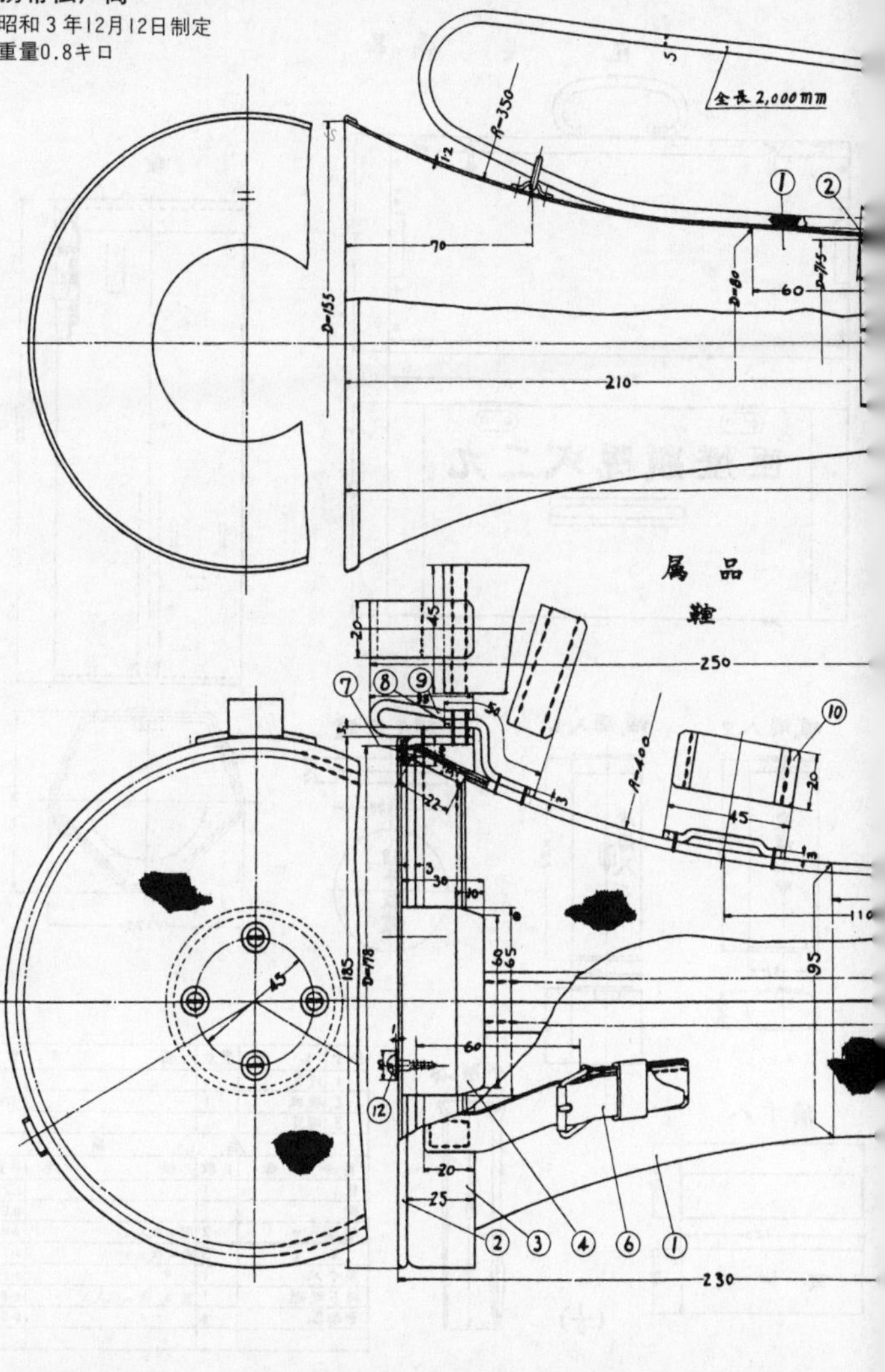

属品

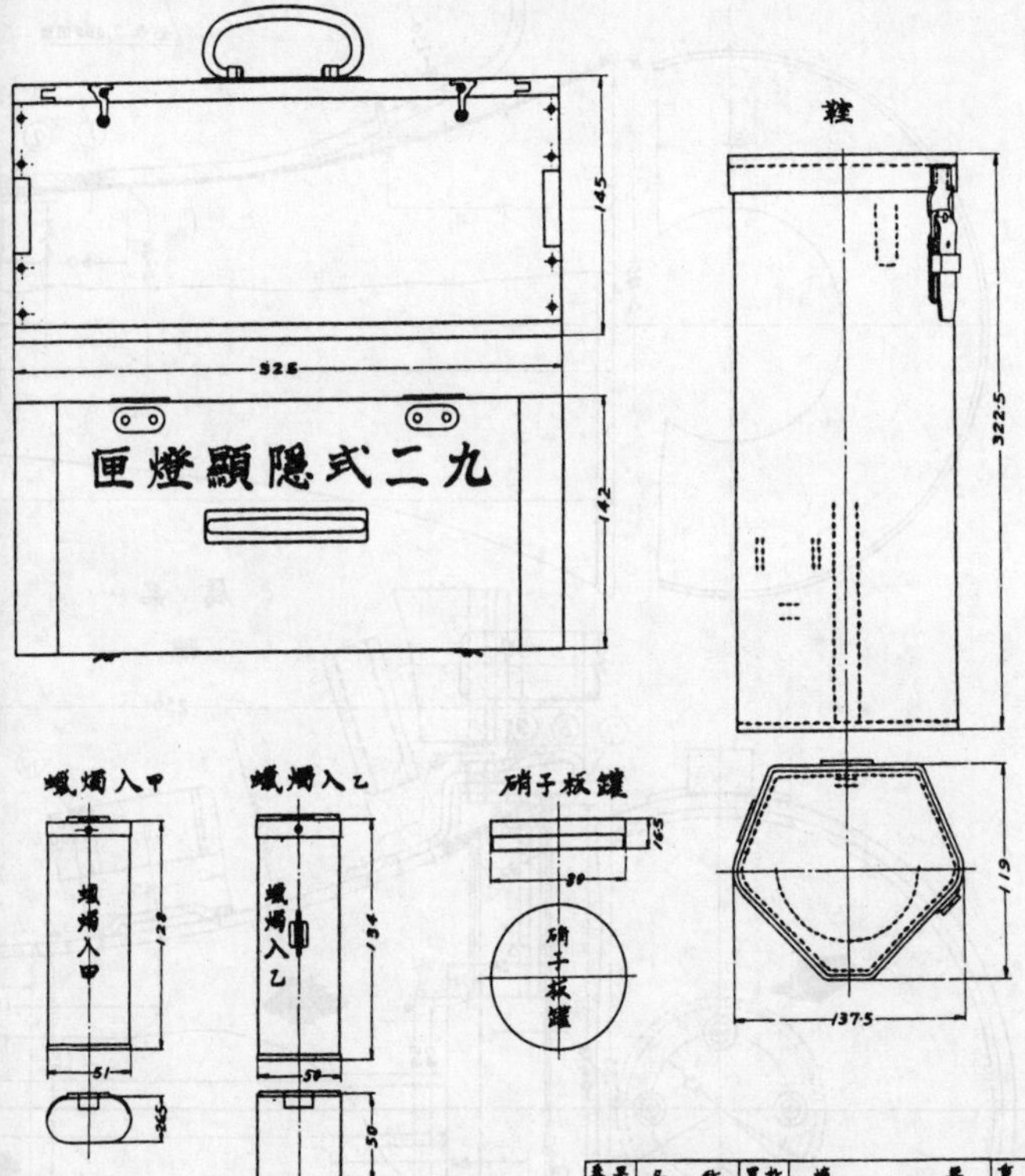

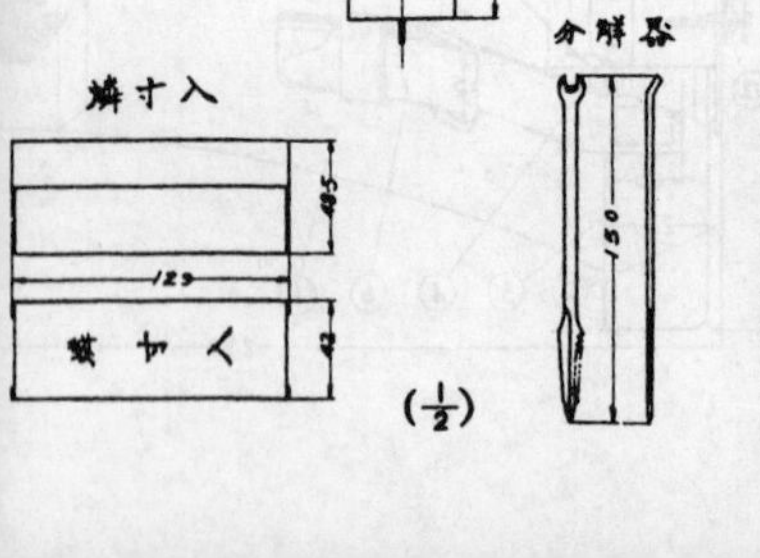

(1/2)

番号	名称	員数	摘要	重量
1	燈室	1		1.04kg
2	提杖	1		
3	蠟筒	1		
属品				
区分名称		員数	摘要	単重量
匣		1		1,280kg
鞄		1		0.510〃
蠟燭入甲		2	鞄ニ収入ス	0.055〃
〃 乙		3	匣ニ収入ス	0.120〃
燐寸入		1	〃	0.100〃
硝子板罐		1	匣又鞄ニ収入ス	0.080〃
分解器		1	〃	0.015〃

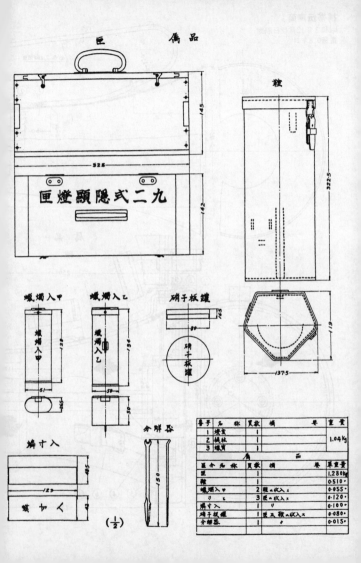

九二式隠顕灯

昭和８年６月12日制定

全体

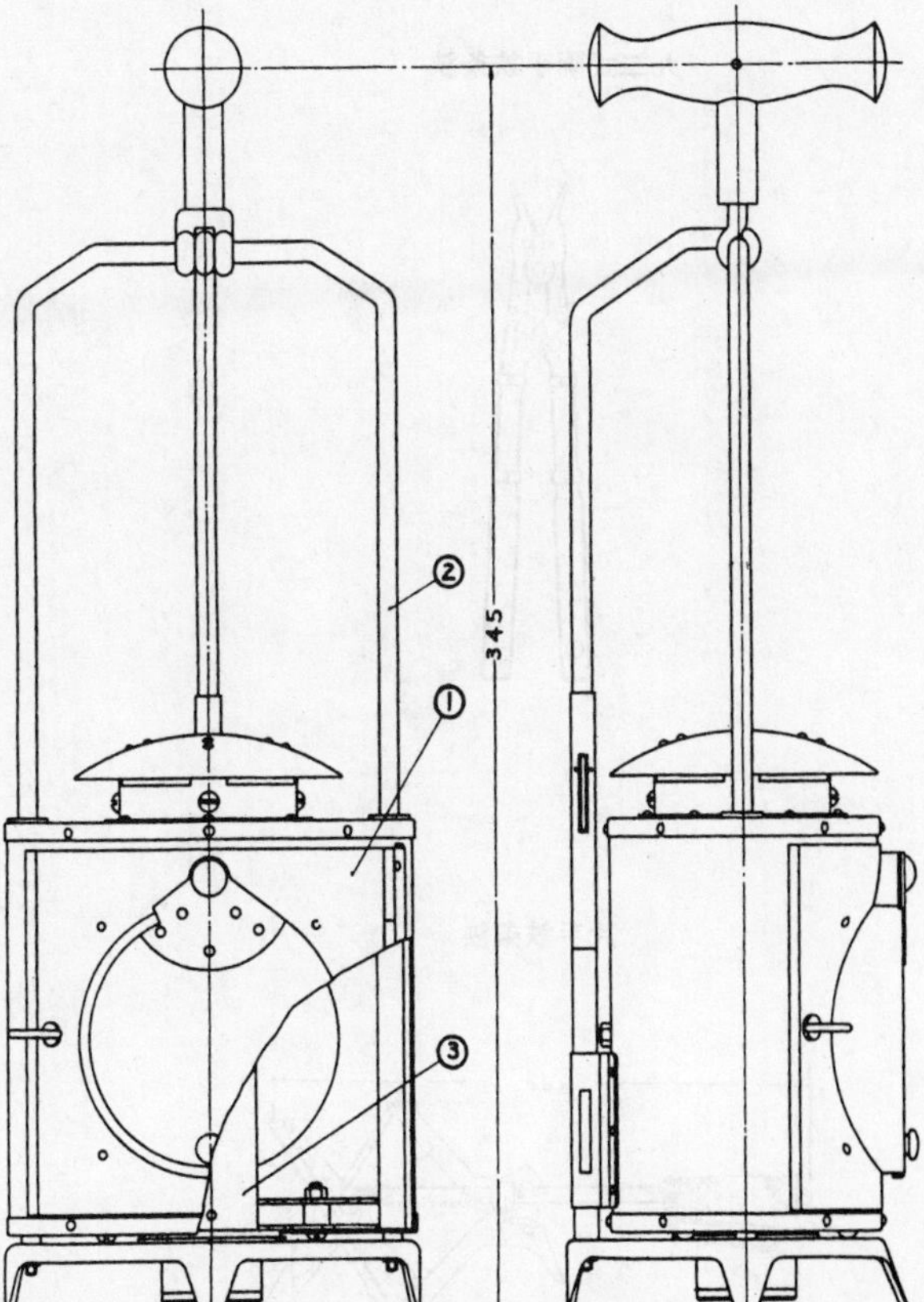

九三式両手鉄条鋏

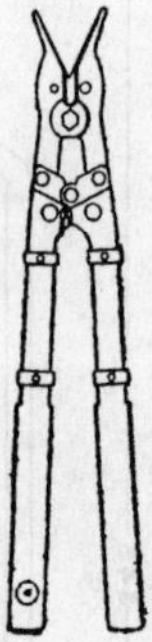

片手鉄条鋏

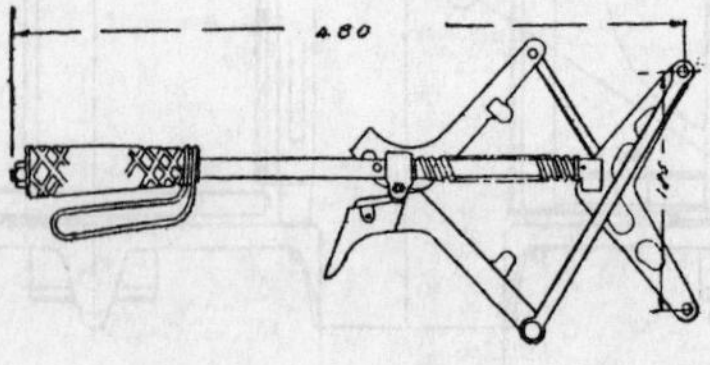

十二、気球器材

九八式(九一式)気球気嚢六、水素缶車一八、気球車三、九三式防空気球五〇

十三、渡河器材

九五式七馬力築頭四〇、九五式三馬力築頭一〇〇、駄載式鉄舟二〇、乙車載式鉄舟一四二

工兵器材の携行区分

器材なき工兵は劣等なる歩兵にも劣るといわれた。工兵にとっては器材こそが兵器であった。それでは一般工兵はどのような器材を、どのようにして戦場へ持って行ったか。昭和十四年頃の工兵第十六連隊の実例に見る。

各人が携行するもの

一、測量器材　九二式角形双眼鏡(下士官携行、中隊に四個)、九二式夜光羅針(下士官携行、中隊に一六個)、一米折尺(背嚢に全員携行)、九三式夜光歩度計(中隊に四個)、二十米鋼製巻尺(下士官携行、中隊に一〇個)

二、土工器材　携帯円匙、十字鍬、経始縄(上等兵)

三、木工器材　斧(一般兵)、手斧、鎌、鉈、紐付小刀、小山鋸

四、通信器材　携帯伝声筒、手旗、鉄線鋏大

五、照明器材　九二式隠顕灯(中隊に八個)、九二式微光灯

中隊小行李器材(駄馬)

一、測量器材　九二式望遠測角機(中隊に四個)、携帯測角機(中隊に八個)、測斜水準機、

図板測量具、手持実体鏡、九二式測距機

二、土工器材　携帯円匙、鶴嘴、短鉄梃、大槌

三、木工器材　斧、中山鋸、畳鋸、尺三横鋸、曲尺、墨壺、荒鉋、小玄翁、釘抜、砥石

四、石工器材　小穿石鎚、石工鏨、短石屑匙

五、爆破器材　薬包穿孔器、導火索鋏、小鉄線鋏、紐付小刀、爆薬缶

六、近接戦闘器材　九三式両手鉄条鋏

七、照明器材　九二式隠顕灯、九二式微光灯

連隊器材小隊

一、測量器材　八糎経緯儀、小測板測量具、九三式繰出し標尺、製図具、手持実体鏡、九二式経路機、九三式測高計、接続標柱

二、舟木工具

三、鍛工器材　鍛工送風機、鍛工穿孔機

四、爆破器材　九三式電気点火機、導電線器具、九二式爆破缶

五、渡河器材　九一式小浮嚢舟（連隊四）

六、近接戦闘器材　九三式両手鉄条鋏

七、通信器材　九二式電話機、被覆線、懐中電圧電流計、九二式携帯回光機

以上のほか、架橋材料中隊のように他の隊が持ち運ぶ器材がある。小隊には爆薬などは何もないので、小行李から戦闘に必要な器材をもらう。同様に中隊ならば器材小隊からもらう

わけである。

器材は工兵にとって欠くべからざるものであるが、工兵の器材は甚だ多岐にわたるため、使ったことがない、見たこともないというものが多かった。せっかく器材があっても、その使用法を知らなければ価値を発揮できないのであって、そのためには将校が器材をよく知り、使用法を熟知していることが重要であった。

昭和十五年度整備器材

昭和十五年四月に、昭和十五年度の調達器材表が作成された。総品目数は約六〇〇種類と変わらないが、新旧の器材の入れ替わりがある。昭和十四年度と比べて変わったところを重点に、品目と数量を記す。

一、爆破器材

九三式電気点火機一三四、九九式爆薬缶八六八、九九式大時限発火機一五三、九八式装薬磁石一六四、九七式導電線鋏八〇、救助帯一二

二、坑道器材

九二式動力鑿孔機一三、坑道用電動捲上機九

三、近接戦闘器材

九九式軽防楯一一二、九九式重防楯七九、九九式両手鉄条鋏四四八五、九六式装甲作業機六、九三式小火焔発射機六一六、九八式地雷探知器三一〇、三〇キロ高圧発電車七、九八式高圧線路材料一〇組、九八式防電具一二八六、九八式電圧検知器二一四、九八式高圧探

高圧水素発生車。

知機二一四、九八式投擲機四二一、九九式小空気圧縮機一四四
四、化学戦闘器材
九四式甲号消車前車二六〇、同後車九九、九四式甲号撒車後車五〇、九九式一酸化炭素検知器一二一二、九九式簡易消毒車八三、九九式甲号除毒車四九、九九式乙号除毒車四九
五、渡河器材
九八式浮胴衣七一〇一、九六式大操舟機一七四、九五式軽操舟機甲八七五、九一式大浮嚢舟五〇、九一式中浮嚢舟二〇〇、九一式小浮嚢舟五〇〇、九四式携帯浮嚢舟四〇〇、九五式折畳舟一八一四、同門橋橋床二五八、九八式折畳重門橋五一、九〇式駄載操舟機四、九八式徒橋五五〇、新車載式渡河器材二六中隊分、駄載式架橋器材二中隊分、折畳機舟四一
六、鉄道器材

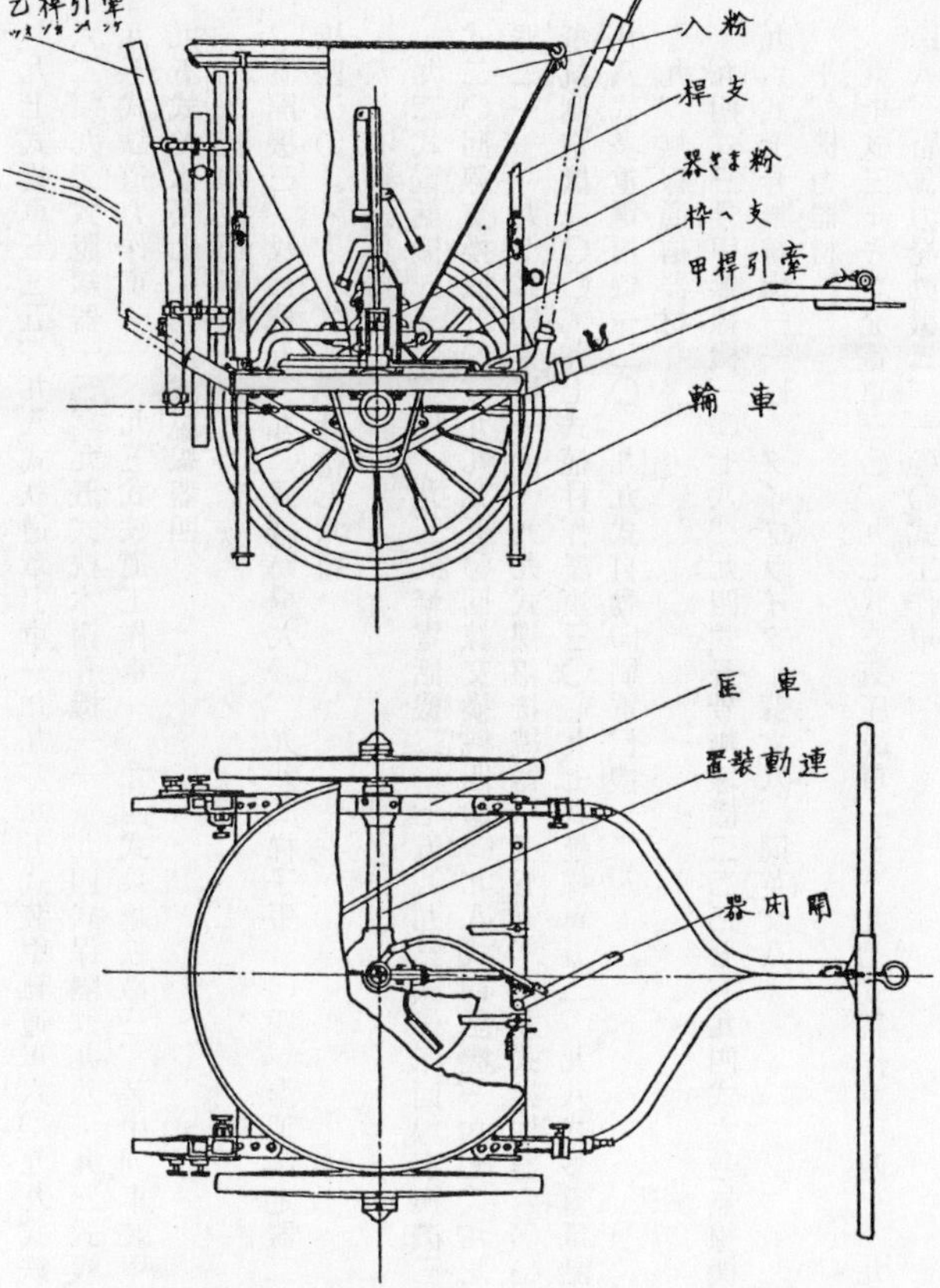

九九式簡易消毒車

手押、馬引または輜重車にて牽引し、消毒剤の晒粉を地上にまくのに使用する。重量120キロ。晒粉収容量90キロ。

九七式貨車五三五、九八式鉄道牽引車一九九、九五式装甲軌道車六、九九式鉄道揚水機二六二、九二式脱線器一三、九五式枕木鑽孔機一一、九四式保隔鉄九八、九三式複線器五〇、九五式鉄道力作車一一、九五式鉄道工作車一、九四式乗越転轍三、装甲列車装甲板六列車分、九五式給水槽七、九七式脱線器四

七、特殊交通器材

藁《ママ》開機三、伐掃《ママ》機五、九二式経路機九〇、九八式梯子甲一〇四、湿地測定器二一五、湿地橋四二〇（メートル）、浮嚢靴七六組

八、有線通信器材

九二式電話機一二四三四、九三式軽電話機二一七五、九三式一二回線交換機三六五、九九式二〇回線交換機五〇、九九式五〇回線交換機四〇、九八式窃話機一六七、九九式選択呼出器二一一、九七式印字機一一〇、九九式裸線接続器一三五五、九九式昇柱器六〇〇〇、九九式抵抗測定機二〇〇、九七式植柱作業車三〇、九七式延線車五二、九八式多重電話機一二〇、九八式多重電信機一二〇、九九式自動印刷電信機一二八

九、無線通信器材

九四式三号甲無線機一〇七八、九四式五号無線機二二七、九四式六号無線機三〇〇〇、九六式七号無線機一一四、タイプライター蘇文八、同英文八

十、機力器材

九七式三十キロ発電車三〇、九七式空気圧縮車一三、九七式工作車甲四一、九五式力作機一八、百馬力発動機二、一〇〇式工作車一、

十一、作井給水器材
九七式動力作井車一八、九五式動力揚水機二六
十二、気球器材
九八式偵察気球気嚢一九、九八式双眼鏡四八、高圧水素発生車一〇、七〇センチ航空写真機五、二五センチ手持航空写真機一五

兵器細目名称表発布状況

昭和十六年二月から十月の間に発布された器材の兵器細目名称表にはつぎのようなものがある。兵器細目名称表は兵器制定の際に上申書に添付される文書で、一つの兵器の部品全部を網羅したリストである。これを見ると、太平洋戦争の開戦前後に、野戦武器以上に多種多様な器材が制定され、配備されたことがわかる。ここでは単に品目を並べただけだが、ほかには見られない珍しい器材の名称が出ているので、参考のために収録した。

自動貨車取付消毒器、九九式簡易消毒車、九九式鉄道橋構桁《かまえげた》、鉄道橋架柱、貨車防楯、九九式鉄道橋構桁架設機、九九式携行電工具、通信筒釣上具、一〇〇式折梯子、一〇〇式壕内信号機、九九式機舟、九九式重門橋、九九式駄載操舟機、地下水探知機、一トン半搬水機、九九式大時限機、九九式甲号除車、伐開車《ママ》、伐掃車、軽鉄条鋏、一〇〇式火焔発射機、軌道信号機、小空気圧縮機、一〇〇式長柄鎌、制動手被、九七式延線車、のみ研磨盤、水中溶断器、一〇〇式溶接切断車、一〇〇式製材車、蒸溜器、軌道爆雷、九七式植柱作業車、簡易候敵機、九八式多重電信機

工兵の機械化

昭和九年に日本で初めての諸兵連合機械化部隊である独立混成第一旅団ができて、独立歩兵第一連隊、独立野砲兵第一連隊、戦車第三、第四大隊に独立工兵第一中隊がついた。これが機械化工兵の始まりで、全員が九四式六輪自動貨車に乗車し、装甲作業機を四機保有していた。この独立工兵第一中隊が昭和十三年三月に旅団工兵隊に変わって二コ中隊編成となったが、同年八月、旅団が解散になるとともに工兵隊は工兵第二十四連隊という徒歩部隊に改編された。装甲作業機は十四年三月にできた純然たる装甲作業機部隊の独立工兵第五連隊に移された。

昭和十六年八月に第三戦車団工兵隊と独立工兵第三、第四、第五中隊が編成され、これらの部隊と独立工兵第五連隊が昭和十七年七月に一緒になって、さらにそこから戦車第一、第二、第三師団と教導戦車旅団の工兵隊が作られた。

以上が機械化工兵のおおまかな流れである。しかし装甲作業機小隊は戦車とは速度に開きがあり、故障が多かったため、快速兵団にはついて行けなくなり、一時火焔放射機を使って歩兵に協力したぐらいで、縦深陣地の反復攻撃ができるかという危惧もあり、本来の爆薬を使った作業はまったく実施することはなかった。

独立工兵第五連隊は装甲作業機三九機、車両九二両という定数だったが、創設されたときは装甲作業機は七機しかなく、昭和十六年七月の関特演になってやっと三五機に増えた。作業機三、四機の一小隊を攻撃小隊として、連隊長自ら特火点に爆薬を投下する激しい訓練を行なっていた。

第三戦車団工兵隊は三コ中隊編成で、マレー半島の進撃その他、南方で戦車の戦闘に協力した。独立工兵第三中隊は比島に、第四中隊はジャワからニューギニアへ、第五中隊は仏印へ行った。これらの各隊は九九式重門橋を持ち、主として渡河作業にあたった。

一式装甲兵車。戦車師団工兵隊に装備された車両である。写真は戦後、厚木基地において米軍進駐後に撮影されたもの。

昭和十七年七月に戦車師団工兵隊になってからは、各隊とも戦列中隊六コ中隊と整備中隊一コとなり、車両は装甲兵車五四両、装軌貨車四四両が定数だったが、実数は装甲兵車が一二両、装軌貨車は三両しかなかった。装甲作業機は二四機の定数がそろっていた。部隊の任務は戦車のための重交通作業が主で、とくに満州では湿地通過に重点がおかれた。

戦車第二師団工兵隊は比島への海上輸送の途中でやられ、器材などはほとんど海没してしまった。残った約四コ中隊の兵力で、リンガエンに上陸した米軍と戦っている。

装甲作業機の後面。

戦車第三師団工兵隊は終戦まで、北支で戦車師団とともに奮闘し、洛陽城攻撃では縄梯子まで使って活躍した。

一般師団工兵の機械化については、昭和十五年に甲連隊の機械化のため、研究演習が工兵学校で行なわれた。その結果、それまでの小行李、大行李、器材小隊という貧弱な器材装備の工兵連隊に対して、発電車、空気圧縮車、工作車、溶接切断車、力作車、製材車という六種の自走式作業機を装備することになった。さらに自動貨車を二〇両つけることにより、機動力が刷新されるはずであった。昭和十七年に比島から復員した工兵第四連隊が再度出征するときにこの装備となった。しかし、他の部隊では実施されていない。

戦車第一師団工兵隊の装備

昭和二十年四月に満州から内地(埼玉)

（上）力作車。九七式中戦車の車体を応用した戦車隊力作車。
（下）超壕機。カタパルト式射出装置により戦車橋を架設する。

に転用された戦車第一師団の終戦時の主要装備を示す。（　）内は昭和十七年動員計画時の人馬表による数字である。

装甲作業機　二四
（二四）
装甲作業機付属機　二四
装甲兵車　一二
（五四）

装軌貨車	三(四四)
自動貨車	一一(三三)
乗用車	三(一八)
指揮車	一(一)
軽修理自動車	二(三)
九四式三十七ミリ砲	六
九二式重機関銃	六
九七式車載重機関銃	二四
重擲弾筒	一二
小銃	一〇六二
拳銃	五九
馬	なし

戦車第三師団工兵隊

戦車師団四コのうち、第一師団は満州から内地に移動し、優秀な装備を持っていたが、戦闘を経験することなく終わった。

戦車第二師団は、満州から比島に転戦し、ルソン島において圧倒的な米軍と死闘を重ね、果敢なる最後をとげた。

戦車第三師団は大陸で、機甲兵団としての活動を長く続け、終戦後でさえ、南進してきたソ連軍を長城線で阻止している。

戦車第四師団は、本土防衛の一環として終戦近く、千葉県に配置されたが、この師団には師団工兵隊はなく、師団内各戦車連隊に約一コ小隊の工兵隊がついていた。

戦車第三師団工兵隊は、騎兵第一旅団工兵隊、騎兵第四旅団工兵隊、独立工兵第五中隊によって、昭和十七年十二月に編成された。騎兵旅団工兵隊はともに乗車部隊で、独工五はマレー、ビルマで活躍した重門橋中隊である。

戦車第三師団工兵隊の装備も第一師団工兵隊と同一基準で、車両、火器の充足状況は同程度であったと見られる。

渡河器材としては九九式重門橋二組のほかに、九四式携帯浮嚢舟を二四持っていた。通信器材は車両無線機甲が二、乙が三八、丙が三四、九四式六号無線機が三四あった。そのほか力作機を一両保有していた。

民間企業による器材生産

日野重工業はその前身である東京瓦斯電気工業の時代から、陸軍向けの装軌車の製造に力を入れ、ほかの兵器メーカー九社（三菱重工業、日立製作所、神戸製鋼所、池貝自動車、新潟鉄工所、浅野重工業、羽田精機、久保田鉄工所、日本内燃機）とともに戦車部会を組織し、兵器行政本部相模陸軍造兵廠の監督下にあった。工兵器材についても陸軍の要求に応じて様々な特殊車両を試作し、生産している。製造年ごとに試作、または生産された主な工兵器材を拾い出す。

製造年	型式	名称
昭和三年	T・G・E	広軌牽引車
	〃GP型	鑿井トラック
五年		軽便牽引車
七年	ちよだQ型	九一式広軌牽引車
		鑿井車
八年		延線車
	ホソ	植柱作業車
九年	リキ	九五式野戦力作車
	サコ	作壕車
十年		梯子自動車
	ちよだJM型	九五式鉄道牽引車
	フサ	さ号車(撒毒車)
	フセ	せ号車(消毒車)
	ソキ	九五式装甲軌道車
	五号機	散兵壕掘進車
	七号機	湿地帯渡板敷設車
十一年	ちよだJM型	半永久植柱車
		九五式鉄道牽引車

十二年	ちよだED型	折畳式舟艇積載用自動車
	〃　JM型	九五式鉄道力作車
	BKK	伐開機
	BSS	伐掃車
		圧雪車
十四年		火焔放射機搭載車
		装甲発電車
十五年	ラK	全装軌兵車
十七年	ラK半	半装軌兵車
十八年		凍土穿孔作業車

『日野自動車工業四〇年史』には、伐開機は昭和十二年に六五機、伐掃車は同年に一三〇両生産されたと記載されているが、これは原資料の再調査が必要かもしれない。

つぎに三菱重工業社史によると、装甲作業機（SS器）については昭和六年、軍の極秘指令により、いわゆる七つ道具を装備した装軌式装甲車を完成した。以後、これらの作業の個々または数個を任務とする同種類の装甲車とあわせて、昭和十八年までに製作数一三〇両に達した。

九五式装甲軌道車（ソキ車）は、鉄道およびその沿線警備掃蕩用の装甲軌道車で、昭和十八年までに五六両製作した。

湿地車（FB器）は昭和九年に研究に着手し、昭和十九年までに一四六両製作した、と記

(上)鉄道器材。九五式装甲軌道車。東京瓦斯電気工業にて製作。
(下)水陸両用車(スキ車)。トヨタ自動車にて製作。

載されている。

トヨタ自動車では、昭和十六年頃、鉄道連隊からの依頼で、エバンス・オートレーラーを参考に、鉄道牽引車GT型を東京芝浦工場で試作した。また、タイヤを軌条に載せ、案内輪をとりつけて鉄道車両とし、軌条がなくなっても案内輪をもち上げて、路面を走れるように工夫した鉄道車両GS型を試作したが、鉄道連隊で試験中に脱線し、不合格となった。しかし鉄道牽引車GT型の方は成功し、名古屋造兵廠にあったトヨタトラックGB型三〇〇台をただちにGT型に改造した。これは急造広軌牽引車GBT型と呼ばれた。

またトヨタでは昭和十八年三月から、飛行場建設用として四トントラクターTR一〇型の試作に着手した。東京芝浦工場で五台試作し、昭和二十年二月に性能試験を行なった。このトラクターは戦後一時期、農耕用として活躍していた。

トヨタの特殊車両で出色のものは水陸両用車（スキ車）である。これは昭和十八年六月に試作した。四輪駆動車を基礎として設計された船型の車両で、昭和十八年十一月から十九年八月までに一九八台を製造し、陸軍へ納められた。

スキ車　全長七・六メートル、全幅二・二メートル、全高二・五メートル、重量四トン

第五章　工兵器材解説

架橋器材

一、軍用架橋の起源

紀元前四八五年、ギリシャ王ザークスはヘレスポンド河に二条の軍橋を架設した。それぞれの橋には三〇〇隻を超す舟を使用したといわれる。

アレキサンダー大王（紀元前三五六年～三二三年）は、ハイタスプ河を渡河するにあたり、分解式の橋脚舟を軍隊とともに携行し、河岸に達したときにこれを組み立てて使用した。大王はまたオクザス河を渡るときに、兵士の皮製天幕に麦藁を充たし、これを筏として渡河した。このように皮を膨張させて、軍隊を渡河させる方式は、ペルシャのサイルス王（紀元前五五〇年代）が実施した方法で、ギリシャ人やローマ人もこの方法を採用したばかりでなく、第二次世界大戦においても、各国が採用していた携帯橋あるいは攻撃橋などと称される軽渡河材料とあまりにも似ていることに驚かされる。

十七世紀の戦争においては、欧州各国は輜重隊に架橋材料を持たせていた。その当時、橋

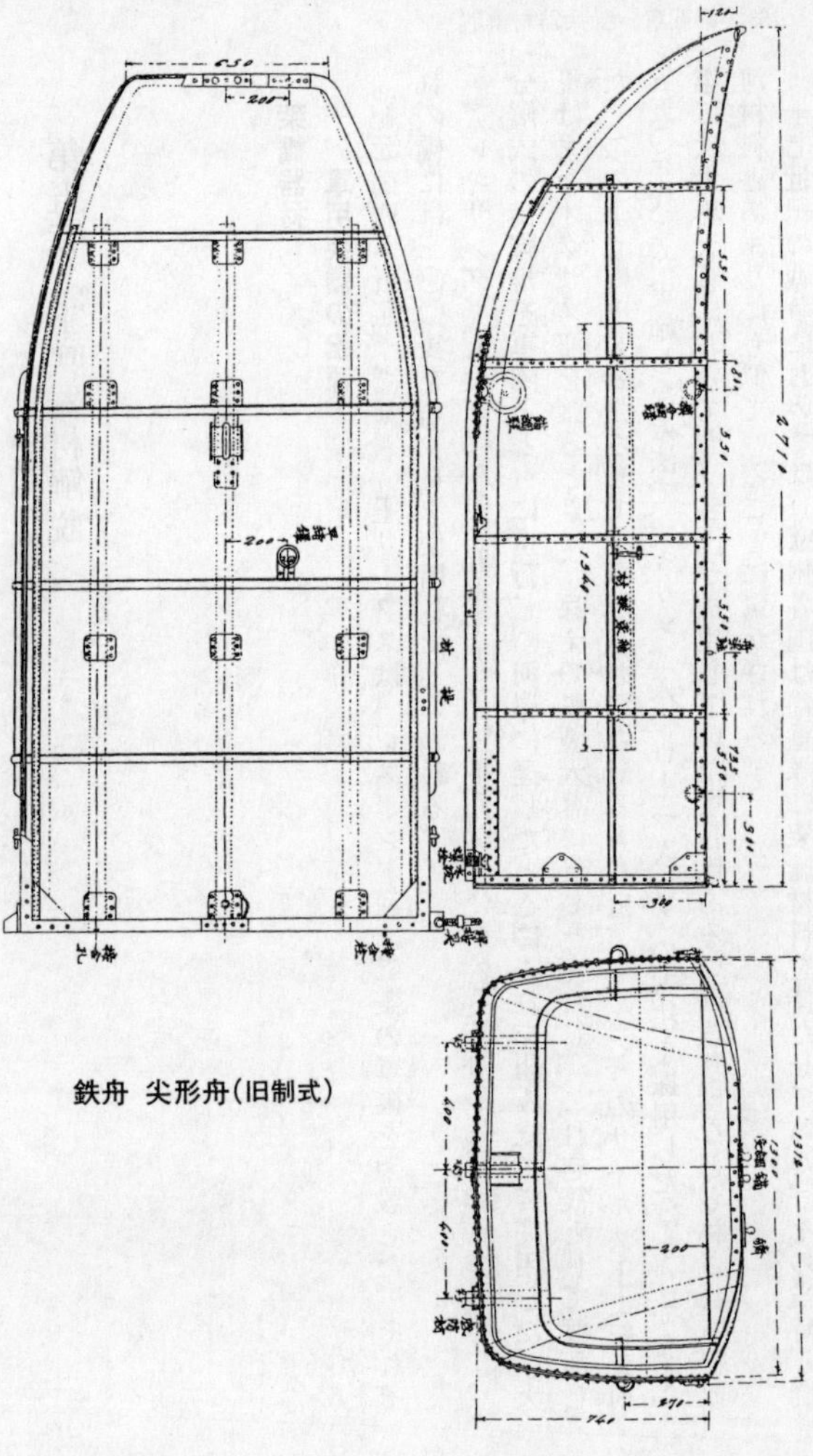

鉄舟 尖形舟(旧制式)

鉄舟 尖錨舟(旧制式)

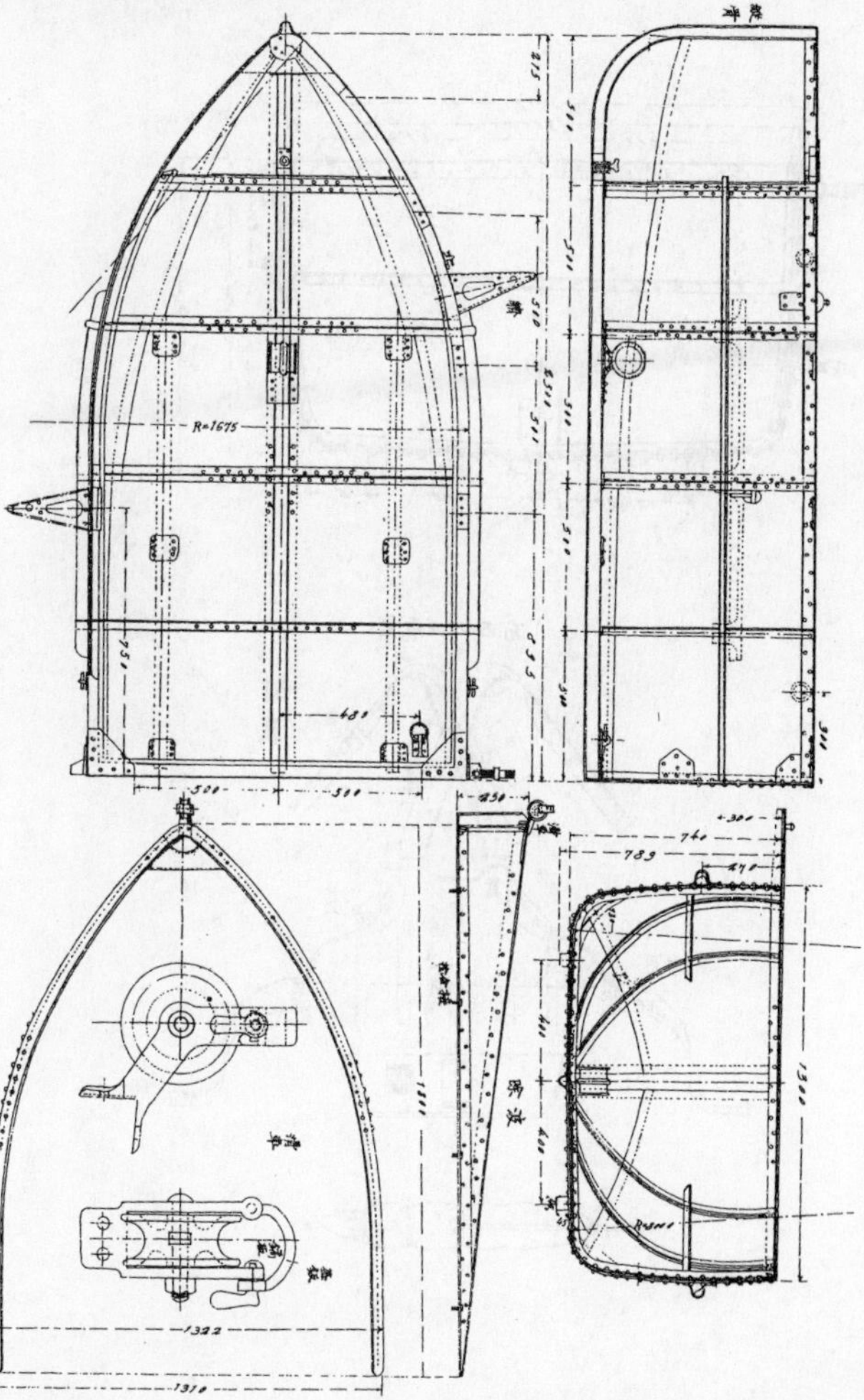

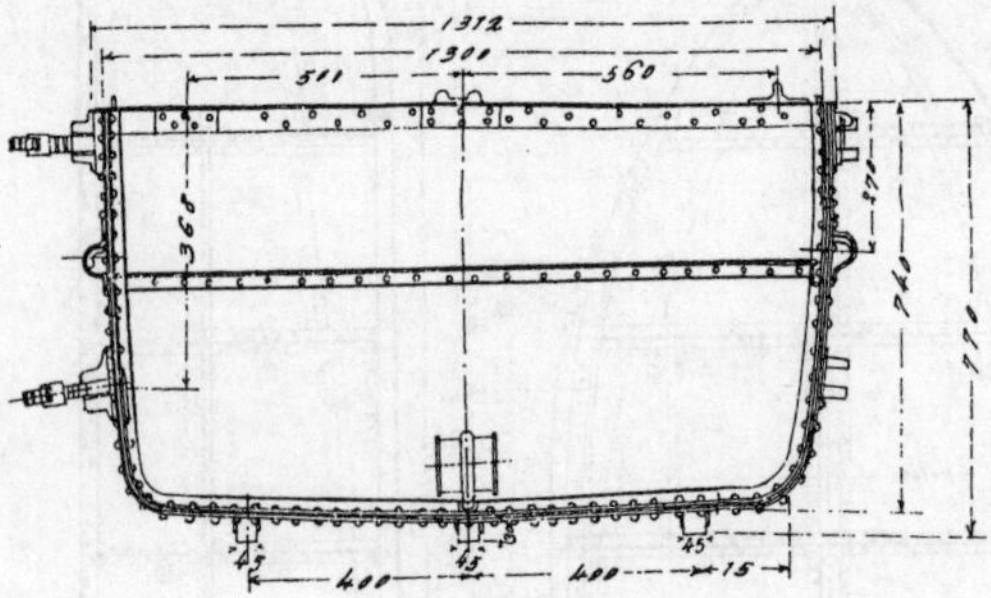
1312
1300
511
560
368
270
740
770
45
45
45
400
400
15

充氣シタル正面

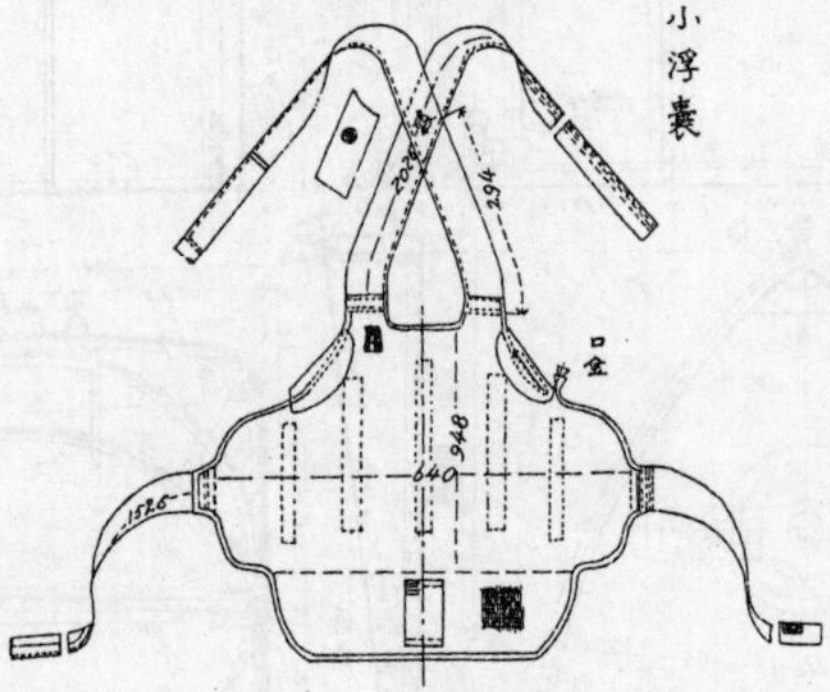
小浮嚢
202
294
口金
948
640
1525

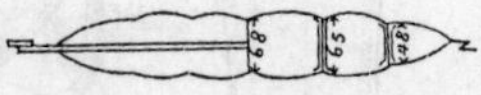
68
65
48

鉄舟 方形舟(旧制式)

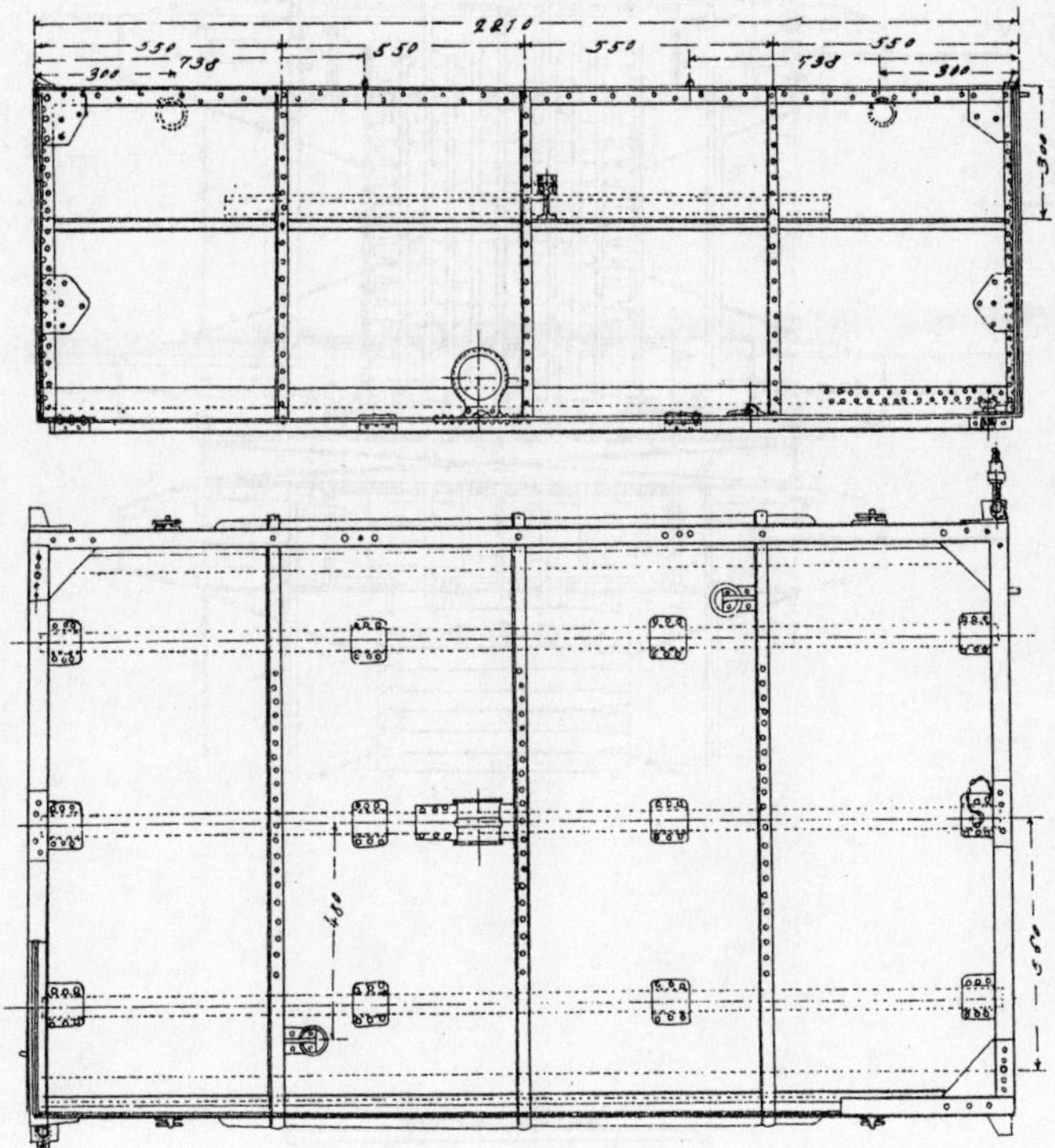

橋節門橋
(二全形舟で構成するもの)

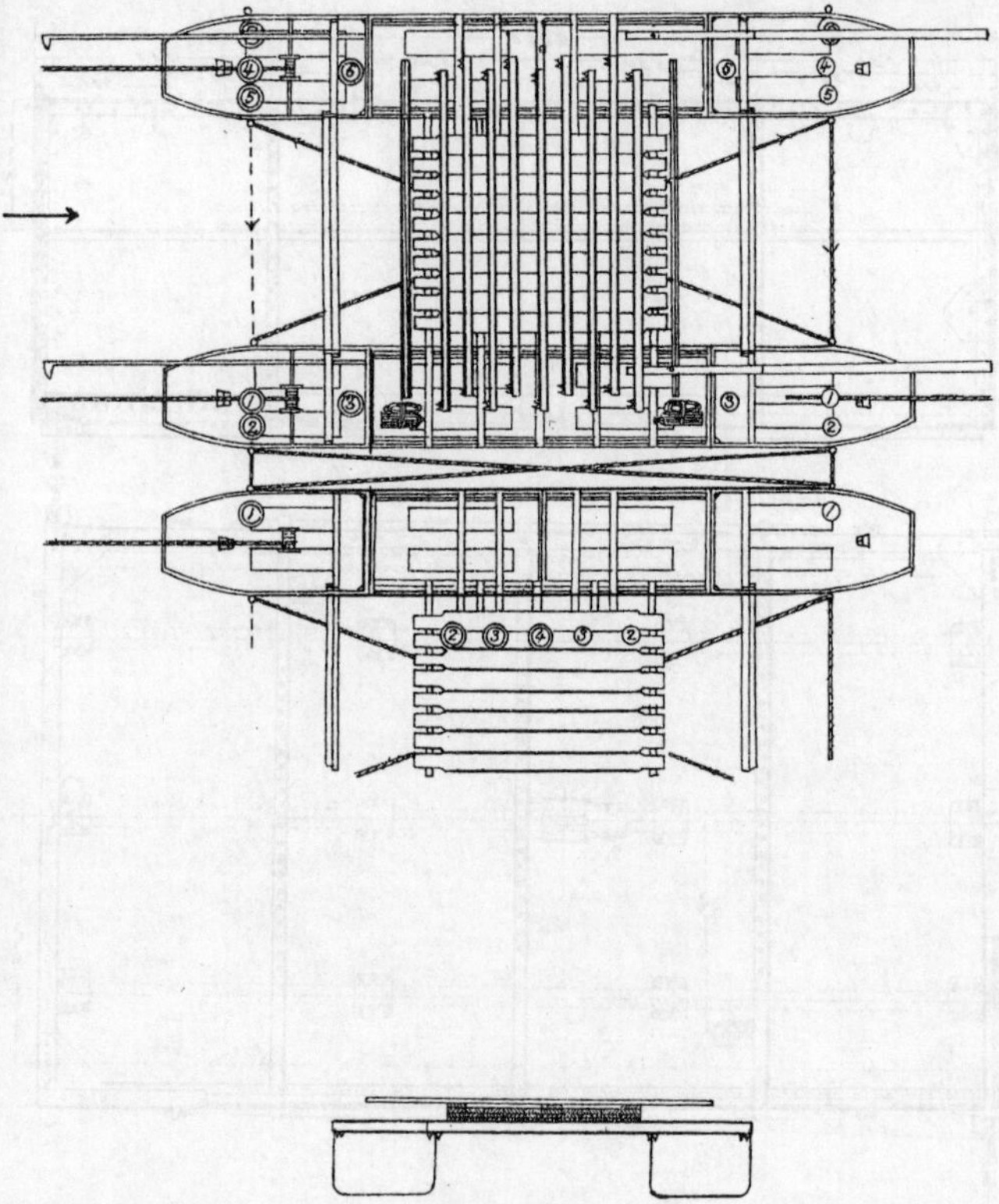

橋節門橋
（三全形舟で構成するもの）

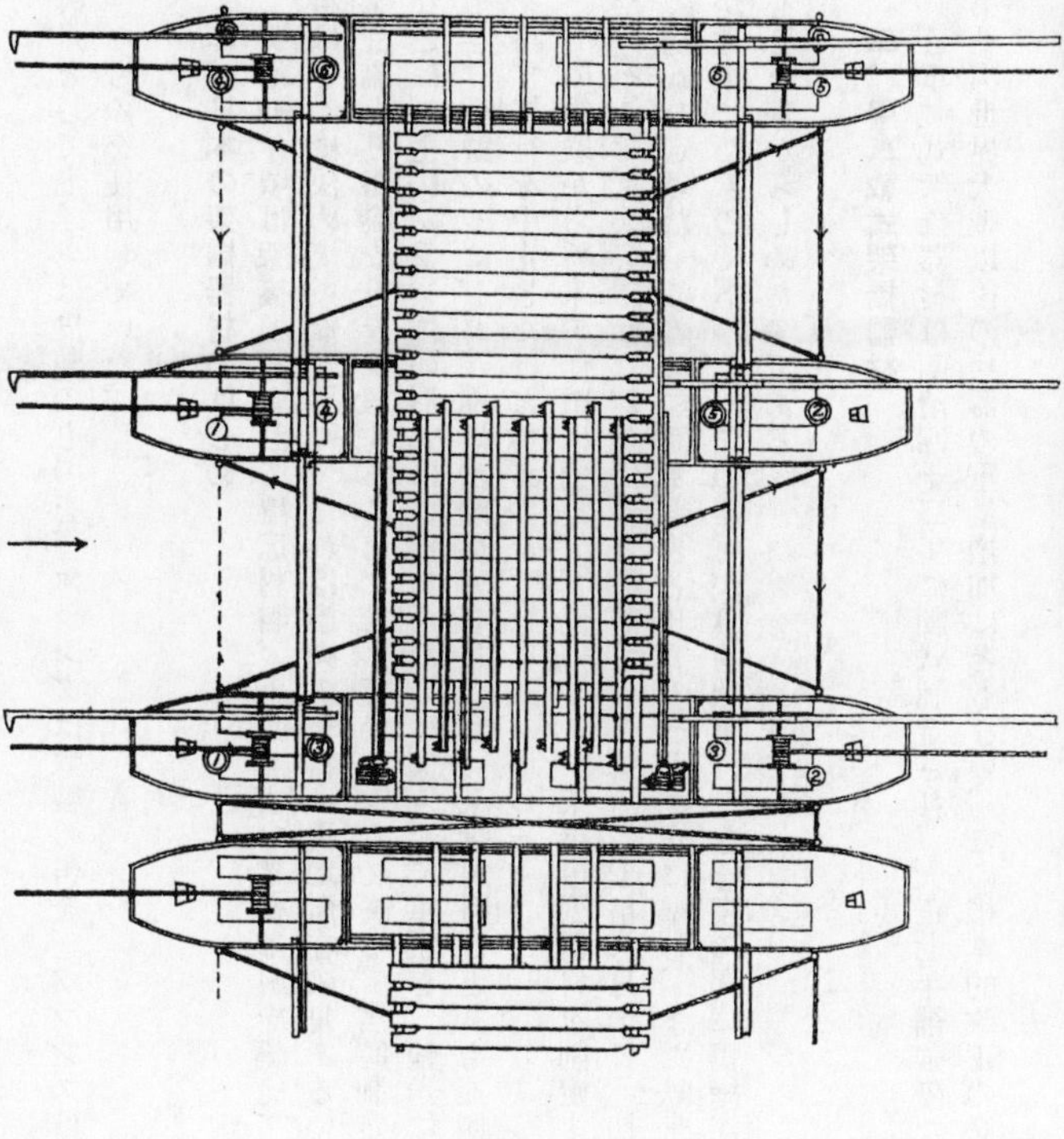

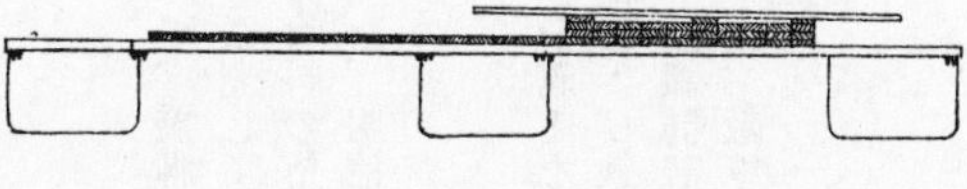

脚舟としてドイツは皮製のものを、オランダは鉄製の缶を、フランスは木製の箱に銅板を張ったものを使用していた。

二、日本の架橋器材のはじめ

明治初年頃は架橋器材として橋床材料、綱類および架橋器具を備えていたのみで、橋脚材料はとくに決めていなかった。これは橋脚の材料は現地所在の舟あるいは木材を徴発して、架柱橋なり舟橋なりを構設することになっていたからである。当時制定した橋床材料の桁板などは、主にフランスの形式に準拠したため、大きくて重すぎ、輸送に不便だった。明治十七年、朝鮮の変に、わが国は出師準備をしたが、架橋材料はとても運搬できないので、やむを得ず携行を中止したほどであった。

この経験から将来の作戦に備えて、使いやすい架橋縦列器材を制定することが急務となった。そこで工兵会議はただちに審査に着手し、明治二十年八月十日、初めて架柱および鉄舟の制式を定めた。この架柱はオーストリアのビラゴ式に準じ、また鉄舟は工兵大尉諏訪親良が考案したものであった。この器材が日清戦争のとき一夜の間に鴨緑江に架橋され、敵軍の心肝を寒からしめたのである。

三、甲車載式架橋器材

乙車載式架橋器材は明治四十二年に制式制定され、大正七年補強のため改修を加えたが、第一次世界大戦以後の兵器の重量増加にともない、この根本的改正の必要が認められた。大正九年七月に策定された陸軍技術本部兵器研究方針にもとづき、十一年一月、陸軍技術会議の議をへて、新架橋器材の設計要領を決定した。

要求される負担力は、野戦重砲など全重量約三トン、一軸圧二トン以下、軸間距離三メートル以上の砲車車両の通過に耐える第一方式から、第二方式、第三方式と少しずつ増え、第四方式では全重量九トンまでが要求された。しかし大正十二年十一月の研究方針改正にともない、設計要領が改正されることになり、第四方式は接地面長二・五メートル以上、全重量一六トン以下の装軌車に変更された。当初の計画の倍近い負担力を求められることになったのである。

設計要領にもとづき、架柱橋および舟橋若干を試製し、大正十三年十一月から利根川および陸軍工兵学校架橋場において鉄舟水抵抗試験、騎砲、牽引十加部隊、一六トン戦車の渡河試験を実施した。その結果、試製器材は取扱容易、坑力適当にして、一部修正を加えれば、野戦諸部隊の軍橋および漕渡材料として適当であるが、門橋架設をより迅速に行なえる方法について研究を要するとの判決を得た。

門橋架設についての改修を実施し、大正十五年三月、工兵学校架橋場において、同年十二月、利根川において試験を実施し、試製器材の構造は門橋式軍橋に適し、野戦用架橋材料として適当であると認められた。

昭和二年七月から工兵学校に実用試験を委託し、中等程度の重車両渡河用として適当と認められた。昭和三年五月までかけて行なわれた本委託試験に対する工兵学校長の意見はつぎのとおりである。

甲車載式架橋機材による橋梁は橋幅3メートルで、橋梁の種類によって架柱橋と舟橋に分かれる。また抗力の程度により、それぞれ4種類がある。

「本器材は中程度の重車両の渡河に用いる制式渡河材料として採用することを可とする。

理由

兵器の発達および軍用諸車両の重量増加にともない、渡河器材をこれに応えられるよう改正する必要があるのは言うをまたない。しかし、単一器材で戦場の各種要求に応えるのは望みすぎで、なかでも重車両を通過させる重器材をもって、敵前における軽快な作戦を遂行するのはきわめて困難である。したがって渡河器材は戦術上の要求に応じ、一般に左のごとく区分して制定することが必要である。

一、第一線師団諸部隊の渡河に適し、軽快性をもつ漕渡および架橋用器材

二、軍に配属される重火砲、中型戦車などを渡河させることができる架橋および漕渡用器材

三、軍の主要連絡線における橋梁として、軽便車両、大型戦車、二十四センチ榴弾

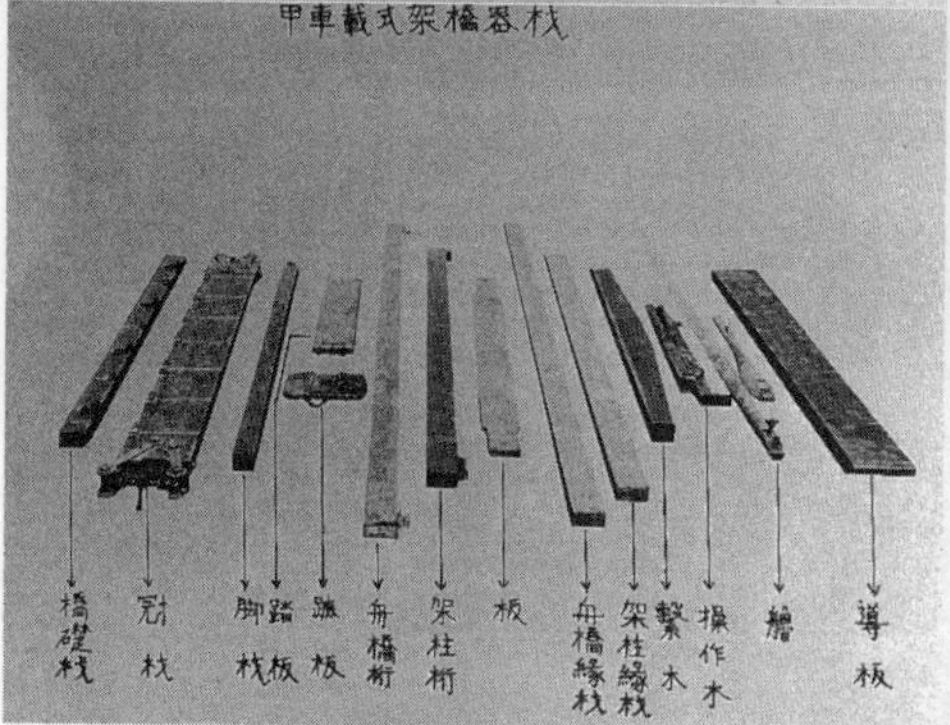

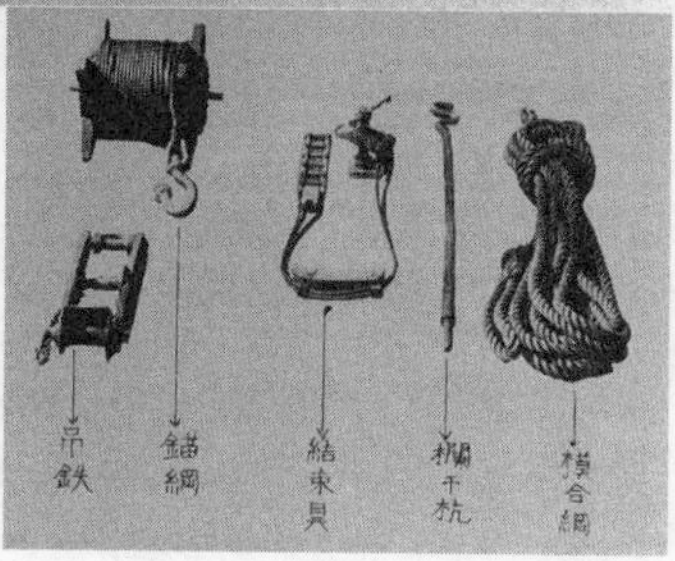

(上)甲車載式架橋機材の鉄舟は半形舟2個と踏板8個からなり、絶対浮力11トン。重量400キロ、全長5メートル。
(中)甲車載式架橋機材は橋礎材、架柱桁など写真の材料により橋梁の架設または漕渡を行なう。
(下)甲車載式架橋機材の吊鉄、欄干杭などは乙車載式架橋器材の様式と同一。

(上)舟橋の架設。水深50センチ以上なら流速や河底の質に関係なく舟橋を応用できる。(中)舟橋の完成。
(下)手前は架柱橋。後方は舟橋からなる橋梁。架柱橋は河底の平坦で堅固な河川において使用される。

(上)応用材料による架橋。(中)縦隊橋を臂力牽引により通過する野戦重砲。(下)乙車載式架橋機材は橋梁に付与される抗力程度により、縦隊橋と強縦隊橋に区分される。写真は繋駕十五榴砲身車が通過する縦隊橋。

(上)機械牽引式10センチ加農が通過する強縦隊橋。（中）門橋による偽装車両の漕渡。
(下)乙車載式架橋機材の二舟門橋は武装歩兵26名を搭載することができる。

（上）門橋による軍馬の漕渡。（中）錨舟。所要の錨と錨綱を搭載する。
（下）九二式軽門橋。

(上)架橋作業。電動ドリルによる孔あけ作業。
(中)石油捲揚機。(下)門橋による架橋材料車の漕渡。

(上)自動貨車に搭載した架橋材料。

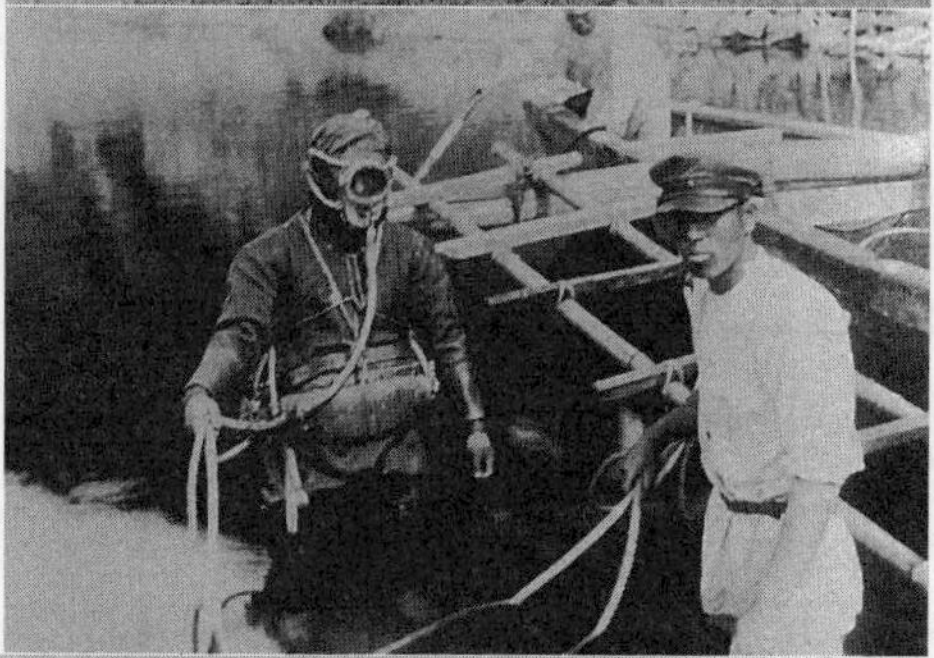

(中)潜水機。橋梁の架設、修理、破壊などの水中作業に使用する。深度は約20メートル。(下)送気機からの空気は覆面の送入口から調整弁を通って唇状突起に届き、潜水手がこれを噛むことにより吸気量を調整する。

潜水機

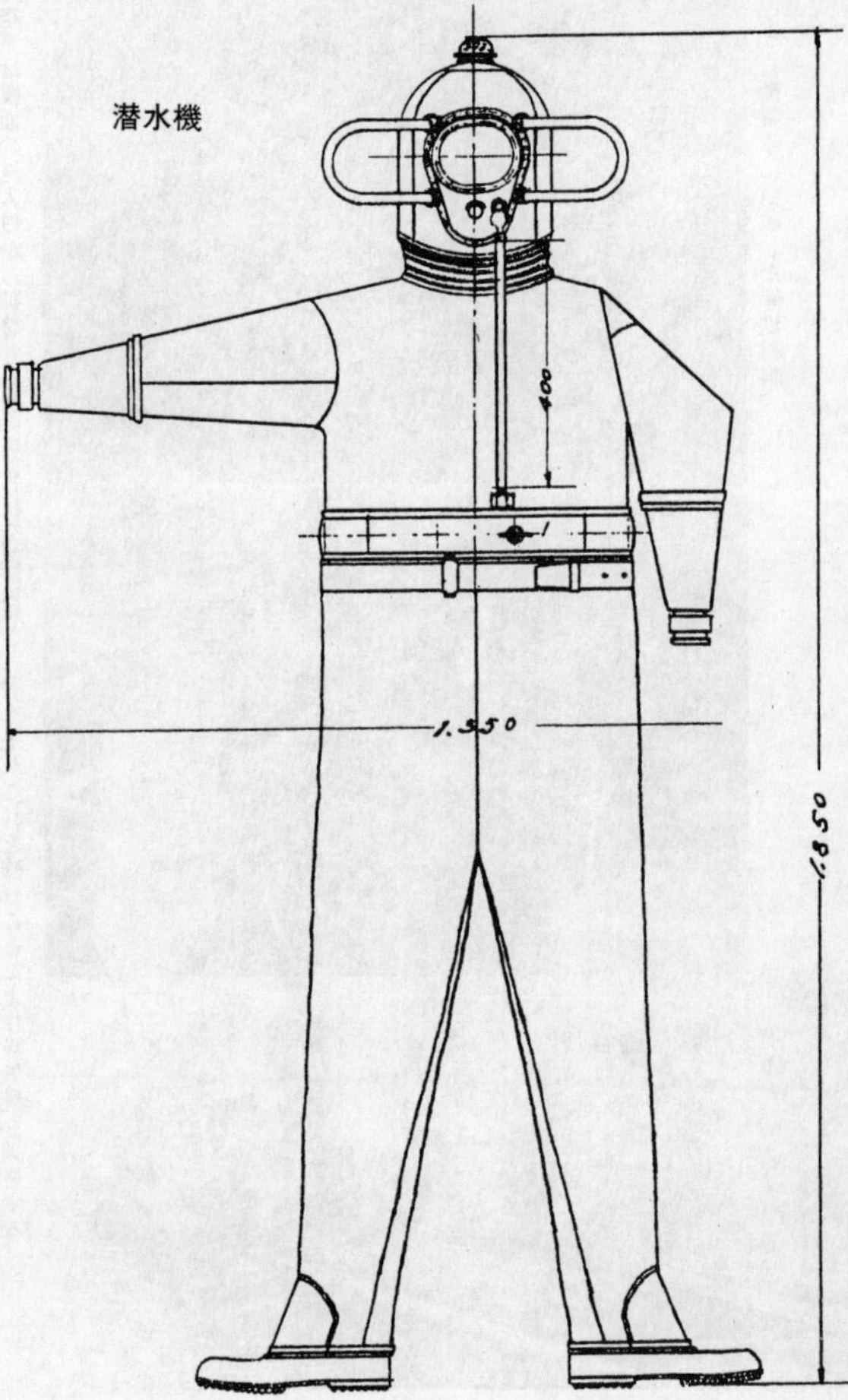

砲など重材料を通過させることができ、かつ大河の架橋用に適する特殊架橋用器材

四、補助渡河材料として、最も軽易な漕渡および迅速架橋用器材

甲車載式架橋器材は五トンホルト牽引自動車で牽引する十センチ加農ならびに中型程度の戦車の渡河に適するので、前述の二の要求に合致し、これに応ずる渡河材料として制定するのを適当と認める。ただし、この材料をもって一の要求を兼用させることは器材の性質上とうてい不可能なので、前述の一般的見地にもとづき、別に一の要求に応じる器材を制定する必要がある。もし本器材の制定をもって現制器材に代えようとするのであれば、絶対に同意し難いところである」

ようするに工兵学校としては、甲車載式架橋器材は必要であり、制定するのはよいが、現制式の乙車載式架橋器材を廃止するのは認められないということであった。

昭和三年九月から十月にわたり、積載および運搬試験を近衛輜重兵大隊に委託し、本器材は各種地形において、その運動性はほぼ野砲に匹敵し、実用に堪えるものと認められた。以上の試験の結果にもとづき、制式器材として適当と認められたので、審査を終了した。

四、新架橋器材

昭和十一年に一四トン級戦車の通過を目的とする、迅速架設撤収のできる丙車載式を試作した。これは架柱を主とする金属橋で、架設機を用いて機械化したものだったが、試作に止まった。

昭和十五年には野戦重砲を配属した師団用として、能力七トンの鉄舟式一〇〇式架橋器材

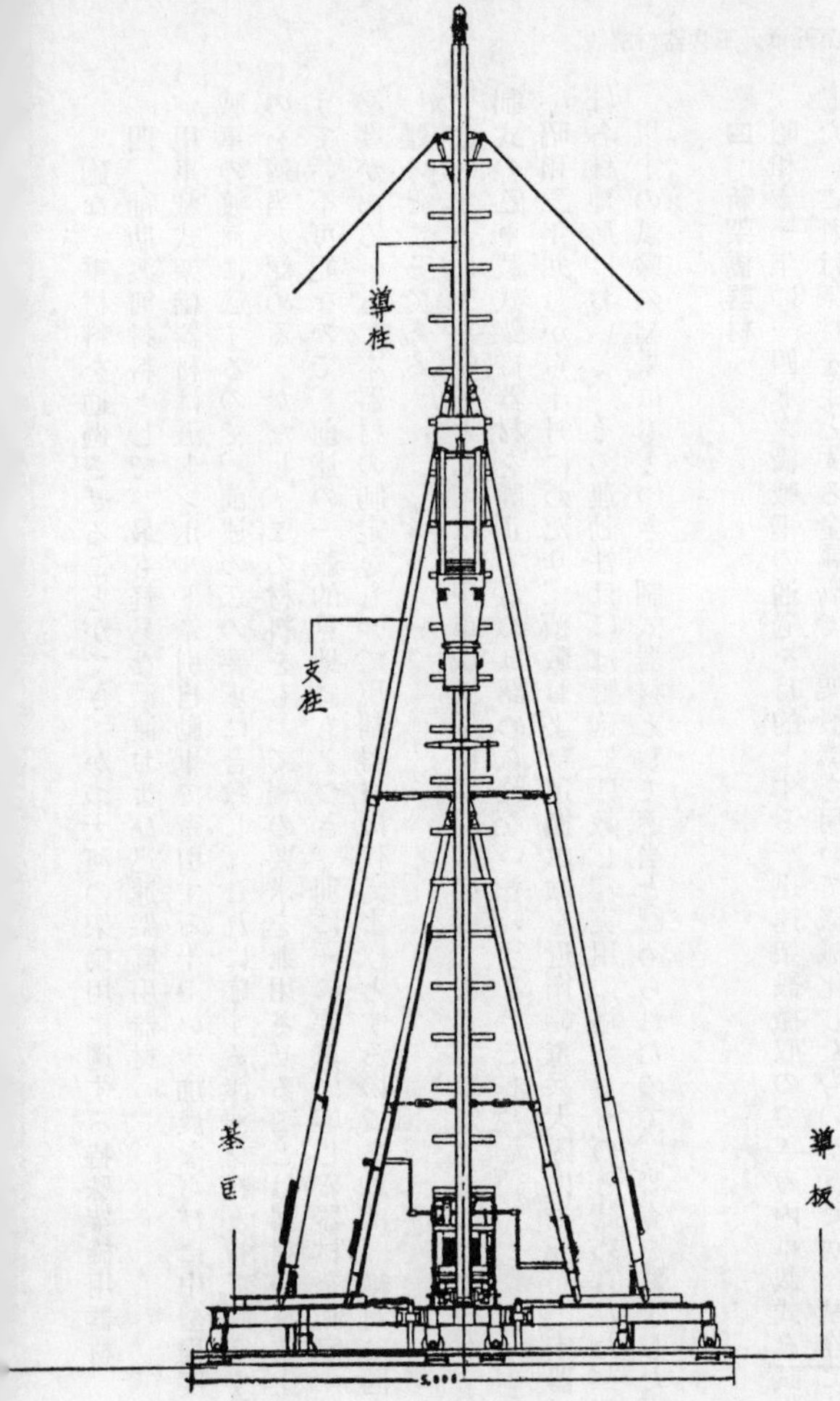

導柱
支柱
基巨
導板
5,000

九五式七馬力築頭

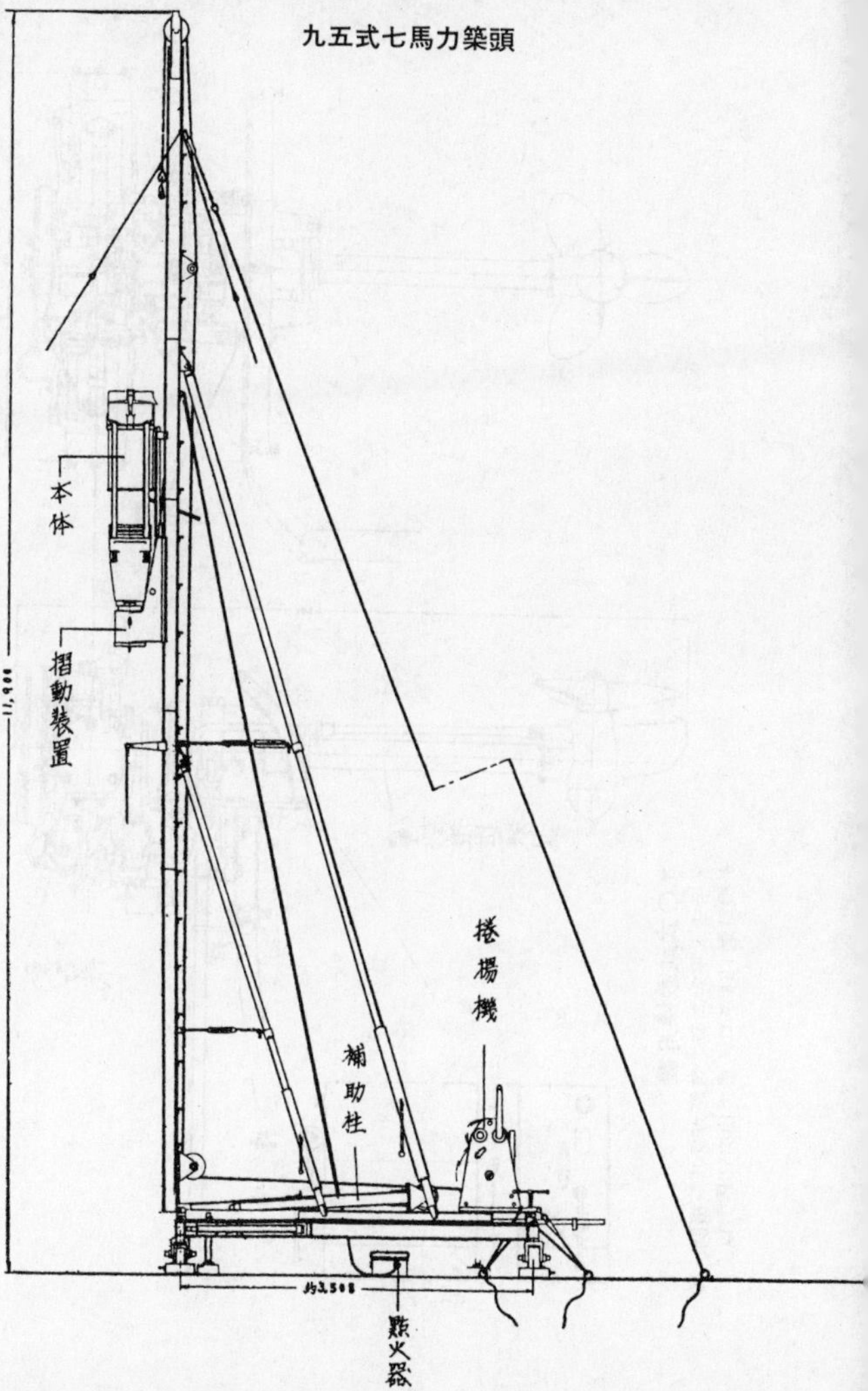

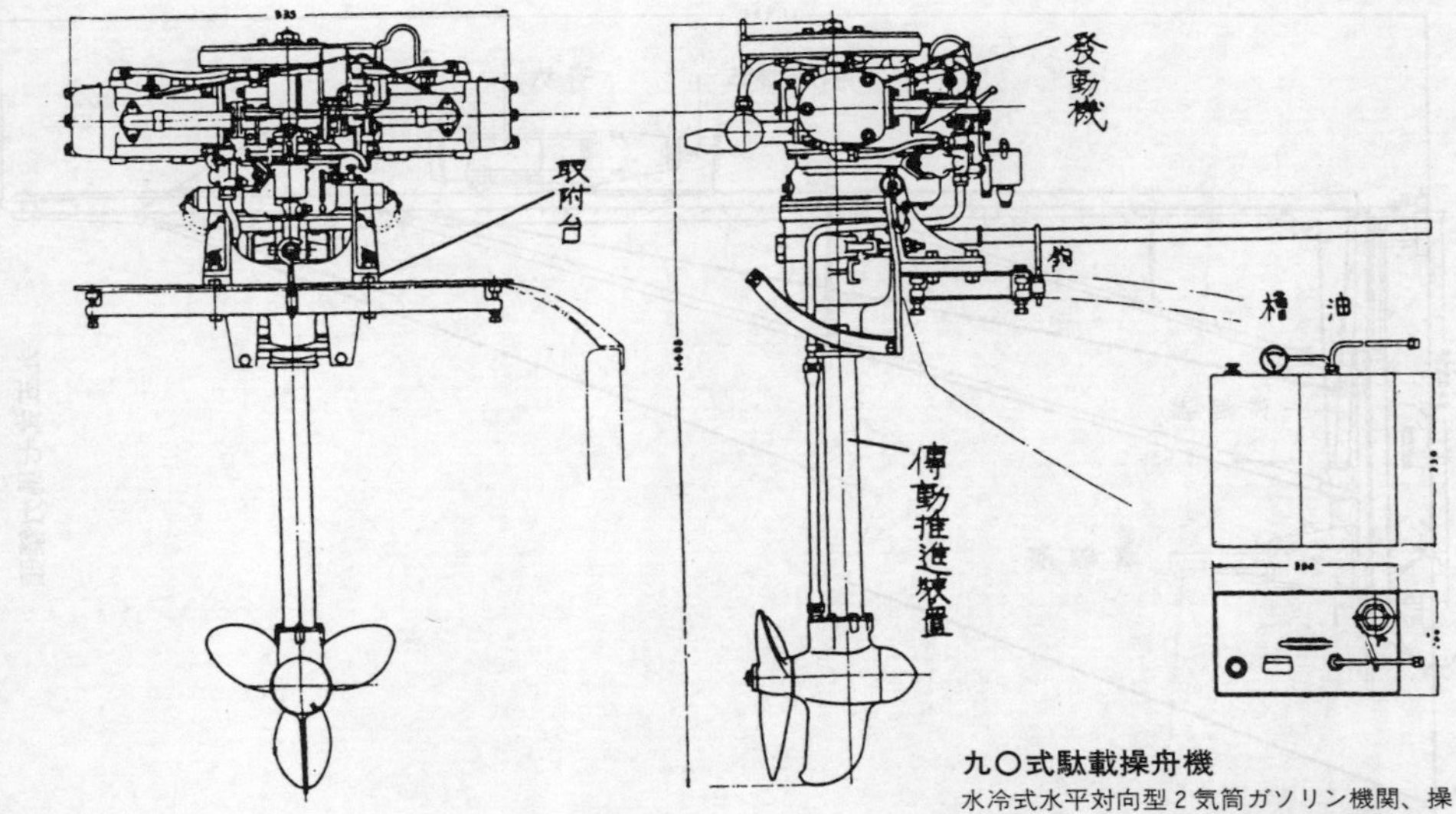

九〇式駄載操舟機

水冷式水平対向型２気筒ガソリン機関、操舟機重量168キロ、最大出力10馬力以上。

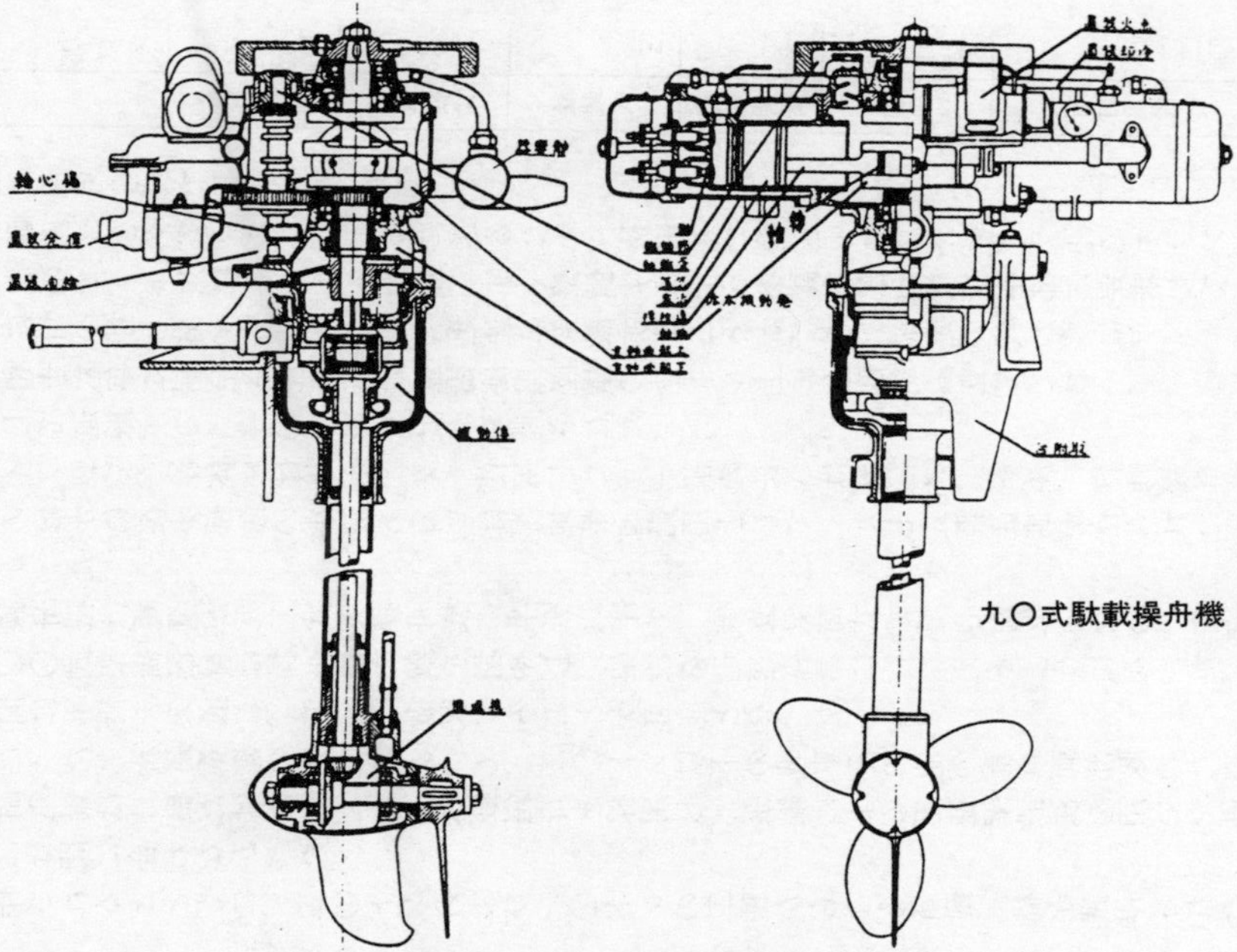

九〇式駄載操舟機 断面図

が試作されるとともに、二〇トンおよび一〇トンの二種からなる新耐重橋が試作されたが、実戦には間に合わなかった。

新耐重橋は舟橋だけだったが、木製箱舟を採用し、張綱による迅速架設法を用いた画期的軍橋だった。新耐重橋の完成によって、二〇トン以下の戦車その他の重車両部隊のため、一夜の間に軍橋を架設し、渡河、撤収することが可能となった。

一〇〇式架橋器材は操舟機の数を増やし、架設を迅速容易に行なえるようになった。九六式大操舟機は重量が九二式大操舟機の半分以下で、倒立気筒式で重心が低いため、安定度が大きかった。

このほかに徒歩部隊の小流あるいは湿地帯通過用として、九七式軽徒橋が作られた。これはパイプ製で、浮体にはカポックを使用した。一組の長さは五〇メートル、自動貨車一両に積載して運搬する。一〇〇キロ分が整備された。

昭和十六年に制定された新耐重橋は、陸岸のレール上に全部組み立てておいて、捲揚機で直角に川へ押し出す方式だった。迅速に架設することができ、錨定の代わりにワイヤで張るだけなので、歩兵にもできるから、すぐ整備するよう参謀本部が技術本部に要求していた。

新耐重橋をクアラルンプールに送るため、秋田丸で輸送中に、シンゴラ沖でオランダの潜水艦に沈められてしまった。

	乙車載式	甲車載式	駄載式	特殊架橋	一〇〇式	新耐重橋
能力トン	五	一〇	三	一六	七	一〇・二〇

(上)九七式徒橋は徒歩兵の連続通過に供する。一橋節長5メートル、幅60センチ、浮体の綿布袋にカポックを充塡している。(下)軽徒橋には木材、板、空樽、空缶などを橋脚とし、簡単な床板を設けて架橋する。

長さメートル	舟	架柱	操舟機	運搬	整備数
一五〇	二七	九	九二式小 操舟機 三 二〇馬力	輜重車 四〇〇両	一〇
一五〇	二一	六	九二式 大 操舟機 三 三七馬力	自動貨車 一〇〇両	三
一三五	三六	九	九〇式 操舟機 三 一〇馬力	駄馬 三〇〇頭	五〇
八五〇	一三六	架柱二三 列柱一二			二
一五〇	三三	九	九六式 大 操舟機一〇 三七馬力	自動貨車 一五〇両	一〇隊分
一五〇				一〇トン橋 自動貨車一〇〇両 二〇トン橋 自動貨車一五〇両	一〇トン橋 一 二〇トン橋 五

渡河器材

一、九三式折畳舟

明治時代から満州事変頃までの制式渡河器材は鉄舟であったが、ほかに応用舟として木舟を使用し、訓練の重点を流速三メートルの急流架橋に置いた。舟の操作はもっぱら艪棹による臂力漕舟であった。

架橋は工兵の表看板で、訓練は夜間架橋を主とした。優秀な漕手、橋頭作業手、投錨手などは中隊の花形であった。訓練の結果、河幅一〇〇メートル、流速三メートルぐらいの河における軍橋の架設撤収作業を一日に二回行なえるほど、作業に熟達した。大正時代の特別工兵演習で、銚子付近の幅一〇〇〇メートルの利根川に軍橋を架設し、訓練の成果を披露したことがある。

明治、大正時代の器材は能力五トンの乙車載式で、通過部隊の重量増大にともない逐次改修されたが、昭和初年に能力一〇トンの甲車載式が生まれた。

渡河はまず前岸の陣地を占領する部隊を漕渡によって渡河させてから、架橋作業に移るという方法だったが、航空機の発達により、第一線部隊は敵機からの攻撃を受けやすい漕渡架橋をやめ、漕渡だけにより渡河することになった。したがって漕渡は甲車載式より軽い乙車載式が主に用いられた。しかし乙車載式でさえ一舟に二十数名かかってやっと運べる重さであった。

満州事変が起こり、ついで対ソ作戦上大河の急襲渡河が緊急課題となって、鉄舟の改良に着手した。溶接による漕渡用鉄舟が試作され、海軍技術研究所の協力により舟形も改良されたが実用価値は変わらなかった。そこで金属舟に見切りをつけ、ゴム製浮嚢舟の改良に着手するとともに、レースボート専門のデルタ造船所の技術に着目し、木製合板による折畳舟を作った。重量は鉄舟の約二分の一となり、折り畳みができるうえ、金属音が出ないので運搬に便利だった。これが九三式折畳舟である。

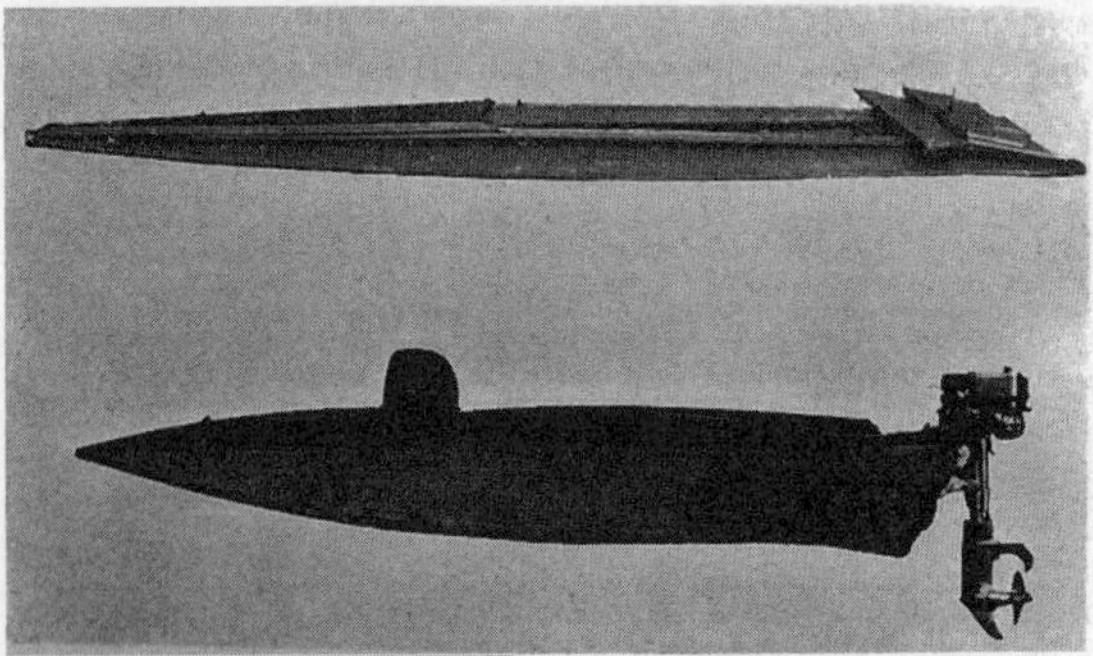

発動機付４人乗り折畳舟。写真上が折り畳み状態。

舟舷取付式操舟機。縦型。

舟舷取付式操舟機。

二、九五式折畳舟

九三式折畳舟の搭載量は作業手三名のほか、武装歩兵一二名であった。河幅一〇〇メートルにもおよぶ大河となれば、従来のように臂力によることは単に労力の点ばかりでなく、時間的に作戦の要求に合わないから、当然機航によらねばならない。問題はこれに装着する軽量で始動が容易な操舟機であった。

これさえ完成すれば大河の急襲渡河は可能となるので、左記の条件により新渡河器材の開発が進められた。

舟体

一、折畳式で、分解組立が容易、迅速にできること。

二、搭載人員は作業工兵三名のほか、武装歩兵一分隊一六名とする。

三、開進地付近までは車載輸送、開進地から河岸までは戦闘隊形のままで、約半数の搭載人員により、隠密に臂力運搬ができること。

操舟機

一、重量は六〇キロ以内で、工兵二名により人力運搬可能のこと。

二、始動が迅速、容易にでき、確実にかかること。

三、出力は約一二、三馬力とし、折畳舟にとりつけて舟速毎秒三メートル以上のこと。

四、舟体への舷外とりつけが容易に行なえること。

(上)九五式折畳舟の泛水。(中)九五式折畳舟。全長7.4メートル、全幅1.5メートル、重量は226キロ。絶対浮力は5280キロ。(下)漕舟競技会。

(上)九五式折畳舟による大河の渡河。
(下)煙幕展張下での敵前渡河の景況。

このほか、折畳機舟と所要の橋床材料とをもって、簡単に門橋を構成し、師団砲兵の渡河を可能とすることが考慮された。

以上の設計条件を充足するため、最も苦心したのは九三式に比べて、舟体の自重を増すことなく搭載人員を四名増やすことだった。そのため舟底の面積を増し、浮力を増加させて要求に応えるものが完成された。これが九五式折畳舟である。

九五式は一節舟が約一一〇キロで、九三式とほとんど重量は変わらず、舟体の端末を切り取り、操舟機をとりつけやすい構造にした。折畳舟のゴム蝶板は明治ゴム会社の研究により、ゴム質は柔軟性を保持して、しかも強さが増加され、特殊ゴム糊が作られて木部とゴムとの接着がいっそう強力となったため、九三式に比べていちだんと強靭な構造となった。

軽操舟機は昭和七、八年頃から池貝鉄工所に試作させていたが、最大の問題は始動の点にあった。始動を確実にするためにはしかるべき始動装置を用いればよいが、重量の点からそれが使用できない。頼りになるのは一筋の短い麻縄と臂力だけである。しかも命令一下ただちに始動し、全舟の一斉前進にあたり落伍する舟が出ないようにするためには、克服すべき問題は大きかった。

ここにおいて新たに正田飛行機製作所に試作注文した。昭和九年十一月のことで、会社側の全力をあげての努力により、条件に適合した軽操舟機を完成することができた。その後さらに改良が加えられて九五式軽操舟機として制式採用が決まり、ここに九五式折畳機舟が完成した。

北満正面の突破作戦に最も障碍となったのは黒龍江である。黒龍江は黒河付近で河幅が七〇〇ないし一二〇〇メートル、流速一ないし三メートル、水深は一〇メートル以上のところが多い。しかも河岸には相当の縦深をもつトーチカ陣地があり、さらにゼーヤ河ほか大小の支流がある。この障碍克服のため考案されたのが九五式折畳舟および九五式操舟機（この両者を合わせて九五式機舟と称した）であり、重門橋である。またこの器材のために特設されたのが独立工兵（戊）であった。

独立工兵（戊）連隊の編成装備の概要は、連隊本部の下に四中隊があり、各中隊は四小隊、各小隊は四分隊で構成されていた。ほかに材料中隊があり、二小隊からなっていた。小隊は折畳舟約七〇、操舟機約七〇、門橋材料約一〇組、自動車約二〇両、その他一般工兵器材を持っていた。

独立工兵（戊）連隊は当時の黒龍江に対する渡河作戦用の部隊としてはいちおう態勢も整い、訓練もこれに即応して第一線戦闘部隊としての行動に支障はなかったが、重車両の渡河および補給に関しては、まだ必ず成功するという確信はもてなかった。

九五式折畳舟の制定に際しては、技術本部と工兵学校の間に意見の相違があった。これは従来から兵器と戦法の研究機関が分離していたため、運用と技術の一致を欠いていたことからくるものであった。昭和九年頃、渡河方式を更新するため、これを制式化することが焦眉の急となった。しかし技術本部と工兵学校との意見は容易に一致しなかったため、両者の代表が北満に渡り、黒龍江など大陸河川を見て討議したところ、彼らはその認識の相違を発見して、互いに主張するところを譲り、円満決定をみるに至ったといういきさつがある。

九五式折畳舟は折畳方形舟一、同尖形舟一、操舟材一、その他の属品からなり、これを組み立てて一舟とし、単舟か二舟または三舟の結合舟で走る。

運搬は方形舟、尖形舟を各六名、操舟機を二名で分解運搬するか、組み立てたまま運搬することもあった。運搬速度は概ね平坦な土地で夜間交代兵のない場合に、分解運搬で一時間

九五式折畳舟

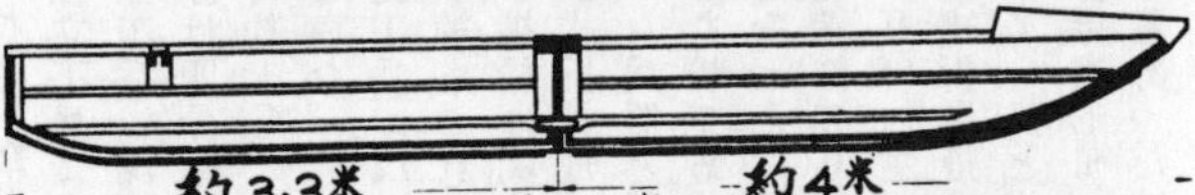

主要諸元

全重量			約200瓩
絶對浮力			約5.3瓩
實用浮力			約3.0瓩
搭載量	單舟	武裝兵	16名
		漕手	3名
	門橋	九〇野砲	1
運搬人員		舟	8名
		操舟機	2名
		漕具	1名

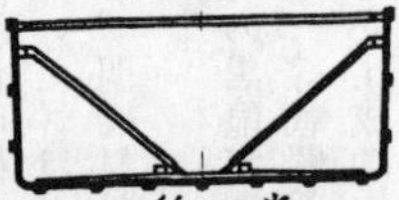

九六式大操舟機

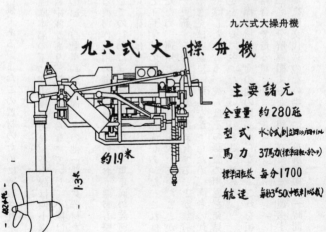

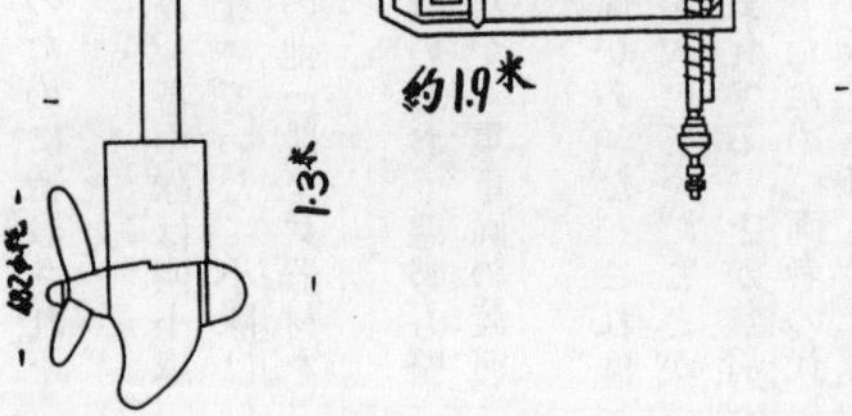

主要諸元

全重量	約280瓩
型式	水冷式倒立四シリンダ四サイクル
馬力	37馬力(標準回転ニ於テ)
標準回転数	毎分1700
航速	毎秒3米50(中戦車1両搭載)

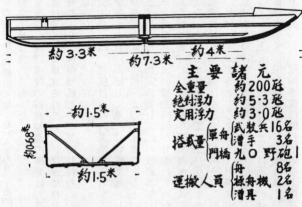

九五式軽操舟機

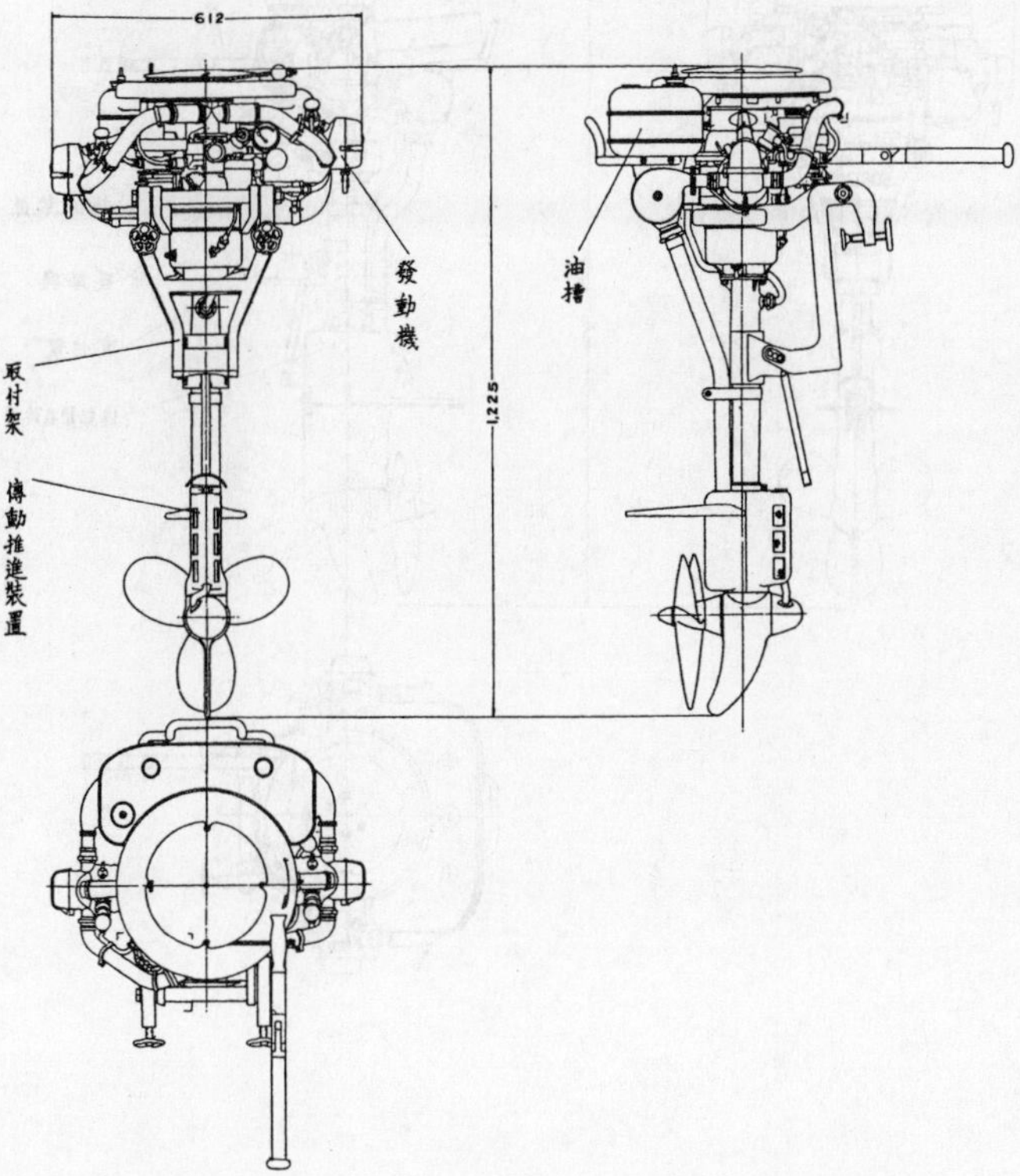

612
1,225
發動機
油槽
取付架
傳動推進裝置

九五式軽操舟機甲(R 1 型)

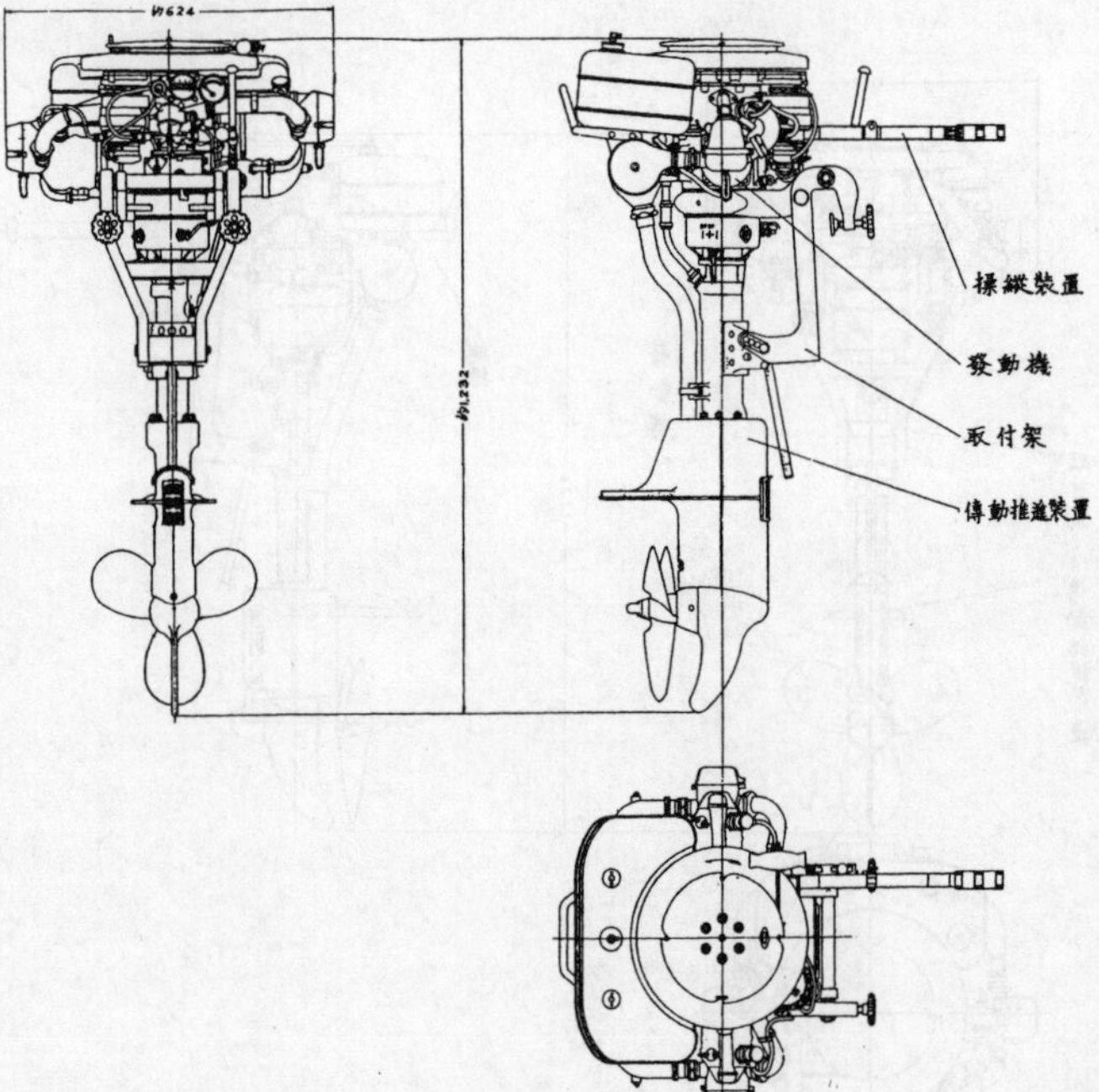

九五式軽操舟機甲(R３型)

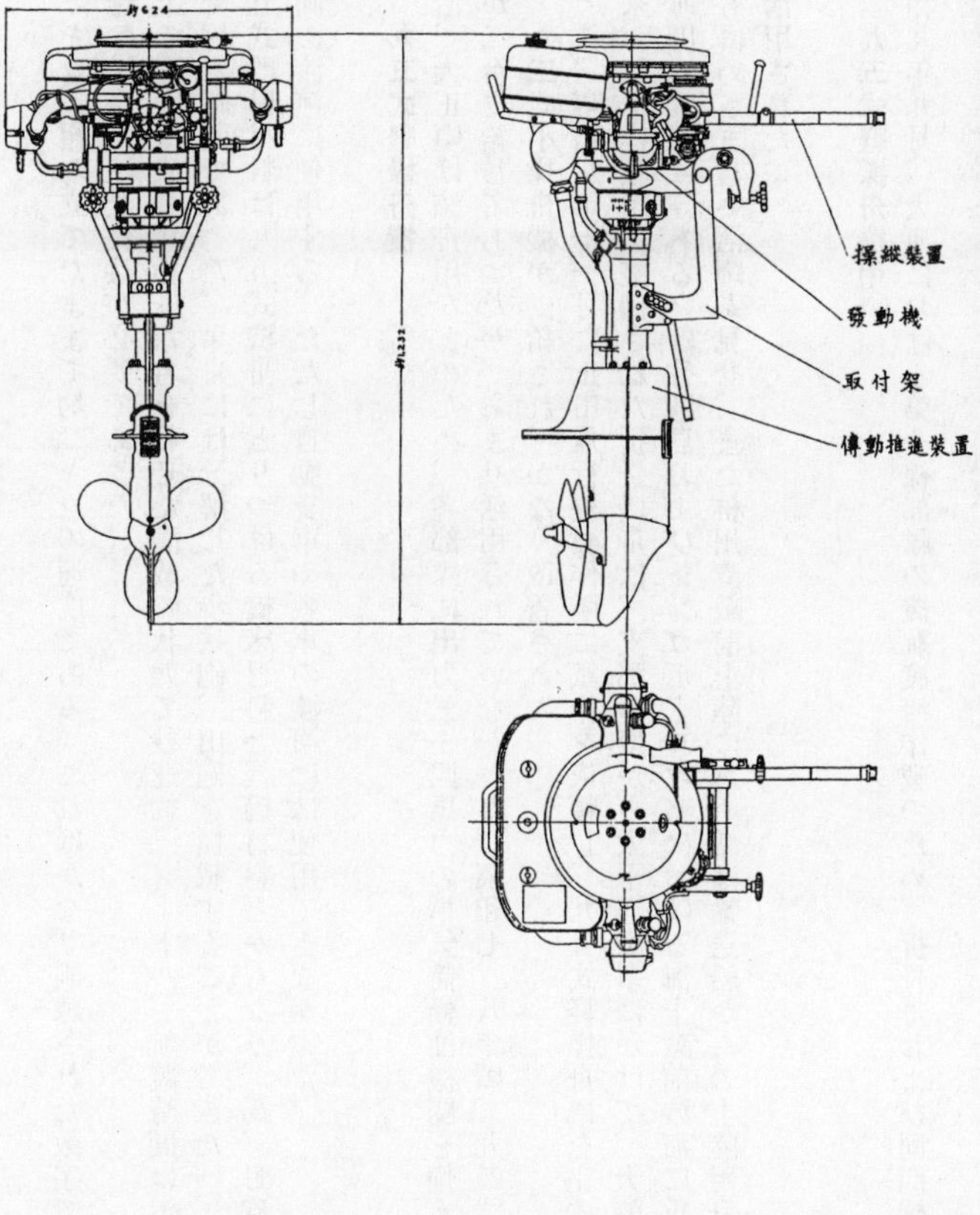

に約三キロ、組み立てたままで約二キロの速度である。これはかなり訓練された数字であり、長距離の場合には交代兵が必要であった。

水上の速度は武装兵約一六名を載せた満載の状態で秒速約三メートル、航続時間は混合油満量で約六時間であった。単舟には分解した歩兵砲、山砲を積載することができた。

九五式門橋材料は九五式機舟にとりつける橋床材料と桟橋材料とからなり、馬、野砲、野戦車両の渡河に使用する。ただし自動貨車や戦車の渡河には使用できなかった。

三、九五式軽操舟機

明治、大正頃は錨舟用などのため、各部隊に出力三〜四馬力の単気筒軽油機関を備える操舟機が二台支給してあったが、あまり活用されていなかった。昭和七、八年頃、九二式大操舟機、九二式小操舟機が支給され、かなり改善された。

その後、昭和九年十一月に正田飛行機製作所に試作を依頼し、九五式軽操舟機を完成した。本来、対ソ作戦用に整備された折畳機舟は、支那事変から太平洋戦争にかけて、大陸における河川の渡河に、あるいは香港島およびシンガポール攻略における海上敵前渡河に重門橋とともにめざましい活躍を見せ、また杭州湾敵前上陸においては輸送船からの上陸用舟艇として活用された。

四、九五式軽操舟機甲

昭和九年九月、大河における第一線部隊の機航渡河作戦のため、折畳舟および同門橋の機航に適する操舟機の研究に着手し、九五式軽操舟機の完成をみたが、特別工兵演習などにおいて実用後、重量を増加することなく、さらに性能の向上、クラッチの増備などの必要が認められ、昭和十年末から制式改正に着手した。

昭和十一年二月に完了した第一次試製品は、荒川放水路において試験の結果、細部に若干改修の必要を認めた。一方、現制の九五式軽操舟機と第一次試製品との実用価値を比較するため、陸軍工兵学校に委託して試験を行なった結果、クラッチの付加、性能の向上などにより、現制に比べて実用価値をいっそう高めたものと認められた。

同年四月、試験結果にもとづく改修が完了したので、荒川放水路および神崎町付近の利根川において再試験を行ない、さらに工兵学校で耐久試験を行なった結果、五〇時間の連続運転に耐え、実用価値十分なるものと認められた。

改修の要点は、発動機の出力および回転数の増加、寒冷時における運転の確実、低速運転の可能範囲の拡大による性能の向上と、クラッチの増備、さらに衝動起動器の改良により始動を簡単確実にすることなどであった。

九五式軽操舟機甲は作戦上全体を秘密とする必要があるので、第一級秘密兵器の取り扱いとなった。

五、九七式駄載折畳舟

駄載部隊用の折畳舟について昭和九年一月に研究を開始した。同年三月試製を完了し、利根川河口において性能試験を実施したところ、駄載運搬を簡単に行なえるよう改修する必要

九九式機舟

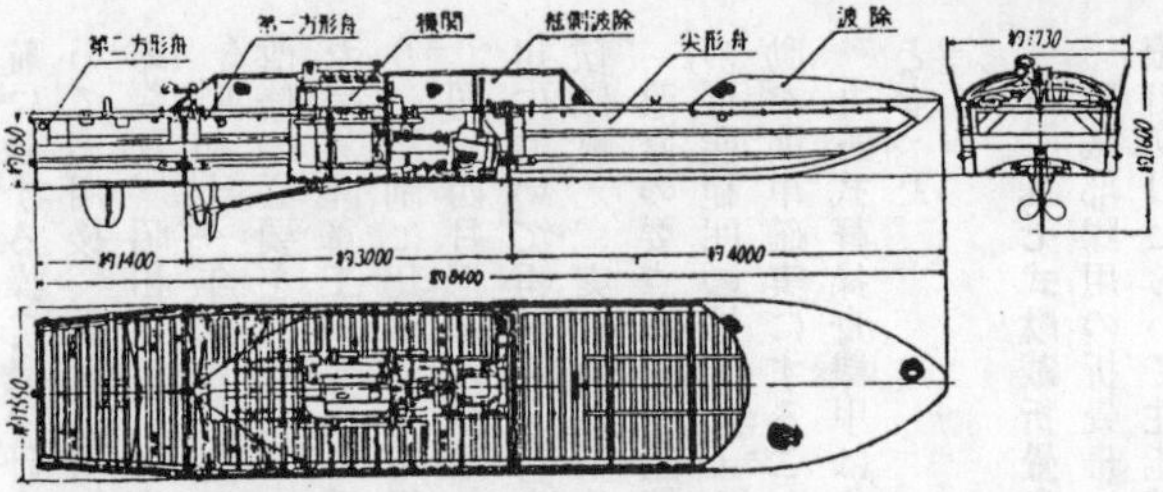

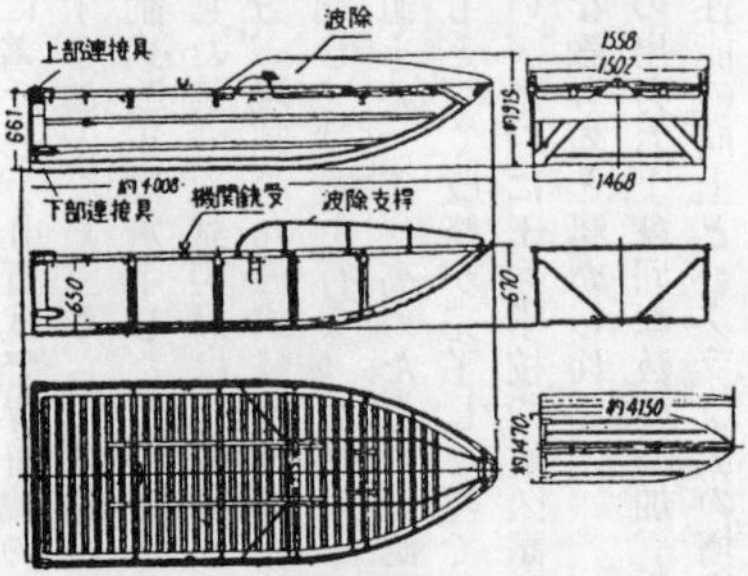

九九式機舟 尖形舟

九九式機舟は大河の渡河作戦において偵察、指揮および曳舟作業を行なう。毎秒3メートルの速度で、九五式折畳舟6隻を曳航する。
機関出力65馬力
単舟速度毎秒7メートル

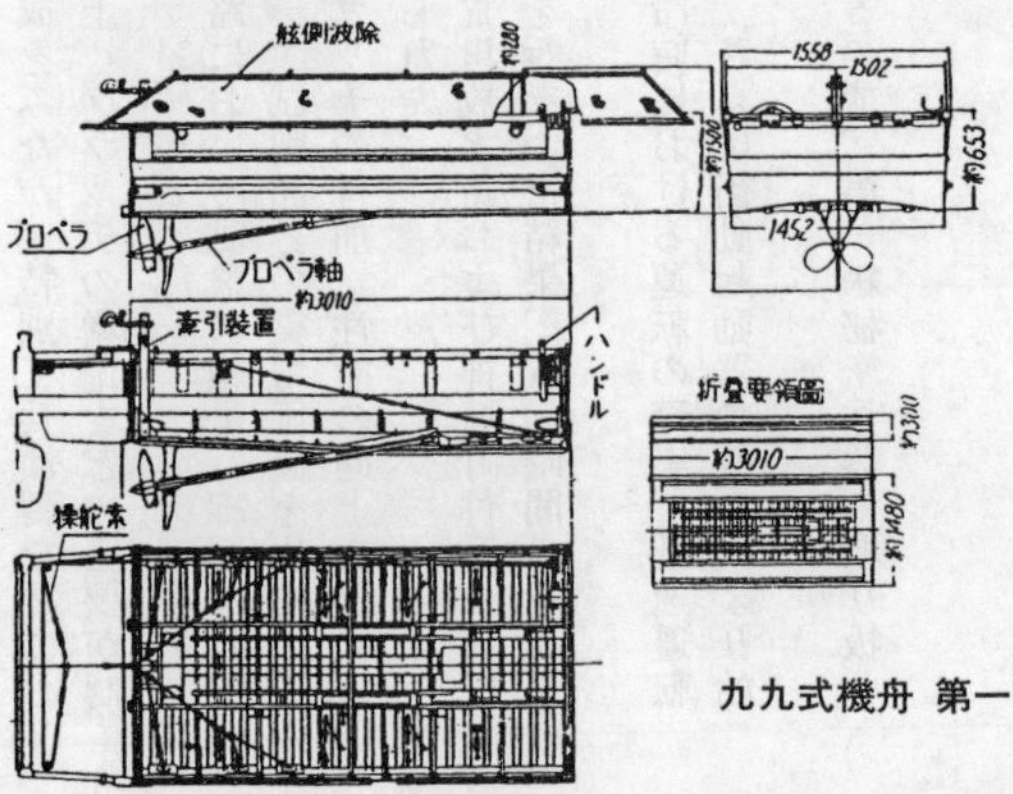

九九式機舟 第一方形舟

九九式重門橋

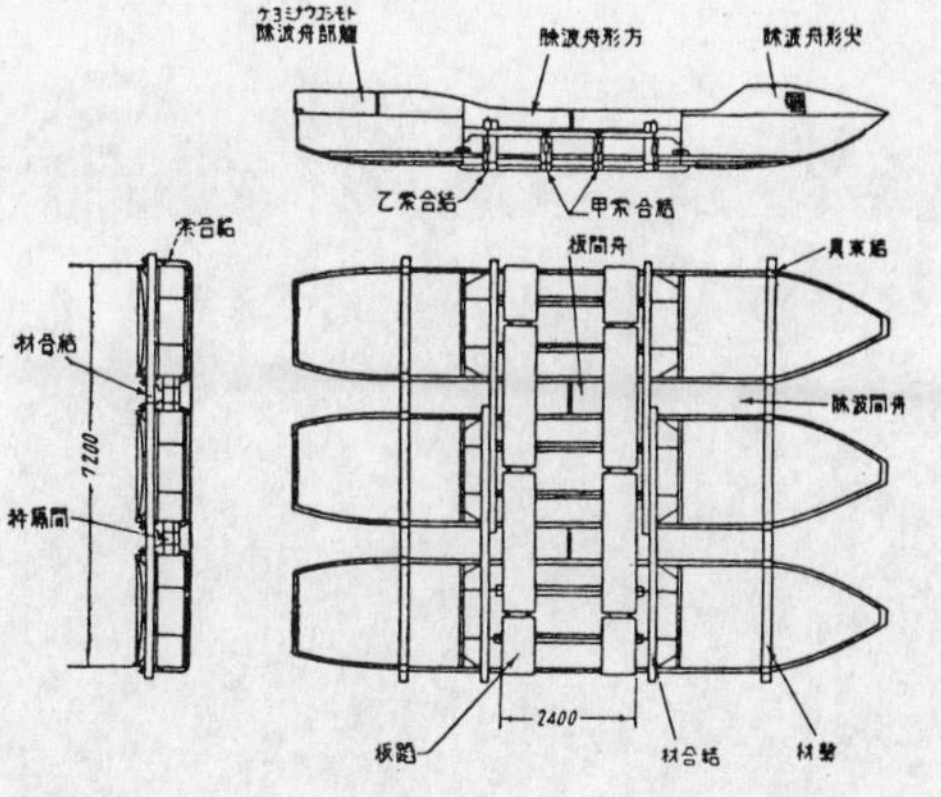

九九式重門橋 門橋舟

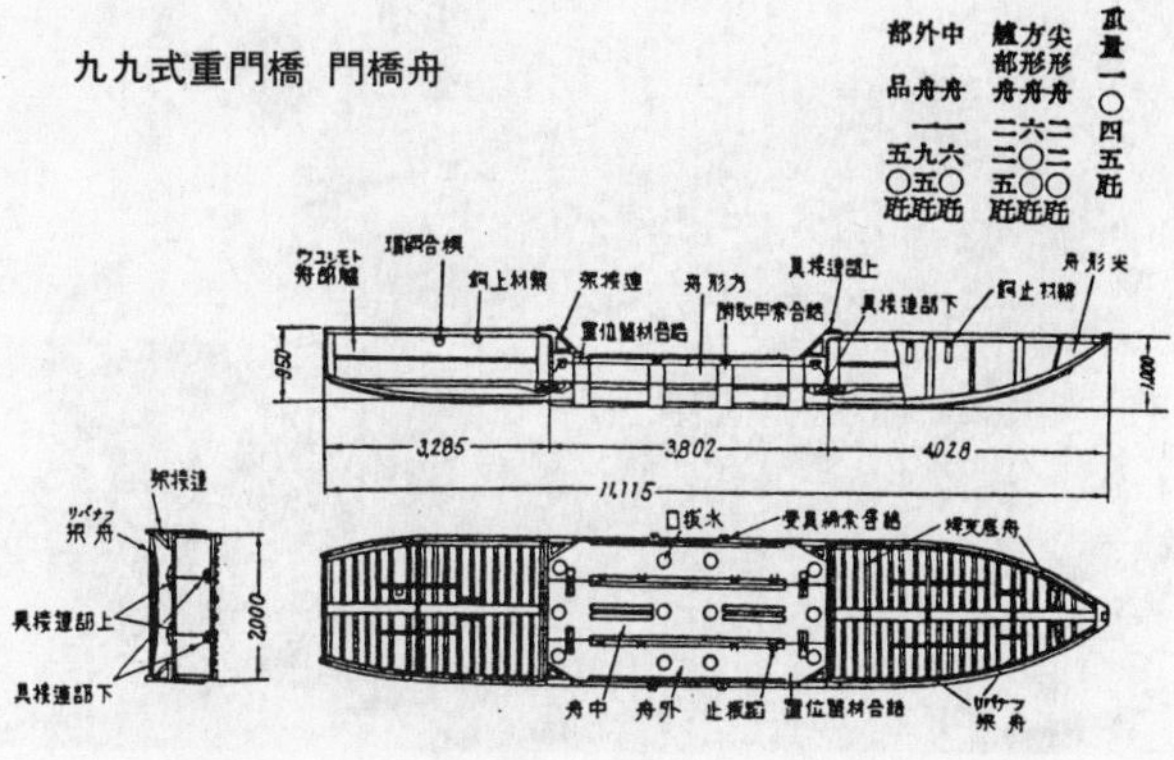

(上)大浮嚢舟門橋による野砲の渡河。(下)九一式大浮嚢舟。軍装兵10名を搭載する。全長4.5メートル、幅1.6メートル、重量83キロ。

（上）九一式中浮嚢舟。軍装騎兵8名を搭載。馬匹は泳河させる。全重量59キロ。

渡河器材、九一式小浮嚢舟。徒歩部隊の渡河用で軍装2名が搭乗できる。ゴム引綿布または麻布製。漕具は備えていないので、小円匙などで代用する。

（下）九二式軽門橋。秩父宮殿下の視察。

（上）九一式小浮嚢舟を応用した軽徒橋。
（下）大浮嚢舟による架橋。

があった。そこで隔板が外への折畳式であったのを内側への折畳式に改め、折り畳んだ全長を短縮した第二次試製品を七月に試作し、性能および耐波試験の結果、九三式折畳舟と同じ程度の渡河性能を示した。

昭和十年二月、輜重兵第十一大隊に駄載運搬試験を委託した。その結果、連続行軍は不可能であるとして、重量の軽減と形状の縮小を求められた。同年十一月、駄載をしやすくするため、各節舟は隔板を離脱し、いずれもW型に折り畳み得るように設計した第三次試製品が完成した。輜重兵第十一大隊による再試験の結果、駄載用として適当であると認められた。十一年三月、陸軍工兵学校の実用試験にもとづく改修を実施し、昭和十二年三月、審査を終了した。

九七式駄載折畳舟は駄馬編成部隊の渡河に使用するもので、尖形舟、方形舟各二などからなり、運搬、泛水《へんすい》が容易で、舟手三名のほか軍装歩兵一〇名を搭載できる。本舟一隻は駄馬三頭に搭載して運搬する。

九七式駄載折畳舟門橋橋床は九七式駄載折畳舟三を橋脚として門橋を構成するものである。橋床幅約二・二八メートル、橋床長五メートルで、舟手一〇名のほか、九〇式野砲一門を搭載できる。本橋床一組は駄馬五頭に搭載して運搬する。

六、九九式機舟

陸上交通路の不備な大陸において、長大な水路を利用して輸送するための曳舟として九九式機舟が制定された。

浮嚢舟

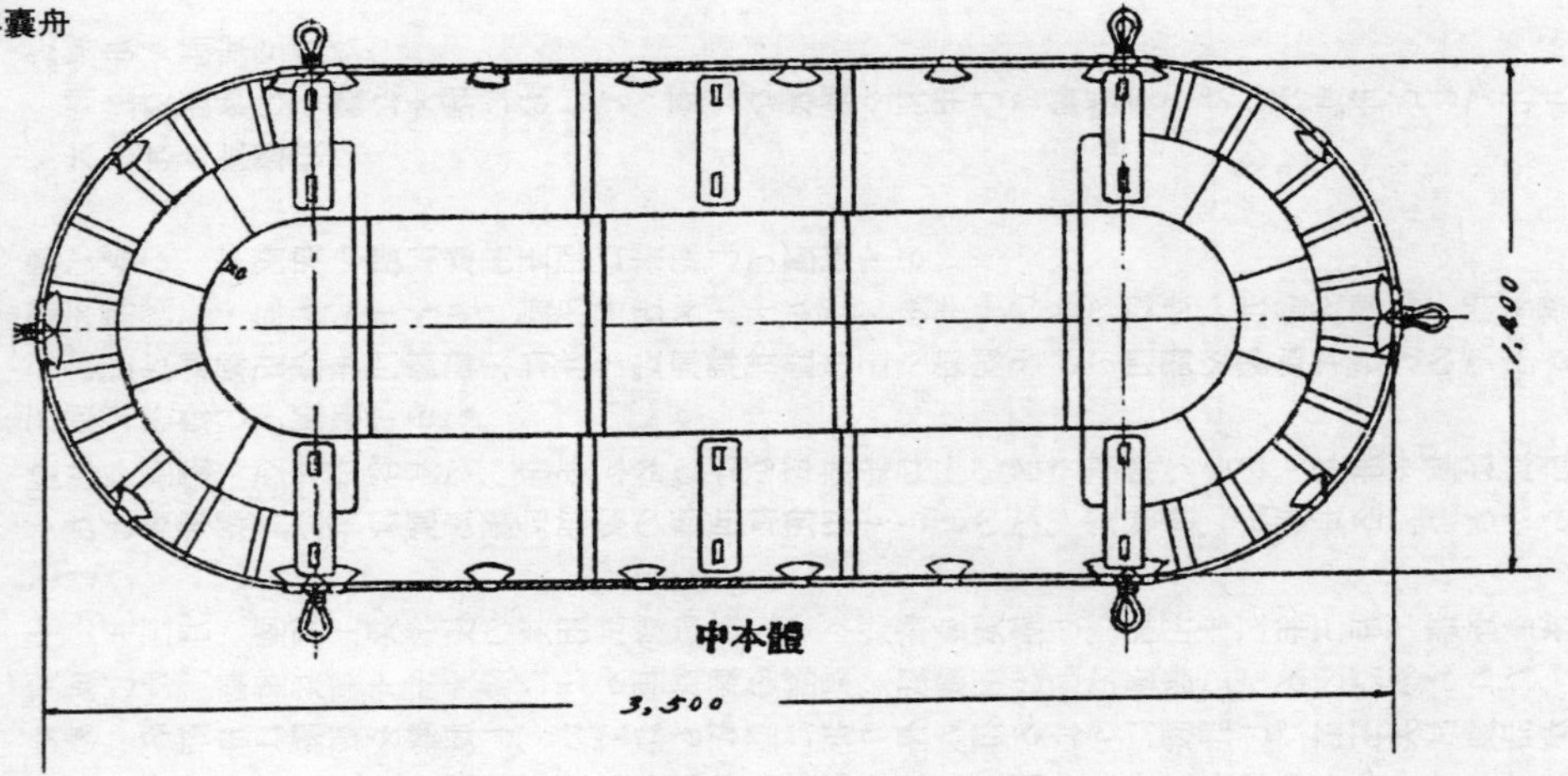

中本體

大本體 { 縦—4.500
横—1.600 }

小本體 { 縦—2.100
横—1.100 }

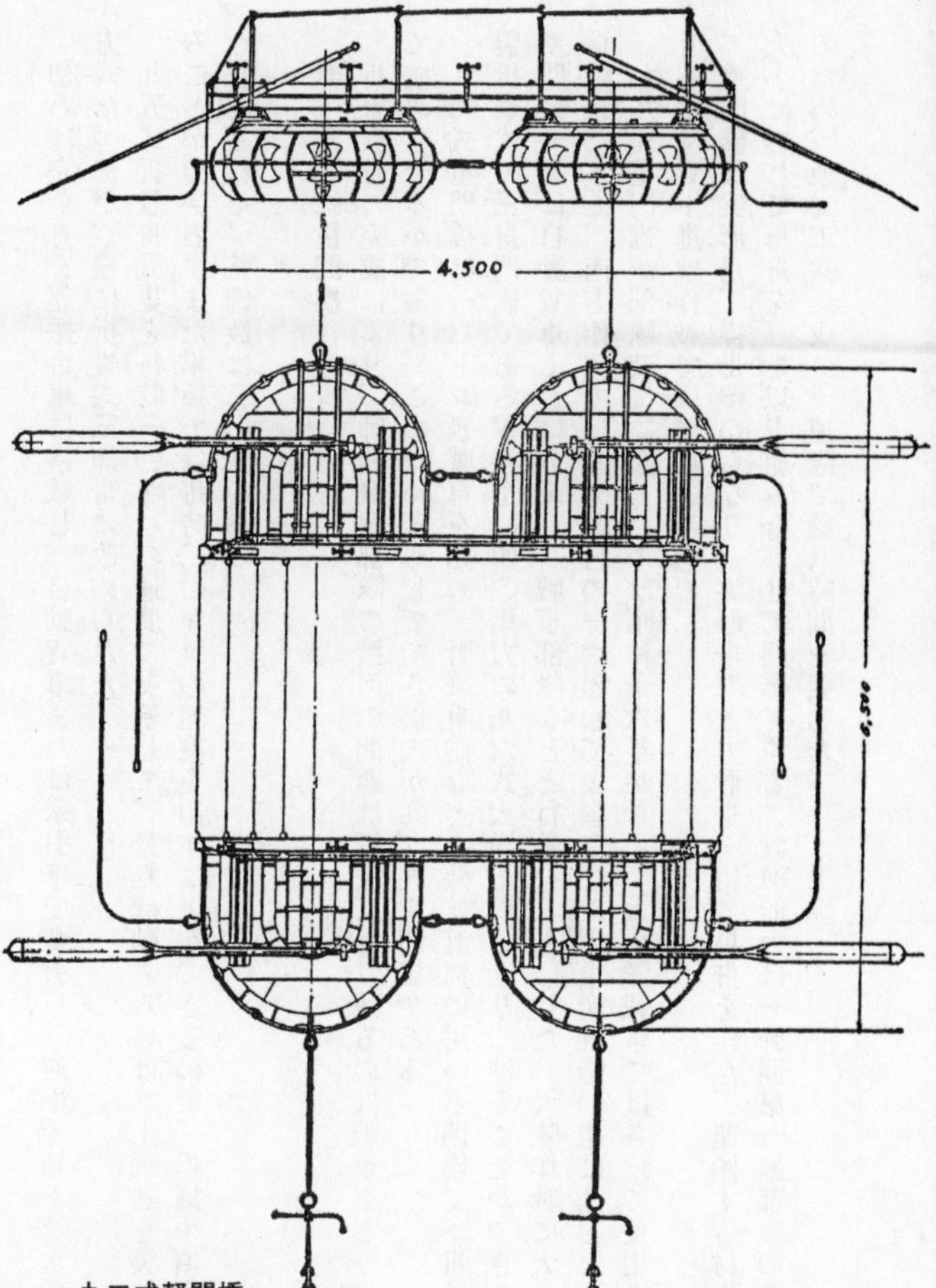

九二式軽門橋

騎兵旅団用で騎砲1門、又は兵員40名を搭載できる。

初めは完全舟を運搬台車に搭載し、自動貨車または牽引車で牽引し、河岸で卸下泛水する方式だったが、後に折畳式三節舟に改められた。

九五式折畳舟五隻を毎時一〇キロの速度で曳航して、舟艇機動あるいは水上輸送を実施することができる。また単独では毎時二〇キロの速度を出すことができるので、指揮や偵察にも使用された。整備数は二〇隻である。

七、九九式重門橋

折畳機舟の完成により、師団戦闘部隊の渡河の問題は解決した。残るのは戦車をどうやって渡河させるかであり、このため苦心してできたのが九九式重門橋である。

九九式重門橋は一六トン級戦車を始め、野戦重砲などの機航渡河に用いる門橋で、舟は木製折畳式の三舟門橋である。各舟に四〇馬力の九六式大操舟機をとりつけることができる。重門橋一組は自動貨車七台に分載し、戦車部隊などと行動をともにした。大陸作戦に大いに貢献したうえ、南方作戦では優秀器材の一つとして表彰された。量産五〇〇組に達した。

九九式重門橋が部隊装備になったのは昭和十六年からで、太平洋戦争では各地で使用され、とくにマレー進撃作戦では偉功を奏した。

重門橋は尖形舟、操舟機からなり、尖形舟二と方形舟一組で単舟を作り、運搬する材料の大小に応じて単舟を三舟以上組み合わせて門橋とする。渡河能力は一師団第一線部隊の渡河のため、独立工兵（戊）一連隊で約八時間を要した。

（上）破壊筒を携え、匍匐前進により敵陣鉄条網に肉薄する破壊班。
（下）橋梁爆破は工兵の重要な任務で、建設と破壊の両端を担った。

八、浮嚢舟

浮嚢舟には大浮嚢舟、中浮嚢舟、小浮嚢舟、携帯浮嚢舟などが制定され、合計約一万個整備された。携帯浮嚢舟以外は上海事変においてクリーク地帯の戦闘に活用された。

大浮嚢舟は歩兵用で、武装歩兵一〇名を搭載できる。

中浮嚢舟は騎兵用で、武装騎兵八名を搭載し、馬は水馬にて連行する。

小浮嚢舟は歩兵斥候用で、一名で背負携行し、歩兵二名を搭載できる。

携帯浮嚢舟は一人用で、伏姿にて渡河するのに適している。

軽門橋は騎砲兵用で、騎砲一門を搭載できる。大浮嚢舟よりやや大型の浮嚢を橋脚とする二舟門橋である。

軽徒橋は幅の狭い川を武装歩兵が一列で通過できるもので、小浮嚢舟の中央に幅六〇センチ、長さ二メートルの木製橋床をとりつけ、橋床をピンで接合し、全長一〇メートルのものを押出式にして架設する。

爆破器材

一、爆薬および火具

明治四十一年頃の爆薬は、黄色薬、棉火薬、ジナミットの三種だった。火薬の主体は黒色薬で、火工品は連燃導火索、電気雷管には白金線信管を使っていた。

昭和四年になって、制式爆薬はやはり黄色薬だったが、茶褐薬（TNT）と塩斗薬が加わった。火工品には導火管が使われるようになった。これはTNTを鉛でおおって引き伸ばしたもので、一秒間に五三〇メートル燃焼する。導火索に火をつける点火管もできた。昭和十六年になると、黄色薬はそれまでの圧搾成形したものから、溶融されたものに変わり、安全性が非常に高まった。ほかに九七式方形灰色薬、同淡黄薬が制式爆薬だった。応用爆薬にはカーリット、ダイナマイト、硝安爆薬があり、黒色薬は必要度を下げた。火工品は爆薬が安定したので、雷管の大きさを一ケタ上げた九七式導火雷管、九八式電気雷管になり、威力もいちだんと高まった。導火索は一式導火索という、非常に精度の高い導火索になり、また九七式導爆索ができた。九七式は導火管のように金属を使わず、柔軟性があるとりつけやすいものになった。点火管も一式点火管が制定された。このほかに九九式爆発缶、九九式導火索、九九式導火索点火管甲および乙があった。

二、九九式大時限機

旧制式の大時限発火機より時限がいっそう長いものが必要となり、昭和十年四月、研究を開始した。第一次試製品は乾電池を電源とする電気時計式時限発火機で、同年十月に完了した。数次の試験、改修をへて、十三年十月から十四年三月まで、関東軍平野部隊に酷寒季における機能試験を委託し、実用に適すると認められた。また十四年十月まで陸軍工兵学校に委託した実用試験でも、謀略用として実用に適するものと判定された。以上の試験の結果により細部を修正し、昭和十五年三月、開発を終了した。

九九式大時限機は特種任務において、所望の時機に自動的に爆破を実施する場合に用いる器材で、有効期限は九〇日である。本機は時計装置によって測合装置を駆動し、測合板と接

一号火焔発射器。背負式。

二号火焔発射機。

触子との時限電接作用により、任意に測合した時刻に自動的に電気回路を構成し、電気雷管を起爆するものである。

測合装置は甲（一〇日用）、乙（三〇日用）、丙（九〇日用）の三種を備え、任意に交換して使用する。本体の重量は約二・三キロである。本器は謀略器材としても使用する関係から、取扱区分は軍事極秘とされた。

近接戦闘器材

一、一号、二号火焔発射器

大正九年七月に定められた兵器研究方針にもとづき、陸軍技術本部は火焔発射器を開発し、大正十二年五月、一号火焔発射器および二号火焔発射器を完成した。

本兵器は近接化学戦闘器材として秘密取扱となったことにより、図面は各部隊に配布されず、戦時の必要に応じて各部隊に交付することになっていた。発射器は当時の用語である。

二、九三式小火焔発射機

一号、二号火焔発射器は重く、取り扱いが不便で、かつ発火機構が信頼性に欠けていたことから、新たに九三式小火焔発射機が開発された。

九三式小火焔発射機制定時の主要諸元

	噴嘴五ミリの場合	噴嘴七ミリの場合	噴嘴九ミリの場合
最大射程（メートル）	二八	三〇	三二

火焔の幅(メートル)	約二・五	約三・〇	約三・〇
放射時間(秒)	一七	一〇	八
油液の量(リットル)	一一		
発射用ガスの量(リットル)	四(二五気圧)		
装備重量(キロ)	二三		
全備重量(キロ)	四五		

噴嘴とは発射管の管頭に螺着する射出口で、五ミリ、七ミリ、九ミリの三種があり、必要に応じて使いわける。

発射用ガスは一五〇気圧に圧縮した窒素を減圧して使用する。油液は通常揮発油一、石油五、重油二の容積比で混和するが、夏季は揮発油を減らし、石油および重油または魚油の量を、たとえば一対一〇対六とする。弾倉には点火管五個を装塡する。

九三式小火焔発射機は実戦に用いられたが、その経験から点火機能を改良する必要が生じ、昭和十二年四月、研究に着手した。同年八月、電気点火式と改良撃発点火式発射管の試製が完了し、試験の結果、電気点火式は適当でなく、改良撃発点火式は機能良好であった。その後、北海道帯広付近における寒地試験、陸軍工兵学校の実用試験、関東軍技術部の寒地試験でも良好な成績を示したので、昭和十四年三月、制式を改正した。

九三式小火焔発射機は膝姿での操作を基本としているが、状況により伏姿により操作するともできる。張鼓峰の戦闘において匍匐前進中、安全装置が外れ、発射転把が回転して油液が漏出したことがあった。幸い点火しなかったが、その後、使用不能となった。

不発の場合には補助の点火法による。その一つは屑木綿を油に浸して約一メートルの棒につけ、その焔で油液に点火する方法だが、この木綿をあらかじめ目標付近に投擲し、その焔をめがけて発射して点火する方法もあった。また発煙筒の点火したものを、木綿と同じように使うこともできるが、この場合は発煙のため目標が見えにくくなるおそれがあり、あるいは攻撃の企図が暴露する原因となりやすい。

火焔の威力は二〇メートル以内の暴露した人馬に対しては確実に効果を発揮する。特火点に対しては一〇メートル以内に接近して発射すれば、火焔が内部に侵入し、効果がある。一般的には火焔の効果は直接対象物を焼爛するもので、その輻射熱は露出皮膚に対しても効果はない。この際発生する一酸化炭素、炭酸ガスなどの有害ガスも濃度は低く、人体に障碍を与えない。特火点に侵入した火焔は概ね上半部にのみ広がり、下半部に達することは少ない。温度分布は銃眼正面が最も高く、左右がこれにつぎ、正面下半部がそのつぎ、隅角部が最も低い。

三、一〇〇式火焔発射機

一〇〇式火焔発射機は、トーチカなどの重要目標を火焔により掃蕩しようとするもので、射程約三〇メートル、放射時間約四〇秒である。一般野戦工兵隊に装備され、工兵作業の一特色となった。付属器材として現地で圧縮空気を補充するための小型空気圧縮機があった。

(上)試製小火焔発射機。昭和13年度、北満冬季試験。
(下)試製小火焔発射機の発射試験。

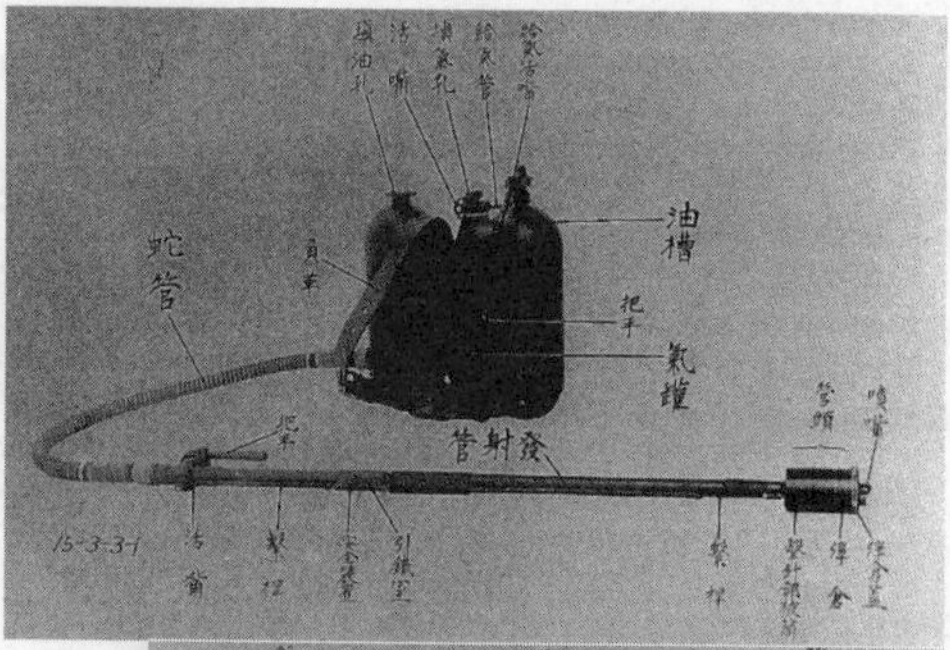

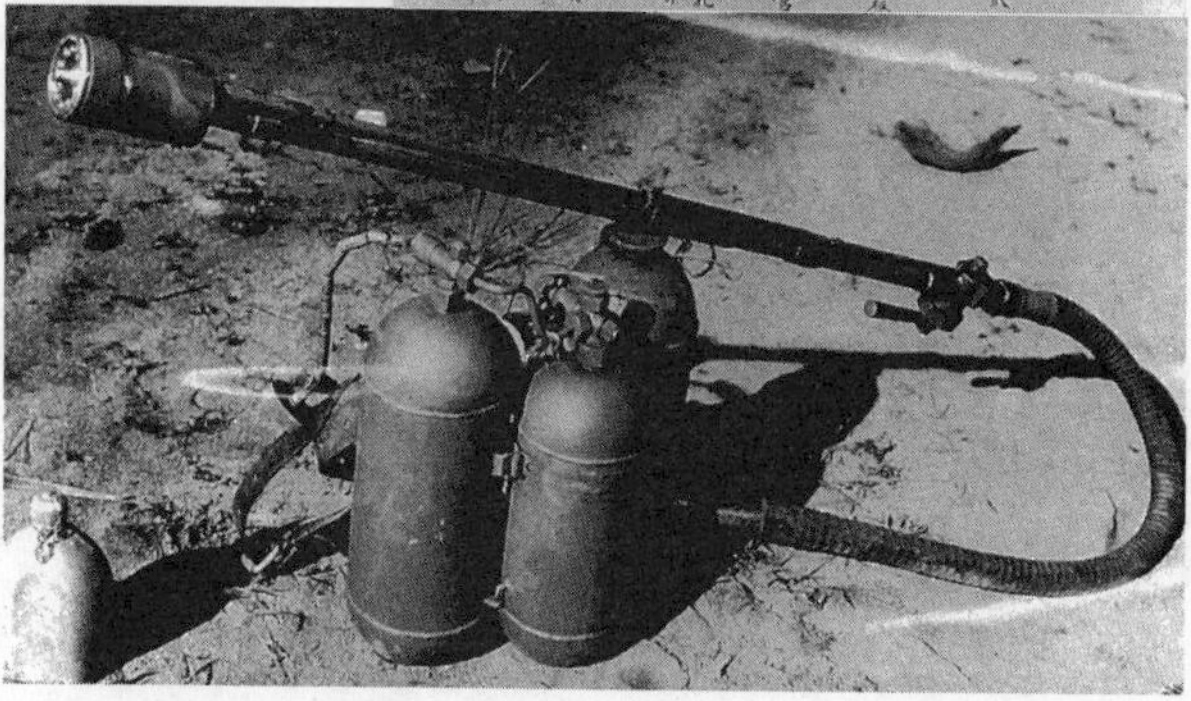

(上)九三式小火焔発射機。
(中)九三式小火焔発射機の管頭部。弾倉に点火管5個を装塡する。
(下)九三式火焔発射機。

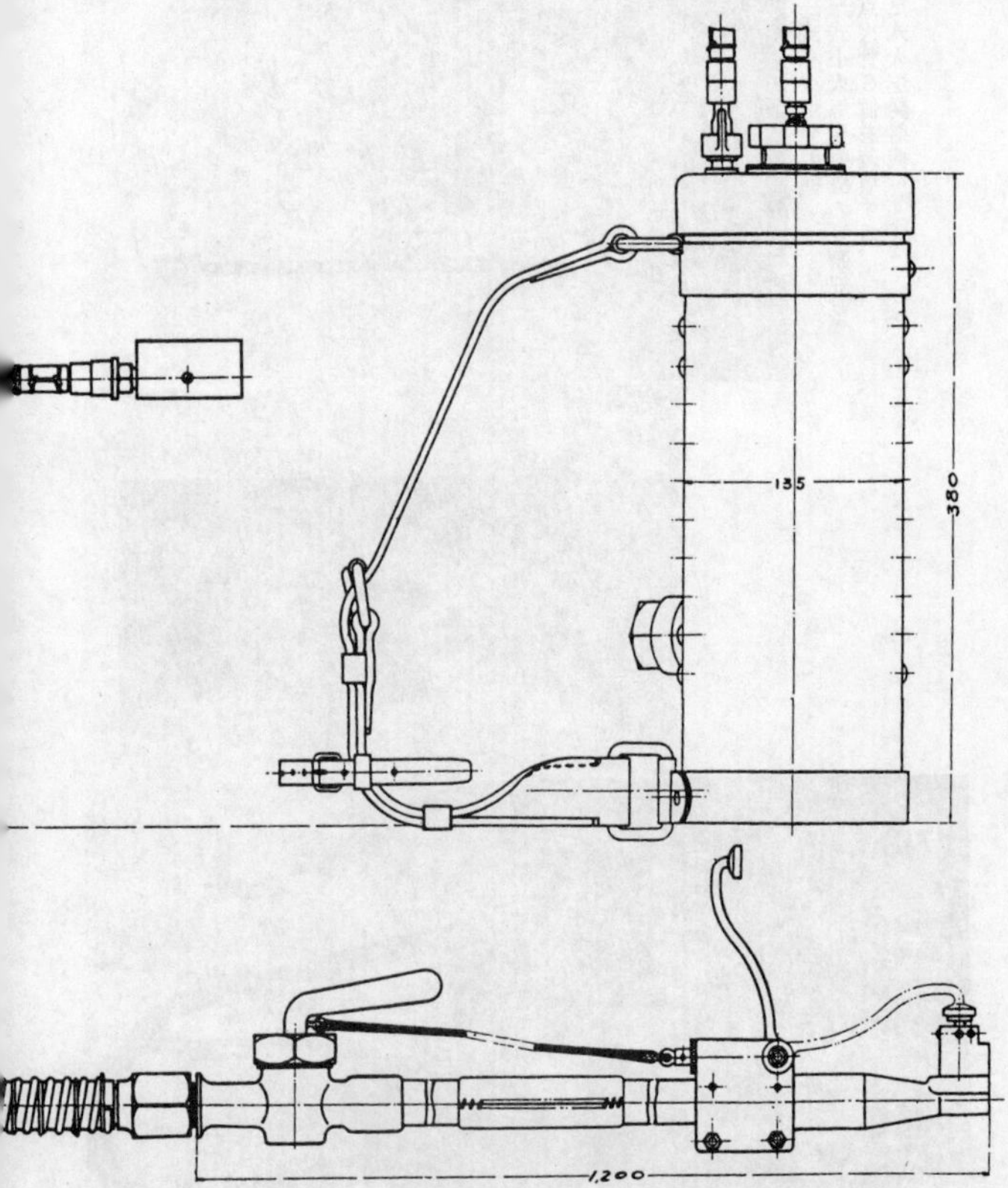
135
380
1,200

一号火焔発射器

重量32キロ

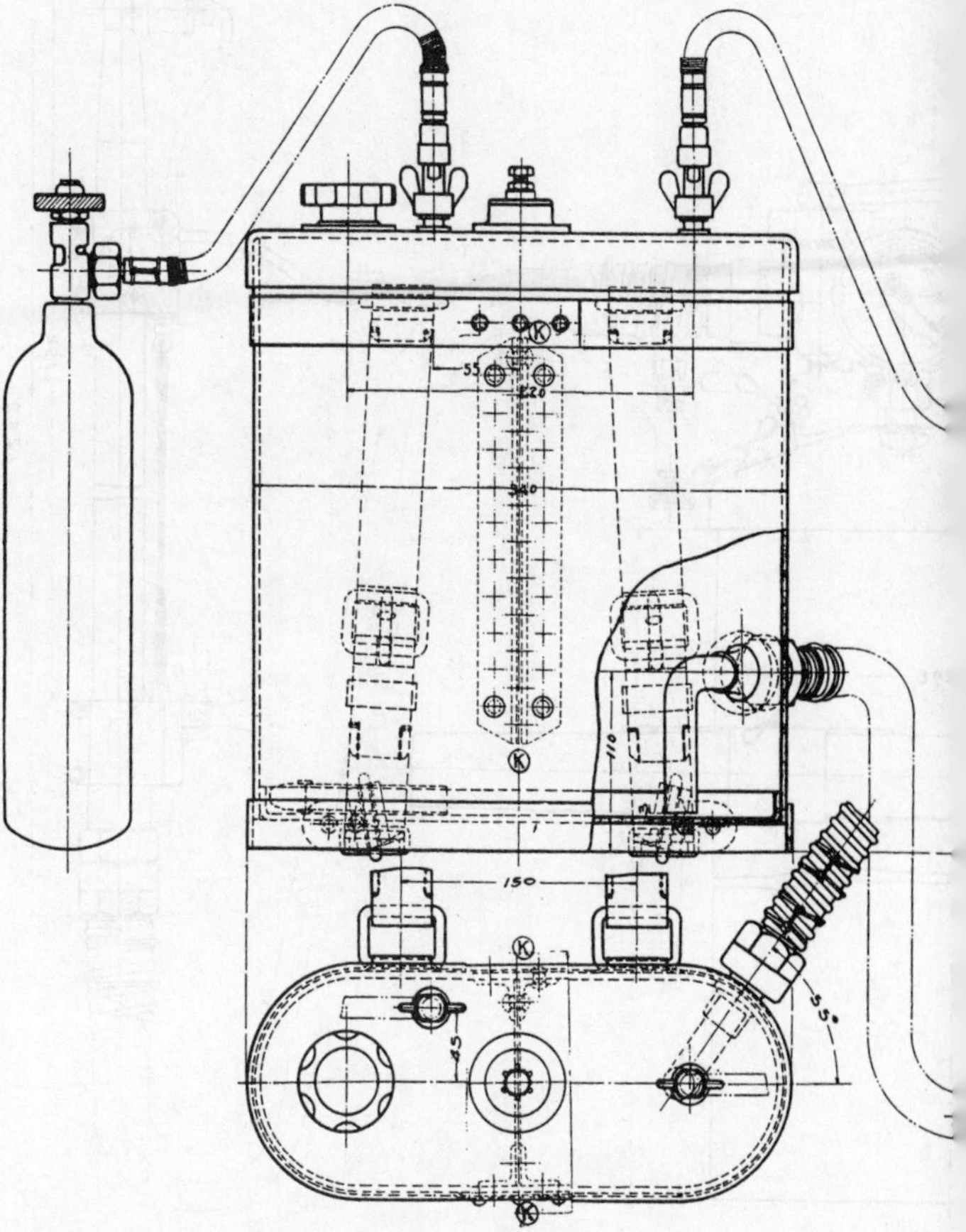

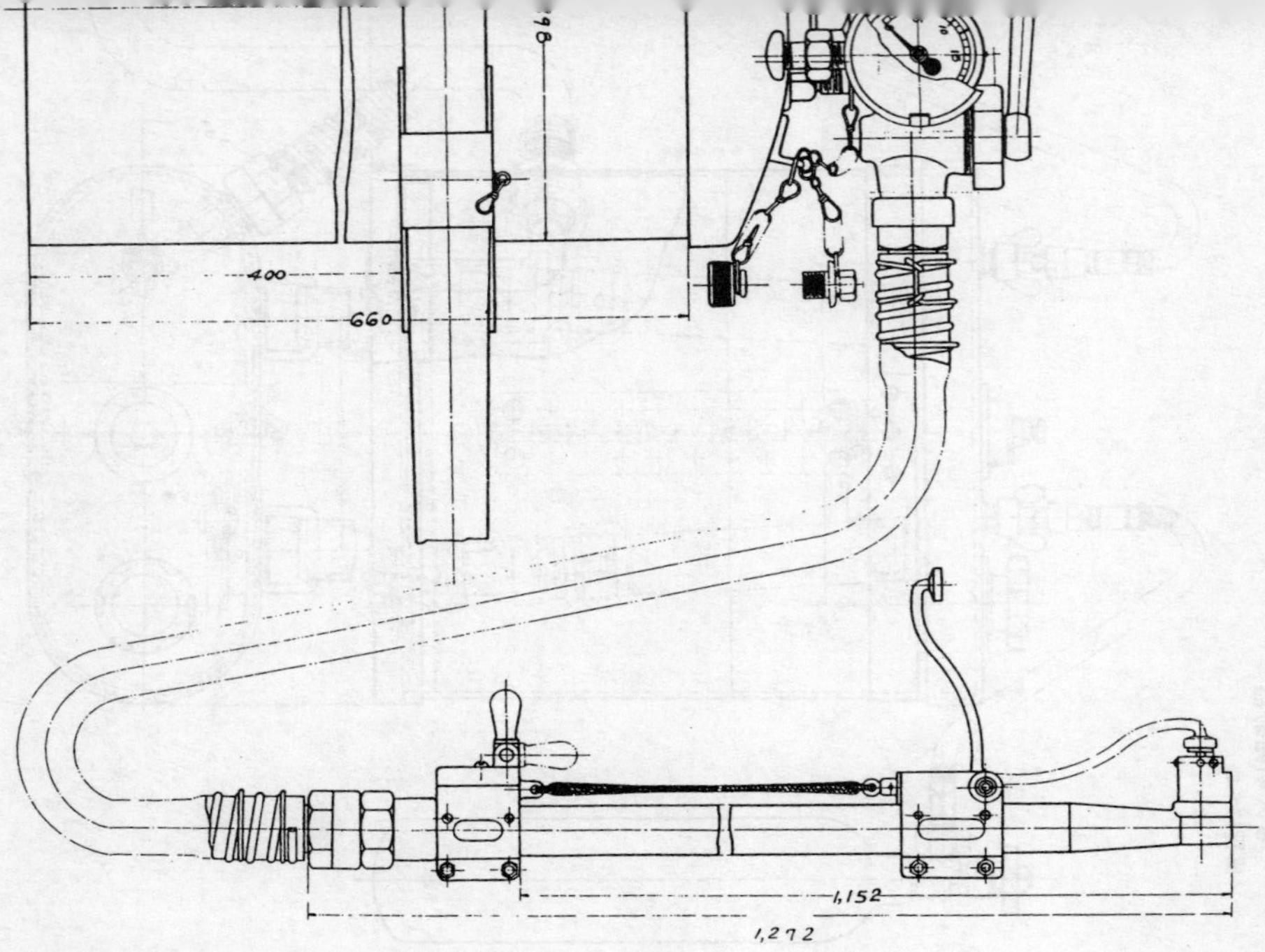
400
660
1,152
1,272

二号火焔発射器

重量88キロ

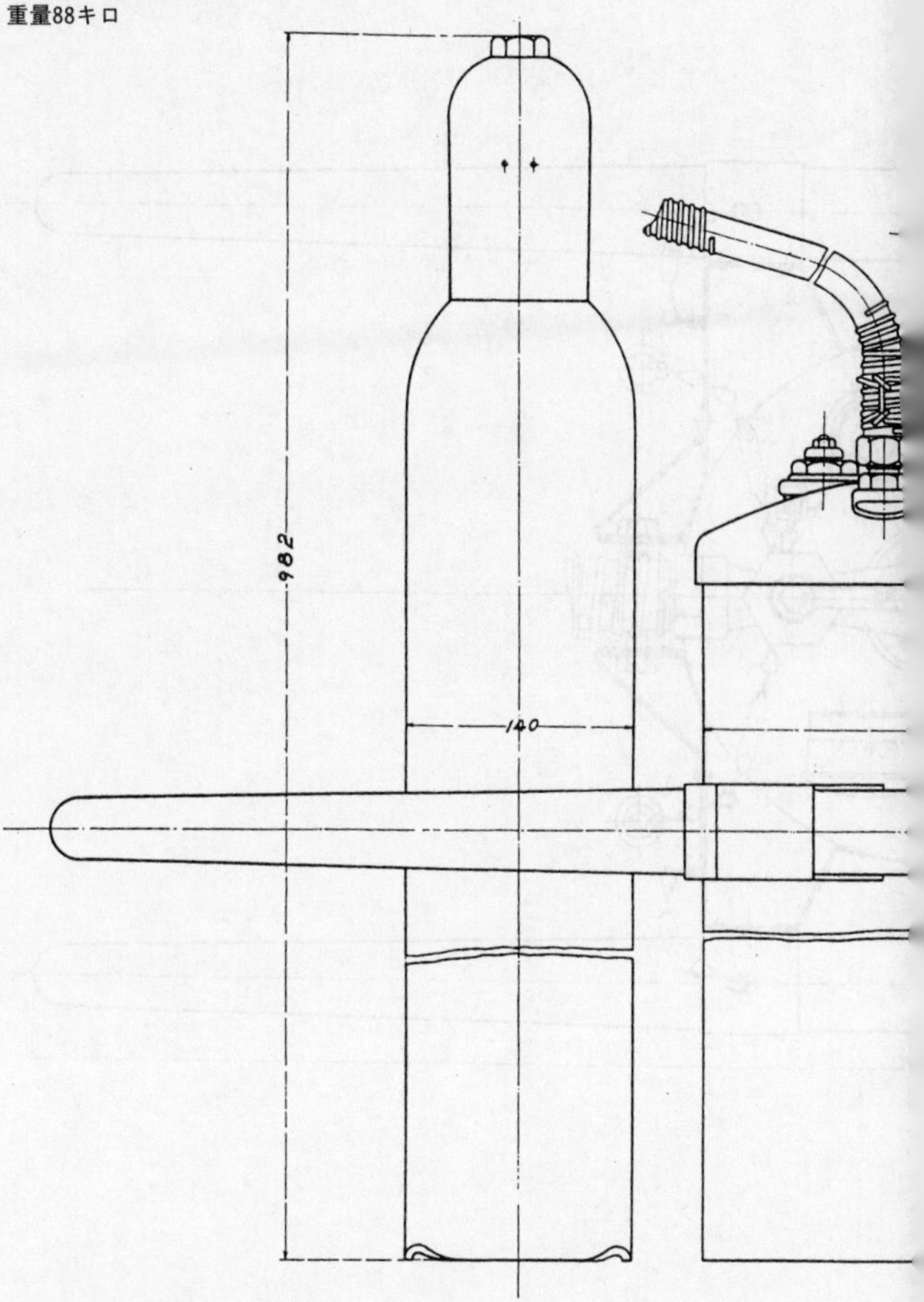

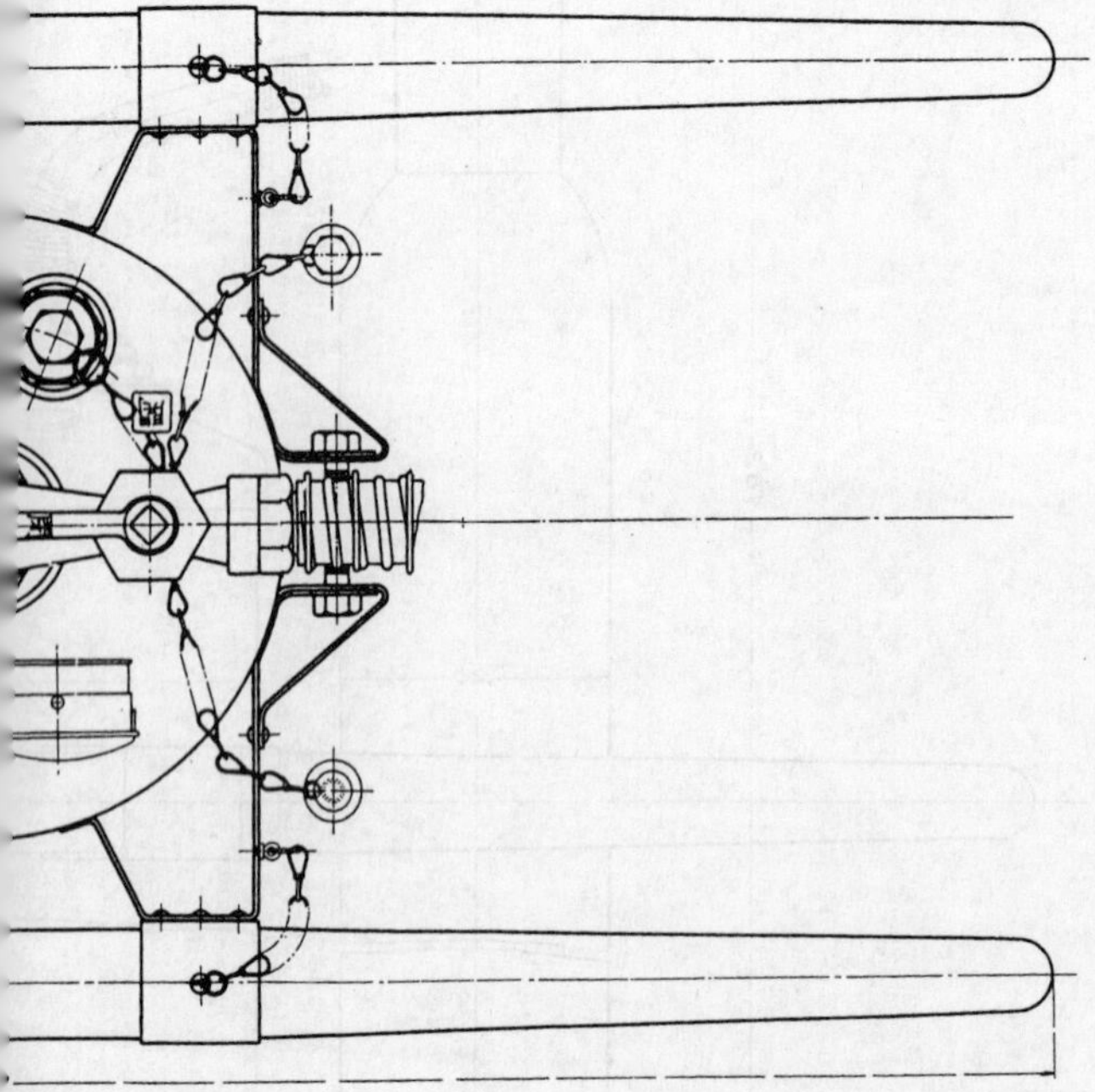

二号火焔発射器 平面図

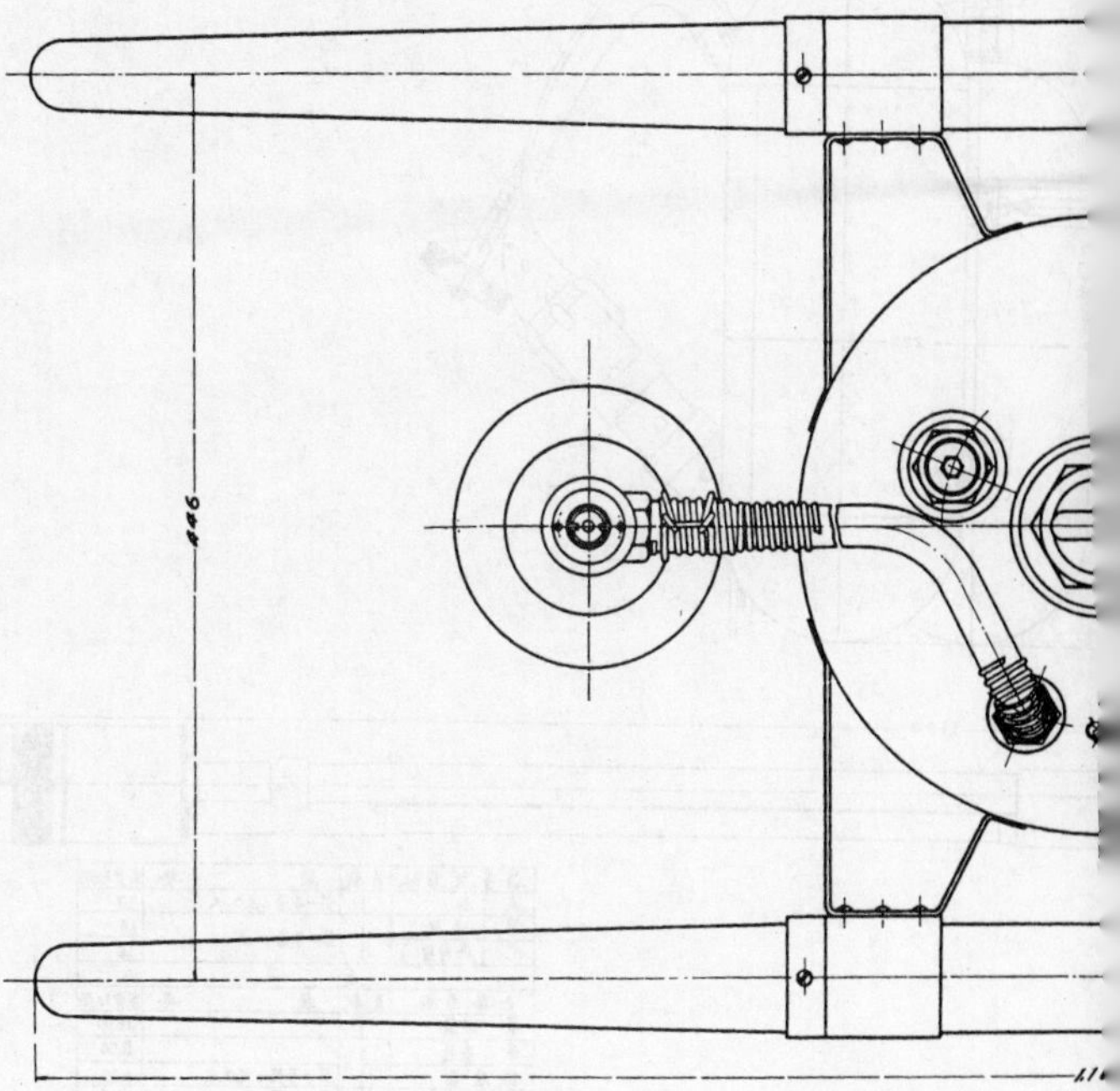

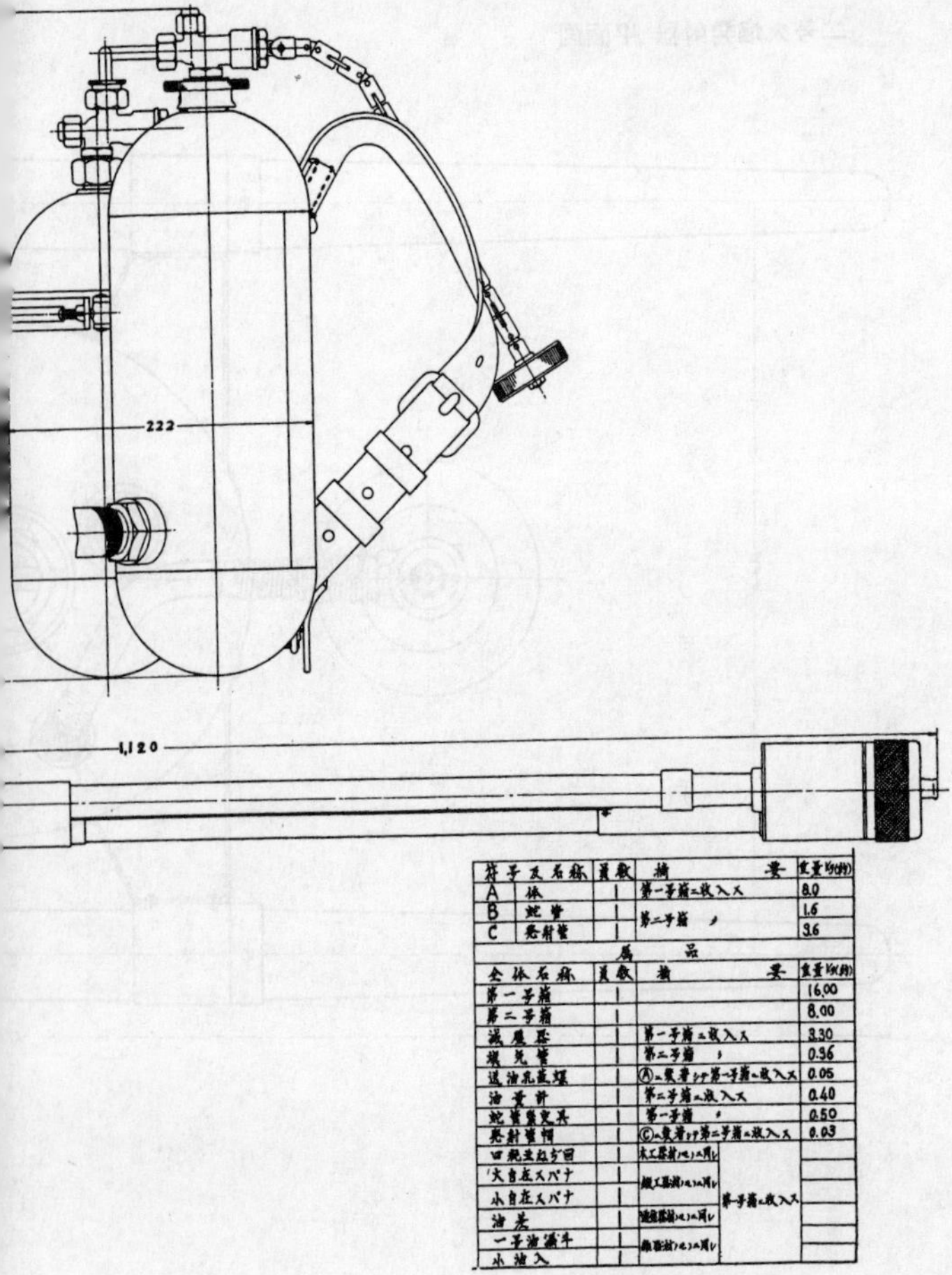

符号及名称		員数	摘要	重量Kg(約)
A	体	1	第一号箱ニ収入ス	8.0
B	蛇管	1	第二号箱 〃	1.6
C	発射管	1		3.6

属品

全体名称	員数	摘要		重量Kg(約)
第一号箱	1			16.00
第二号箱	1			8.00
減圧器	1	第一号箱ニ収入ス		3.30
導気管	1	第二号箱 〃		0.36
送油孔蓋螺	1	Ⓐニ装着シテ第一号箱ニ収入ス		0.05
油量計	1	第二号箱ニ収入ス		0.40
蛇管緊定具	1	第一号箱 〃		0.50
発射管帽	1	Ⓒニ装着シテ第二号箱ニ収入ス		0.03
口径支ねぢ回	1	木工器材ノモノニ同シ	第一号箱ニ収入ス	
大自在スパナ	1	鍛工器材ノモノニ同シ		
小自在スパナ	1			
油差	1	油差器材ノモノニ同シ		
一号油漏斗	1	鍛器材ノモノニ同シ		
小油入	1			

九三式小火焔発射機
昭和 9 年 9 月25日制定
重量約44.5キロ

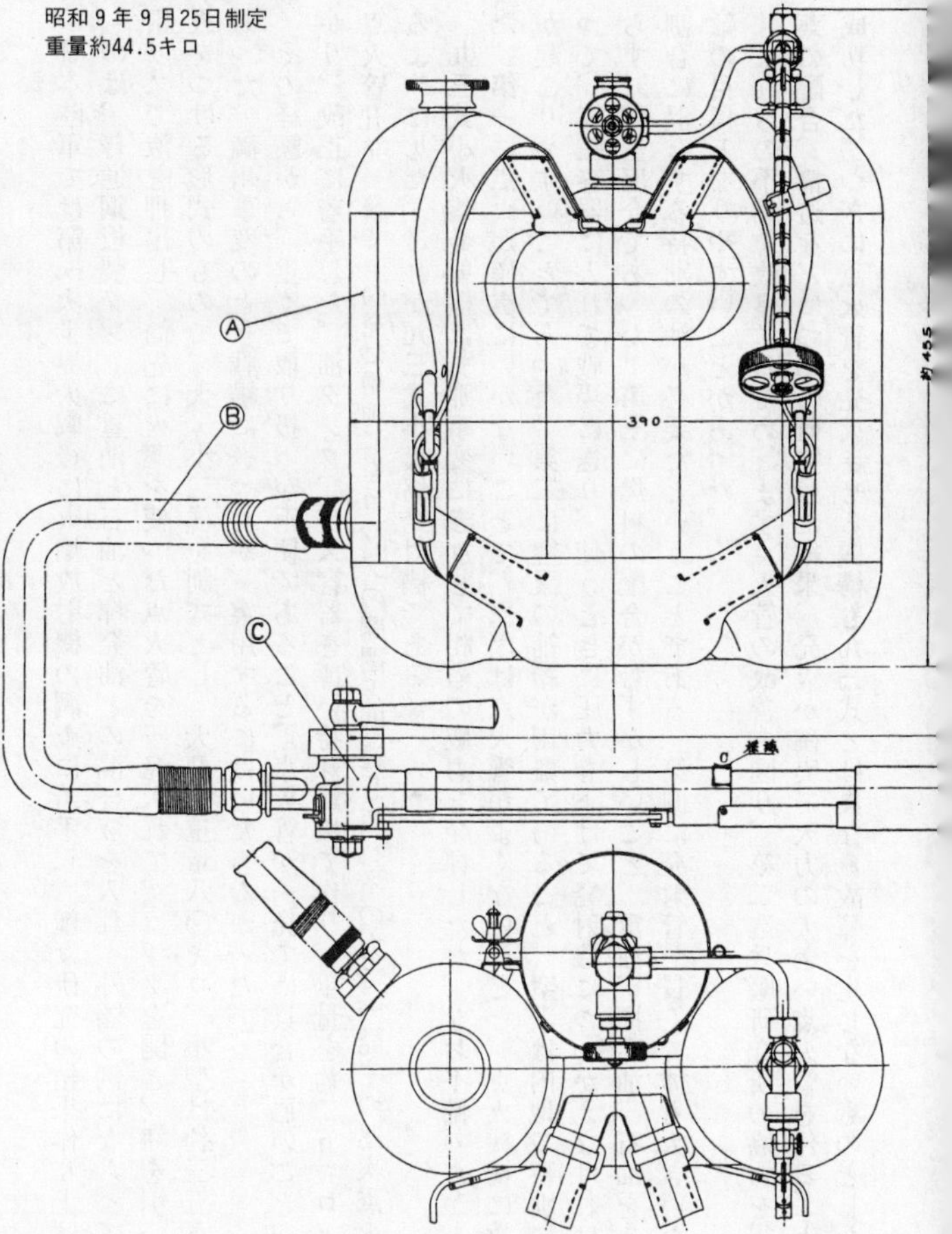

日本陸軍では第一次世界大戦後に火焔放射機の調査に着手し、種々研究の結果作り上げたものは、普通鋼板製タンクに重油と石油と揮発油との混合液を入れ、外国の例にならって窒素ガスで液を押出し、筒先に火薬を使った点火管を一発入れて、コックを開き、紐を引いて火をつける形式のもので、大・小二種を制式とし、大型は重量八〇キロ、小型は約三五キロあった。満州事変のとき戦場に送ったが、実用するにはいたらなかった。

その経験から、重くて取り扱いが不便であること、点火管が一発では具合が悪いことがわかり、改正に着手した。油タンク、ガス容器を薄い特殊鋼板で作り、重量を約二五キロとし、点火管五発（後で一〇発に増加）をコックの開閉と関連してバネの力で一発ずつ逐次点火するようにした。これが九三式小火焔発射機である。

九三式小火焔発射機は支那事変に参加して相当の威力を発揮したが、なお不備の点があった。第一に点火が確実にいかないことで、原因は点火管がよくないことと、点火機構に故障が起こりやすいことであった。第二に窒素の補給が困難であること。窒素は内地で特別に作って、高圧容器に入れて戦場に送り、使うときに圧力を下げて発射機につめかえなければならず、相当厄介であった。第三に燃料の配合がむずかしいこと。重油、揮発油、石油をある割合に混合する特別の油が必要だということである。第四に発射管が長くて体も大きいため、敵の目標となりやすいことがあった。

これらの不備を改良するため、まず点火管の改善を図り、第二造兵廠研究所の協力を得て、薬の配合、構造などについて研究した結果、発火が確実で火力の大きい点火管を作ることに成功した。つぎに点火管を発火させる機構も九三式とは異なる故障を生じないものとした。

なお別に電気式のものを何度もやり直したが、これは乾電池の補給に難点があったため中止した。

つぎに発射に使う窒素の問題について、代わりに空気を使用すると、燃料から出る揮発油ガスと空気とが混合して爆発性のガスを生じ、火焔から引火して発射機が自爆する危険があるという理由で、窒素を使用していたわけである。

しかし、研究の結果、引火するおそれはほとんどなく、万一引火したとしても油タンクは五〇気圧、空気タンクは八〇気圧の耐力があるので、大きな危険はないと認められ、窒素はやめて空気を使用することになった。同時に空気ポンプの研究を完成し、圧縮空気の補給問題を解決した。

燃料の配合問題は点火管が良好となった結果、どんな油でも揮発油を少量混合すれば容易に点火し、また焼夷能力、火焔の射程は配合を若干変更しても大きな影響はないことがわかったので、油は戦場で最も手に入りやすい揮発油と、ディーゼル油とを等量に混合したものを使用することに決まった。

形態を小さくする件は、短銃型や小銃のような外形をした小銃型火焔発射機を試作研究したが、いずれも種々の欠点があって実用に適さなかった。ただ短銃型の実験結果から九三式発射管の長さは相当短くできる見込みを得たので、研究の結果、約三割程度短縮した。

以上の諸元を改良して試製したものが一〇〇式火焔発射機である。圧縮空気は空気ポンプで二五気圧にし、燃料はディーゼル油と揮発油との等量混合液とし、点火管一〇発を先端に入れてコックを開閉すれば、火焔は断続して発射される。射程は約二五メートルである。歩

(上)一〇〇式火焔発射機。(中)火焔発射機の電気点火に関する研究が昭和18年6月、第八陸軍技術研究所で着手された。(下)試製電気点火式火焔発射機。蓄電池を持つ車載用として試作された。

（上）第一次試作品。①電極部、②誘導線輪箱、⑥蓄電池、⑧発射管コック、⑨発射管。（中）第一次試作品。（下）第二次試作品。発射管のコックを開けば、火焔剤の発射と同時に高圧電気火花によって着火する。

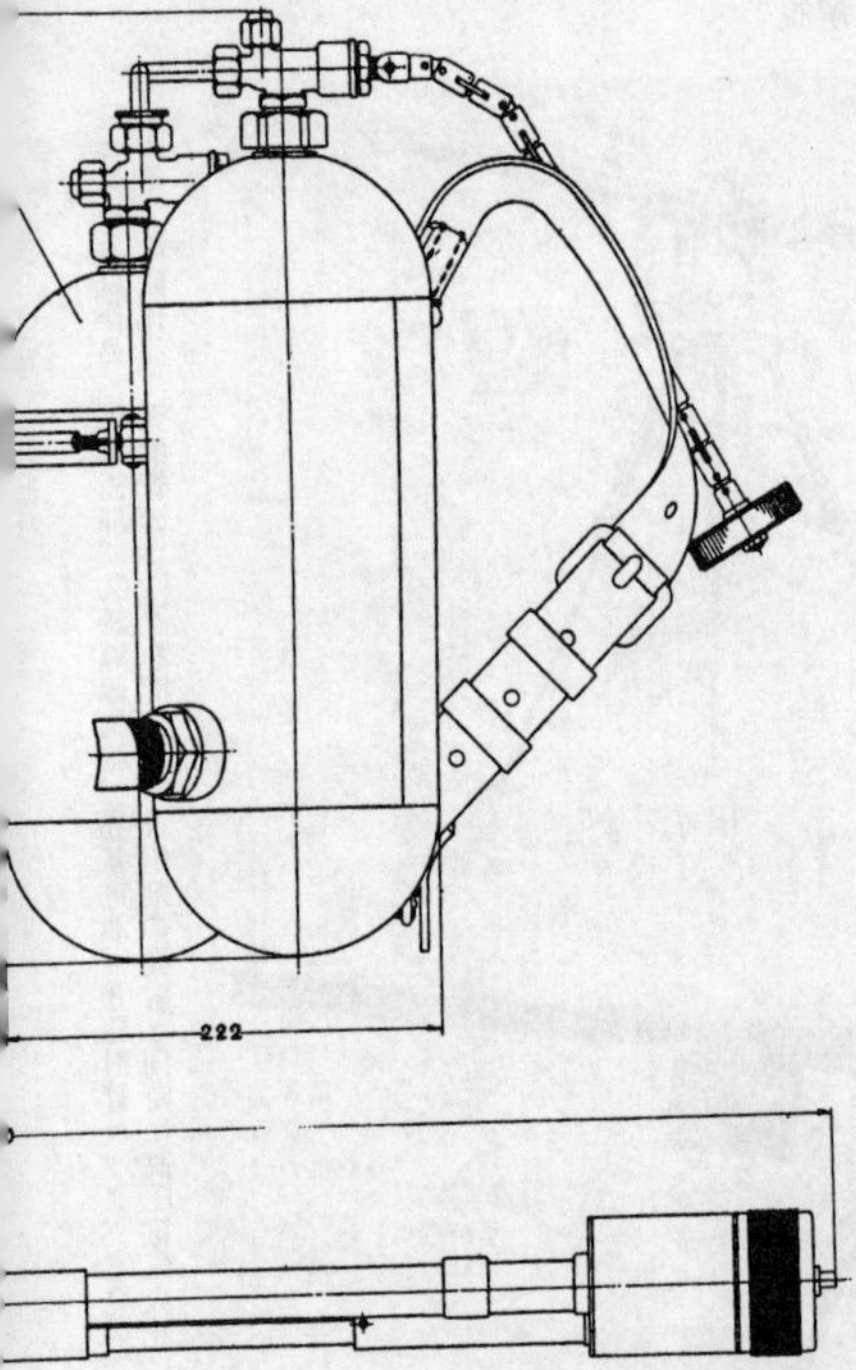

符号	名称
イ	空気瓶
ロ	油タンク
ハ	負革
ニ	蛇管
ホ	発射管

一〇〇式火焰発射機

昭和16年３月22日制定

重量約51キロ

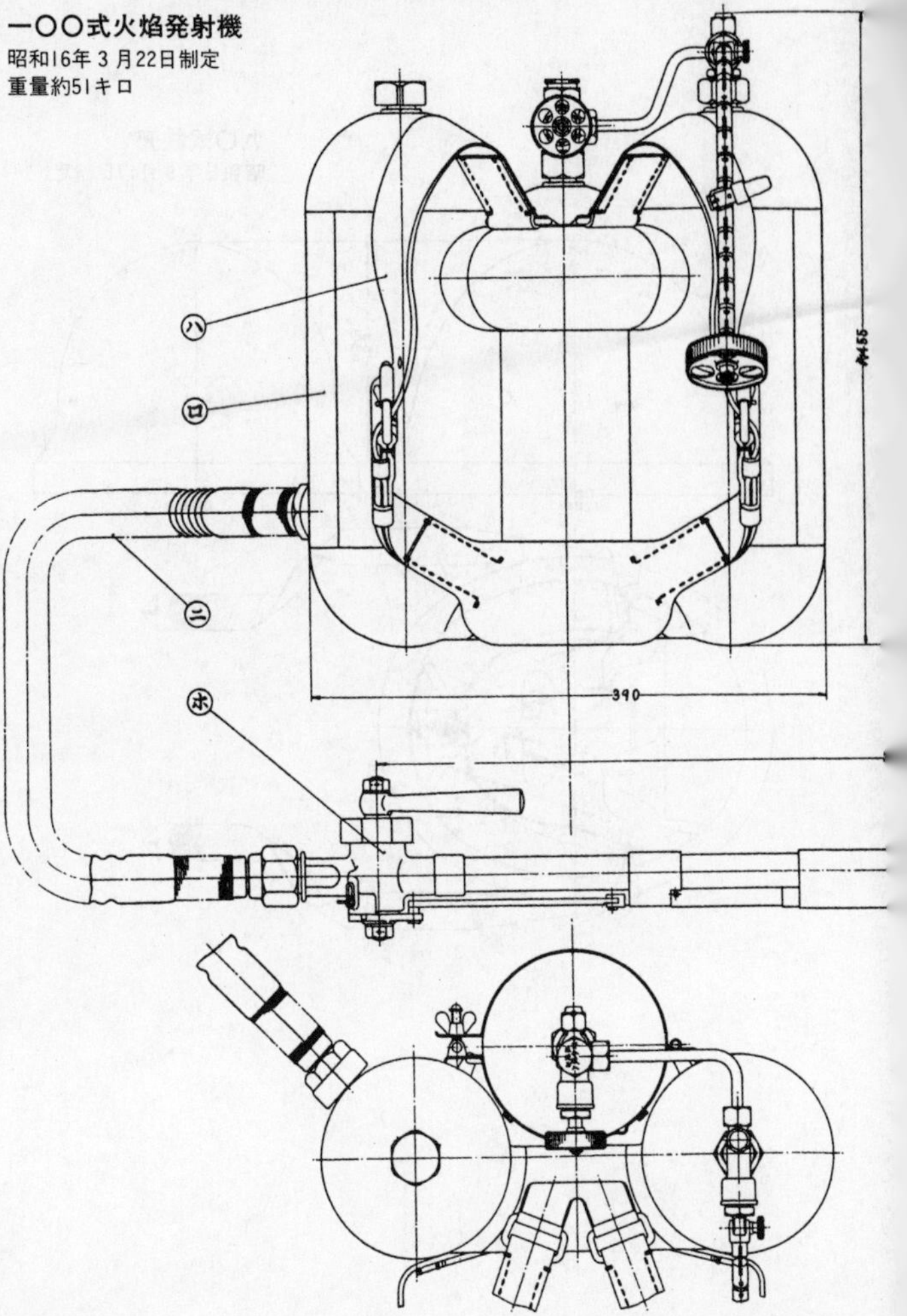

九〇式鉄兜

昭和 5 年 9 月17日制定

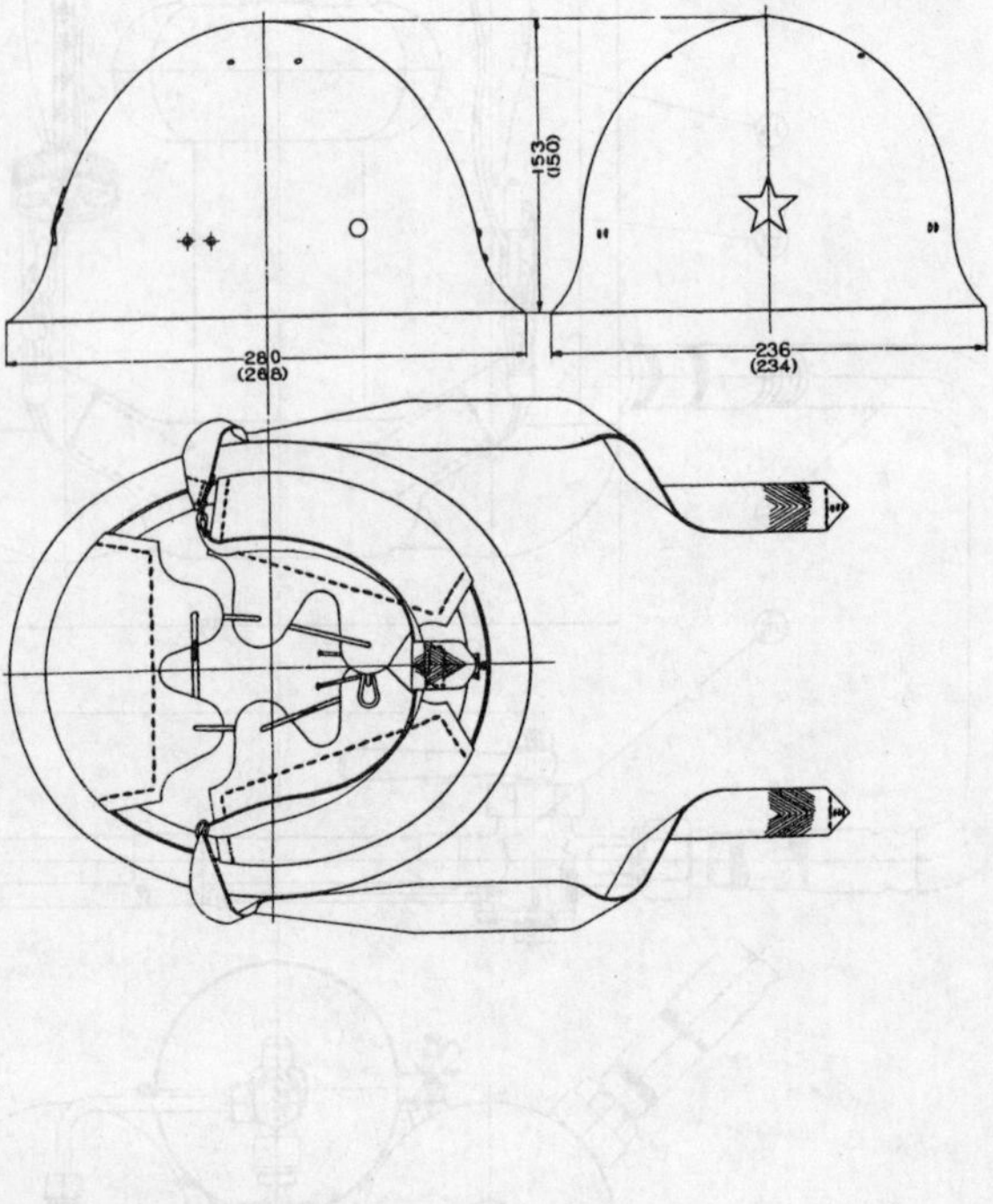

兵学校、工兵学校の実用試験では、圧縮空気を使用できることは非常に有利で、実用に適するとの判決を得たので、制式を上申し、一〇〇式火焔発射機として制定された。

小空気圧縮機は主として現地における火焔発射機用圧縮空気の供給に用いる。本体はガレリー空気圧縮機で、全備重量四〇キロ、輜重用十五年式駄馬具に積載して運搬する。圧縮能力は四立方メートルの空気を二五キロ平方センチに圧縮するのに一分以内である。

九〇式鉄兜。体は一枚の特殊鋼鉄から成形される。重量は大1キロ、小0.95キロ。

四、九〇式鉄兜

昭和初期まで使用していた仮制式の鉄兜は製造に手数がかかり、重量も軽減する余地があることから、新様式の鉄兜を研究することになった。

研究方針はつぎの四項目だった。

一、製造しやすい形状にすること

二、抗力をある程度に止め、できるだけ重量を軽減すること

三、経済的で自給自足の原則に合うこと

四、以上の条件に適する金質を選定すること

昭和二年四月から、欧米各国の鉄兜の蒐集に着手し、同時に造兵廠と連繋して鉄兜用地金の研究、試

製を始めた。同年十一月から三年二月の間、各種鉄兜について射撃試験と榴霰弾弾子および榴弾、手榴弾の破片に対する試験を行ない、重量、抗力、金質などの研究を実施した。この試験の結果にもとづき、大小二種を設計して造兵廠に製作を注文し、昭和四年三月、技術本部において試験を実施した結果、重量、抗力、形状、金質ともに所期の目的に合うものと認められた。

昭和四年七月、各兵科に適応する装着携行法について各学校に試験を委託し、各兵科とも装着携行法に差し支えない旨の判決を得た。

以上の各試験の結果、九〇式鉄兜は実用に適するものと認められたので、審査を終了した。

五、二重鉄兜

満州事変の経験から、小銃弾を防御し得る鉄兜の必要が認められた。昭和七年五月、制式鉄兜に補強用の鉄板をかぶせる方式を研究した結果、鉢巻式と前半部式の二種に決定し、同年六月、神戸製鋼所に試製を発注した。鉢巻式は鉄兜の胴体中央部に鉄板を二重に貼りつけたもので、前半部式は胴体前半部だけ鉄板を二重にしたものであった。

同年八月、鉢巻式と前半部式について比較した結果、前半部式のものを採用することに決まり、装着法を研究した。九月十日、日本特殊鋼会社に注文、十月に試製完了したので、部内試験を実施した。十一月から昭和八年二月にわたり、歩兵学校、工兵学校ならびに第九師団に実用試験を委託し、実用に適すると認められた。これで二重鉄兜の研究を終了し、必要に応じて制式を上申することになった。

六、前後板接合せ鉄兜

二重鉄兜と同一重量の一重鉄兜は、二重鉄兜に比べて抗力が大きいことから、前半部を三～四ミリの一重とし、かつ命中弾を跳飛させる型式にするのが最良と考えられた。

昭和八年三月、前半部を四ミリ、後半部を一ミリとし、かつ前部に稜角を付けて命中弾を跳飛させる型式のものを日本特殊鋼に試作させた。同年六月、試作品が完成したので、抗力試験を小石川東京工廠の射場で実施した。

日本特殊鋼製の鉄兜は前半部と後半部を溶接により接合したが、これを鋲接により接合したものを神戸製鋼所に試作させた。この第二次試作品を昭和八年八月、東京工廠において射撃試験に付した結果、前部を二・五～三ミリにすれば、射距離三〇〇メートルからの小銃弾に対し有効であると認められた。

上海野戦兵器廠の川村工兵少佐が、上海事変において第九師団が用いた鉄帽のうち、小銃弾が命中した約三〇〇個について、小銃弾に対する抗力を調べた。その結果、小銃弾が貫通したもの四五パーセント、小銃弾が貫通しなかったもの五五パーセントで、これは制式鉄帽も、旧式品も同程度だった。

この調査結果から、制式鉄帽は金質硬度が大きいが靭性が乏しいため、小銃弾の衝撃に対しては効果が少ないこと、旧式品は地金の品質は劣るが、形状が扁平であるため跳弾を発生させる率が多いことが考えられた。

装着法については、緩く装着したものは固く装着したものより負傷が軽くすみ、帽内に手拭または繃帯で鉢巻をするものが多かった。緩く装着するのは緩衝的効果を、頭に鉢巻を結ぶのは防寒対策と褥の当たり方をよくするためで、制式鉄帽の褥は通気抵抗が大きく、頭に当たる具合もよくないことから、褥の構造に考慮を要した。

昭和十一年三月に第九師団経理部長から、陸軍省経理局長にあてて鉄帽の改正意見が提出された。それによると九〇式鉄兜は小銃弾およびモーゼル大型級の拳銃弾に対し、抗力が十分ではないので、形状と一部の金質を改正して、抗力を増大する必要がある。形状は前方からの弾丸に対し抗力を増大することを主眼とし、概ねナポレオン帽の後縁を除去した形とする。前面は約六〇度の鋭角とし、別にニクロム板で、星章を中心として厚さ一ミリ、幅三センチ、長さ二〇センチの範囲を補強する。重量は変えない。また、九〇式鉄兜の星章は金属が突出していて危険が大きいため、これを外し、エナメルなどの焼付塗料により星章を表示することにした。

九〇式の寸法は防寒帽と併用する場合にやや小さいので、寸法に適度な余裕をもたせる必要がある。ただし、高さは低くしてもよい。以上の改正意見は歩兵第十九連隊ならびにハルピン衛戍病院の研究によるものである。

このように九〇式鉄兜に対する改修意見は様々なものが提出されていた。

七、九八式鉄兜

九〇式鉄兜は手榴弾や砲弾の破片などから頭部を防御するために作られたもので、小銃弾を防ぐことは抗力上目的としていなかったが、満州事変の経験から小銃弾に対する抗堪力の大きい鉄兜を開発するため、昭和七年五月に研究を開始した。同年十月、九〇式鉄兜の前半部を補強する前鉄二種の試製が完了したので、陸軍歩兵学校、工兵学校および第九師団歩工兵部隊に実用試験を委託した結果、概ね実用に適するが、一部修正の必要があると判定された。

昭和九年十月から十二年一月にいたる間、板厚および形状の異なる各種の鉄兜を試製し、防弾抗力および跳弾効果などを試験した結果、形状の変化は防弾効果にほとんど影響のないことがわかった。このとき神戸製鋼所が試製した鉄兜の形状は、九〇式型と前の方を少し尖鋭にした特殊型の二種で、厚みは一・二ミリから三・九七ミリまで、重量は九四五グラムから三五八五グラムまで、金質は薄いものは少し柔軟に、厚いものは硬くして、総数三二種にものぼった。

軍医学校、歩兵学校、工兵学校の意見を聞くと、常時頭にかぶっているには一キロ以上は無理だが、一時的になら三キロぐらいまでは耐えられるとの判決を得た。

昭和十二年十二月、板厚を二ミリとして、前鉄をもつ鉄兜二種、形状は九〇式と同一のものと、ドイツ式のような防護面を大きくしたものを試製し、歩兵学校と工兵学校に実用試験を委託した。十三年二月、試験の結果、試製鉄兜は実用価値十分で、型式は九〇式と同一のものに前鉄をつける、かつ細部において若干修正を要するとの判決を得た。同年七月、修正を終わり、実用に適することを確認したので、試製前鉄付鉄兜は九八式鉄兜（重鉄帽）として制式制定すべきものとして、十三年八月、審査を終了した。

九〇式より防護面積を大きくするため、世界各国の鉄兜を参考にして研究した結果、頸、耳などの防備良好なドイツ式の兜を試作したが、戦闘動作が不便だからとやはり九〇式の形状にすることになったのである。

九八式鉄兜は堅陣攻撃における近接戦闘間、特別な動作を行なう者の頭部を防護するために開発された鉄兜で、兜、褥革、顎紐および前鉄からなる。兜の形状は九〇式鉄兜と同一であるが、板厚を増して防弾抗力を増大し、表面は艶消塗装をしてある。褥革と顎紐の構造は概ね九〇式と同一だが、褥芯に「へちま」またはカポックを使用して、頭部に対する適応を良好にし、かつ顎紐は約二〇センチ長くしてある。

前鉄は必要に応じ、止ねじにより兜の前面に装着し、補強するもので、兜と同じ板厚である。九〇式鉄兜と九八式鉄兜との主要諸元比較はつぎのとおり。

	九〇式鉄兜	九八式鉄兜
板厚	約一ミリ	兜　約二ミリ 前鉄　約二ミリ
重量	約一キロ	兜　約一・九キロ 前鉄　約〇・九キロ
防弾抗力	七・七ミリ普通実包の直射命中弾は射距離一〇〇〇メートルでも貫通する	同様の命中弾は射距離五〇〇メートルのものに抗堪し、兜に前鉄を装した部分は射距離三〇〇メートルにも充分抗堪する

九二式防弾具。全備重量約3・6キロ。

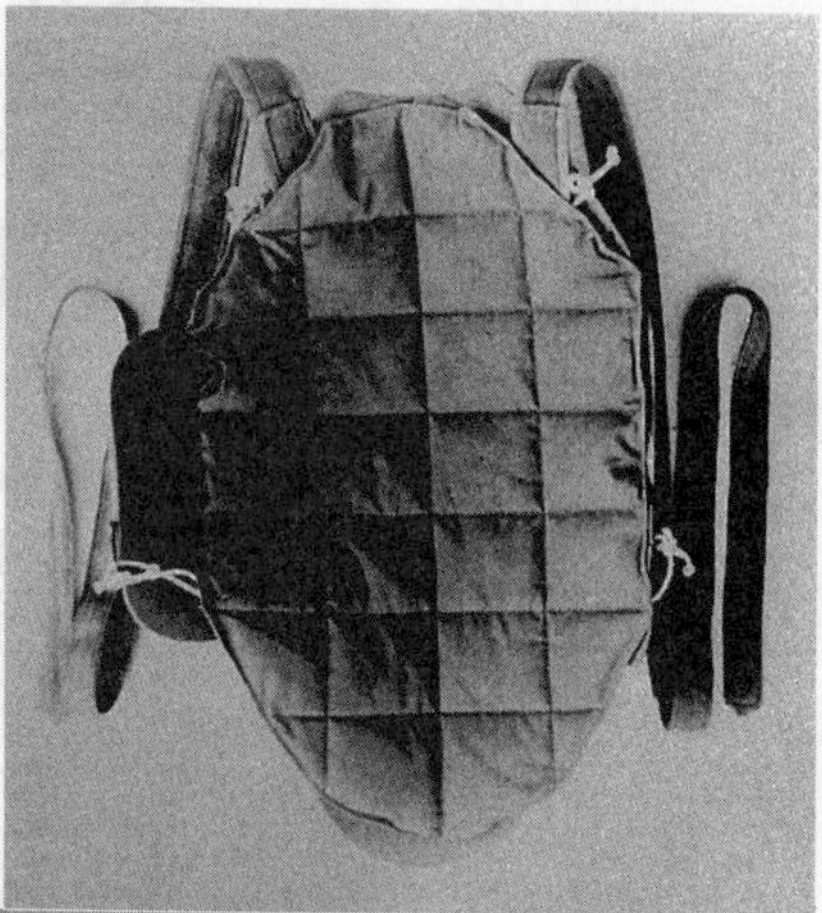

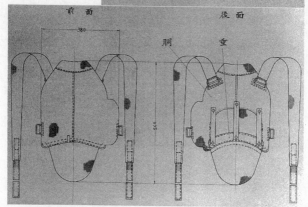

九二式防弾具は主に拳銃弾および中距離の小銃弾から胸腹部防護のために用いた。鋼板部を覆布で被包し、吊革により装着時の屈伸が容易である。

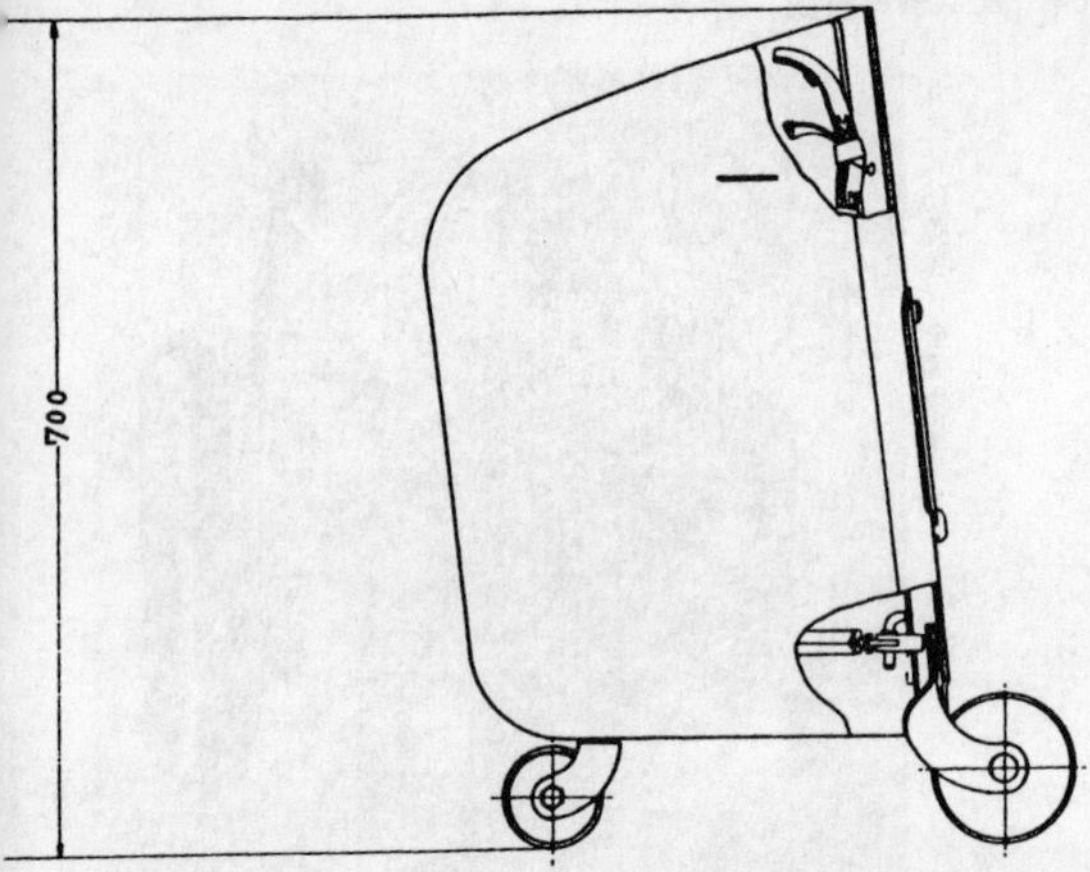

九三式転動防楯

昭和９年４月12日制定

重量35キロ

番号	名称
1	前板
2	窓板
3	駐ボルト
4	側板
5	提把
6	前輪
7	後輪
8	紐

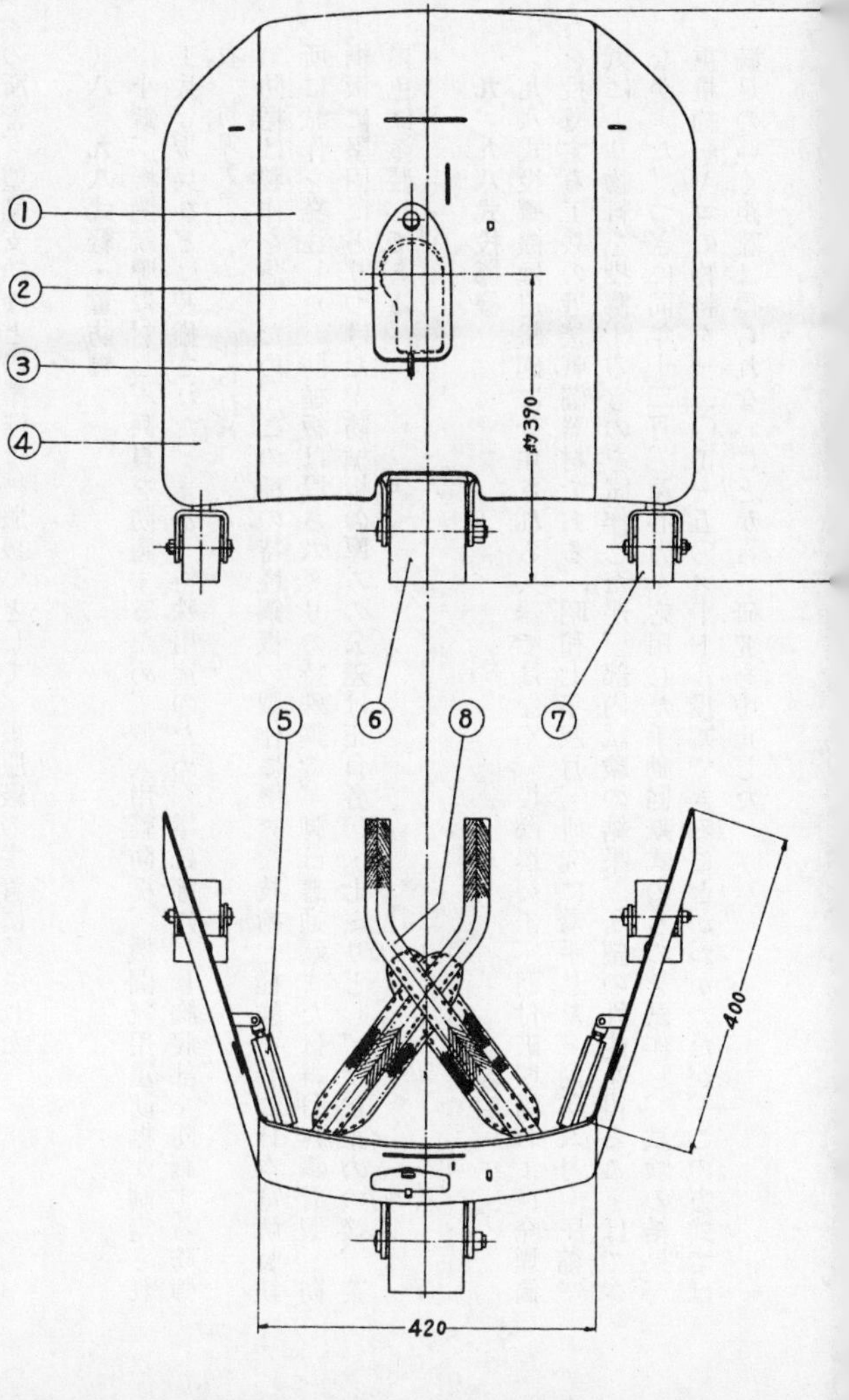

①
②
③
④
⑤
⑥
⑧
⑦
約390
400
420

鉄兜についてはその後、各兵全員支給の防毒面と同様に、研究は兵器関係として技術本部の所管、整備支給などの業務は被服扱いとして、被服廠の主管に移された。

八、九八式軽・重防楯

小銃、機関銃弾に対し、兵員を防護するため、個人用軽防楯、機関銃用重防楯が制定され、工兵、歩兵などに装備された。また、特殊用途のため、拳銃弾に対し胸腹部を防護する防弾衣（防弾チョッキ）が作られた。

防楯は製作を急ぐため、この種の特種鋼板の製作に優秀な技術と経験をもつ日本電解製鉄所に試作を発注した。防楯板は厚さ六ミリの特殊鋼で、脚は普通鋼または継目無鋼管製。防楯板に堅固にとりつけた。防楯板の厚みの公差は正負各〇・七ミリとし、サビ止めの後、茶褐色に塗装してある。

九、九八式投擲機

九八式投擲機は迫撃砲に分類される兵器ではなく、投擲爆裂缶、羽付破壊筒および発煙筒を投擲する工兵の近接戦闘器材である。昭和七年四月、研究に着手した。同年八月、圧縮空気により物料を投擲するものを試作したが、部内試験の結果、所望の性能を得ることはできなかった。つぎに同年十二月、遠心力を応用した手動回転式のものを試作し、試験の結果、重量約一キロの物料を一二〇〜一五〇メートル投擲できることがわかったが、この方式では満足のいく距離は得られないことから、研究を中止した。

昭和九年六月、さらに圧縮空気式のものを試作し、試験の結果これを改修し、同年十二月再び試験を実施したが、成績不良であった。昭和十年九月、圧縮空気を使う投擲機の第二次試製が完了し、富津射場において実用試験を実施した結果、実用上、投擲距離および速度をいっそう増大する必要が認められた。

その後、種々調査研究の結果、簡単な装置により重量数キロの物料を約三〇〇メートルの距離に投擲するためには、抛射薬を利用するほかはないという結論に達し、昭和十三年一月、技術本部第一部に依託して、抛射薬を用いる投擲機を試製した。同年四月、試験の結果、筒の抗力は十分で、弾道性も概ね良好だった。同年五月、投擲機を一部改修し、八柱演習場において実用試験を実施したところ、工兵近迫戦闘用器材として、実用価値十分と認められた。同年六月、前三回の試験の結果にもとづき、新たに試作を行ない、良好な成績を収めた。

十三年七月から九月の間に、兵器本廠の委託により、時局用として七〇〇機を調弁した。同年九月、陸軍工兵学校の実用試験に供試し、実用価値十分で制式器材として適当と認めるとの判決を得た。十三年八月から十一月にかけて、中北支における各部隊に対し、本機の取り扱いについて巡回指導を行なった。このとき二、三の改修の必要を認め、前の工兵学校委託試験の結果にもとづく改修意見とあわせて、改修を行ない、昭和十四年一月、最終的な実用試験を実施した。その結果、機能性能ともに良好となり、昭和十四年六月、審査を終了した。

九八式投擲機は筒、基板、距離変換具からなる。距離変換具は標尺の伸縮により投擲物柄桿の筒身内挿入長を制限し、抛射薬量とあいまって投擲距離を規正する。抛射薬包は小粒薬

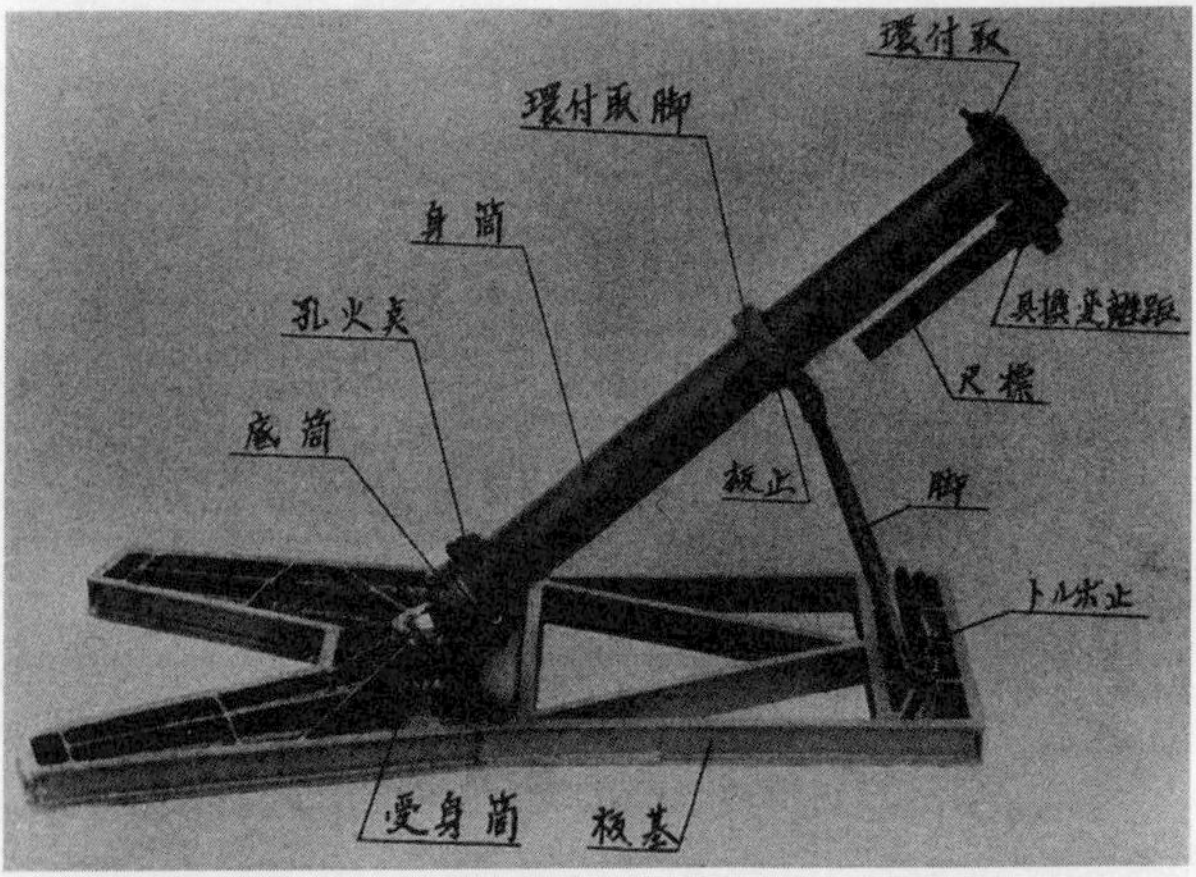

九八式投擲機は筒、基板、距離変換具、止杭からなる。重量84キロ。

二五グラム入りおよび三五グラム入りの二種があり、投擲距離に応じてその一種または両種を組み合わせて使用する。点火は筒の点火孔に装した点火マッチによる直接点火である。本機は駄載の場合は一機を一馬に、輜重車には二機を、自動貨車には二〇機を積載することができる。

筒径五〇ミリ、筒長約六九〇ミリ、投擲角四〇度、投擲方向角左右各一〇度、投擲物重量一〇キロ以下、投擲距離（爆裂缶）九〇～四〇〇メートル、重量　筒約八キロ、基板約一四キロ

支那事変における九八式投擲機使用の実例

㈠、第二軍参謀長談

昭和十三年十月中旬、大別山中における戦闘で、工兵第十六連隊がこれを使用し、多大な成果を収めた。

㈡、第十三師団兵器部長より通信

同年同月、第十三師団は将軍寨《さい》高地におけ

(上)投擲機の高低角は40度の一定角で、方向角は左右各10度以内。
(下)投擲爆裂缶の装塡。

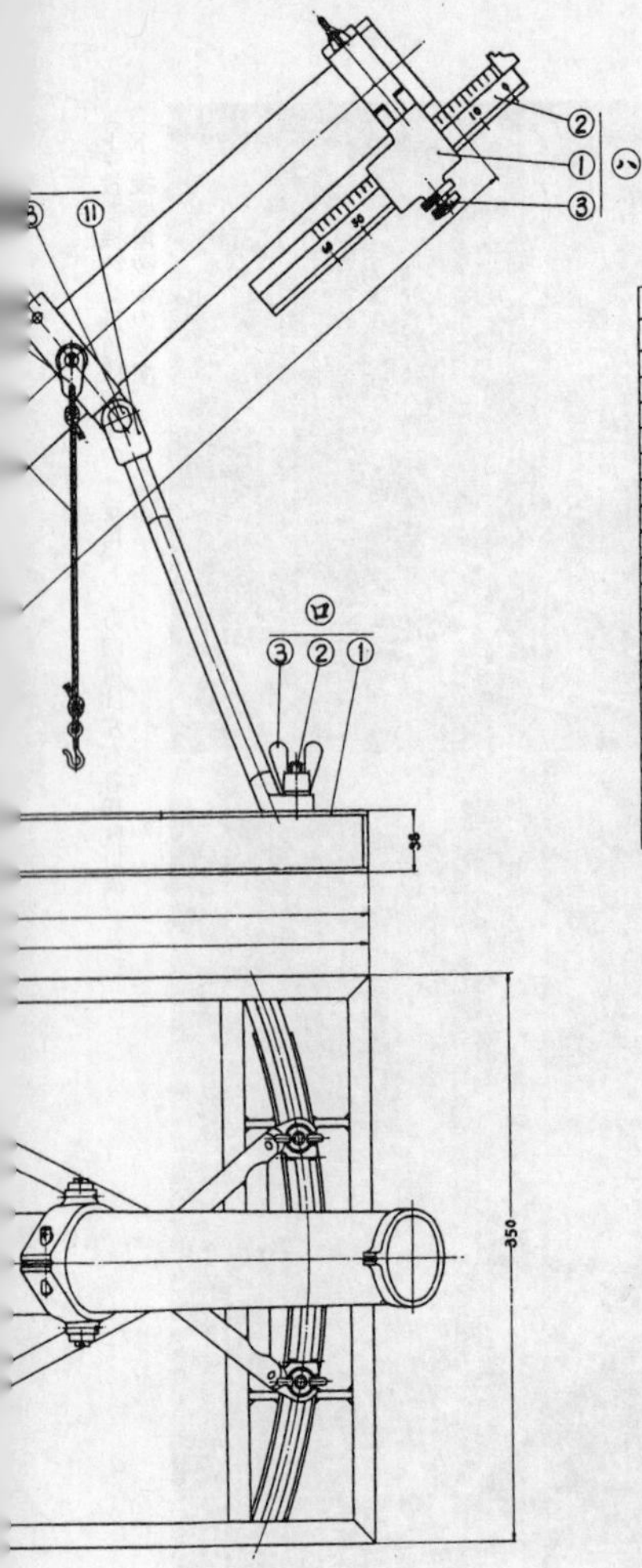

附属品表		
本機ニ附属スル圖面ノモノ		
名称	員数	摘要
洗桿	1	
手入棒	1	
薬斗	1	
取付小鉄螺鉄	1	
蓋袱	1	
筒口覆	1	
止杭袋	4	
火具拭布	1	
工具袋	1	
火具箱	1	
薬嚢箱	1	
距離変換具箱	1	
第一号箱	1	
第二号箱	1	

他ノ圖面ニ依ルモノ

名称	所属圖 名称	所属圖 番号	員数	摘要
七粍ねぢ回	(甲)ねぢ回1号7組		1	
十粍ねぢ回	〃 10組		1	

部分名称	番号	名称
㋑筒	1	筒身
	2	筒底
	3	点火孔蓋
	4	小ねぢ
	5	パッキン
	6	脚取付環
	7	止栓
	8	軸
	9	点火組甲
	10	〃 乙
	11	脚
㋺基板	1	台板
	2	止ボルト
	3	螺形ナット
㋩距離変換具	1	取付環
	2	標尺
	3	止ねぢ
㊁止杭		

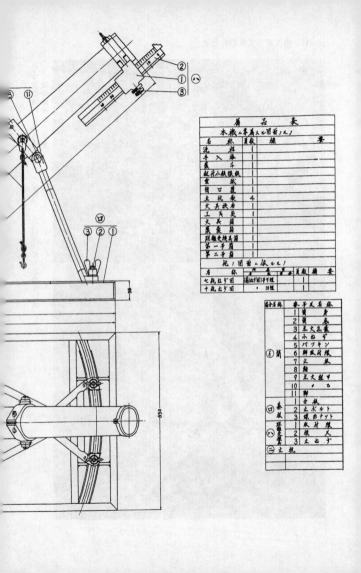

九八式投擲機

昭和14年10月5日制定
重量約84.2キロ

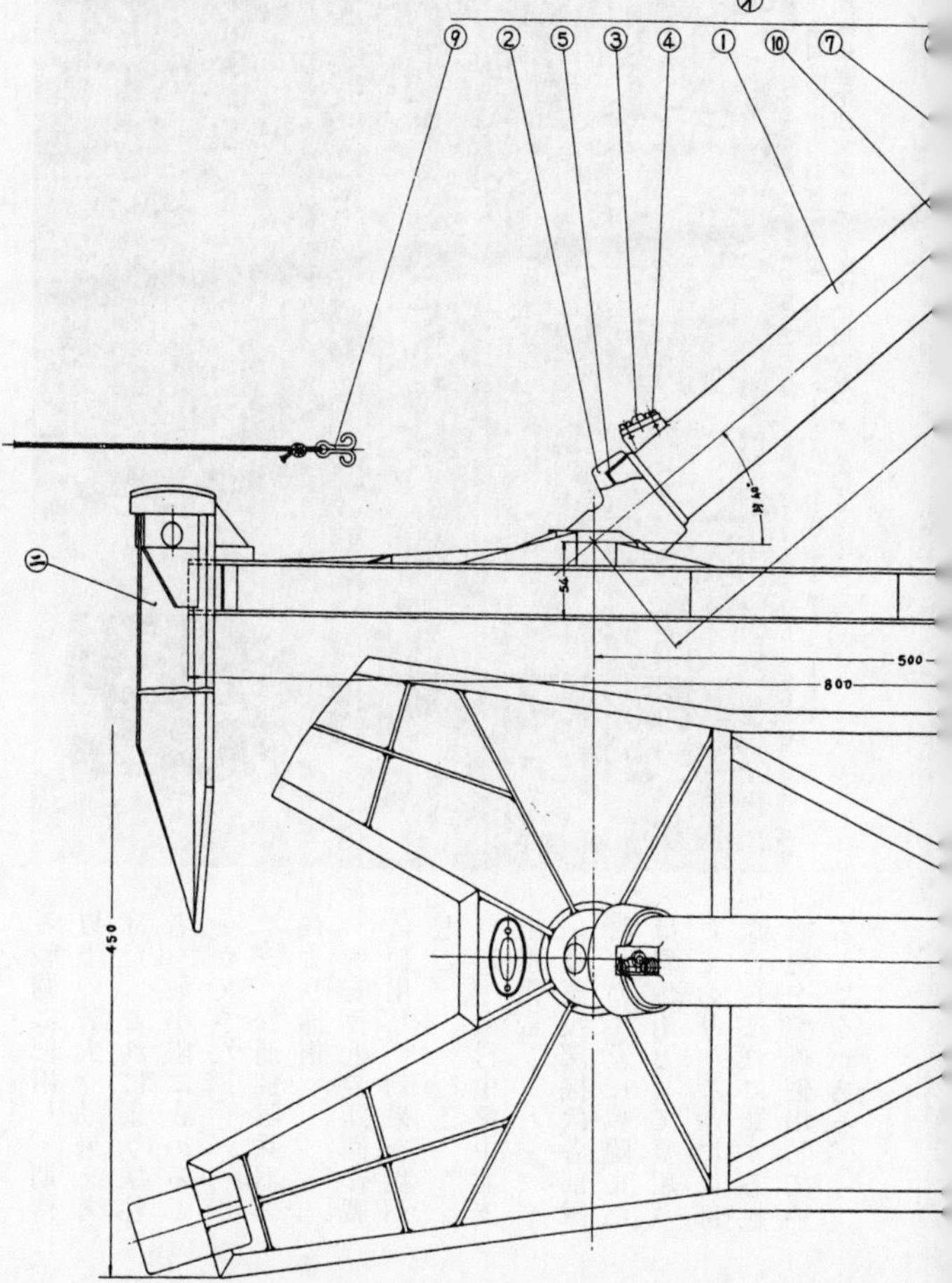

（上）鉄条網破壊用の羽付破壊筒。全長2メートル、射程約290メートル。
（下）投擲爆裂缶は突撃前の敵制圧に用いた。重量約6・4キロ。

る戦闘に使用し、期待以上の著大な効果をあげた。これにより犠牲者を最小限に止めることができた。

㈢、松浦部隊兵器部長より通信

徳安付近の迂回作戦に使用し、効果を現わした。

㈣、久村中将中北支出張報告

爆薬投擲機は各部隊において近接戦闘または警備用として賞用されており、なかには部隊自らこれに類する投擲機を整備使用しているところがある。

(五)、工兵第十六連隊より通報
爆薬投擲機は取り扱い容易で、簡単な教育で使用することができ、かつ不発が少ないので爆薬による戦闘を精華とする工兵的価値は甚だ大きい。

(六)、中支派遣軍兵器部兵器業務詳報
爆薬投擲機は準備した四〇〇機のうち約半数は戦場に到着し、有効に使用された。

十、九九式破壊筒

九九式破壊筒は鉄条網および樹枝鹿砦に対し幅約三メートルの突撃路を開設するもので、管体、管頭、点火具などからなる。管体六個、管頭および点火具各三個を一組として収容箱に収納した全備重量は約三三キロである。管体は内径三〇ミリ、厚さ二・三ミリ、長さ一・一五メートルの引抜鋼管製で、両端に接続ねじを備え、内部には二号淡黄薬を溶融塡実したもので、所要の長さに応じ、接続して用いる。管体一個の重量は約三・八キロ。

本破壊筒一組を組み立てたものは、深さ六メートルの鉄条網を爆破することができる。障碍物破壊地点において安全栓を除去し、破壊筒を挿入して、拉縄を一気に強く後方に引く。点火手は延期時間を利用して破壊筒の後端から一〇メートル後方に退避し、伏臥するなどの方法により爆破による危害を避け、あわせて突撃路開設の状態を確認する。

十一、羽付破壊筒

昭和十四年五月、軽破壊筒（九九式破壊筒）を基礎として、鉄条網破壊のために投擲する

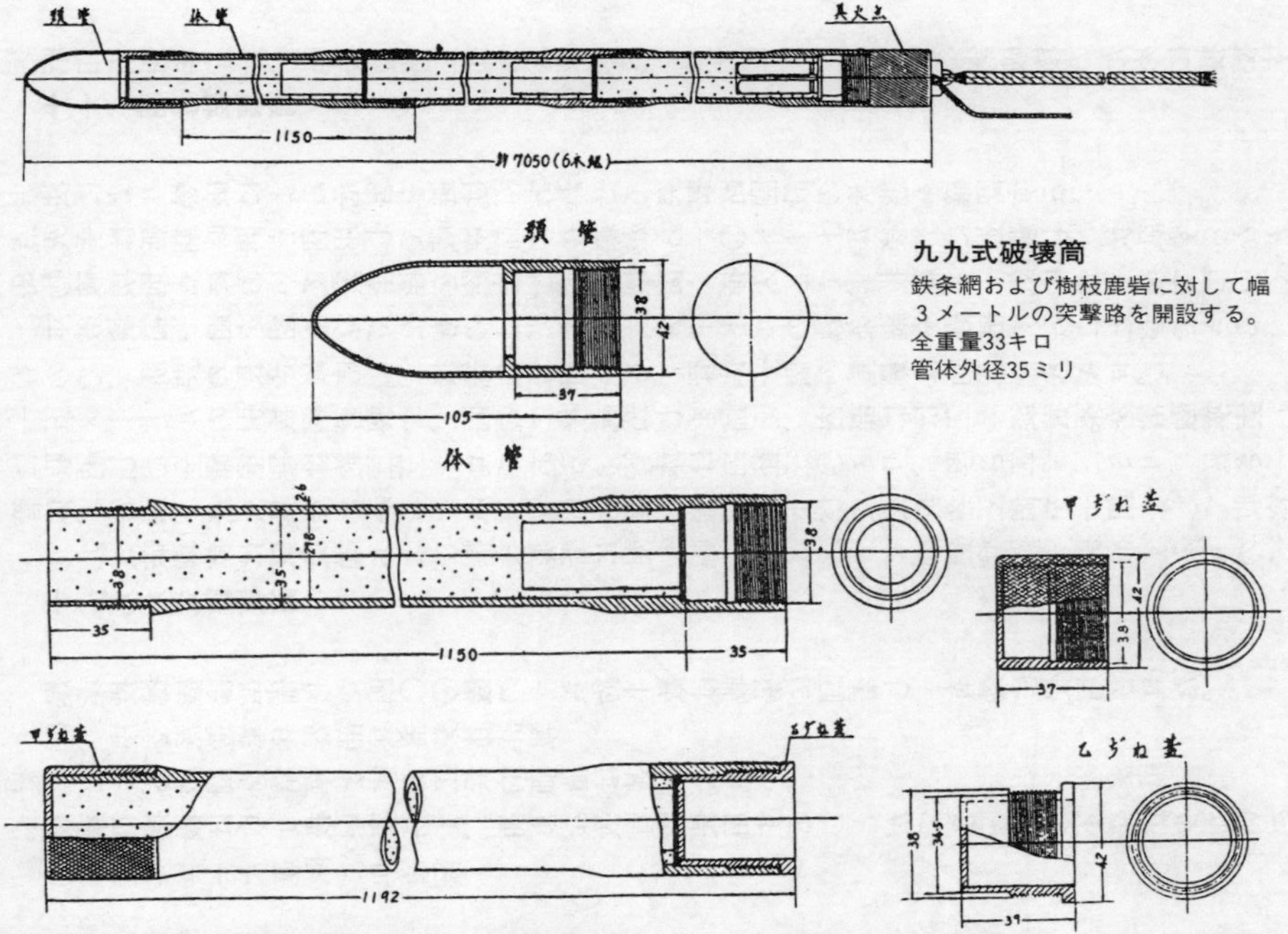

九九式破壊筒

鉄条網および樹枝鹿砦に対して幅3メートルの突撃路を開設する。

全重量33キロ

管体外径35ミリ

九九式破壊筒点火具

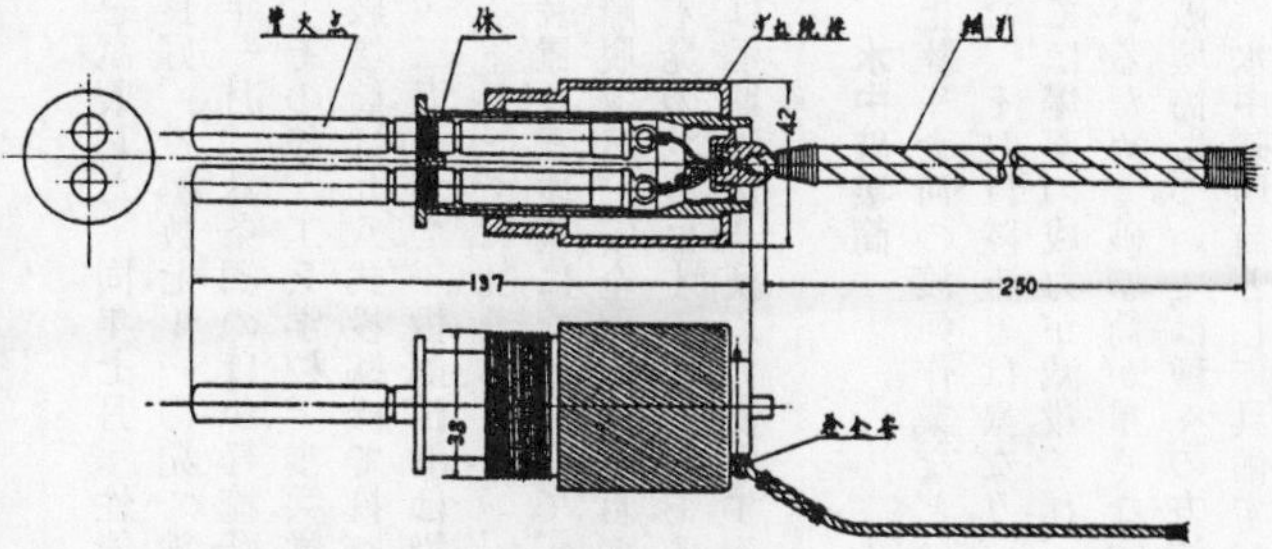

点火具保護要領

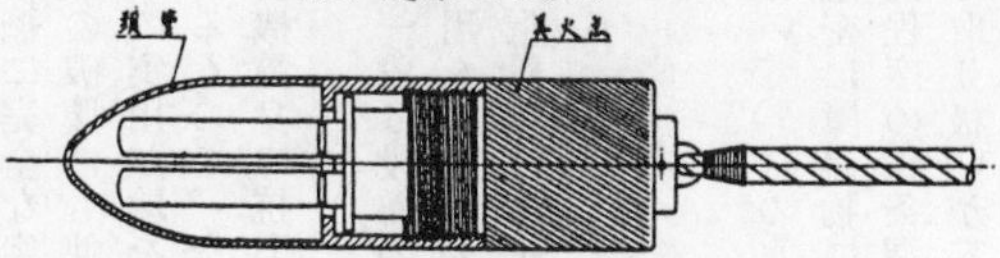

点火管断面

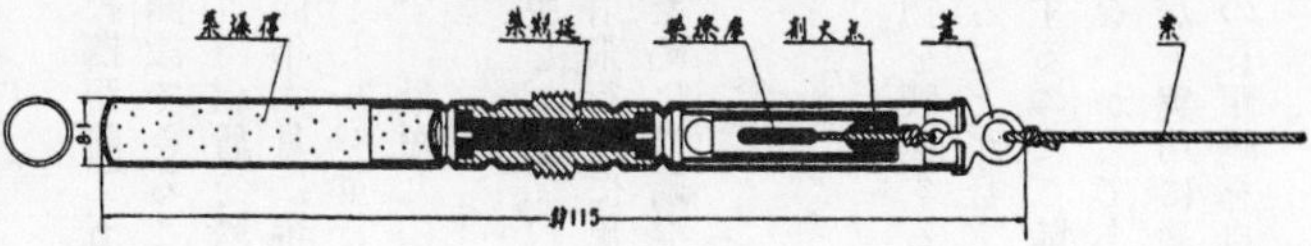

破壊筒を試製した。同年七月、性能試験を実施した結果、投擲距離二五〇メートル以内では弾道性良好、投擲数七～一〇発で鉄条網に完全な突撃路を開設できることが確認された。十五年一月、鉄条網のほか軽掩蔽部の破壊にも使えるよう、信管を瞬発、延期の二働に改修した。その後、工兵学校、歩兵学校の実用試験をへて、同年六月に審査を終了した。

羽付破壊筒は九八式投擲機で投擲するもので、全長二メートル、重量は約八・五キロ、炸薬は二・二五キロで、投擲距離は投擲機筒身の抗力の関係で、最短九〇メートルから最長二九〇メートルまでに止まる。

安全装置は三段式になっていて、第一段は投擲の際に離脱し、第二段は投射衝撃により自動的に離脱する。安全羽は三段目の作用をなすもので、投射飛行中に風圧により回転離脱し、信管を着発の状態にするものである。信管は鉄条網破壊のためには瞬発に、軽掩蔽部破壊のためには延期に切り換えて使用する。

十二、水中破壊筒

敵前上陸や大河の渡河作業などにおいて、敵の水際障碍物を破壊することはなかなか困難であった。それは陸上とは異なり、隠密に障碍物に接近することがむずかしいことと、水中においては爆薬の威力が減殺され、同程度の鉄条網を破壊するのに、陸上に比べて十数倍の爆薬がいるため、破壊筒が重くなって取り扱いが容易ではないからである。

水中破壊筒については種々の方法について研究していたが、実用に適するものは得られなかった。水中破壊筒として具備すべき条件は、水上の相当の長距離を自ら方向を維持しながら走っていって、障碍物に突入し、舟艇が自由に通れる通路を開設することである。従来は動力に内燃機関を使ったり、あるいは魚雷のように圧縮空気を使ったりし、方向維持のためにはジャイロを使ったりして研究してきたが、方向性のよいものはできなかった。

方向を維持しながら走らせるには、どうしても小型で強力な原動力を利用して速度を増し、いっきょに突破することが必要である。このため原動力に噴進筒を使用することに決まり、昭和十三年頃から第二造兵廠研究所の協力を得て研究した結果、強力でしかも比較的長時間燃焼する噴進筒の製作に成功し、また破壊筒体の形状も種々研究した結果、抵抗が小さくしかも方向維持のよいものを完成した。

水中破壊筒は噴進筒を二個装置し、電気点火により点火する。舟はブリキ製で底部に爆薬をとりつけてあり、底には止棒があって障碍物に突入するにはこれによって停止し、爆発する。噴進距離は二〇〇メートル、秒速六メートルで、爆破孔は舟艇が楽に通過することができる。

水中破壊筒は時局の関係上整備を急がれるので、さしあたりこれで応急態勢を整え、さらに第二次目標に向けて研究を続けることになった。

十三、九八式銃眼閉塞具

特種火点その他側防機関の銃眼を外から簡単に閉塞できる器材の必要を認め、昭和九年十二月、研究を開始した。

十一年六月、型式の異なる二種を試製し、同年七月、青森県山田野における特別陣地攻防

九三式戦車地雷全体

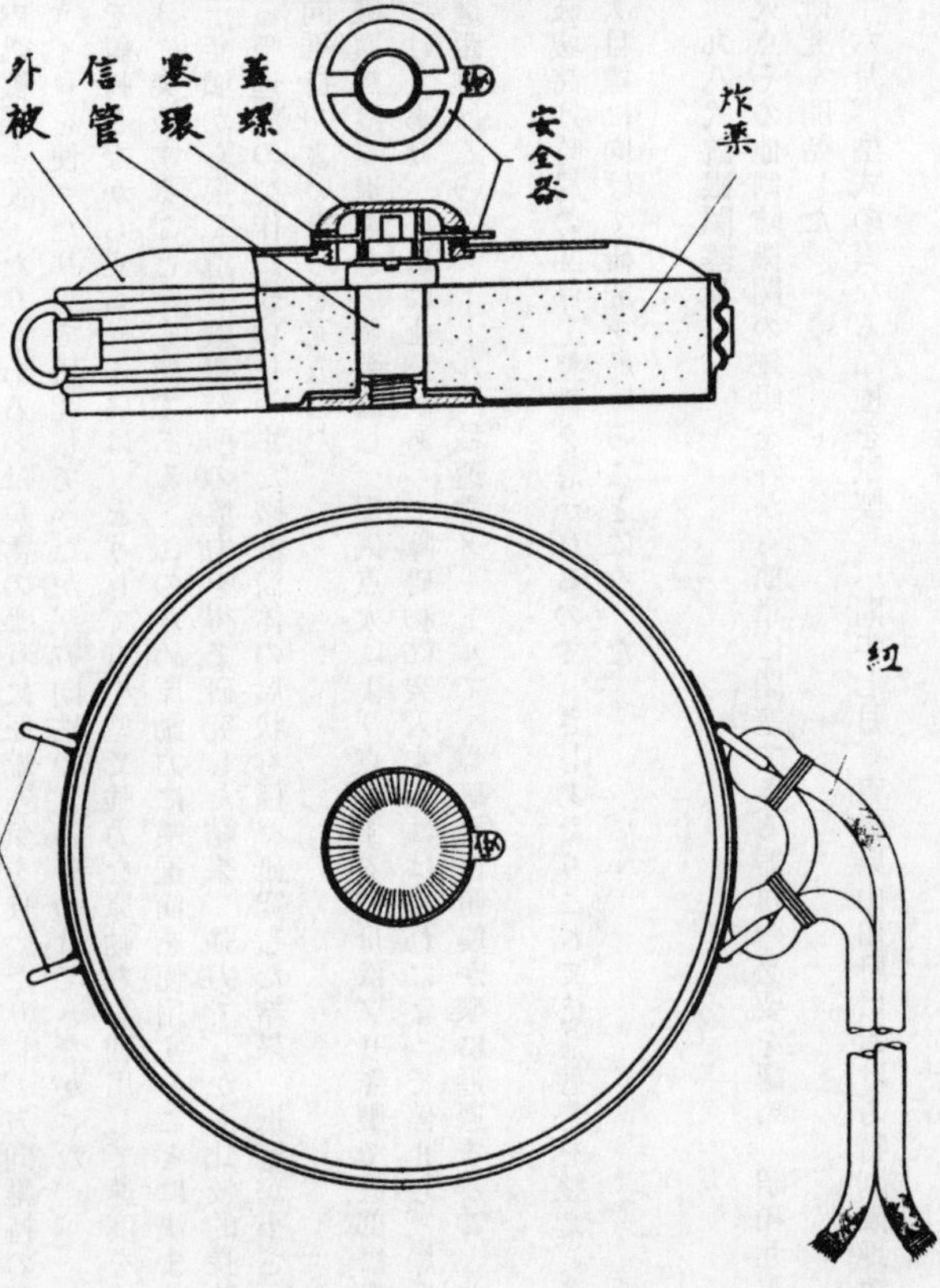

演習に際し、参加部隊に実用させた。その後、陸軍工兵学校に実用試験を委託し、一部修正をして十三年一月に完成した。

本器材は上下面壁の間隔が一五〜六〇センチ、左右が五〇センチ以上、深さ四〇センチ以上の各種銃眼の閉塞に適している。軍事秘密扱いであった。

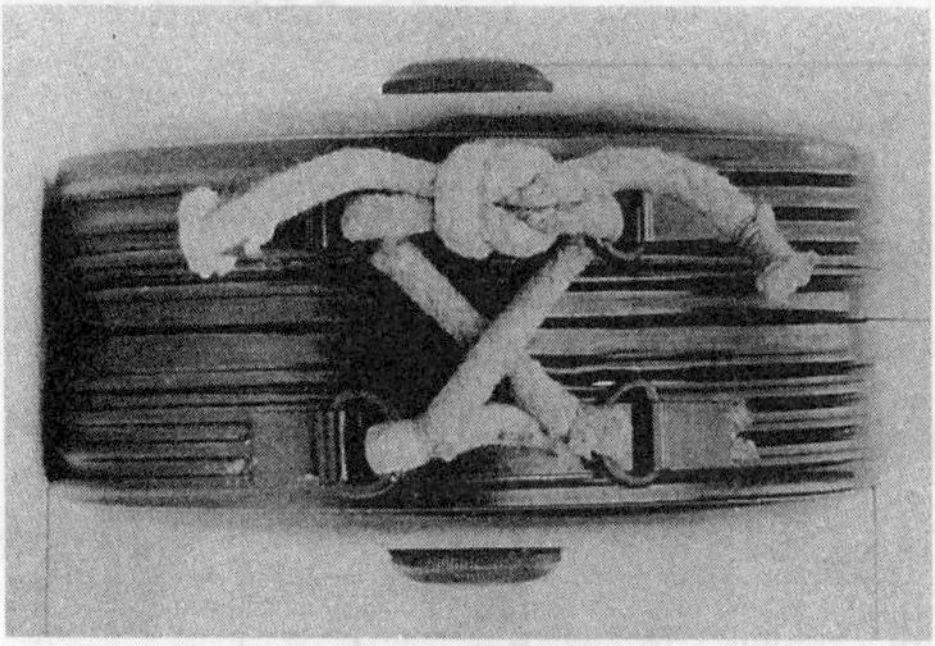

九三式戦車地雷の結束使用。

十四、戦車地雷

戦車に肉薄してその履帯を爆砕し、行動を不能にさせる爆破器材が要望されるにいたり、扁平円盤型の戦車地雷が試作された。履帯の下に挿入し、戦車がこれを踏めば爆発する構造で、履帯を破壊するとともに内部にも相当の被害を与えるため、薬量二キロのかなり大きなものだった。その後、履帯を破壊するに足る十分な威力があり、かつ小型軽量、使用に便利な新戦車地雷が制定され、工兵隊ばかりでなく、歩兵、その他にも広く装備された。いわゆるアンパン型と愛称されて、いろいろな用法が工夫された。張鼓峰事件で偉功を奏したことで知られている。

戦車地雷の研究は大正十四年一月に着手した。昭和二年六月、第一回試製品を製作し、陸軍歩兵学校戦車隊に

九三式地雷信管

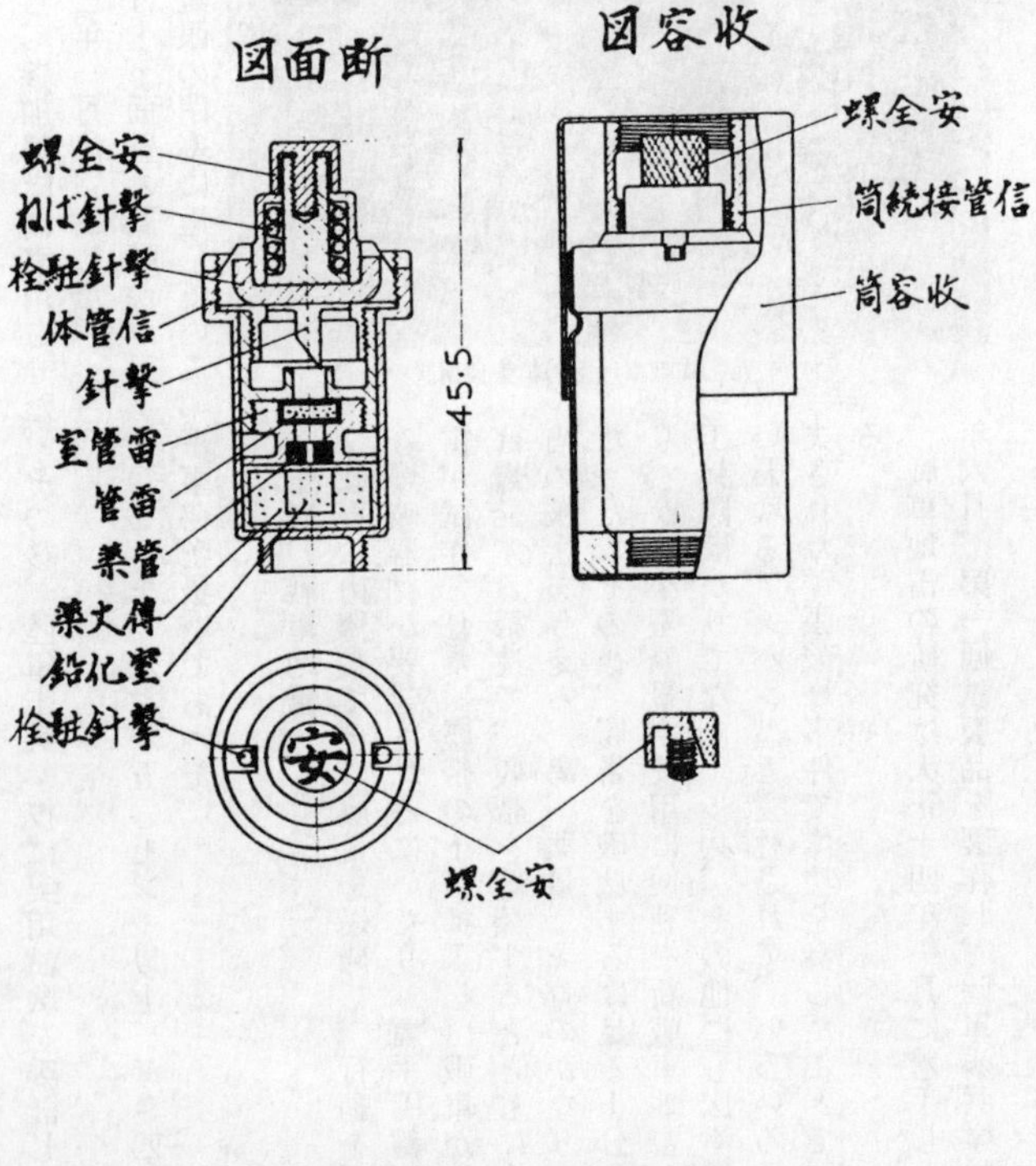
断面図
収容図
安全螺
撃針ばね
撃針駐栓
信管体
撃針
雷管室
雷管
管薬
傳火薬
窒化鉛
撃針駐栓
45.5
安全螺
信管接続筒
收容筒
安
安全螺

急造戦車地雷組立要領

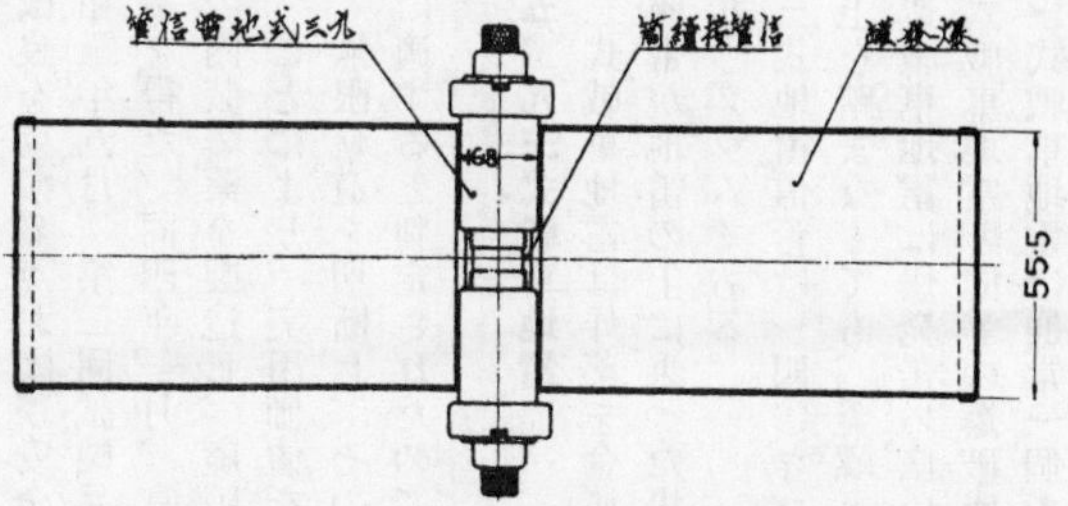

試製手投爆雷

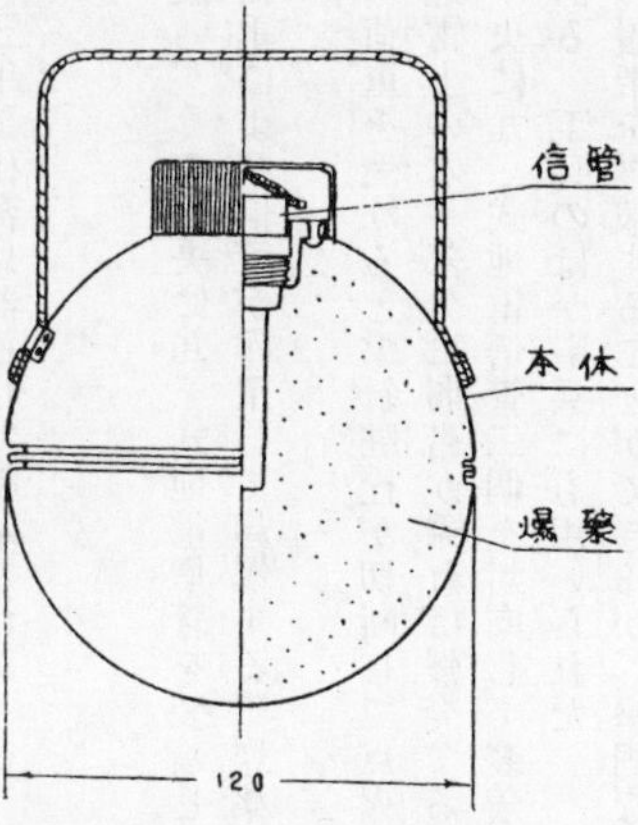

薬量	二號淡黄薬 1.4瓩
全重量	1.6瓩
投擲距離	約10米
效力	厚サ20粍防彈鋼板ヲ破壊ス

おいて機能試験を行なった結果、好成績を得たが、さらに地雷の形状、信管の構造などに関し、改良を要する点および安全装置を付加する必要が認められ、研究を続けた。

昭和三年五月、第二回試製品を製作し、歩兵学校戦車隊において機能試験を行ない、所望の成績を得た。同四年一月、富士裾野において第三回実爆試験を実施した。この試験では黄色薬で内装爆薬を製造し、廃戦車に完全な無限軌道をつけて、実際に地雷上を通過して爆発させることにより、実用価値を確認した。その結果、供試地雷の爆発威力は戦車の履板を粉砕し、無限軌道を切断し、その運行を不可能にした。これにより戦車地雷の効果が確認され、実用に適すると判定されたので、昭和五年、秘密兵器として制定された。

十五、九三式戦車地雷

九三式戦車地雷は炸薬を金属板で被い、その中央に九三式地雷信管を装着したもので、戦車の履帯が地雷の上に乗った場合、荷重により信管が作用して起爆する。炸薬は黄色薬で薬量八九〇グラムである。

九三式地雷信管は一四〇キロ以上の荷重を受けると撃針駐栓が切断して点火するが、信管の真上を踏まなくても、蓋螺という地雷上の水平部分に履帯が乗れば爆発する。

急造戦車地雷は爆発缶の広い面の中央に九三式地雷信管二個を対向して装着したもので、九三式戦車地雷と同等の爆破威力がある。工兵のほか騎兵にも用いられた。

九三式戦車地雷は通常一個で戦車の履帯を爆破することができるが、堅固な履帯に対しては二固を結束して使用する。埋設する場合にはなるべく浅く、地表下五センチ以内とし、土

九九式破甲爆雷

昭和15年８月20日制定
重量約1.15キロ

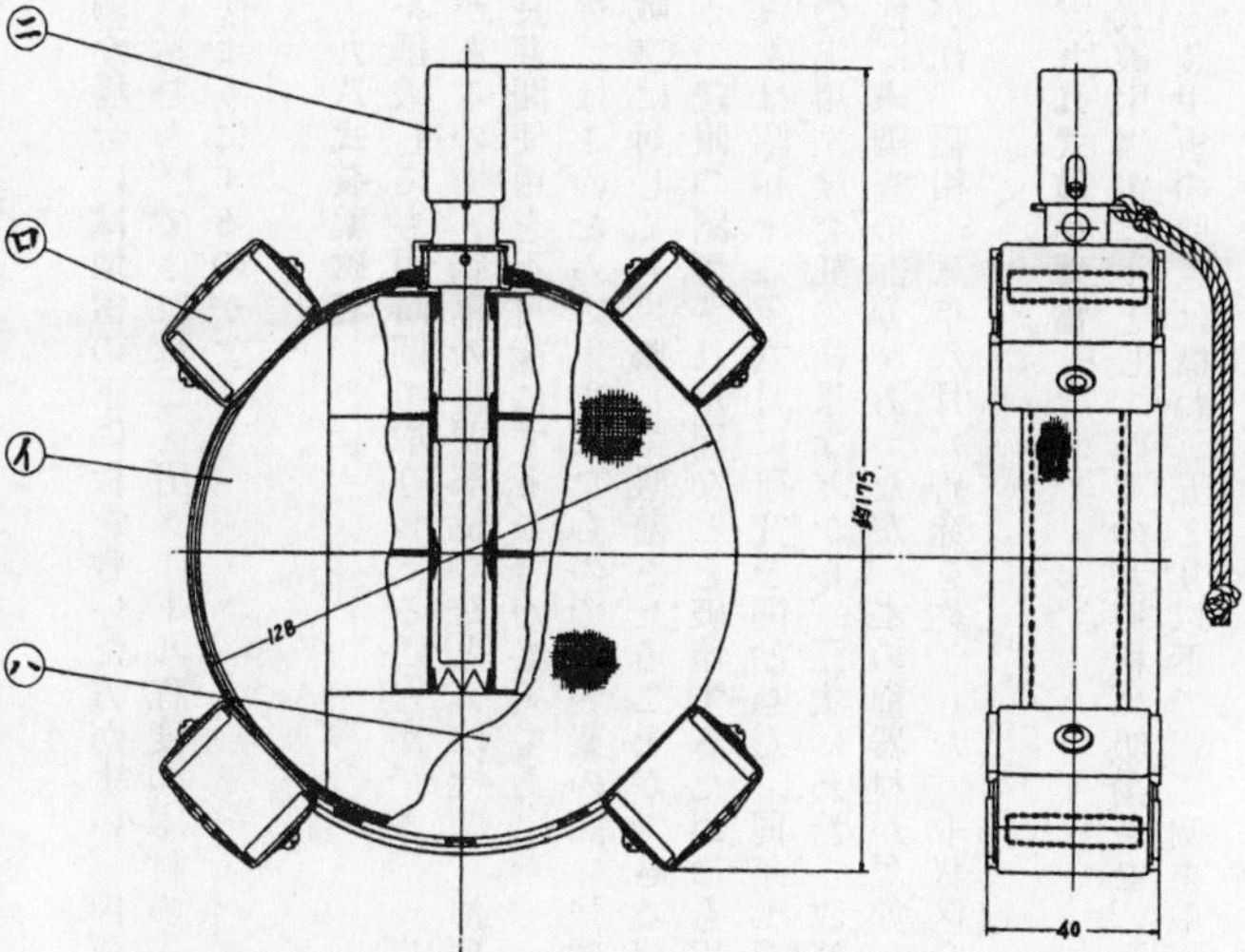

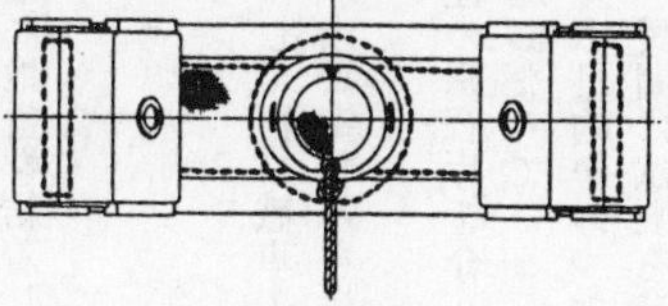

備品表	
名称	員数
信管箱	1

符号	名称
イ	炸薬
ロ	磁石
ハ	装
ニ	信管

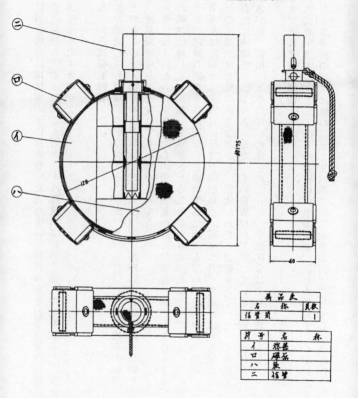

地が軟弱な場合には地雷の下に板を敷いた方がよい。肉薄攻撃を行なう場合には、履帯の直前に投げ込むか、できれば二・五メートル程度の木材の先端に地雷を結着し、履帯の前方に差し出すようにするのがよい。

十六、九八式装薬磁石

履帯を爆破しても短時間で取り替えることができ、一夜にして再び戦車の使用を可能にすることがあるので、戦車の重要部位、たとえば機関、油槽、乗員室などを爆破して大損害を与え、長期間使用を不可能にすることが必要であった。

吸着爆雷はこのために生まれたもので、装薬の間に強磁性の磁石片を介在させてあり、運行中の戦車に対しても投擲して吸着させることができる構造になっている。この爆雷はまたトーチカの銃眼の閉ざされた扉などを破壊するためにも用いる目的があった。

吸着爆雷は昭和十二年六月に研究を開始した。同年七月、民間に試製を発注し、陸軍工兵学校への実用試験委託の結果などから、三次にわたる改修を行なった。その結果、磁石の長期保存性に未調査の部分があったが、この種器材が欠如している軍隊の現状から、仮制式制定が急がれ、昭和十三年八月、研究を終了した。取扱区分は軍事秘密である。

十七、九九式破甲爆雷

九九式破甲爆雷は主として戦車の装甲板に吸着させ、これを爆砕するのが目的である。爆砕できる装甲板の厚さは概ね二五ミリ以下で、二個を重ねて使用する場合は厚さ四〇ミリまでの特殊鋼板を爆砕することができる。

九九式破甲爆雷は体、信管、携帯袋および箱からなり、箱を除いた全重量は約一・三キロである。体は径一二八ミリ、厚さ三八ミリの円盤形で、麻布製袋、吸着用磁石および爆薬からなる。袋には信管取付孔があり、外周に吸着用磁石四個を装着し、内部に一号淡黄薬六三〇グラムを八個に分割した爆薬を収容している。信管は保存のために信管筒内に密閉し、使用するときに爆薬内に挿入螺着する。携帯袋は爆雷一個を収容し、帯革に通して携帯する。

九九式破甲爆雷の開発は昭和十年八月に始まった。第一次試製品はMK磁石と黄色薬を使用し、緩燃導火索により点火するもので、習志野演習場で実験した結果、投擲したときの吸着力が十分ではなかった。翌年六月、前回よりやや大きめの第二次試製品を作ったが、吸着力がなお不十分であったので、MK磁石をやめてより強力なOP磁石の使用を研究した。また従来の試験成績から投擲吸着を可能にするため、陸軍造兵廠東京研究所に軟爆薬の研究を委託した。

昭和十二年九月、軟爆薬とOP磁石を結合したものの投擲試験を実施し、吸着良好と認められたが、軟爆薬は零下一五度になると凍結して、吸着に支障を来すことがわかり、この改良を陸軍造兵廠東京研究所に依頼した。

同年十月、富津射場において、OP磁石、軟爆薬および特種信管を結合した第三次試製品の、二〇ミリ特種鋼板に対する威力を試験した結果、所期の爆砕威力を発揮せず、信管の延期秒時にも不揃いのあることが認められた。

昭和十三年二月、改修された第四次試製品の爆破試験を実施した結果、爆砕威力の発揮上、磁石の位置を爆薬体外に変更する必要が認められ、また信管延期秒時の不揃いは改善されたが、点火機能の確実性に関して改善する必要があった。

同年六月、軟爆薬の耐寒性付与の研究が完成し、零下四〇度までは使用に支障のないことを確認した。ただし本改修により爆薬を収容する嚢に新たに防油性を付与する必要が生じた。防油能力をもつ嚢が間もなく完成したが、酷寒の使用にはなお改良すべき点があった。

ここにおいて本研究の緊急性から、別途に分割淡黄薬の使用について研究を行なうことになった。同年十二月、八柱演習場において二〇ミリ特種鋼板に対する分割淡黄薬の試験を実施した結果、十分な威力があることが確認されたので、鋼板爆砕に要する薬量を決定した。同月、新たに試製した第五次試製品を戦車の屋蓋に投擲する試験を実施したところ、運動中の戦車に対しても十分吸着することが確かめられた。このため従来の軟爆薬使用の研究は中止した。

昭和十四年一月、海拉爾付近において零下四〇度における信管の機能を試験した結果、火導薬に改修の必要があった。これは三月までに改修し、機能良好となった。

昭和十四年四月、伊良湖射場において第六次試製品により実戦車の爆破試験を実施した。その結果「チハ」車級中戦車の装甲(厚さ二五ミリ)を完全に爆砕し、本破甲爆雷一個で戦車に致命的損害を与えられるとの判決を得た。

同年七月、歩、騎、工兵学校に実用試験を委託した結果、実用価値十分と認められたが、なお若干の修正意見があった。

同年十月、各実施学校の意見にもとづき、部分的改修を実施したものを、北満特別演習において試験し、良好な成績を得たので、昭和十五年一月、研究を終了した。

十八、手投煙瓶

手投煙瓶は戦車に投げつけて煙を出し、それで敵の目潰しをして、肉薄攻撃をやりやすくしようとするものである。

最初はまず発煙剤として黄燐を使用し、戦車に命中すると、信管により破裂して発煙する方式について研究した。収容筒および信管の構造など数回にわたり試作改善の結果、概ね実用に適するものを得て、北満冬季試験に出したところ、発煙剤が凍って機能が十分ではなかったため、別の発煙剤を研究する必要が生じた。そこで科学研究所第二部の協力を得て、四塩化チタンと四塩化硅素との混合液を発煙剤とする研究に着手し、寒地試験を含んで数次の試験研究を実施した結果、実用に適すると認められた。

構造はきわめて簡単だが効果は大きく、とくに戦車に対しては小さい間隙から発煙剤が内部に侵入して、長時間にわたり発煙を継続し、大きな効果を発揮する。

十九、手投火焔瓶

手投火焔瓶は戦車に投げつけて火災を起こさせるのに用いる。最初はガラス瓶の中に燃料と発火剤をいれ、戦車に命中した衝撃でガラス瓶がこわれ、同時に発火剤の容器もこわれて、化学的に発火する方式を研究した。

しかし取り扱いが不便なためこれを止め、缶詰の缶のような容器に燃料をいれて信管をつ

㋺

筒ノ張合セハあいちむてきのり
其ノハ之ト性能同等以上ノモノヲ使用ス
外面茶褐色塗

重量　約500g

註記　発煙剤ノ配合ハ下記容量比ニ依ルモノトス

四塩化チタン　60%

四塩化珪素　40%

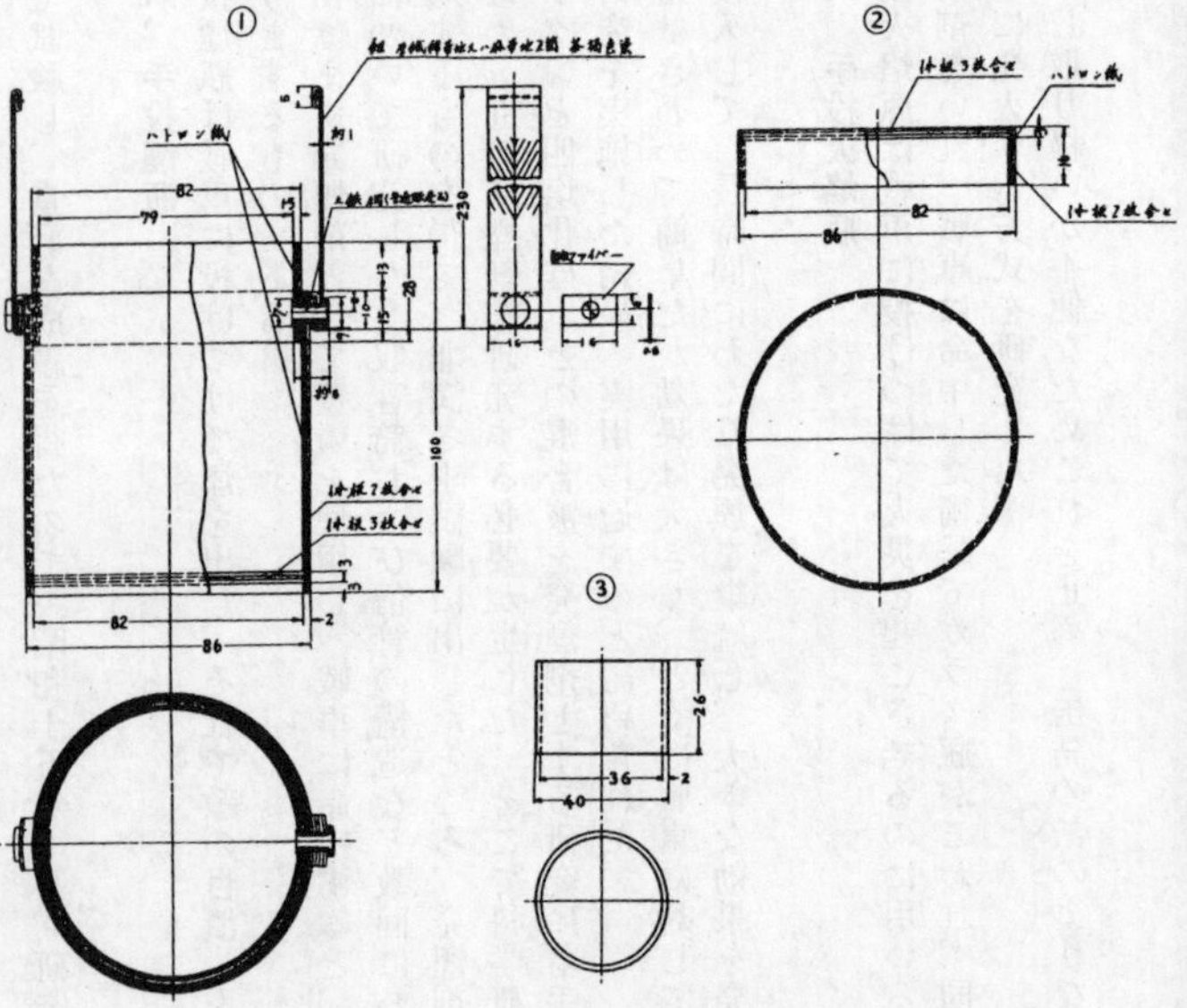

区分名称	番号及名称	品質	員数	摘要	重量
㋑ 本体	1 瓶《ビン》	ガラス	1		約135g
	2 締蓋	ぶりき	1		
	3 内蓋	〃	1		
	4 パッキン	ゴム	1		
	5 栓	〃	1		
㋺ 筒	1 体	しなのき	1	組、剥板共	約110g
	2 蓋	〃	1		
	3 緩衝環	ボール紙	1		
	4 説明書	模造紙	1		

兵品

全体名称	
類	

手投煙瓶

昭和18年 7月19日制定

重量0.5キロ

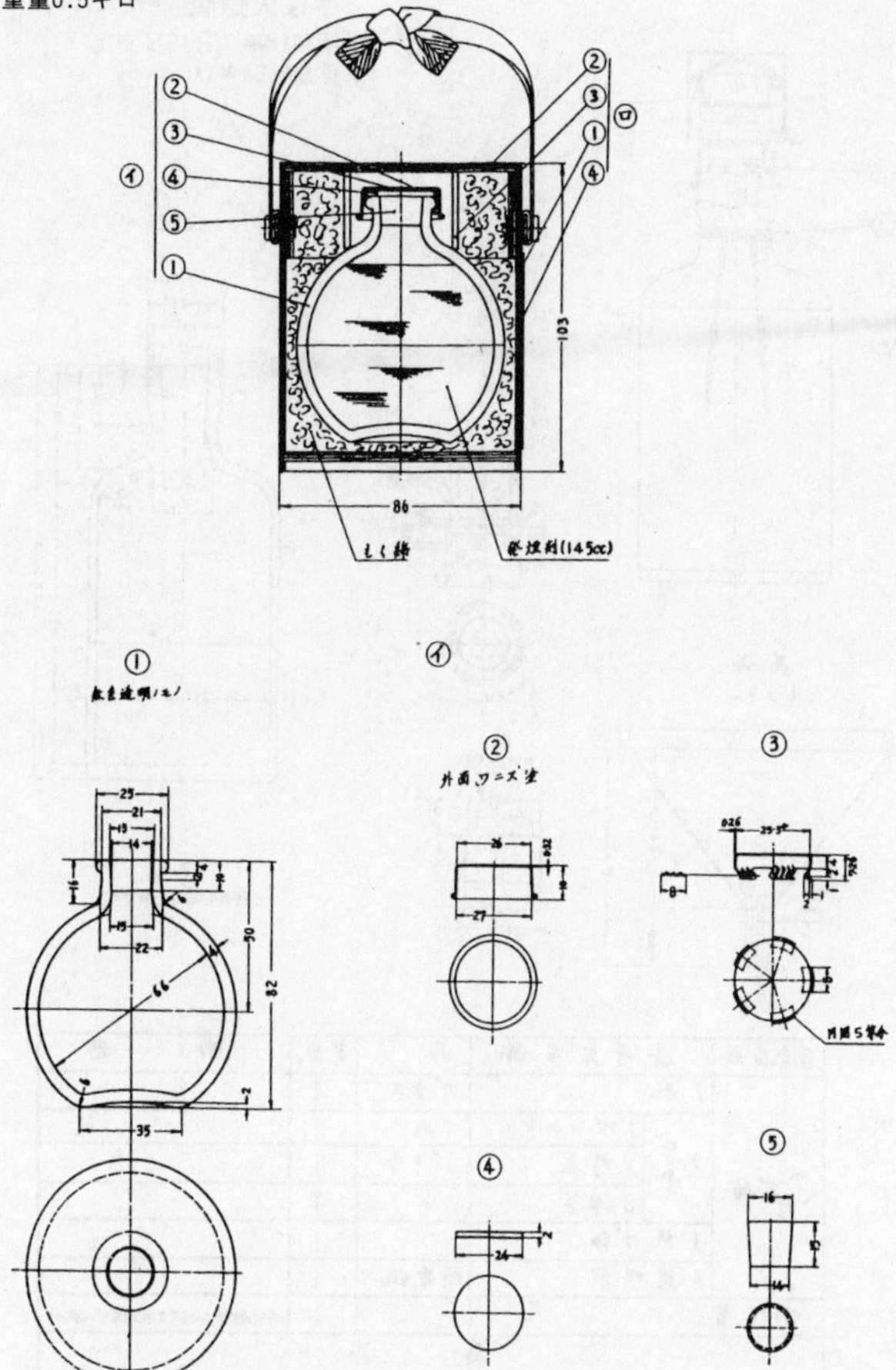

手投火焔瓶

昭和18年 7 月19日制定
重量0.54キロ

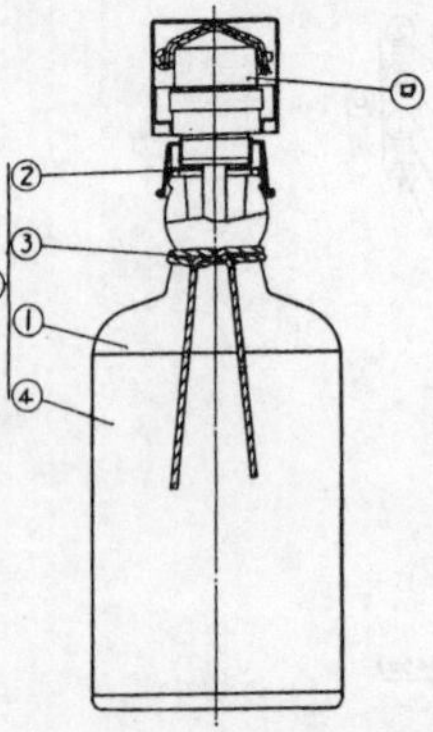

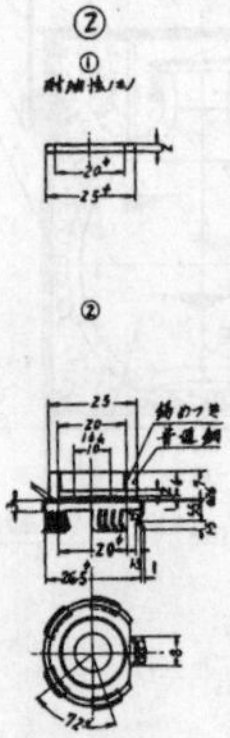

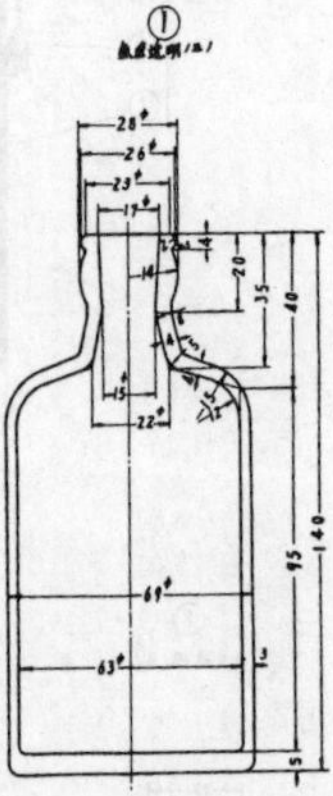

属品
じようご

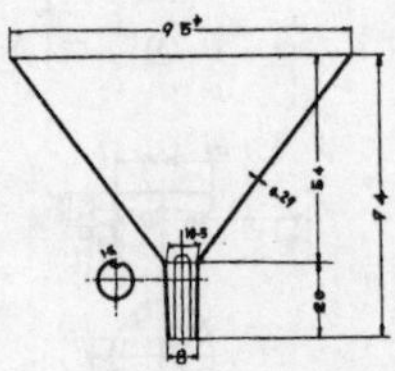

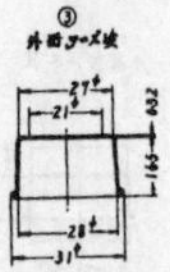

③
(赤)特別白麻糸2．長9600

区分名称	番号及名称		品質	員数	摘要
①本体	1 瓶		ガラス	1	
	2 口金	1 パッキン	ゴム	1	
		2 内蓋	ぶりき	1	
		3 締蓋	〃	1	
	3 提げ紐			1	
	4 説明書		模造紙	1	
ロ信管				1	[illegible]

属品			
全体名称	品質	摘要	重量
じようご	ぶりき		240
箱			

けたものと、サイダー瓶に燃料をいれて信管をつけたものを、容器、信管、燃料などについて比較研究した結果、燃料は科学研究所第二部で開発した「カ」剤を使用し、容器はサイダー瓶、信管は常動信管の形式がよいという結論になった。その後、サイダー瓶は命中精度がよくなく、これと同じ容積の丈の低い瓶が適当であることがわかったので、制式の瓶としてはこれを使用することにした。ただし信管はサイダー瓶にでも、ビール瓶にでも適合するようになっているから、信管さえあれば手投火焔瓶を急造することは容易だった。手投火焔瓶、手投煙瓶ともに陸軍歩兵学校および工兵学校の実用試験をへて、実用に適すると判決を得たものである。

二十、対戦車肉薄攻撃器材

敵戦車に致命的効果をおよぼす器材として、各種の爆雷や地雷などが使用された。

急造爆雷は三キロ、五キロ、七キロ、一〇キロ、一五キロの種類がある。黄色薬と急造爆薬、急造点火具を組み合わせたもので、戦車の底板に挿入する。

布団爆雷は比島方面で使用された。このほか、三式手投爆雷、九九式破甲爆雷、一キロ円錐爆雷、二キロ円錐爆雷、三キロ円錐爆雷、三キロ半球形爆雷、五キロ半球形爆雷などがあった。

制圧器材としては棒地雷、九三式戦車地雷、三式戦車地雷、手投煙瓶、機関部の焼夷を狙う手投火焔瓶、一〇〇式火焔発射機のほかに、吸盤ゴムをもち平滑板に吸着する三キロ破甲爆雷、比島で使用された投擲式の刺突爆雷、重量一キロの投射式噴進爆雷もあった。

(上)対戦車肉薄攻撃訓練。竿につけた地雷を装甲作業機の履帯下に投げいれる。(下)同訓練。九七式中戦車の横腹に破甲地雷が吸着している。

刺突爆雷は竹の先につけて戦車の横腹を突くと爆発する。これを各部隊が訓練したが、補給が間に合わず、いろいろな格好の対戦車爆雷が部隊で製作された。

地雷は戦時中、かなり鉄が欠乏してきたため、手榴弾と同じような素焼きの地雷まで作られた。

二十一、地雷の捜索、処理

地雷の捜索は主として視察または器具によるが、訓練された軍犬も夜間および広地域における捜索に役立つ。誘発索、導爆索はこちらの企図を暴露することになるが、迅速に処理することができ、敵弾下においては有利な方法である。また、時としては射撃、爆撃、空中写真、野火、ローラーなどにより、地雷を捜索することもある。

器具による捜索には搔探具、地雷探知器、竹、棒などを用いる。搔探具は疑わしい地面を軽く引っかき、もしくは地面を突き刺し、手に伝わる感覚により捜索する。

一〇〇式地雷探知器は鉄を使用する地雷にかぎり有効で、探知能力は大型地雷に対しては地下約四〇センチ、小型地雷に対しては地下約二五センチである。

軍犬は嗅覚により地雷を捜索する。

地雷は一般斥候により捜索するほか、必要に応じ地雷斥候を派遣する。斥候は将校または下士官を長とし、三名から五名で編成する。この際、軍犬を配属するのが有利である。捜索事項は、地雷地域の位置および広さ、地雷の種類、設置要領とくに密度、敵が設けた通路または通過が容易な地区、処理が容易な地区とこれにいたる進路、処理の方法、所要材料、迂回路の有無、地雷地帯に指向されている敵火器の位置と兵力などで、これらのうち必要な事項を捜索するのである。

探知器による地雷斥候の捜索所要時間は、地雷間隔一・五メートル、距離三メートル、地下約五センチに埋設と想定し、姿勢は匍匐前進の場合の一例を左表に示す。

区分	昼間	夜間	摘要
前縁捜索	二分	九分	三メートル後方から捜索を開始し、幅一〇メートルを二組で捜索
縦深（後縁を含む）	七分	二六分	探知器一台で縦深約三〇メートルを捜索のため通過し得る最小限の幅一・五メートルを除去しつつ前進
地域	二分	五分	約一〇平方メートルを捜索
帰路地雷地帯の通過	一分	四分	約三〇メートル

地雷を処理するには、除去、爆発、位置の表示、板などによる掩覆、あるいは単に地上に張られた線または導電線だけを切断することもある。状況により除去が困難なとき、あるいは迅速な処理を要するとき、または地雷の形式が不明で除去するのが危険なときは、地雷を爆発させて処理する。

(上)中国軍が仕掛けた地雷。
(下)掘り出された中国軍地雷の集積。

爆発の方法は破壊筒（誘発筒）、誘発索、誘発網、野火、砲撃、銃撃、その他の装薬などを用いる。

破壊筒の九三式対戦車地雷に対する実験値をみると、破壊筒を地上においた場合は、三〇センチ離れた地上にある地雷は爆発するが、二〇センチ離れた埋設地雷には効果がない。誘発筒を高さ一メートルに置けば、左右一・五メートルの範囲内の地雷を爆発させることができる。誘発索は地上で爆発した場合、左右二〇センチに効力がある。導爆索は地雷の上に一部でもかかっていなければ効果はない。しかし二本以上併用するか、網形に置けば効果を増加することができる。

長い誘発索を敷設するには誘発索発射機、投擲機、軍犬を用いる。誘発索発射機で一〇〇メートル誘発索を発射する場合は、射距離を一三〇メートルとすることにより、落下時に短縮して約七〇メートルになる。投擲機で六〇メートル誘発索を発射する場合は、発射薬量五〇グラムの場合、同様に射距離を九〇メートルとする。一五〇メートル導爆索を発射する場合は、薬量を七〇グラムとし、導爆索を鉄線で補強する必要がある。

短い誘発索を投擲するには、左表のように投擲機、小銃または手投による。

誘発索長	投擲距離	装置	摘要
投擲機			
一〇メートル導爆索	二八〇メートル	薬量八〇グラム	幅三〇メートル、深さ七〇メートル地域の処理に約六〇発を要す
一〇メートル誘発索	二〇〇メートル	薬量八〇グラム	落下時縦長二～四メートル

三八式騎銃	一メートル～一・五メートル導爆索	一五〇メートル	小銃の弾を取り、六番鉄線に誘発索をつけ、銃口から挿入して発射する	騎銃の場合は鉄線の長さを五三センチ、小銃の場合は八四センチとする
	一メートル～一・五メートル誘発索	一〇〇メートル		
手投	一五メートル導爆索	三〇メートル以内	導爆索の先端に約一キロの砂嚢をつける	縦深六メートルの地雷地帯は約三発で処理する
	三メートル導爆索	三五メートル以内		縦深六メートルのときは約一五発で処理する

二十二、一〇〇式地雷探知機

地中に埋めてある地雷を地表面から簡単に探知できる方法については、古くから調査研究していたが、満州事変の熱河作戦で中国軍の地雷のため、わが部隊が大分悩まされたので、ますますその必要が痛感され、開発に着手した。

初めは地下水を電気的に探知する方法からヒントを得て、地雷を電気的に探知する方法についていろいろな実験を行なったところ、真空管を使用した発振回路の一部に金属体を接近させると周波数が変化し、これを音になおして耳で聞くことができるという原理を使えば、簡単に目的が達せられることがわかった。さっそく試作して各種の試験をした結果、二、三〇センチの浅く埋めてある地雷は比較的簡単に探知できるものが完成した。これが九八式地

(上)二式地雷探知機。立姿捜索姿勢。
(下)二式地雷探知機。伏姿捜索姿勢。

雷探知機である。九八式は重量が一八キロもあり、重くて取り扱いに不便な点があるので、改良の必要を認め、科学研究所第一部の研究結果を応用して、出力の変化をメーターで読む方式を試作研究した結果、できあがったものが一〇〇式地雷探知機である。

九八式に比べて構造は簡単になり、機能も良好となった。陸軍歩兵学校、戦車学校、工兵学校の実用試験をへて、採用されたものである。

地雷処理については一式地雷処理具があった。

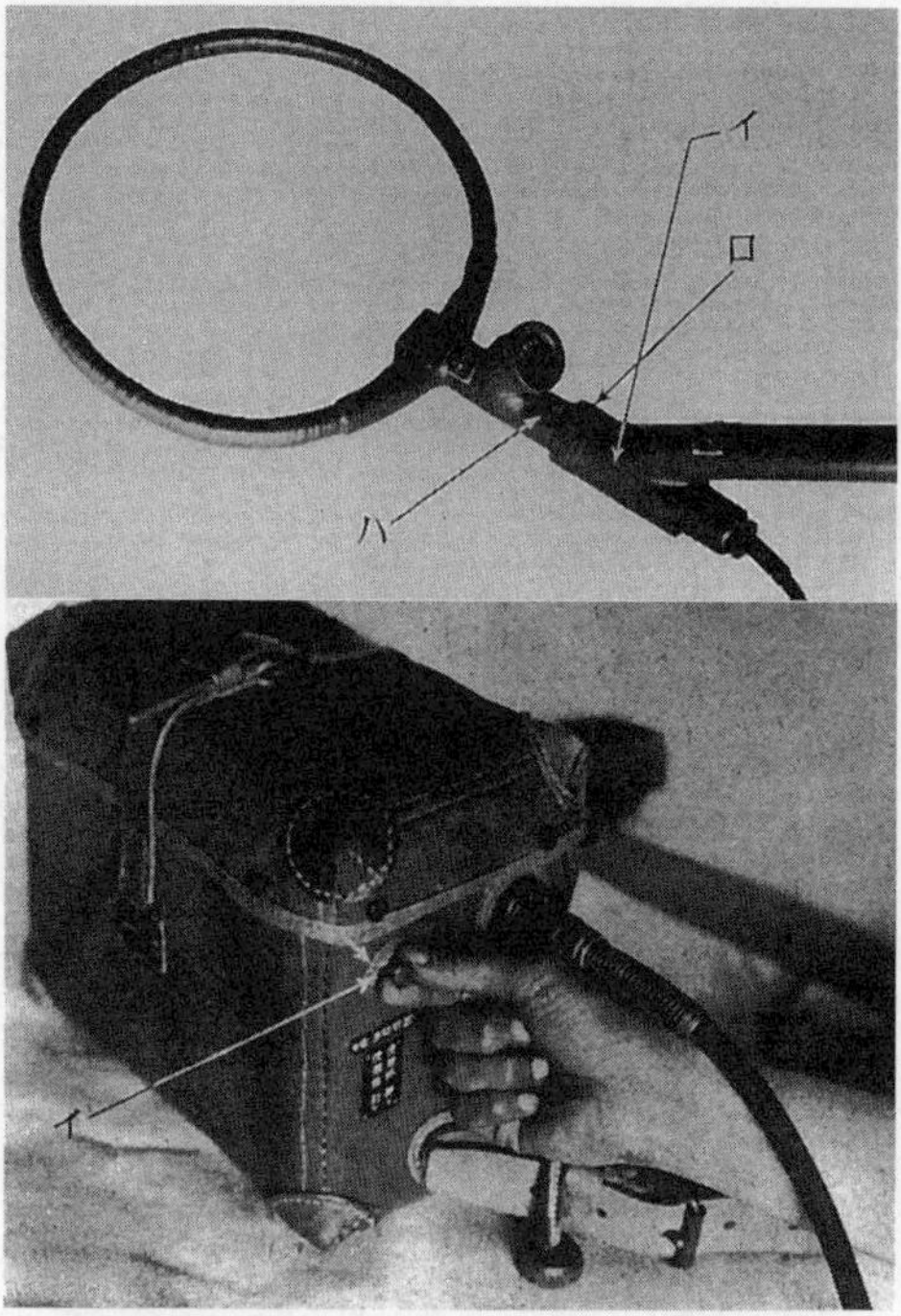

(上)捜索線輪と立姿用補助柄の接続。イ、線輪柄保持筒　ロ、嵌合溝　ハ、可動環。(下)二式地雷探知機の電源開閉器。イを手前に引けば回路閉となる。

二十三、二式地雷探知機

二式地雷探知機は本体、捜索線輪などからなり、地雷探知の原理は地下に埋設した地雷の金属部が、探知機の電磁誘導作用に反応して、出力計の指針を振らせるという単純な仕組みである。探知能力は大型地雷に対しては地下約四〇センチ、小型地雷に対しては二五センチまでである。

本体には電源と発振装置が入っており、携行しやすいように褥、背負ヒモとバンド掛がついている。重量は約五キロ。本体の横には線輪接続用プラグがある。発振装置は真空管一個を使用する真空管発振器で、電源には乾電池を使用している。

探知線輪は銅線またはアルミニウム線を巻いた線輪にアルミニウム製の柄をつけて、伏姿用にも立姿用にも使えるよう、軽量に作られている。

捜索にあたっては、線輪は地表とわずかの間隔をとるか、または軽く接触させつつ、静かに水平に移動させる。捜索中はつねに出力計から目を離さず、出力計の指針が左方に振れたら線輪の真下に地雷が埋設されていることがわかる。

捜索には通常捜索手一名、助手一名がペアを組み、捜索手は地雷発見箇所を表示しながら前進し、助手がこれを処理していく。効果的な捜索を行なうには、数組の捜索班を組織し、これを二メートル間隔で並列に配置して、同時に前進、捜索する方法がとられる。

捜索速度は熟練者の場合、伏姿で毎分約一〇平方メートル、立姿では二〇平方メートルになる。

二十四、九八式防電具

昭和九年九月、陸軍工兵学校の要望にもとづき、陸軍科学研究所で研究を開始した。同年十二月、第一次試製完了し、翌年一月、金丸ヶ原演習場において試験を行なった。十一年五月に三〇個を製作、陸軍工兵学校に特別支給して、教習兼実用試験を実施した。同年七月、特別陣地攻防演習にこの三〇個を投入した結果、有刺鉄線を用いる電化障碍物に対しては、さらに強靭性を高めることが求められた。

昭和十一年十月、別種のゴム布で第二次試製品を製作したが、やや柔軟性を欠き、強度もなお不十分だった。十二年一月、第一次試製品と同じゴムで、要部を二重とした第三次試製品を製作した。

同年七月、ゴム布の組成と頭にかぶる面の構造を改修した結果、機能良好となり、有刺鉄線を使用した電化障碍物に対しても有効であると認められた。科学研究所は同年八月、研究を終了し、考査報告を陸軍技術本部に提出した。技術本部は十月に八柱演習場において実用試験を行ない、実用できることを確認、同年十一月審査を終了した。

九八式防電具は高圧電気から作業手を防護し、電化障碍物に対する突撃作業を安全に行なうために用いる。防電具は電圧一万ボルト以下の電化障碍物に対する前進防護用作業具で、本体、面、手袋および属品からなる。本体は機械的強度および絶縁耐力の大きいゴム布を使用し、頭巾、上衣、袴および靴を一体として製作したもので、大、小の二種がある。重量は大が一二キロ、小が一一キロ。取扱区分は軍事秘密であった。

二十五、九八式電圧検知器

昭和十一年一月、電化障碍物の直接偵察に有効な簡易偵察具の必要を認め、陸軍科学研究

重 {大約12kg(属品共) / 小約11〃(〃)

記 1. 本防電具ハ大小二種ニ区別ス其ノ組成ハ下表ニ依ル 挿図寸法ハ小ニ対スルモノニシテ大ト異ナル寸法ノミヲ示ス

2. 「ゴム」引二重布、「ゴム」引一重布、「ゴム」引「テープ」及「ゴム」板ノ組成ハ下記ノ通トス

(1)「ゴム」引二重布

イ. 綿布ノ表面ニ表面「ゴム」ヲ平等ニ塗布シ裏面ニ他ノ綿布ヲ織目ガ斜交スル如ク中層「ゴム」ヲ以テ貼合セ其ノ裏面ニ裏面「ゴム」ヲ平等ニ塗布シタルモノニシテ厚約1.2mm抗張荷重経緯共幅5cmニ付42kg以上、伸経7%以上緯12%以上重量約1.2kg/m²トス

綿布及各層「ゴム」ハ下記ノ通トス但シ各層「ゴム」ハ純「ゴム」量約60%トス

綿布　織方斉一ノ平織布ニシテ抗張荷重経緯共幅5cmニ付35kg以上重量約95g/m²ノ双理ナキモノ

表面「ゴム」　「ゴム」量約250g/m²ニシテ亀裂及酸化防止ノ特性ヲ有スルモノ

中層「ゴム」　「ゴム」量約50g/m²ニシテ強粘性ノ大ナルモノ

裏面「ゴム」　「ゴム」量約720g/m²ニシテ絶縁耐力大ナルモノ

ロ. 絶縁耐力　50若ハ60「サイクル」正弦波交番電圧15000V 1分間ノ試験ニ耐フルモノ

(2)「ゴム」引一重布

綿布ノ表面ニ表面「ゴム」ヲ裏面ニ裏面「ゴム」ヲ平等ニ塗布シタルモノニシテ厚約1mm抗張荷重経緯共幅5cmニ付36kg以上伸経6%以上緯12%以上重量約1.06kg/m²トス 綿布、表面「ゴム」及裏面「ゴム」ハ「ゴム」引二重布ノモノニ同シ

(3)「ゴム」引「テープ」

綿布ノ表面ニ表面「ゴム」ヲ裏面ニ裏面「ゴム」ヲ平等ニ塗布シタルモノニシテ厚約0.4mm抗張荷重幅2.5cmニ付12kg以上伸20%以上重量約410g/m²トス 綿布、表面「ゴム」及裏面「ゴム」ハ「ゴム」引二重布ノモノニ同ジ但シ「テープ」ハ織目カ斜トナル如ク裁断シ裏面「ゴム」ハ「ゴム」量約470g/m²トス

(4)「ゴム」板

亀裂及酸化防止ノ特性ヲ有スル純「ゴム」量80%以上ノ軟質「ゴム」ニシテ抗張力1.5kg/mm²以上伸650%以上重量厚1mmノモノニ対シ約1kg/m²トス

3. 「ゴム」引布ノ接合部ハ「ゴム」液ヲ以テ貼合ス 但シ縫合セシ部ハ裏面「ゴム」ガ互ニ接スル如ク重ネ合セ其ノ外周ヲ適当ニ貼合ス

手袋

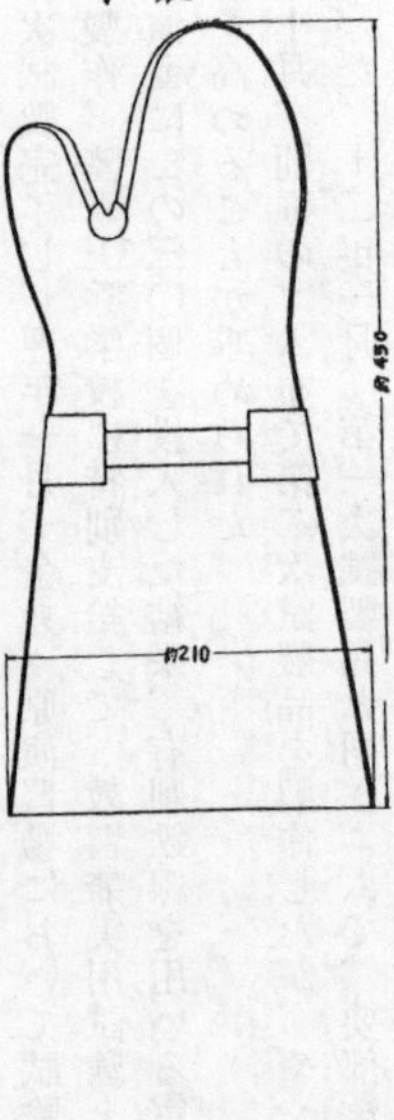

面

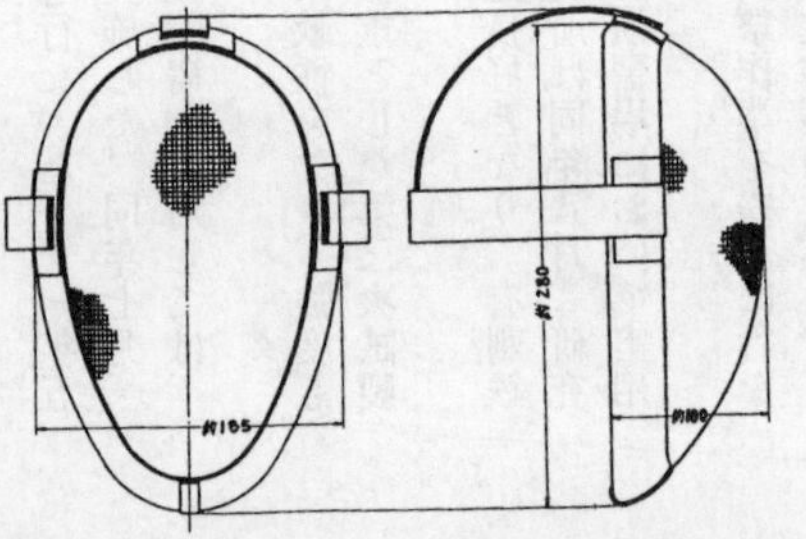

全体名称	員数	重量(約)
本体	大若ハ小1	大11kg 小10〃
面	1	
手袋	1対	
属品		
袋	1	1〃
布鋏	1	

九八式防電具

昭和14年3月27日制定

重量大12キロ、小11キロ

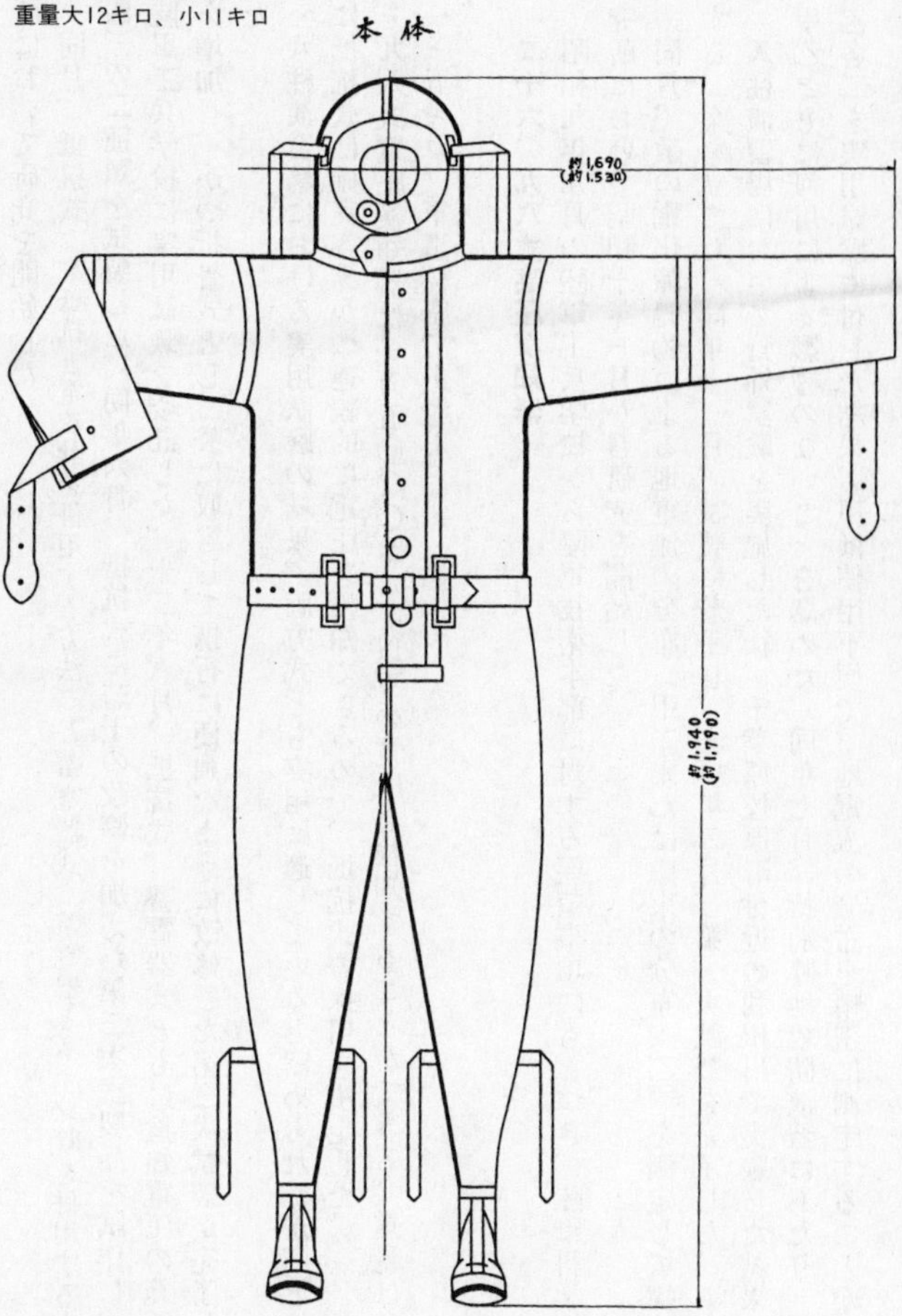

所において研究を開始した。

同月、抵抗式（高抵抗と電流計を併用する方法）と蓄電器式（蓄電器とネオン管を併用する方法）の二種類を試製した。同年六月、抵抗式に若干の改修を加えた第二次試製品を試作し、陸軍工兵学校に実用試験を委託した。十二年六月、抵抗式、蓄電器式ともに検知電圧の範囲を増加し、かつ折畳式とし、袋に収容して携行に便利なように改修した第三次試製が完了した。

八柱演習場における実用試験の結果、両方式とも実用に適していると認められたが、とくに抵抗式は確実容易かつ連続的に電圧を検知できるので、抵抗式の採用を決定した。

九八式電圧検知器は一万五〇〇〇ボルト以下の電圧を検知することができる。重量は約一・五キロ。軍事秘密であった。

二十六、九八式高圧探知器

昭和九年九月の陸軍工兵学校から陸軍技術本部に対する要望事項にもとづき、陸軍科学研究所において昭和十年一月から研究を開始した。

同月、敵の電化障碍物による地電流の分布（甲）または磁束の分布（乙）を測定して探知する二案を立てた。同年十一月、試製に着手し、十一年二月、第一次試製を完了した。

八柱演習場において野外試験を実施した後、千葉原佐原町付近の利根川で実験した結果、甲乙ともに河川による影響のないことを認めた。同年七月、特別陣地攻防演習にあたり、甲乙各二を実用試験に付した結果、甲は使用不便で、地電流の分布を精密に測定することができず、乙は感度が少々劣るが磁束の分布を精密に測定でき、使用簡単であった。

これにより将来乙を採用することとして、より小型軽量、感度良好にすべく研究改善することになった。昭和十一年十一月、第二次試製完了。習志野、金丸ヶ原両演習場で野外試験を実施した結果、機能良好にして実用に適すと認められた。最終的に研究が完成したのは昭和十二年十一月であった。本器材は軍事秘密である。

鉄道器材

鉄道工兵隊は青島戦の頃までは軽便鉄道の敷設、運転、撤収が主な任務だったが、満州事変以来、大陸鉄道作戦が最も重要視されるようになり、器材の面においても、これに対応する新器材が開発された。最初にできたのが広軌牽引車で、ついで各種器材が生まれ、逐次鉄道隊に装備された。

一、九一式広軌牽引車

九一式広軌牽引車はその名が示すとおり牽引車であって、鉄道の敷設に際し、従来の機関車に代わり、軽量な本車で貨車を牽引または推進し、全敷設行程を促進するのが目的であった。そのほかに鉄道の占領、偵察、警備、鉄道線路付近の捜索および応急運転など広範な用途に使用された。

満州事変当初の新聞に装甲自動車と伝えられ、グラフ雑誌には装甲軌道車として掲載されているのは、主に後者の任務に使用されたためであろう。

(上)九一式広軌牽引車。木炭ガス発生装置を装着。(中)九四式脱線器を装着した九一式広軌牽引車。
(下)九一式広軌牽引車の軌道外姿勢。同車両の製造は東京瓦斯電気工業。

（上）九一式貨車と連結した九一式広軌牽引車。
（下）九一式広軌牽引車の重連。

(上)九八式鉄道牽引車。軌道上の運行姿勢。前後輪ともに前後に撒砂管が設置されている。(下)九八式鉄道牽引車の軌道外運行姿勢。

(上)九八式鉄道牽引車。軌道上の運行姿勢を正面から見る。
(下)九八式鉄道牽引車の後面。連結器、移行ジャッキ、撒砂管などがわかる。

(上)一〇〇式鉄道牽引車。軌道外での積載量は2トン。最大90馬力。(下)一〇〇式鉄道牽引車。軌道上姿勢。速度は単車の場合、時速60キロ。牽引重量65トンの場合、時速25キロである。

本車は六輪自動車に装甲を施したもので、広軌鉄道上を走行し、必要に応じて軌道上から軌道外に、または軌道外から軌道上に移行することができる。このためには車輪の交換を要するので、本車にはゴム輪帯および鉄輪帯の二種を備え、使用しない輪帯は装甲外側に装着して携行するようになっている。

元来、鉄道上の車両は軌道が生命であって、いったん軌道に障碍が起こるとどうすることもできず、それが復旧するまで拱手して待つしかないというのが常態であった。そのためこの障碍を超越して速やかに先方の軌道上に移ることが軍事上喫緊の課題となった。

本車はこの要求にもとづく移行装置を備えたもので、その変換のために要する時間はわず

一〇〇式鉄道牽引車。前面(左は後面)。撒砂装置は運転台から操作する。

かに十数分で足りる。さらに広軌にも各種があるため、車輪に付けられた簡単な装置により、迅速容易に軌間の変換を行なうことができる構造になっている。

第二師団が哈爾濱《ハルピン》に向かう前進にあたり、東支鉄道の輪転材料が欠乏していたため、輸送に大渋滞を来すおそれがあったとき、本車と九一式貨車により、かろうじてこれを救うことができた。

鉄道線路上の戦闘で連想されるのは装甲列車だが、装甲列車はいかに武装が強大であっても、単独で前進することはできない。前衛の任務を遂行するのが本車であり、装甲列車の前駆車のみならず、敵地または匪族の多い地における列車運行のためにも必要であった。そのために本車は時速三〇キロないし四〇キロ、場合によってはそれ以上の速度を出すことができた。

本車は全備重量約七トン、乗車人員は一〇名前後で、所要の器材を携行することができる。必要に応じて木炭ガス発生装置を装着することにより、機構を変更することなく、木炭ガスによる運行をすることができるのが特徴である。また蒸気機関ではないから、給水が不便な地方および季節において便利に使用することができた。

この九一式広軌牽引車および九一式貨車は、日支事変中、仏印国境で壮烈なる戦死をとげた青村常次郎少将（当時、大尉）の設計になるものであった。青村少佐が転出後、深山少佐が改良を担当し、六輪起動、七〇馬力の九八式鉄道牽引車が制定されるにいたった。本牽引車は九一式に比べて牽引力が大きく、八トン積九七式貨車四両を牽引することができた。

つぎに九一式広軌牽引車の開発経緯と構造の概要を記す。

昭和三年五月、軍用自動車補助法による丙種自動車T・G・E L型を改造し、軌間一・四三五メートルで、軌道上において台車数両を牽引運行し、必要に際しては貨物を搭載して、道路上をも運行できる車両の設計に着手し、昭和四年三月に試製完了した。同年四月、鉄道第一連隊作業場において試験を行ない、軌間一・五二四メートルとの併用と、牽引力および軌道外の運行能力の増進を要求された。

同年五月、試験の結果にもとづき、丙種自動車スミダA六型四輪車を六輪式に改造し、かつ分解式装甲を施したものを試製着手し、五年三月に完成した。機能試験の結果は良好だったが、装甲の一部を改修した。同年七月、本車と試製貨車六両を使用し、普通鉄道上部建築（枕木の下の砂利より上部の線路）用としての価値を試験した。その結果、五〇〇メートルの敷設に約五〇分を要し、実働八時間で四キロを敷設できるものと推定された。

装甲軌道車としての運用試験を行なうため、昭和五年九月さらに一両を試製した。同年十月、装甲軌道車としての運用を試験するため、朝鮮における師団対抗演習に参加し、成績良好と認められた。同年十一月、試製車二両に兵器本廠調弁の一両を加えた三両と、九一式貨車三〇両を併用して、教育総監部主催のもとに、陸軍省、参謀本部、工兵監部、陸軍技術本部および鉄道第一、第二連隊より試験委員を編成し、鉄道第一連隊の兵員により敷設試験を実施した結果、その成績は良好であった。

以上の試験により本車は装甲軌道車として、また普通鉄道上部建築用ならびに応用運転用牽引車として実用に適すると認められ、審査を終了した。

本車の装甲は分解式で、板厚は側面が五ミリ、上面は二ミリ、その他は三ミリである。側方に対し同時に軽機関銃四、前後方に対し各二を使用できるほか、趾銃眼を六ヵ所設けている。抗力は七・七ミリ小銃弾の一二〇メートルからの直撃に対し安全であった。

本車には軌道上、軌道外の移行と輪帯の交換を行なうために、扛重器と移行用軌条を備えている。扛重器は車体四隅にとりつけられている螺子式複動のもので、水平移動のためには移行軌条上を転動する転輪を脚部に設けてある。移行軌条は長さ二・五メートルのI型鋼で、必要に応じて二個を接続して使用する。上面は防滑布を貼付してある。連結器は緩衝発条を備えたピンリンク式で、車体の前後にあり、中心高を三二〇ミリから七三〇ミリまで変えることができる。

木炭ガス発生装置は瓦斯発生器、冷却器、清浄器および空気調整器よりなり、木炭の燃焼により発生する動力ガスを発動機シリンダーに供給する。

	軌道上	道路上
最小曲半径	六〇メートル	約一二メートル
最急勾配	約三〇分の一（二〇トン牽引）	約五分の一

前進速度	平均時速二〇キロ 最大時速三五キロ	同左
後退速度	時速八キロ	同左
牽引重量	約三〇トン	約一トン
全備重量	約七トン	約六・五トン
木炭消費量	毎時約八・五キロ	約一〇キロ
始動所要時間	約一〇分	同左
一回の給炭による走行距離	約三〇キロ(給炭量一二キロ)	約二五キロ
交換所要時間	作業手一二名で約一五分	
機関馬力	最大五〇馬力	

二、九一式貨車

昭和三年八月、三種軌間の鉄道に使用し得る応急運転用四輪台車の設計に着手し、四年三月、試製完了した。同年四月、鉄道第一連隊作業場において試験を行ない、応急運転用として概ね成績は良好だが、さらに上部建築に兼用できるものについて研究することになった。五年三月に二両を試製し、一部改修のうえさらに四両を試製した。

昭和五年十一月、試製車六両と兵器本廠調弁の二四両、合計三〇両に九一式広軌牽引車三両を併用し、教育総監部主催のもとに陸軍省、参謀本部、工兵監部、陸軍技術本部および鉄道第一、第二連隊より試験委員を編成し、鉄道第一連隊の兵員により試験の結果、その成績は良好で、実働八時間に四キロの敷設を行なうことができた。以上により制式器材として適当と認められたので、審査を終了した。

九一式貨車は普通鉄道上における応急運転および敷設に使用するもので、台車二、荷匡一、旋回架二よりなり、敷設に使用する場合は架匡を外し、台車上に旋回架を装着する。車輪は一五二四ミリ、一四三五ミリ、一〇六七ミリの三種軌間に容易に変換できる。本車は敷設車、長材料運搬車および無蓋貨車として使用できる。

区分		自重　キロ	積載許容荷重　キロ
敷設車	軌条車	一五四〇	九〇〇〇
	枕木車	一五四〇	九〇〇〇
長材料運搬車		一五四〇	九〇〇〇
無蓋貨車		二七〇〇	五〇〇〇

軌条車は旋回架に積載した軌条を引き落とし敷設する。枕木車は旋回架上に枕木を積載するもので、台車相互の連結は補助連結器による。長材料運搬車は旋回架を介し、長さ一〇メートルまでの長材料を運搬できる。無蓋貨車はボギー車で、台車上に荷匡を装し、一般軍需品を積載運搬する。

九一式貨車は後に深山少佐によって八トン積九七式貨車に改良された。貨車に軌道外走行装置をとりつけ、軌道外走行姿勢の牽引車で牽引すれば、線路外の列車としても使用でき、鉄道遮断部を自力で継続輸送することができた。この場合の積載量は二トン、貨車は一トン

(上)九一式貨車、無蓋車。自重2・7トン、積載荷重5トン。(中)九一式貨車、長材料運搬車。
(下)九一式貨車、枕木車。自重1・54トン、積載荷重9トン。

となった。

これらの牽引車および貨車は軽列車器材として大いに活用された。終戦時、タイ国において、イギリス軍は驚異の眼をもって本器材を推賞し、その願いにより設計、取扱法を連合軍将校に教育し、その結果、ただちに鉄道工場で試作し、ついで大量整備に移ったとのことである。

徐州作戦における九五式装甲軌道車。

三、九五式装甲軌道車

装甲軌道車は広軌牽引車と同じ用途に用いるものであるが、外観は戦車のごとく、小銃弾に対する装甲で覆われている。軌道上は鉄輪、軌道外は装軌式で、軌道外に出るにはわずか四〇秒ですみ、路外より軌道上に戻るには約一分ぐらいで、車内操作によって切り替えができた。

東京瓦斯電気工業の非常な努力によって完成したもので、当初、試作会社は技術的に不可能とさえ考えていたほどである。

昭和十二年、支那事変勃発とともに派遣された鉄道第二連隊は本器材の真価を遺憾なく発揮し、偉功を奏した。

(上)九五式鉄道工作車。第一号車は発電装置、ガス溶接切断機、電動鋸、電動ドリルなどを積載。
(中)九五式鉄道工作車。第二号車は万能旋盤、グラインダーなどを装載、三号車は兵員11名と補助機材を積む。
(下)九五式鉄道力作車。重材料の取り付け作業。

四、九五式鉄道工作車、九五式鉄道力作車

鉄道工作車は一般工兵部隊における野戦工作車に該当するもので、鉄道部隊用の工作車である。

鉄道力作車は鉄道の修理、建設、破壊、線路障碍の排除などの場合および野戦鉄道廠において重材料の取り扱いを行なうための器材で、軌道および地上両用に用いられる装軌車両に、とくに設計した強馬力の自走用エンジンで作動する起重機を装備したものである。アームの半径三メートルにおいて、三トンの重量を吊り上げることができた。

鉄道工作車と鉄道力作車はビルマ作戦における鉄道建設には不可欠の器材として、予期以上に賞用されたものである。

五、九七式脱線器

脱線器は大正時代のシベリア出兵の際に、過激派軍のため、重量物搭載貨車や無人機関車の突き放しによって、しばしば日本軍の進攻列車に危害を加えられた苦い経験にもとづき、満州事変勃発と同時にこの対策が要求され、急遽研究したものである。当初の試作品は左右各一個で一組とし、一組の重量は七キロであった。その後、形がいっそう小さく、取り扱いの便利なものに改良された。本器は攻防両用に使用するもので、その作戦目的により、脱線器と称したり、復線器として使用することもあった。

九七式脱線器は九四式脱線器の欠点を除き、九五式装甲軌道車または九一式広軌牽引車に

九四式脱線器
全備重量720キロ

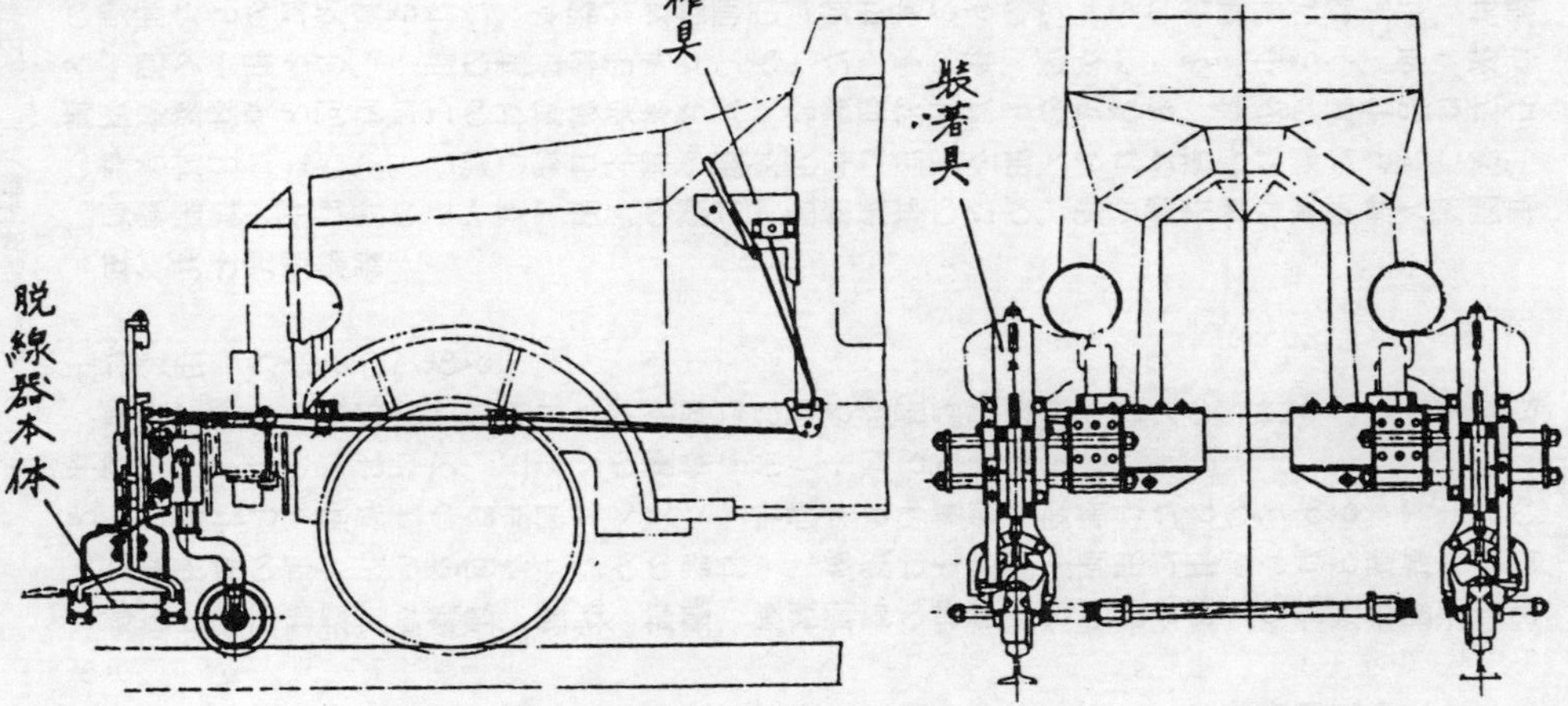

九四式脱線器本体

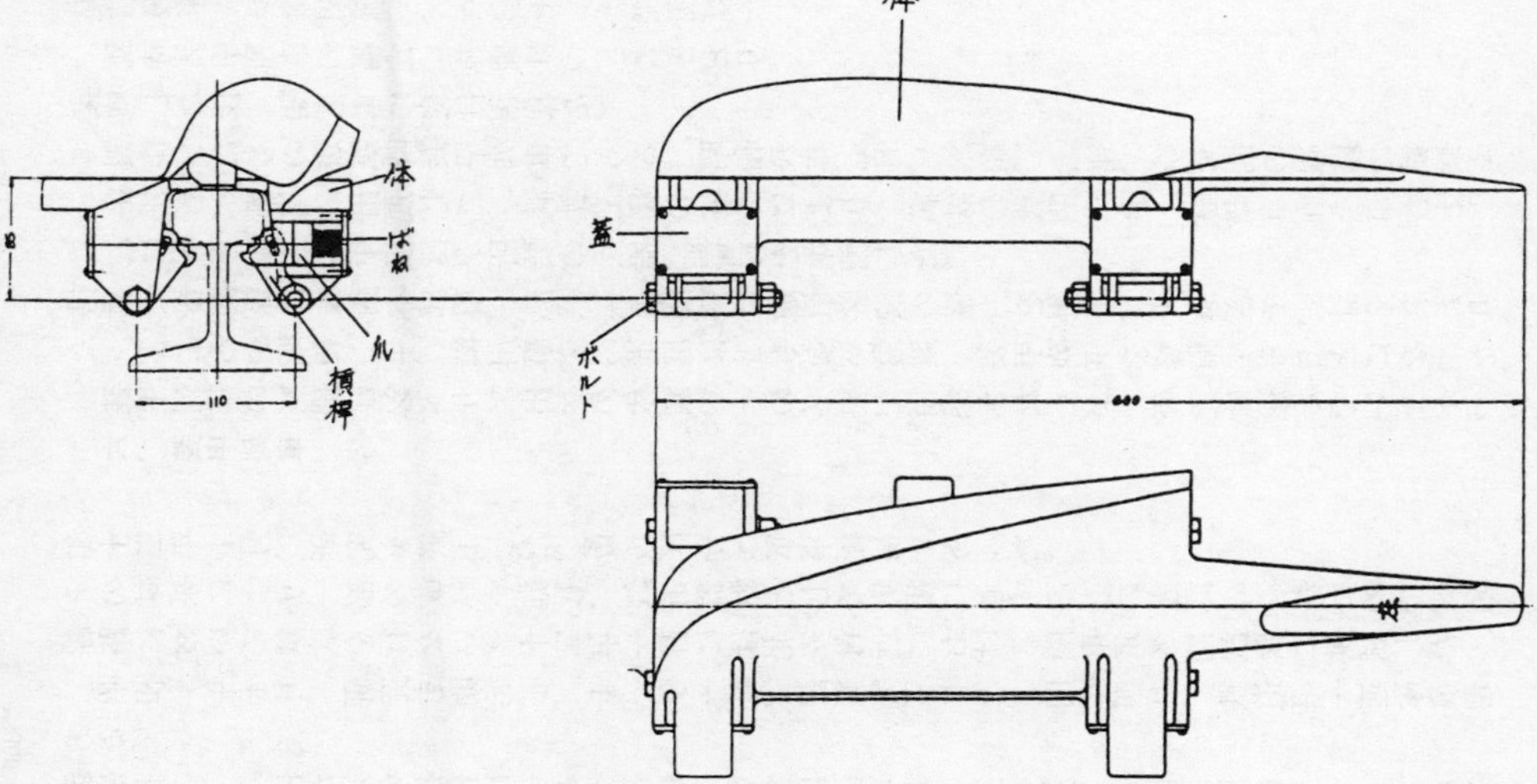

装着して、車内からの操作により、迅速に軌条に装着し、突き放し車両を脱線させるものである。

昭和十年十月、研究を開始し、十一年一月、試製完了した。同年四月、鉄道第一連隊演習線路において試験を行ない、十二年一月には北安付近における関東軍冬期試験に供試した。その結果により一部の改修を施し、鉄道器材として実用に適するものと認められたので、昭和十二年十月、研究を終了した。取扱区分は軍事極秘であった。

六、装甲列車

装甲列車の整備はシベリア出兵の体験でその必要が痛感されたが、研究は進んでいなかった。ところが昭和七年、満州事変の進展にともない急遽、装甲列車を整備することになった。搭載火器関係は技術本部第一部、無線関係は通信学校の協力を得て、大急ぎで設計を終わり、これにもとづき装甲板ほか所要の兵器、器材を準備した。

主任者が満州に出張して、満鉄工場の協力により、満鉄の機関車および諸車両を車台として製作したものが臨時装甲列車である。昭和八年七月、旅順、大連、新京間の線路で試験を実施した後、関東軍に交付された。

臨時装甲列車の編成、装備はつぎのとおり。

防護車　軽機関銃一、六〇センチ探照灯一

重砲車　一〇センチ高射砲一、重機関銃一

軽砲車　七センチ半高射砲二、重機関銃四

歩兵車　一三ミリ機関銃二、重機関銃四、高射機関銃二
指揮車　重機関銃二、三〇センチ探照灯二、観測具一式
機関車
補助炭水車　軽機関銃二
材料車　軽機関銃二、無線機一、鉄道器材一式
歩兵車　一三ミリ機関銃二、重機関銃四、高射機関銃二
軽砲車　七センチ半高射砲二、重機関銃四
重砲車　一五センチ榴弾砲一、重機関銃四
防護車　軽機関銃二、六〇センチ探照灯一

続けて昭和八年に第二装甲列車を作ることになり、概ね臨時装甲列車と同じ要領で製作を開始し、昭和九年秋に完成した。第二装甲列車は九四式装甲列車と称して制式制定され、前の経験から製作も早く、仕上がりも良好だった。九四式装甲列車の編成、装備は以下のとおりであった。

警戒車　重機関銃二
火砲車（甲）一〇センチ高射砲一、重機関銃二
火砲車（乙）一〇センチ高射砲一、重機関銃二
火砲車（丙）七センチ半高射砲二
指揮車　重機関銃二、三〇センチ探照灯二、観測具一式
機関車

(上)装甲列車。防護車が前衛につく。
(中)満鉄の駅に停車中の装甲列車。(下)装甲列車と機関車の連結。

（上）臨時装甲列車の全景。（中）臨時装甲列車、軽砲車。十一年式7センチ半野戦高射砲2門を搭載。
（下）臨時装甲列車、歩兵車。機関銃8梃を搭載する。

七高）全体

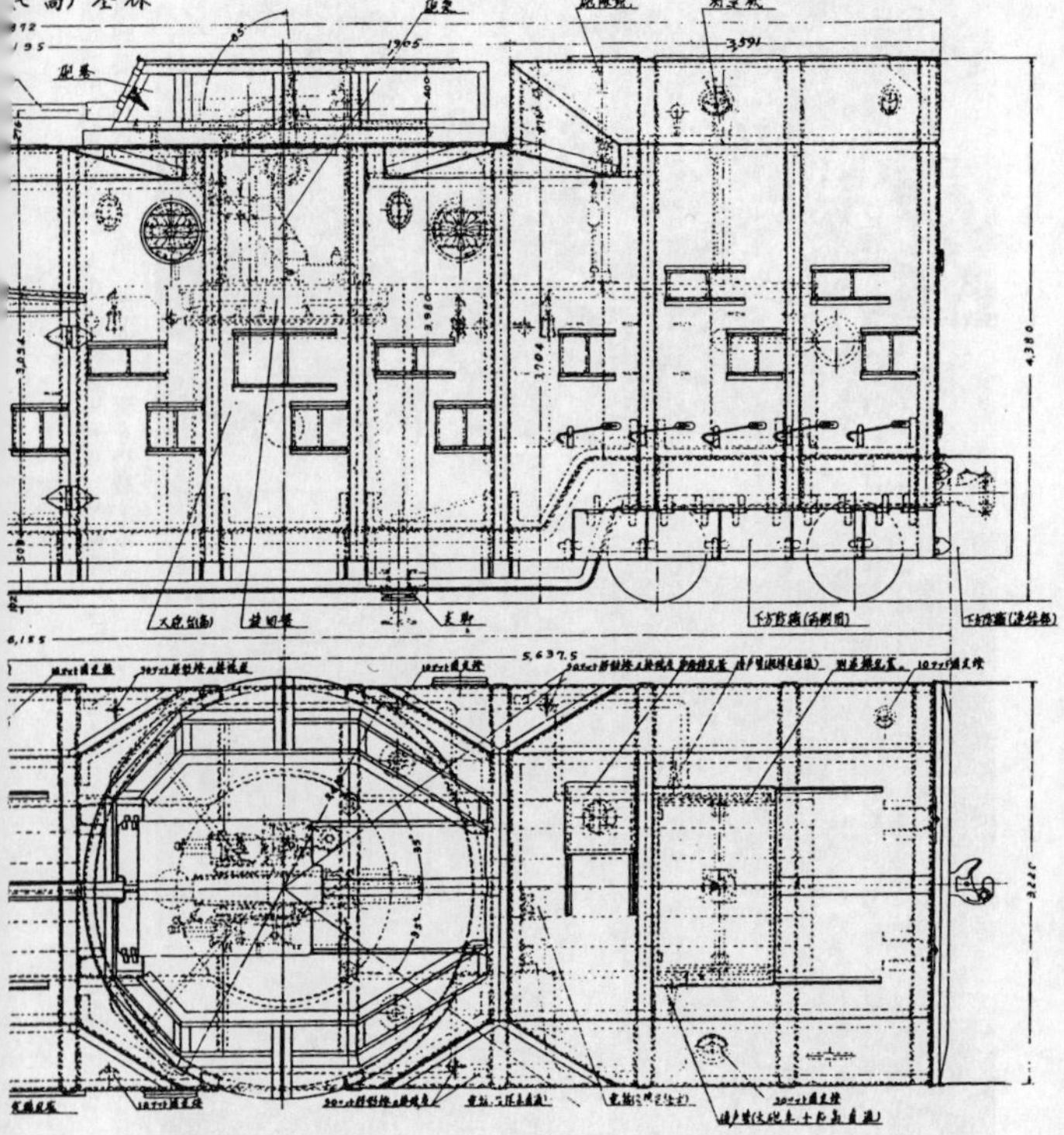

九四式装甲列車 火砲車丙

八八式七センチ野戦高射砲を
基筒式に改造して2門搭載。

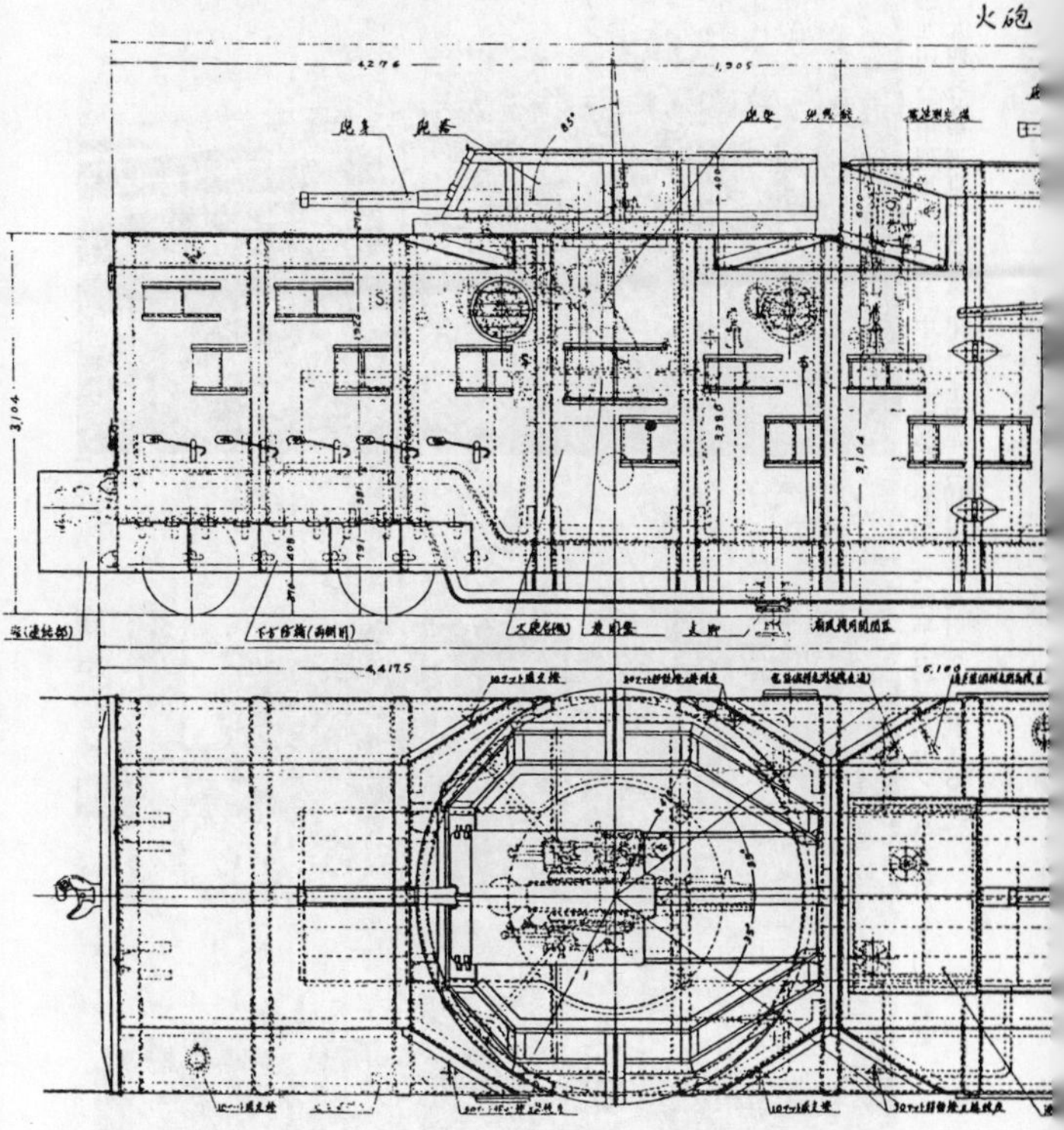

(上)九四式装甲列車の全景。(中)九四式装甲列車、火砲車(丙)。7センチ半高射砲2門を搭載。
(下)九四式装甲列車、火砲車(甲)。十四年式10センチ高射砲を搭載する。

補助炭水車　重機関銃二
電源車　重機関銃二、無線機二、鉄道器材一式

七、鉄道橋

大陸における鉄道橋および道路橋として、分解組立式の構桁《かまえげた》橋を開発した。軽構桁橋は戦車、軽便鉄道機関車が通過可能で、長さ三二メートルの鉄橋である。工兵（丙）中隊で重用された。

重構桁橋は大陸鉄道用で、一四五トン機関車に四五トン貨車を直結したものの通過に耐える分解組立式の鉄橋である。一組の長さは三二メートル、部材の重さは五〇〇キロ以内で、自動車に搭載して運搬した。従来のリベット式を廃し、全金属電気溶接を用いて重量を軽減した。鉄道作戦になくてはならぬ器材であった。昭和五年から研究を始め、昭和十年に完成したものである。

鉄橋の重量を軽減するには溶接を採用するしか方法がなかったが、当時は石川島造船所でも自信がなくて引き受けず、横河橋梁の協力を得て数千個のテストピースを作った。強度試験を実施し、溶接部から切断することは絶対にないことを確かめてから、実物大の試験体を作った。破壊試験を行なった結果、ただ湾曲するのみで、溶接部には何の異状も認めなかった。ここにおいてまず全溶接の軽構桁を試作し、ついで重構桁が作られた。

以上のように、分解式重構桁橋は基礎研究から試作にいたるまで、終始横河橋梁の協力によって完成され、整備数も五〇組に達した。それまで溶接の真価に疑問をもち、この採用を

九一式軽構桁。上写真は組み立てたもの。下は構桁式鉄橋の架設。

九一式軽構桁鉄道橋。

躊躇していた鉄道省や内務省でも、陸軍の成果を見て、全般にこれを採用するようになった。陸軍の中においても、砲架や車両などに溶接を用いるようになったのはそれからである。

重構桁橋は鉄道隊で重宝がられたのはもちろん、終戦後の国鉄でも破壊された鉄橋の応急修理に利用した。

八、九一式軽構桁鉄道橋

本鉄道橋は広軌牽引車が牽引する軽列車の渡河に使用するもので、構桁六組を橋礎上に配列し、軌匡を直接構桁上に鈎定して橋床を構成する。

最大張間（張間：橋脚間の長さ）三二メートルで、その抗力は九一式広軌牽引車の牽引する九一式貨車三両よりなる軽列車を通過させることができる。

構桁は道路橋と同じものである。軌匡は

一二キロ軌条および桁枕からなり、一五二四ミリ、一四三五ミリ、一〇六七ミリおよび六〇〇ミリの各軌間に応じるように軌条を桁枕にとりつけることができる。橋の自重は約二〇トンある。

本鉄道橋の架設撤収には九一式軽構桁鉄道橋架設機を用いる。

九一式軽構桁道路橋、同鉄道橋、同架設機は昭和三年八月から研究に着手し、四年十月に第一回試製を完了した。同年十二月、陸軍工兵学校作業場において試験を実施し、その結果にもとづいて改修を施した第二回試製品および架設機について、鉄道第二連隊将校以下により試験を実施した。その結果、本軽構桁橋は牽引式十加、軽戦車および広軌軽列車の渡河用として抗力適当、架設撤収が容易で軍用に適すると認められた。ただし架設器材は若干の修正を必要とした。昭和六年二月、前記試験の結果にもとづき架設機を改修し、審査を終了した。

九、九三式重構桁鉄道橋

昭和十二年五月、鉄道第二連隊作業場において、九三式重構桁鉄道橋の荷重通過試験を行なった。試験の方法は既設両岸橋礎間に、堆積枕木による中間橋台を設け、九三式重構桁鉄道橋の構桁数を変えて、各張間に要する橋梁を架設し、広軌重列車を通過させて橋梁各部の抗力を調査するものであった。その結果、九三式重構桁鉄道橋は三二メートル以下の各種張間に応じ、左表のごとく構桁を配列すれば、広軌重列車の通過に対し抗力十分であることが証明された。

張間メートル	構桁列数	構桁段数
五	上構 三	一
八	〃 四	一
一一	〃 五	一
一四	〃 六	一
一七	〃 七	一
二〇	五	二
二三	五	二
二六	六	二
三二	七	二

十、九四式軌条敷設車

鉄道の軌条敷設速度は従来一日一マイル（一・六キロ）が常識とされていたが、これを一日八キロとするよう要望が起こった。これに応えるため軌条の迅速敷設作業車を試作した。これは車上の把手の操作により、軌条を二本ずつ動力で敷設位置の真上に繰り出し、落下させる方式で、わずか半年の短期間で完成した。昭和八年十月に本器材を骨幹とし、これに広軌牽引車および九一式貨車を配して、鉄道第一連隊により、千葉、下志津間で敷設演習を実施し、敷設速度一二時間で八キロの好成績を収め、制式が制定された。

(上)九三式重構桁鉄道橋。張間8メートルおよび5メートル橋。(中)九三式重構桁鉄道橋。張間11メートル橋。
(下)九三式重構桁鉄道橋。張間17メートルおよび14メートル橋。

(上)九三式重構桁鉄道橋。張間23メートル橋。
(下)九三式構桁鉄道橋。張間26メートル橋の重列車通過。

(上)九四式軌条敷設車。軌条端末固定具とワイヤを装して軌条を引き寄せる状況。
(下)九四式軌条敷設車。九一式貨車台車から軌条を転載中。

(上)九三式軽便牽引車。軌間60センチの軽便鉄道で、九二式軽便貨車を牽引して運搬にあたる。

(下)九三式軽便牽引車による軌匡車の前送。

十一、九九式軌道破壊具

鉄道破壊機は軌道を長距離にわたり、爆破以外の手段でいっきょに大破壊を実施することにより、敵が長期間鉄道を利用できなくするための器材である。

機関車の牽引力を利用して、軌条を枕木からはぎとり、あるいは引き曲げ、あるいは切断して軌条および枕木の利用を不可能にする考案が試みられた。その結果、剥離の際に折断されなかった軌条はつながったままなので、これを牽引する機関車の負荷を増大し、一気に長距離を連続破壊することは見込み薄であった。その後、情勢の変化により再び緊急課題となり、昭和十三年に試作を完了し、同年五月、満州浜綏線高嶺子付近山中の森林鉄道約五キロを使用し、鉄道作戦参謀および鉄道第三、第四連隊長などきわめて限られた運用者の実視のもとに、実用試験が行なわれた。

その結果は、枕木はことごとく両断され、軌条は所々切断されたほか屈曲が甚だしく、いずれも再使用不可能であった。破壊速度も時速三〇キロと速く、成績良好であったので、急速に六基を整備し、満州の要地に配置した。

九九式軌道破壊具は昭和九年四月、研究に着手し、同年七月に三案の模型を製作し、部内試験の結果、鋏式軌条屈曲具の一案に決定した。同年九月、軌条屈曲具を試製し、鉄道第一連隊演習線路において試験の結果、軌条の折損が頻発し、成績不良であった。同年十一月、蒸気鎚により軌条を打撃破壊する方式の研究に着手、翌十年十月、試製を完了した。本装置を軌道破壊具甲と仮称した。十二年八月、枕木破壊装置を試製し、軌道破壊具乙と称した。十三年三月、昭和九年に試製した鋏式を改良した軌条屈曲装置（軌道破壊具丙と仮称）と現制式の軌条剝離器および軌条屈曲機の改良案（軌道破壊具丁と仮称）の二案を試製した。

昭和十三年五月、北満冷山付近において軌道破壊具甲、乙、丙、丁の四種に対し関東軍の試験を実施した結果、甲は成績不良で実用に適さず、乙、丙は成績良好で実用に適す。丁は長距離にわたる連続破壊には向かないが、短距離では使えるとの判決を得た。

以上の関東軍における試験結果から、軌道破壊具乙および丙は所期の性能をもち、実用価値があると認められたので、両者を合わせて九九式軌道破壊具と称し、昭和十四年五月、審査を終了した。本破壊具は運用上、特種作戦資材として所要に応じて整備するものであり、とくに制式制定上申の手続きは実施しないことにした。

九九式軌道破壊具は枕木切断具と軌条屈曲具からなり、全重量は約二一トンある。軌道破壊速度は毎時約二〇キロ、破壊に要する牽引力は約三〇トンで、「ミカロ」型機関車二両重連により牽引する。

特種交通器材

一、軽索道

断絶地、河川などにおいて、電動により物料の搬送に用いるロープウェーで、起動停留所、支柱、支索、曳索などで構成されている。諸器材の重量は約一・七トン、駄載により搬送する。架設距離三〇メートル、最大高低差二〇メートル、輸送量毎時三・五トン、搬送単位荷重最大二〇〇キロ。

二、中索道

用途、構造は軽索道と同じだが、重量が約六〇トンあるから、駄載では運べない。架設距離二〇〇〇メートル、最大高低差三〇〇メートル、輸送量毎時一〇トン、搬送単位荷重二〇〇キロ。

三、九八式掃海索および掃海立標

上陸作業用として、浅海における機雷その他の敷設障碍物を迅速に除去できる器材が必要となり、九八式掃海索は浅海掃海具として防雷具、掃海立標などとともに、昭和九年二月から研究を開始した。昭和九年九月、第一回試製完了後、改修品を十年三月に工兵第五大隊の実用試験に供試した結果、実用に適すとの判決を得たので、十四年三月、審査を終了した。

九八式掃海索は浅海における浮遊障碍物を清掃し、後続舟艇群の航路の安全を確保するのを目的とする器材で、二隻の発動艇により曳航し、一航過で幅約八〇メートルの海面を清掃できる。ワイヤ、連結環、うき、錘、シャックルなどからなり、全重量は約二六〇キロ。軍事秘密。

九八式掃海立標は、上陸作業のため、夜間の浅海における掃海後の安全航路を標示する器材の必要を認め、浅海掃海具の組成部品として、昭和九年二月から研究を開始した。同年九月、第一回試製を完了し、銚子付近において機能試験を実施した。十年三月、工兵第五大隊に実用試験を委託した結果、一部を修正すれば実用可能との判決を得た。十三年三月、第二回試製が完了し、伊豆半島下田付近において機能を試験したところ、耐波性をさらによくする必要があるとの判決を得た。同年七月、第三回試製が完了、修正部分が機能良好となり、実用に適すことが確認された。以上により十四年三月、審査を終了した。

九八式掃海立標は小乾電池を電源とし、豆電球を点滅して、夜暗における海上の標識とするもので、標柱、点滅器、浮環、錨などからなる。設置後、二四時間以上、連続作動する。本器の夜暗海上における明視距離は約一〇〇〇メートルで、赤、緑などの被筒を使用する場合は五〇〇メートルになる。全重量五八キロ。軍事秘密。

四、九八式梯子甲

上陸作業のため、舟艇上から直接断崖に架設できる梯子が必要となり、昭和十一年十月から研究を開始した。同年十一月、第一回試製を完了し、千葉県富浦付近で機能試験を行なった。翌十二年五月、第二回試製が完了し、陸軍工兵学校の架橋作業場において実用試験を実施、その結果にもとづく改修を終えて、昭和十四年三月に研究を終了した。

九八式梯子甲は発動艇に装備し、海岸断崖の上陸作業に用いるもので、一〇メートル梯子、五メートル梯子、巻上機などからなる。全備重量約三六五キロ。本器材は梯子とはいえ、用途に対する秘匿の意味から、軍事秘密に指定されている。

五、九七式舟艇経路機

上陸作戦に際し、比較的長く航行する場合に特種発動艇に設置して、自艇の経路を描画し、現在位置を探究しつつ上陸地点に到達するための器材で、昭和八年四月、研究に着手した。

最初は加速度計を応用するものについて研究したが、安定装置に不備があり、しかも製作、調整が相当むずかしいことから、これを中止し、別に推進軸から動力をとりいれるものを研究した。十年十月に成案を得て、十一年十二月に試製を完了した。十二年一月、宇品港において第一回試験を実施した結果、機能良好で、若干の改修を加えれば実用に適すると認められた。十二年九月、改修を完了し、木更津付近の海上で第二回試験を実施した結果、構造機能ともに良好で、実用に適すると判定された。以上により十三年二月、研究を終了した。本器材は軍事極秘の扱いとなった。

六、九二式経路機

夜戦は日本陸軍が得意とする戦法の一つであった。夜戦の成功に必要不可欠の条件は、暗夜まちがいなく目的地点に到達することであり、そのためには確実に方向を維持することと、簡易に現在位置を知ることが必要であった。この目的のために経路機などが開発され、大いに賞用された。

九二式経路機は羅針盤によって方向を、木綿糸の解脱によって距離を付与し、これによって行進した経路を地図などに半自動的に描写し、かつ通過距離を精密に示すことができる器材である。主として歩、工兵部隊に装備され、夜間における迂回、機動、渡河あるいは密林通過などの場合に、方向維持、現在位置の探求、所望地点への到達などに有効に利用された。九八式車両経路機は九二式経路機を車両用に改修したもので、車両部隊の指揮車、偵察車に装備され、伐開機にも備えられた。

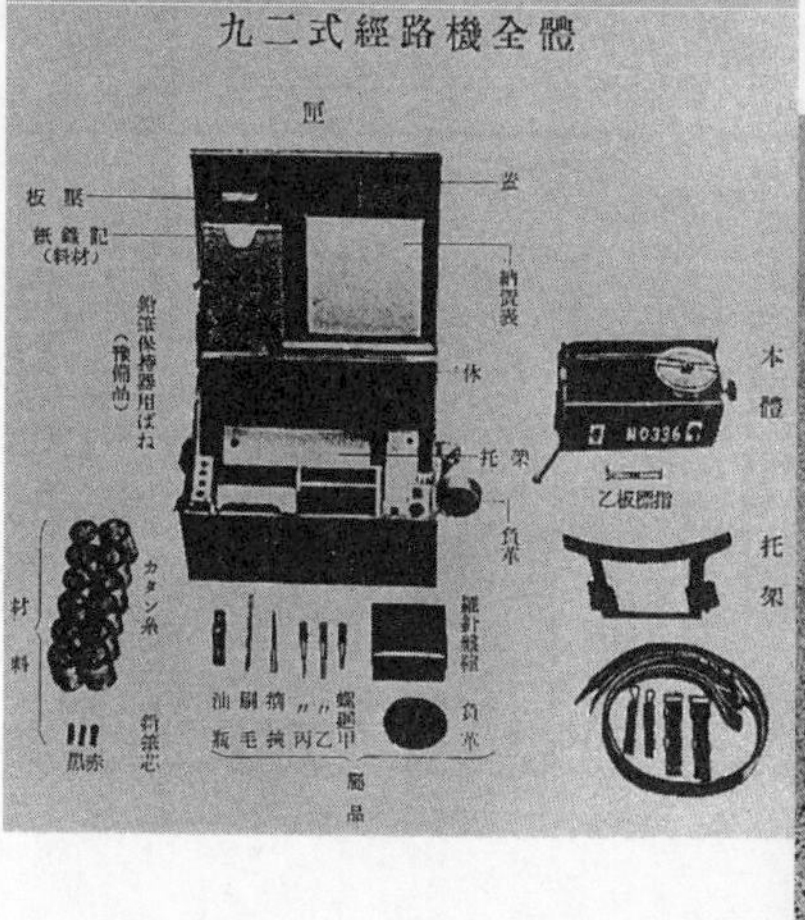

(上)九二式経路機、本体。
(下)九二式経路機、収容箱。属品共。

九二式経路機。使用状態。

先登攀

作業帯

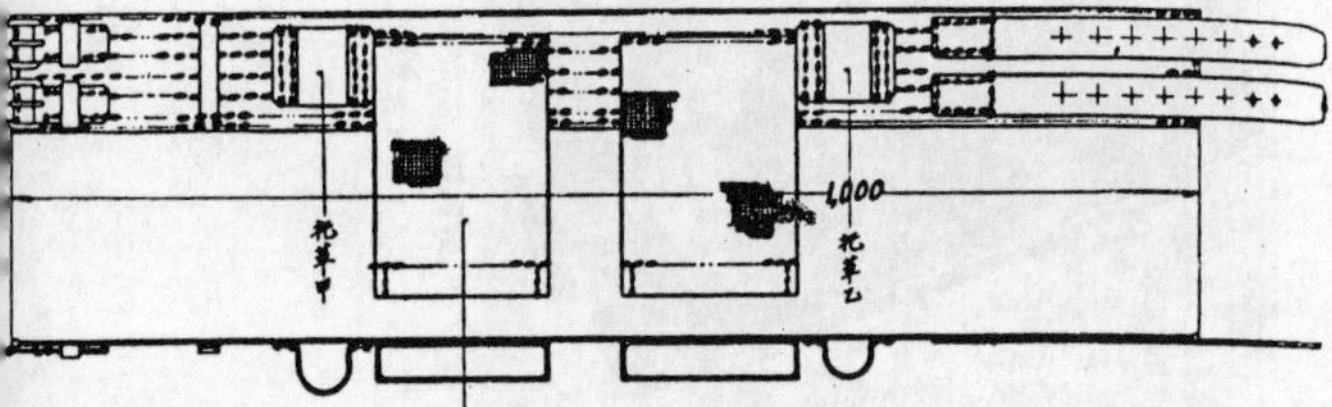

背負嚢

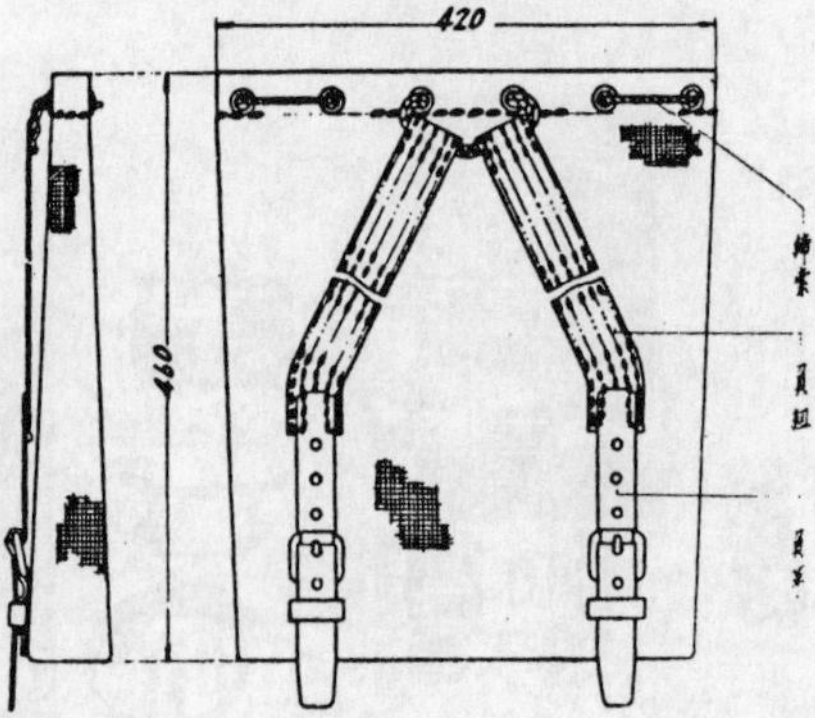

九五式断崖攀登具 先登攀登具

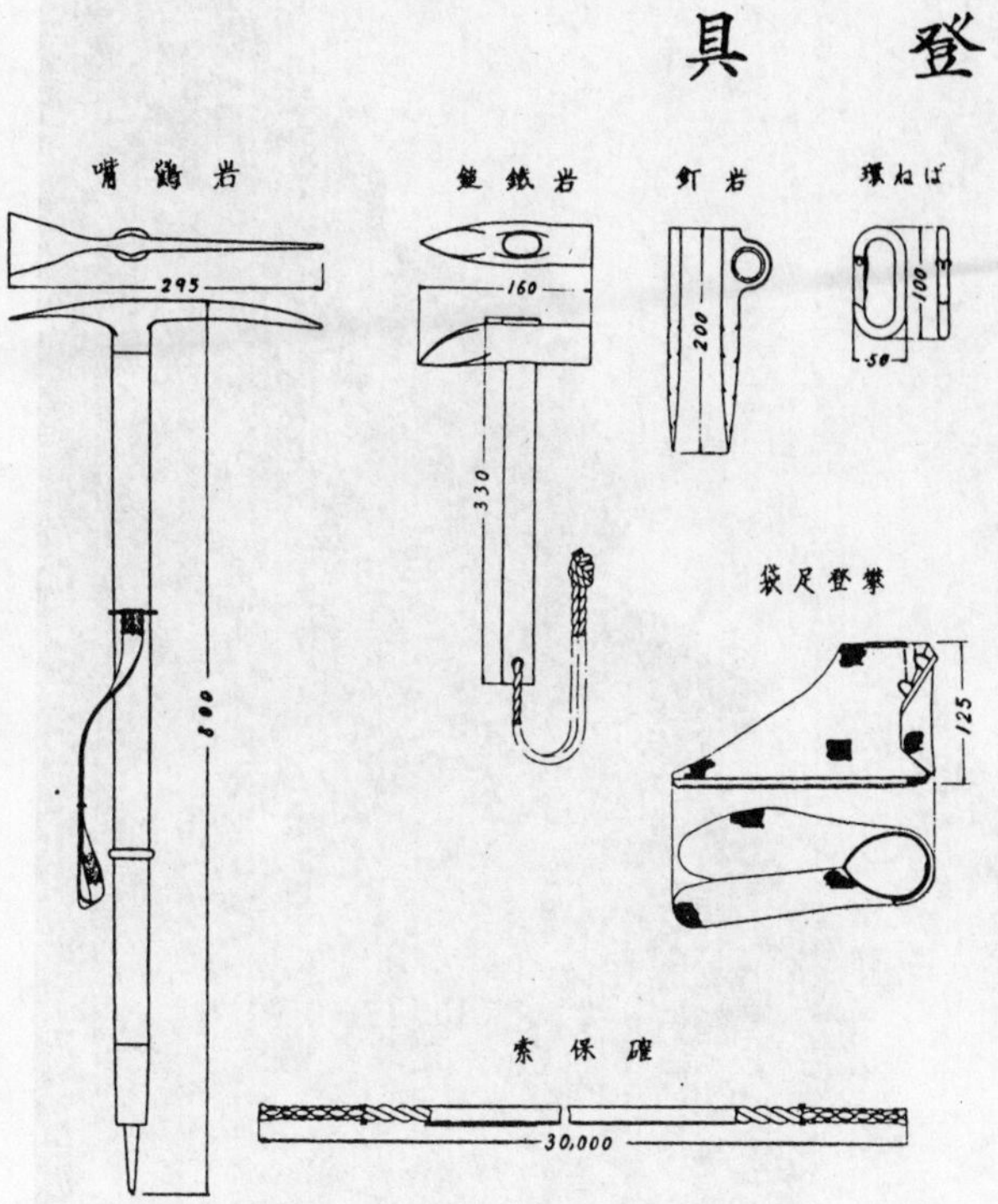

岩鶴嘴を使用する先登攀登。

鋼索梯子と組立梯子による断崖攀登。

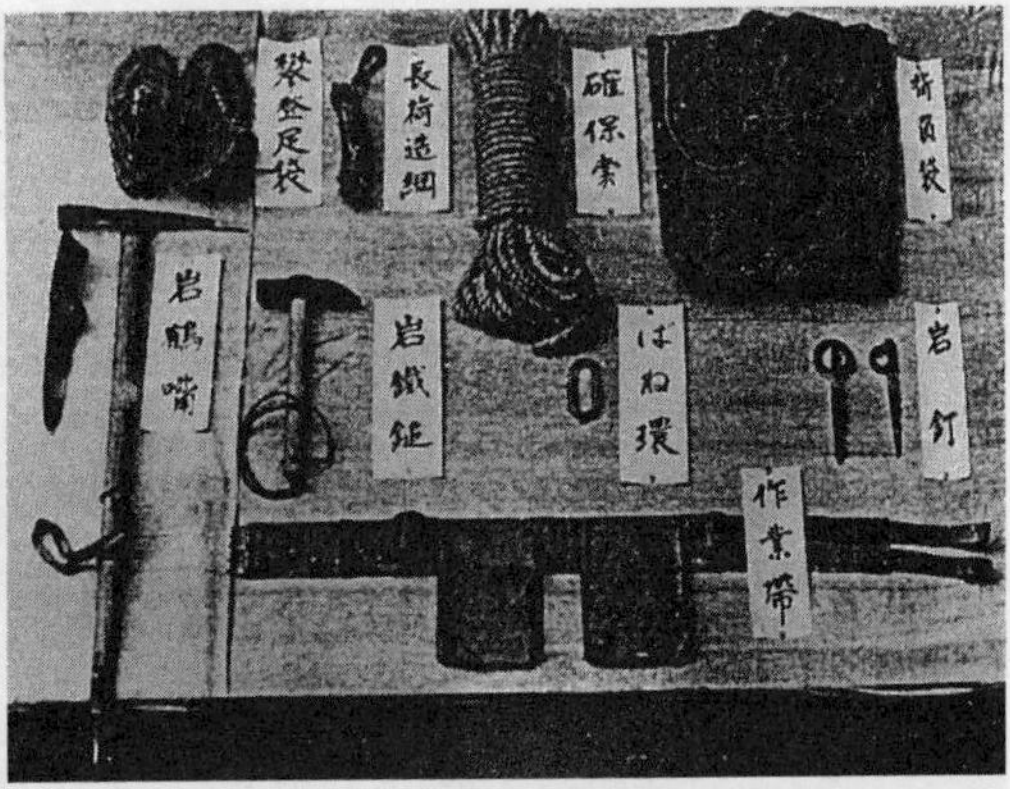

九五式断崖攀登具。先登攀登具。

九八式車両経路機は、装輪車両による機動に際し、その経路を描画し、現在位置をわり出すための経路機の必要を認め、昭和九年七月、研究に着手した。

昭和九年十月に成案を得て試製に着手し、十年三月に試製完了した。同年七月に第一回試験を東京—小諸—甲府—三島地方において実施し、翌年一月、関東軍の北満冬期試験に供試した。その後、十二年末までに五回の試験と改修を重ね、十三年三月に完成した。

断崖通過用器材

一、九五式断崖攀登具

当初要求された通過断崖の高さは三〇メートルだった。垂直に近い、高さ三〇メートルの断崖の上に山砲を引き上げるというもので、民間の山岳部員など登山権威者の協力を得て、試作試験を重ねた結果、九五式断崖攀登具を完成し、整備した。本器材はつぎの内容で組成されている。総重量は約四五六キロになる。

先頭攀登具　一組

鋼索梯子　四（一個の長さ五メートル）
組立梯子　四（一個の長さ五メートル）
起重機　一（能力一五〇キロ、分解式）
属品　一式

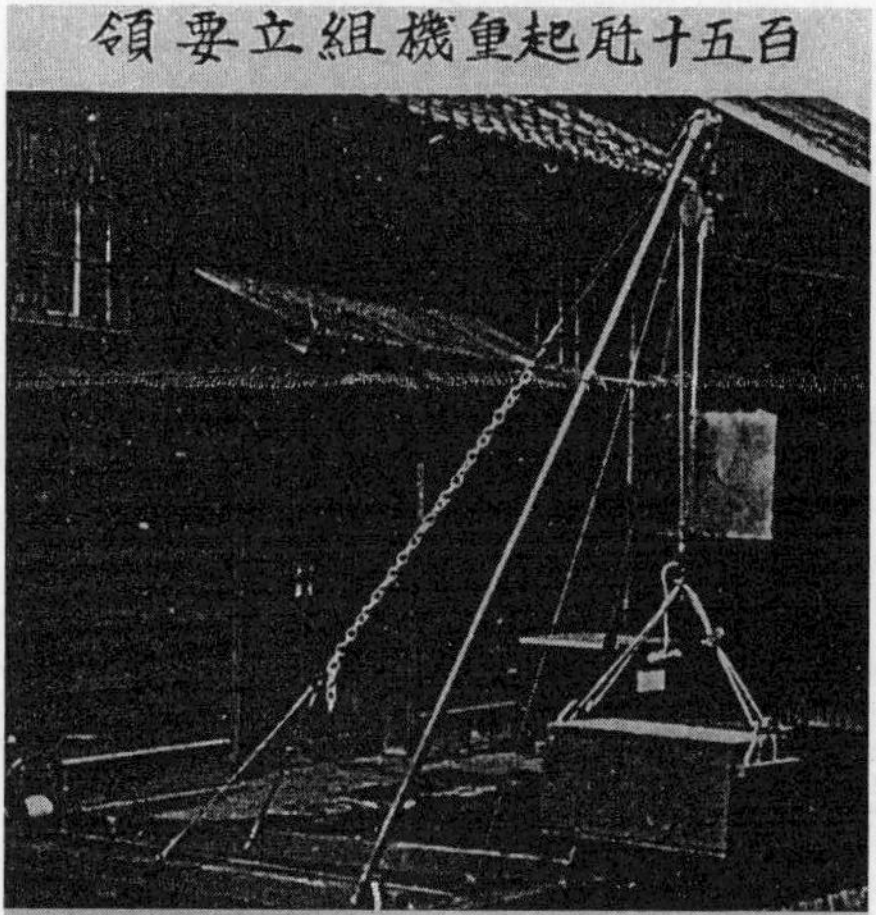

九五式断崖攀登具。150キロ起重機の組み立て要領。

九五式断崖攀登具。150キロ起重機による吊上要領。

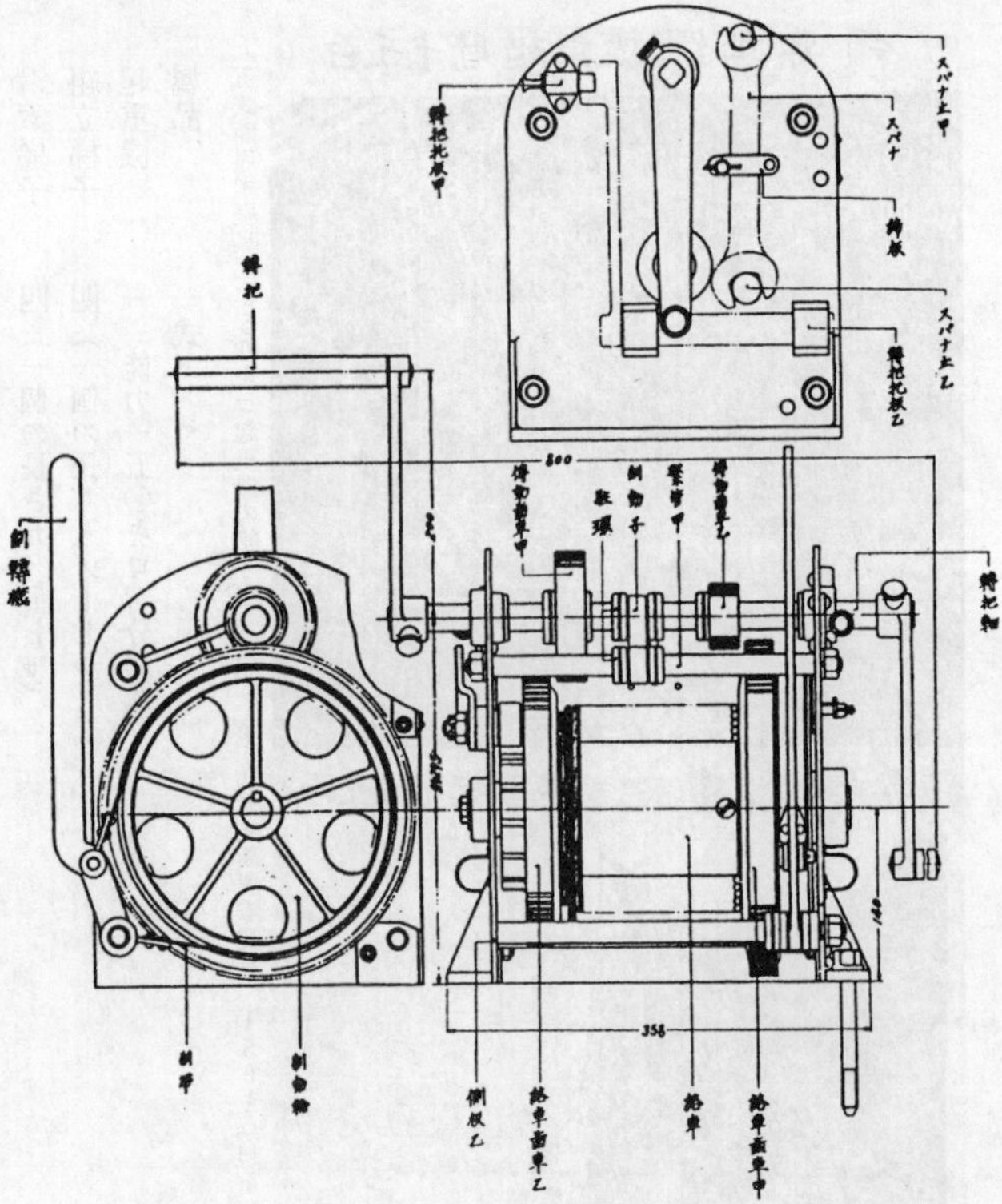

スパナ止甲
スパナ
締板
スパナ止乙
轉把托板乙
轉把托板甲
轉把
制釋機
800
傳動齒車甲
駐環
制動子
緊帶甲
傳動齒車乙
轉把軸
356
140
制帶
制動輪
側板乙
絡車齒車乙
絡車
絡車齒車甲

九五式断崖攀登具
百五十キロ起重機捲揚機

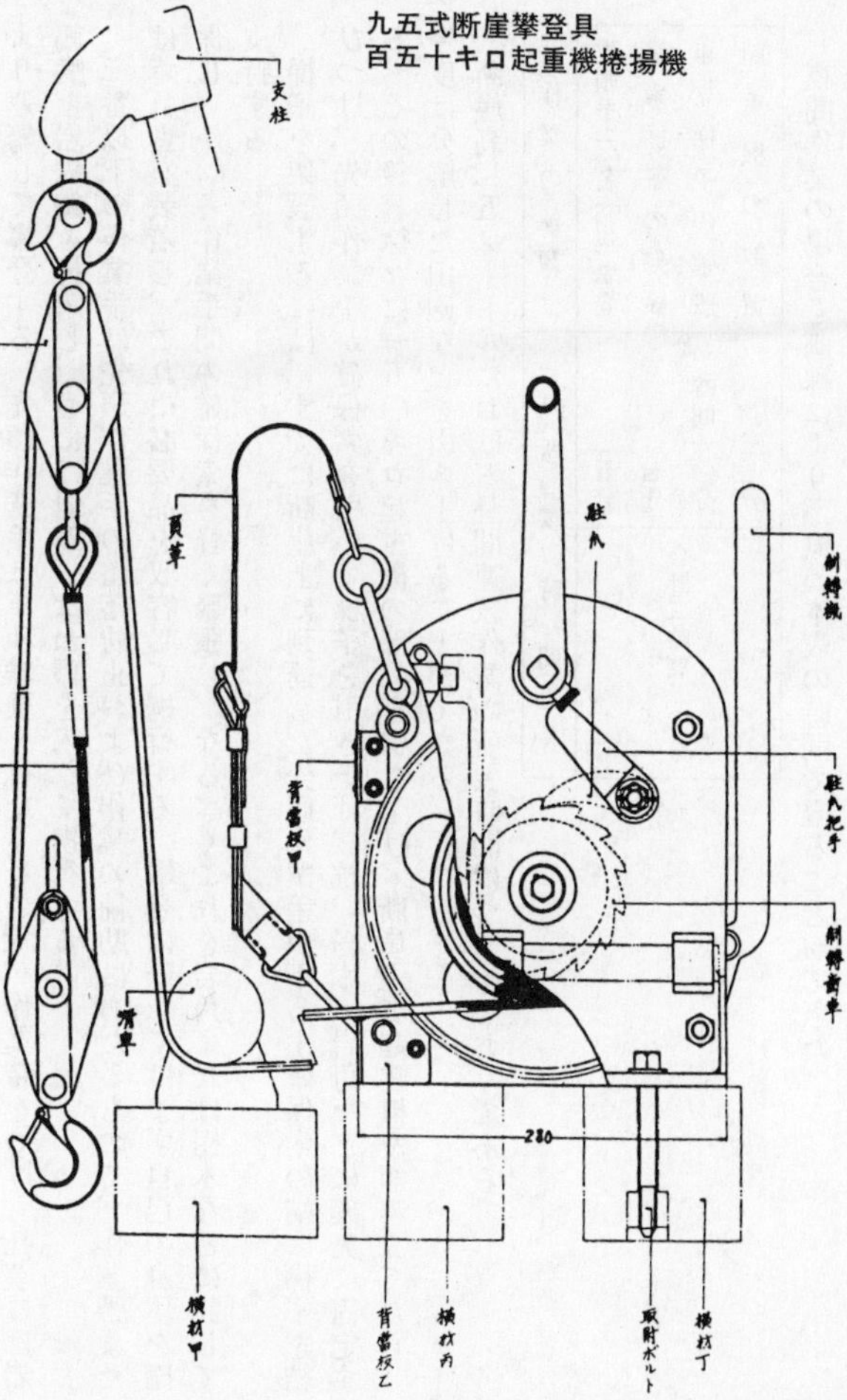

先頭攀登具による攀登は二名または三名が一組となり、前後五メートルをあけて確保索により連繋して攀登する。先頭作業手は単独攀登を行なうもので、作業帯をつけ、托革には岩鶴嘴と岩鉄鎚を挿入し、嚢には岩釘、ばね環を入れて携行する。

二番以下の作業手は先頭作業手の墜落防止および作業の補助にあたるもので、作業帯または背負嚢を装着し、これに必要品を収容して携行する。攀登に際してはまず自己の身体を確保し、かつ各作業手間の確保索を軽く緊張し、なるべくこれを岩角または樹木などに託して支持する。

梯子を架設するには、すでに断崖上に到達した先頭作業手が下ろす確保索の端に梯子を結びつけ、先頭作業手が確保索を引いて梯子を引き上げ、杭、樹木、岩角などに確実に固定する。その後、徐々に一五〇キロ起重機の部品を引き上げ、断崖上で起重機を組み立てたら、今度は分解した山砲などを引き上げることができる。

断崖高二五メートルにおける昼間連続作業の所要時間はつぎのとおりである。

作業の種類	所要時間	
先頭手(三名一組)攀登	二五分	合計二時間二〇分
鋼索梯子の架設	七分	
組立梯子の架設	一時間一〇分	
起重機の設置	三七分	

夜間作業の場合も訓練により、概ね本表の時間で登ることができた。

二、九七式断崖攀登具

昭和十一年頃、通過すべき断崖の高さが五〇メートルに拡大された。高さ五〇メートルの断崖ともなれば、先頭作業手が先頭攀登具のみによって頂上に登ることは容易でなく、また安全を期し難い。そこで考案されたのがロケット発射による錨打ち上げ装置である。

これは断崖頂上の後方に錨を打ち上げ、つぎに錨索をたぐって錨定点を模索し、これを拠点として先頭作業手が先頭攀登具を使用しながら錨索をたぐりつつ、攀登を安全になしとげる。それ以後の作業は九五式と同様、断崖頂上近くに足場を定め、起重機部品を逐次引き上げて起重機を組み立て、設置し、これを利用してパイプ製組立梯子の架設、鋼索梯子の設置、あるいは組立梯子に沿って分解した山砲、機関銃などの引き上げを行ない、徒歩兵は梯子によって攀登させるものである。

ロケット式錨打上装置や五〇メートル組立式梯子などを試作し、五日市付近の断崖で最終試験を実施、好成績を得て制式上申となった。

九七式断崖攀登具は高さ約五〇メートルまでの断崖を登ることができ、引上具は単位荷重一〇〇キロ以下の物料を引き上げる。構造は概ね九五式に準じるが、先頭攀登具には個人攀登具のほか、麻索投射具をもつ。重量は約一・四トンある。

九七式断崖攀登具は投射機の据え付け、麻索の準備、噴進筒の設置などの発射準備のため、三名で昼間約八分、夜間約一五分を要する。麻索による攀登は昼間六〇メートルに二分かかる。鋼索梯子の架設には一三名の人員を使用して、昼間、七〇度の断崖に六〇メートル架設するのに約三〇分、組立梯子の架設に三五分かかる。夜間作業の場合は所要時間が約一・五倍になる。

昭和十年十月、技術本部案として研究に着手したが、十二年七月に兵器研究方針に追加された。同年十二月、噴進錨および投射機の試製が完了し、豊橋付近で基礎試験を実施した。以後数回にわたる試験、修正をへて、十三年三月に完成した。本器材は全般の運用、機能および性能に関して秘密を要するので、軍事極秘に指定された。

本器材一式の組成のうち、主要な品目と員数を示す。

㈠、先頭攀登具

噴進錨一〇、投射機一、百米麻索四、攀登足袋大、中、小各五、索擱七、確保帯五、岩鶴嘴二、岩釘三〇、岩鉄鎚二

㈡、鋼索梯子

梯子一〇（長さ各一〇メートル）、補助梯子一（三メートル）

㈢、組立梯子

梯子二（長さ二・五メートル）、補助梯子長一（一メートル）、補助梯子短二（〇・五メートル）

㈣、引上具

巻上機一（最大能力二〇〇キロ）、百米鋼索、大滑車五、小滑車一〇

九七式断崖攀登具噴進筒は九七式断崖攀登具百米麻索の一端を断崖上に錨定するための器材で、径約七センチ、長さ約二七センチの砲弾状外形のロケットである。内部に五八〇グラ

ムの小粒薬を充塡し、噴嘴には四個のノズルがある。装薬に点火すると燃焼ガスはノズルから噴出して、その反動により、錨および麻索の一端を牽引しつつ、垂直に一〇〇メートル以上噴進することができる。噴進筒の全重量は約二・二キロで、一〇個を一箱に収容して携行する。

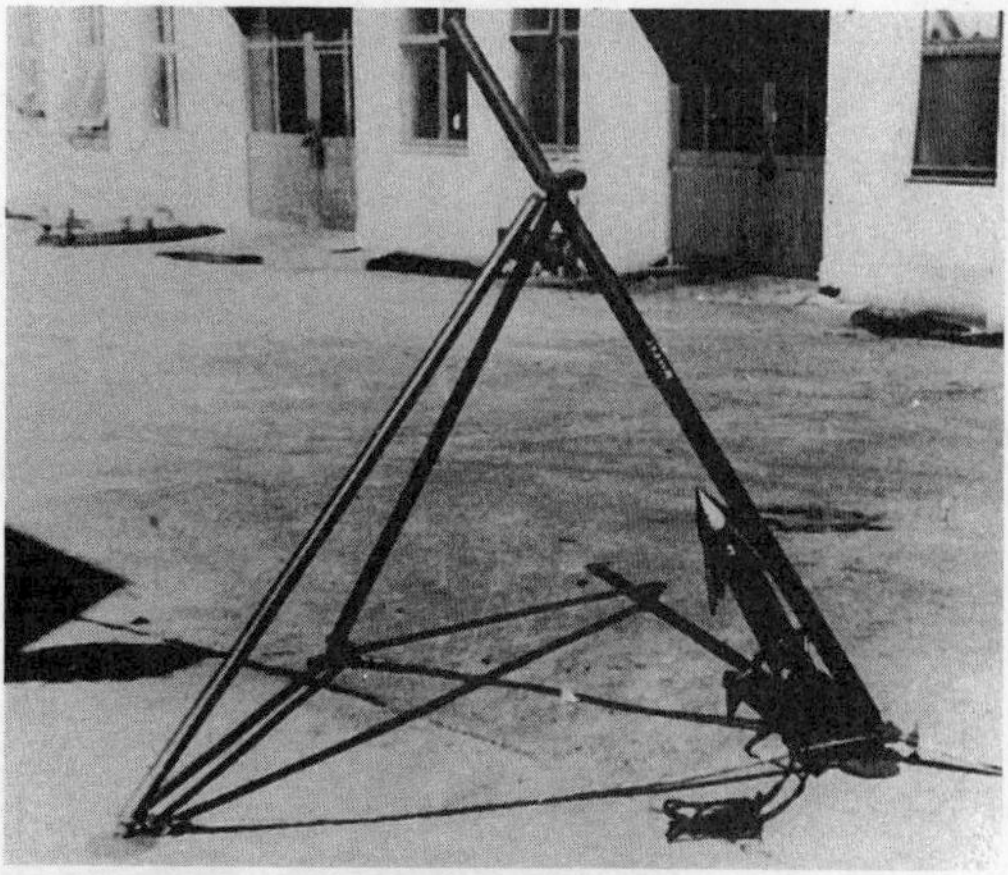

断崖攀登具噴進筒の試作品。

噴進筒の研究は昭和十年十月に始まったが、昭和十一年末の第三回試製品までは牽引力の不足あるいは爆発するものなどがあった。昭和十二年三月の第四回試製品は機能良好となり、実用できるロケットになったので、昭和十三年五月に研究を終了した。

作井給水器材

満州事変において日本軍が一番困ったことというと、それは給水であった。砂漠ではもちろん水はないが、井戸がない地帯、川がない地帯での作戦を考えるとき、水をどうするかが悩みの種だった。大湿地でも水はあるが、飲料水はなかったのである。

この困難を打開するため、陸軍技術本部が

日本古来の作井技術、上総掘りの櫓。

作井機を開発した。一方、給水が絶対要件である鉄道隊においては、すでに部隊創立当時から坑道式または上《か》総《ずさ》掘《ぼり》式など日本在来方式により深井戸を掘る方法と、オーストリア式の深井戸掘機と称する穿孔機による方法などを研究していた。しかしこれらの方法はいずれも長時日を要し、短期に戦闘の勝敗を決すべき野戦にはとうてい採用できないものであった。そこで、これら在来の方式を一蹴して、新たな構想にもとづいて採用されたのが作井機である。

一、九一式動力作井機

大正十年九月、制式深井戸掘機の試験の結果、軍用価値不十分であった。大正十二年三月以降、アメリカ「スター」会社製可搬式綱掘機および新潟鉄工所製綱掘機などについて研究

(上)九一式動力鑿井機。運行姿勢。
(下)九一式動力鑿井機。掘鑿姿勢。

した結果、運動性と掘削能力に優れた自動車式水圧回転掘機が適当と認められた。

昭和三年十一月、軍用自動車補助法による丙種自動車を利用する水圧回転掘機の設計試製を日本鑿泉合資会社に命じ、昭和四年三月、試製完了した。鉄道第一連隊作業場は砂、粘土からなる地層であったから、ここで機能試験を行ない、その成績は概ね良好だったが、一部を改修した。同年十一月に改修が終わり、陸軍工兵学校に実用試験を委託し、砂、粘土、小礫からなる地層において良好な成績を示したが、自動車から作井機に動力を伝導する方法について、改良する必要があると認められた。

昭和五年八月、動力伝導方法の改修を終え、同年十月、朝鮮における師団対抗演習に参加して実用試験に供試した。その結果、掘鑿能力十分と認められたので、審査を終了した。

九一式動力作井機は築営、戦場作業および勤務に必要となる水を得るために作井に使用する器材で、自動車の動力を利用して作井機を作動し、水圧回転掘式により粘土、砂、小礫などからなる地層において、径一一五ミリの掘鑿孔を、深さ約八〇メートルまで掘ることができる。車体装備重量は約四トン、櫓の高さは床面上で六・五メートルある。燃料はガソリンのほかに木炭ガスを使用することができる。

二、九五式動力作井機

作井機の運用上の目標は、作業隊は主力部隊より一日早く先行して、夕方には目的地に到着する。ただちに展開し、夜間作業によって翌朝までに八〇メートル以上の掘進作業と井戸側管挿入作業を終わって、井戸を完成し、主力部隊到着時には、ただちに給水ができることにあった。

器材は六輪自動貨車を採用し、作業動力は自動車エンジンを切り替えて使用する方式とした。掘進楼は移動間は車台上に折り倒し、作業の際に扛起する構造である。

動力作井機の試作工場として選定されたのは利根ボーリングで、数多くの試作、試験の末に、九五式動力作井機を完成し、軍の要求に応えることができた。本器材の試験は連続三年にわたり、異なる土質を選んでじつに多様な実験と改修を重ね、実用試験をへて制式となったものである。

作井作業で最も問題となるのは、地下水がない場所ではいくら掘っても地下水は出てこないということである。国内のように地下水が豊富なところでも、この難問題にぶつかることがある。まして満蒙の不毛の大地においては、地下水探知器が最も要望されるところであった。電気式などが研究されたが、満足なものは得られなかった。

九五式作井機によって作られた深井戸の揚水には、通常、九七式空気圧縮車から送られる圧縮空気が用いられた。なお別に一般方式の動力揚水機が制定され、付属器材として装備された。

作井部隊は当初、作井給水隊として満州事変当時から活動し、井戸のきわめて少ない満州では大きな効果をあげた。その後、給水隊が衛生部隊に吸収されてからは作井専門の部隊となった。作井隊は動力作井機を使用し、各所に給水源を作り、部隊行動に即応して給水にはほとんど不便を与えなかった。関特演には約一〇隊が派遣されて各地に活動した。

給水方式として動力濾過機による現地水の濾過が豊富に行なわれるようになってからは、

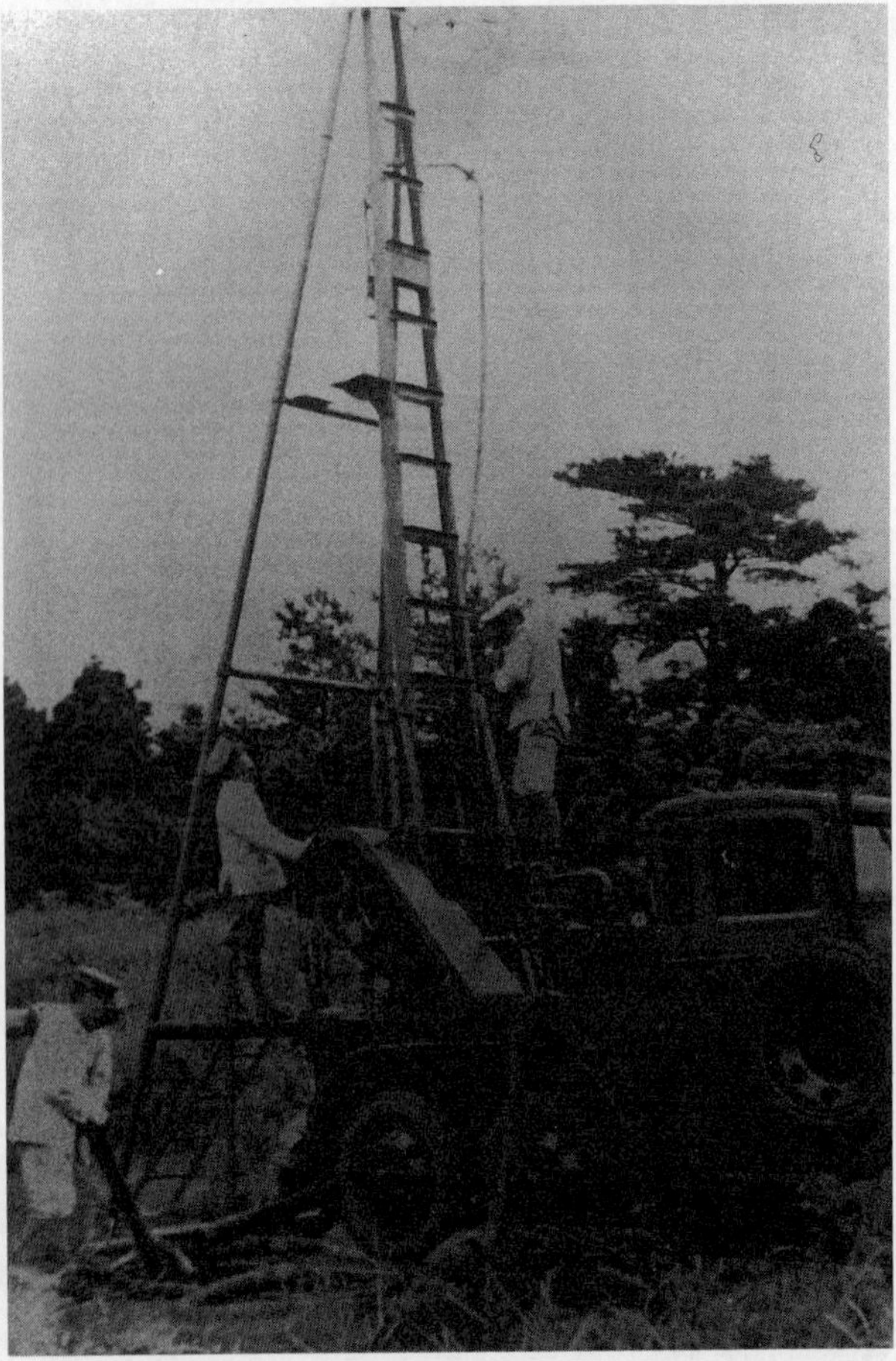

九五式動力鑿井機。

九七式打込作井機

地下15メートル以内に水層をもつ地層において水を得るときに使用する。

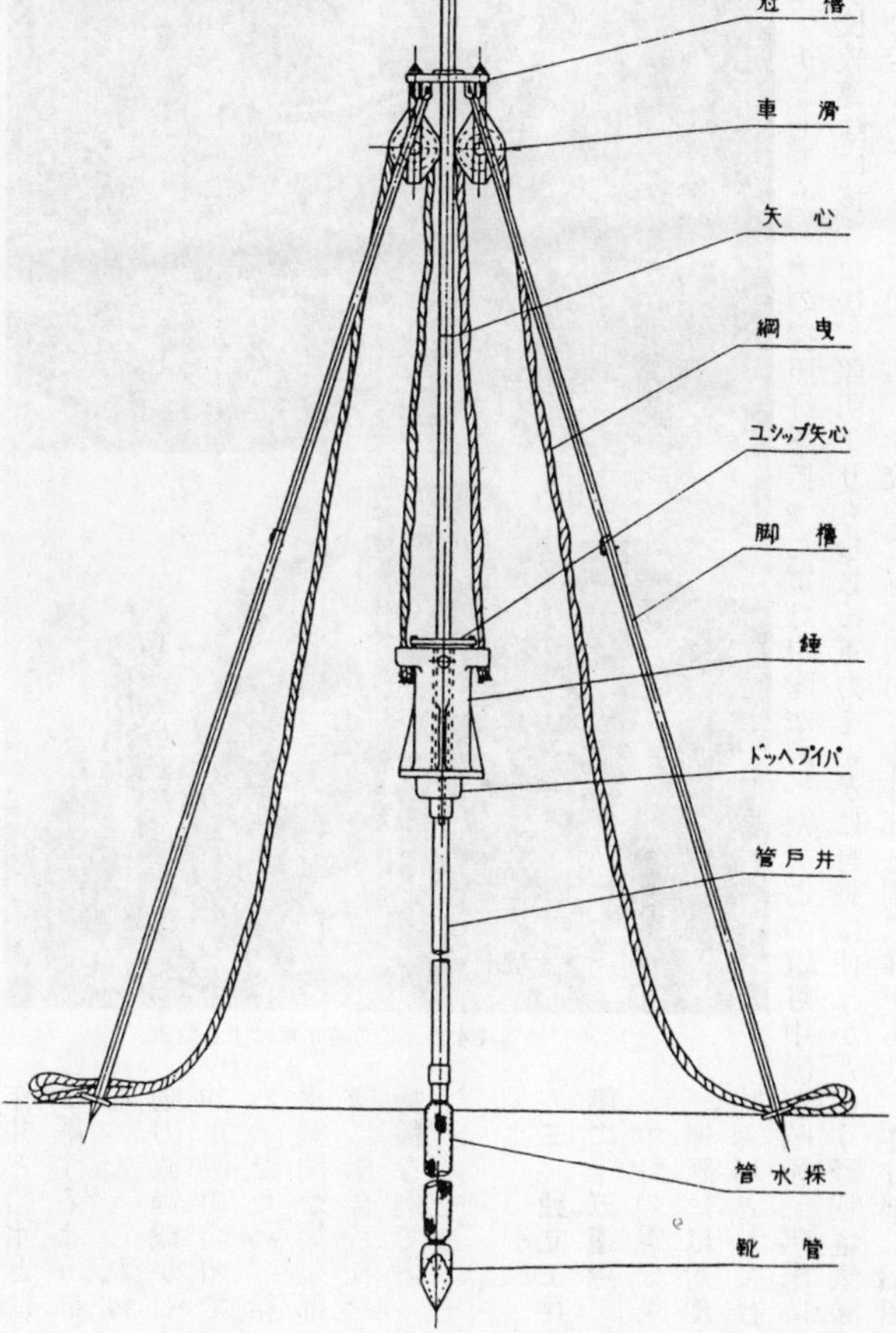

（上）小型無菌濾水器。（下）濾水車による給水。

作井と給水とは分離するようになった。これは動力濾過機が石井軍医の発明であったため、給水機関が衛生部隊に編合された特種な例であった。

三、独立工兵第二十五連隊

中野の電信第一連隊には対地防御用として径六〇センチと七五センチの探照灯を持った電灯中隊があった。この電灯中隊が昭和三年末に工兵学校教導隊に移った後、照明よりもむしろ電力をいかに野戦に使うかという野戦電気隊的性格に変わってきた。同じ頃、学校の教育部門内に作井部と測量部があり、作井部は昭和六年以来、関東軍の要望によって動力作井および濾水の研究をしており、測量部も陸地測量部と協力して研究を重ねるとともに、要員の教育をしていた。

昭和十年四月に電気、作井、測量とおよそ相互に関連のない三部門を統合してできたのが電気中隊であった。その後、電気中隊は訓練を続けながら各隊に編成される作井隊に要員を送り出していたが、国府台に独立工兵第二十五連隊が誕生することになり、電気中隊は教導隊から転属した。

電気中隊はもともと探照灯をあつかっていたが、支那事変では鉄橋の防御などに電流鉄条網を使ったことがある。電気中隊の主要装備は「かけ」車といい、六輪自動貨車に五〇キロワットの発電機を搭載した高圧電気警備器材であった。普通の電流鉄条網に一万ボルトを通すと、火花が散ったり、雨の翌日などは地電流が流れ、兵士が地面に吸い着けられて動けなくなったりした。

測量中隊の主要器材の一つに写真の自動変歪修正機がある。飛行機が飛んでいるときは地表面に対して多少角度がつく。写真機で撮ってそのまま地図に直すことができないので、その角度を変歪修正機にあてはめ、下に水平なところをもって写しとるという、精度のよい機械だった。

作井中隊は車両にボーリング機械を積んだ作井機を使った。これは一夜のうちに七、八〇メートルの深井戸を掘って給水ができるというもので、この中隊は後に採油まで行なって大活躍をした。太平洋戦争の開戦にあたり、作井車にはボルネオおよび蘭印における油田の掘削という重大任務が与えられた。蘭印油田の深度は概ね八〇〇メートル以下、その主体は四

(上)潜水油送艇。昭和18年頃、ビニロンにゴムを塗装した袋に石油を入れて、水中油送を行なう計画があった。石油の比重差により、写真のように水面にわずかに浮く程度だった。(下)捕鯨用のキャッチャーボートで曳航したが、油の入った袋が海中で蛇行するため、実用にはいたらなかった。

○○メートル以下ということだった。

水と油ではボーリングの深さなどが根本的にちがってくるが、メーカーの利根ボーリングの協力により、ターンテーブルやビットを強化して、石油掘りもできるようになった。相良や新潟の柏崎方面で実際に石油井戸を掘ってみると、六〇〇から八〇〇メートルを一度に掘れるようになった。

陸軍では昭和十五年七月にやっと陸軍燃料廠ができた。その主目的は一式戦闘機「隼」のような油を食う飛行機が出てきたので、航空燃料を調達することにあった。当時アメリカが石油禁輸を始めたので、南方の石油を調べてみると、南スマトラのパレンバン地区は年間推定五五〇万キロリットル採れている。そこで落下傘部隊が降下して、パレンバンを取ったのである。パレンバンは石油の量は多かったが、オクタン価が低かった。その点ボルネオの石油は良質だった。

つぎに、採った石油をアメリカの潜水艦が出没している中を、どうやって内地に運ぶかについては、潜水輸送船による方法と、合成樹脂の大きな袋に入れて貨物船が引っ張る方法があった。ただし後の方法は一度か二度しか成功しなかったという。

四、独立工兵第二十五連隊器材定数表

独立工兵第二十五連隊が編成された昭和十四年十二月に、同隊に支給すべき「演習器材仮定数表」が制定された。総品目数は五〇〇以上におよぶ膨大な目録で、陸軍工兵学校から移管したものや、すでに支給ずみの器材は本表に充当することになっていた。また、調弁中のものも含まれているので、支給が遅れると注記がある。

独立工兵第二十五連隊は電気、作井、測量に特化した専門部隊であるから、その特色を示す器材を中心に代表的なものだけを拾い出す。なおこの定数には材料廠保管分を含めた。

㈠、近接戦闘器材
高圧一五キロ発電車九、高圧五〇キロ発電車一、防電具三〇、防電手袋一三〇組、九八式高圧探知器五、九八式電圧検知器五、高圧線路材料五キロ、対高圧破壊具五

㈡、爆破器材
九三式電気点火機三、導通試験器三、九七式導通線鋏四、爆薬缶二

㈢、化学戦闘器材
九六式瓦斯試臭器六、九五式消函三〇、九六式消毒包一〇〇
斥候用検知器三、九五式物料用検知器三、九六式消毒包一〇〇

㈣、特種交通器材
九二式経路機三、九八式車両経路機三、九八式梯子乙五

照明機材、150センチ開放型探照灯。

(五)、通信器材

九二式電話機一八、九三式軽電話機二、九二式小被覆線四八、一号昇柱器一五、肩当一二五、呼子笛二四、九二式小絡車四八、中革胴乱一一八、大鉄線鋏一〇〇、手旗一二八組、単旗四七

(六)、機力機材

九七式工作車一、九五式力作機一、九二式十五トン扛重機五、九七式三十キロ発電車一、九七式空気圧縮車一

警備機材、九〇式小空中聴音機。

(七)、作井給水器材

九二式手動作井機三、九七式動力作井機四、九二式手動揚水機三、九五式動力揚水機二、九八式五トン貯水槽一〇、九九式深井揚水機六、九九式一トン半搬器四、水質検査器一、九九式地下水探知機二、九九式浅井揚水機四

(八)、測量器材

八糎経緯儀三、九二式望遠測角機三、潜望測量機三、携帯測角器一四、九四式眼鏡測斜儀一一、九七式水準儀四、九三式夜光羅針一六、九六式携帯羅針一五、標柱三〇、九三式繰出標尺二、垂球一四、九二式角形双眼鏡四、九七式帰心計算尺一

二、回転鳥口二〇、自動変歪修正機三、実体曲線描画機五、九七式鏡式実体鏡二〇、九二式測距機六、図板測量具一〇一組、製図具六組、九七式測距経緯儀二〇、九三式測高計五、九三式夜光歩度計一〇、気泡水準器一七

(九)、土工器材

九八式小円匙二〇、携帯円匙二六〇、小十字鍬一五、十字鍬一二〇、鶴嘴三六、九四式コンクリート混合機一、九三式電動通風機二

(十)、偽装器材

九五式塗料噴射機二

(土)、照明器材

九二式隠顕灯三一、無電池携帯電灯三八、九二式微光燈三八、九七式三十センチ探照灯三、九四式投光電灯五、九二式標灯四

(主)、警備器材

小音響警報機四、携帯音響警報機三

(圭)、写真器材

九八式小型写真機一〇、野外暗室二、携帯写真具七組、写真引伸具三組、九五式望遠写真機二、高速度写真地図製作機一

(击)、印刷器材

製版機三、野戦速刷機二

このほかに海運器材、鍛工器材、木工器材、気象器材、雑器材がある。

機力器材

工兵器材の修理、部品の製作、建設、障碍物の排除などの作業を迅速かつ効果的に行なうために各種の装軌、装輪自走式の工作器材および力作器材が整備された。

野戦工作車は工兵器材の修理、ボルト、ナットなど部品の製作に使用するもので、一・五トン積軽六輪自動貨車に所要の機械器具一式を搭載している。作業現場に進出したら、速やかに床面を展開し、工場として使えるようになっていた。

野戦力作車は橋梁の修理、建設、あるいは交通路の障碍排除、重器材の修理など、野戦における重材料の取り扱いのため、とくに設計した強馬力の装軌車両に、自走用エンジンで操作する起重機を装置したものである。アームの半径約三メートルにおける吊上荷重は一・五トンであった。

溶接切断機は電気溶接、ガス溶接（切断）装置を搭載した自走式器材である。交通路上の障碍物を排除する場合、たとえば機関車のような鉄製の大障碍物は、これを野戦力作車があつかい得る程度のブロックに分断し、逐次路外に排除するのが早道であった。分断するにはガス切断が最も簡単であるから、本器材はこの着想にもとづき研究された。ところがガス切断装置はガス溶接にも兼用できるし、搭載力の面からは問題がなかったので、電気溶接装置を付加することにして、野外修理用としては格好の溶接切断車が完成した。

坑道および一般野戦用照明のため、または電力供給のために九二式一キロ、五キロ、一〇キロ、二〇キロの各種移動式発電機、また鑿岩機などの動力源として、移動式の九二式二〇馬力空気圧縮機が整備されていたが、その後、九七式五キロ発電機、九七式三〇キロ発電機、九七式発電車、九七式空気圧縮車が制定された。発電車と空気圧縮車は装軌自走式で、前者は直流電力の供給に、後者は鑿岩機、硬土掘鑿機、のみ整形機などの動力源として使用された。

一、九四式溶接切断機

九四式溶接切断機は野外において迅速確実に鉄材を溶接し、または切断するのに用いる。本機は軍用自動車補助法による丙種六輪自動車に、電弧溶接装置、酸素アセチレンガス切断装置などを搭載している。

電弧溶接装置は自動車の動力により発電機を運転し、その電力で鉄材を溶接するもので、電線五〇メートルがついている。

酸素アセチレンガス切断装置は鉄材の切断または溶接を行なうもので、可搬式アセチレンガス発生器を二個保有している。カーバイトの消費量は毎時最大一三キロ、水の消費量は同じく二四立方メートルである。全備重量六・一六トン、最大溶接能力二五ミリ、最大切断能力一五〇ミリ。

昭和十六年二月における中部第四十一部隊器材中隊の装備を記して参考とする。

中隊本部　乗用車一、自動貨車一

第一小隊　自動貨車八

第二小隊　空気圧縮車一、発電機車一、工作車二、溶接切断機一、製材機七、力作機一

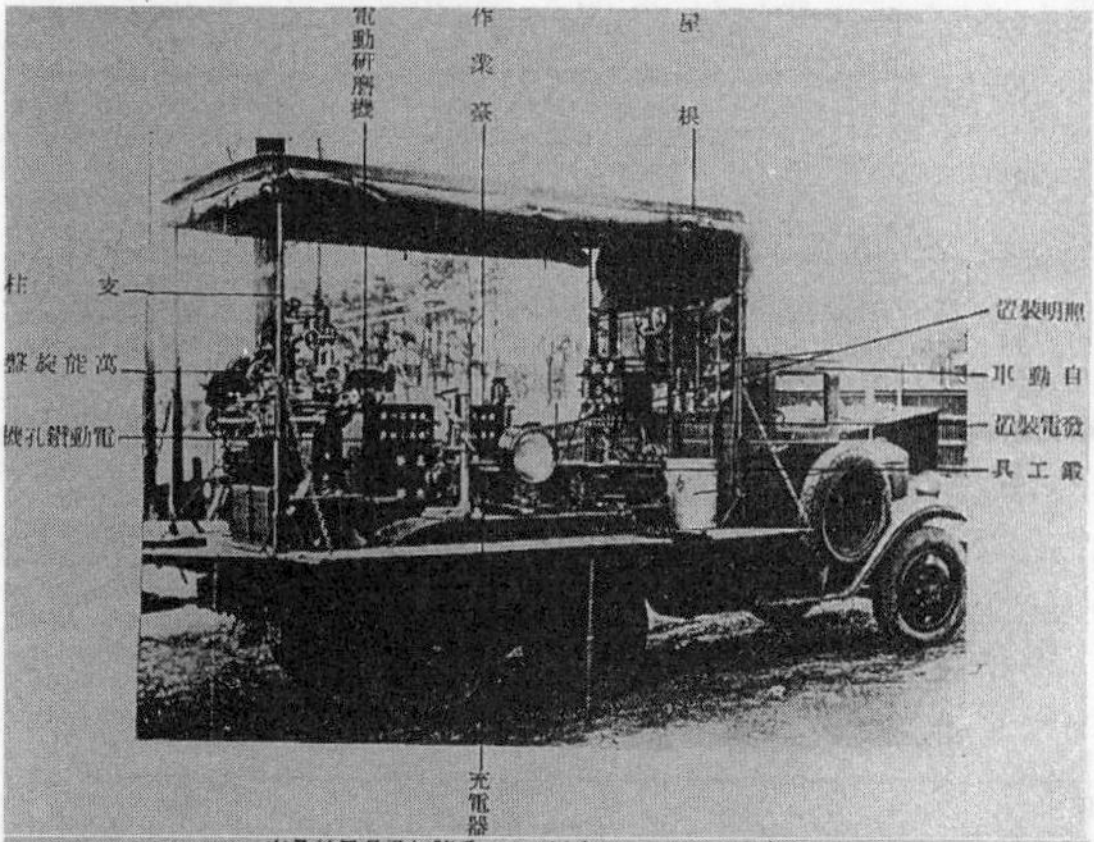

(上)九四式工作機。工作車。
(下)九四式工作機。付随車。

附隨車

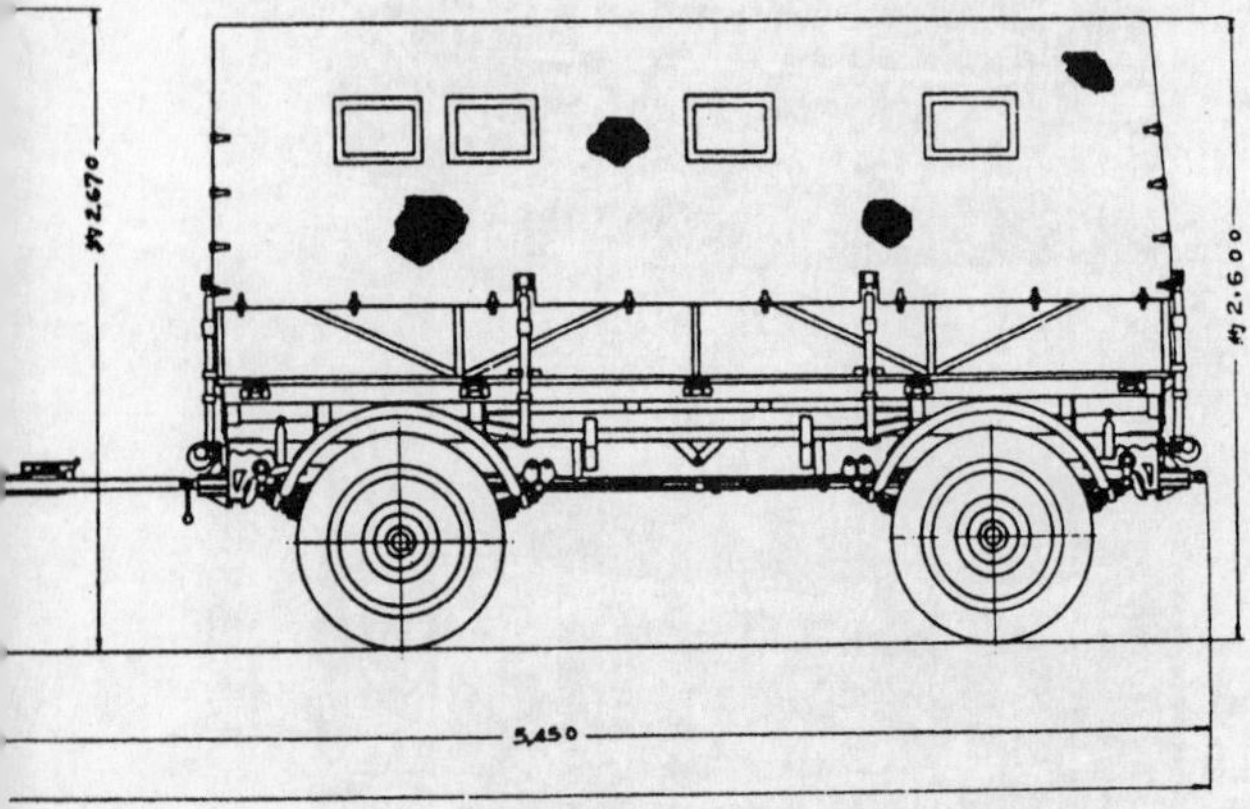

九四式工作機全体

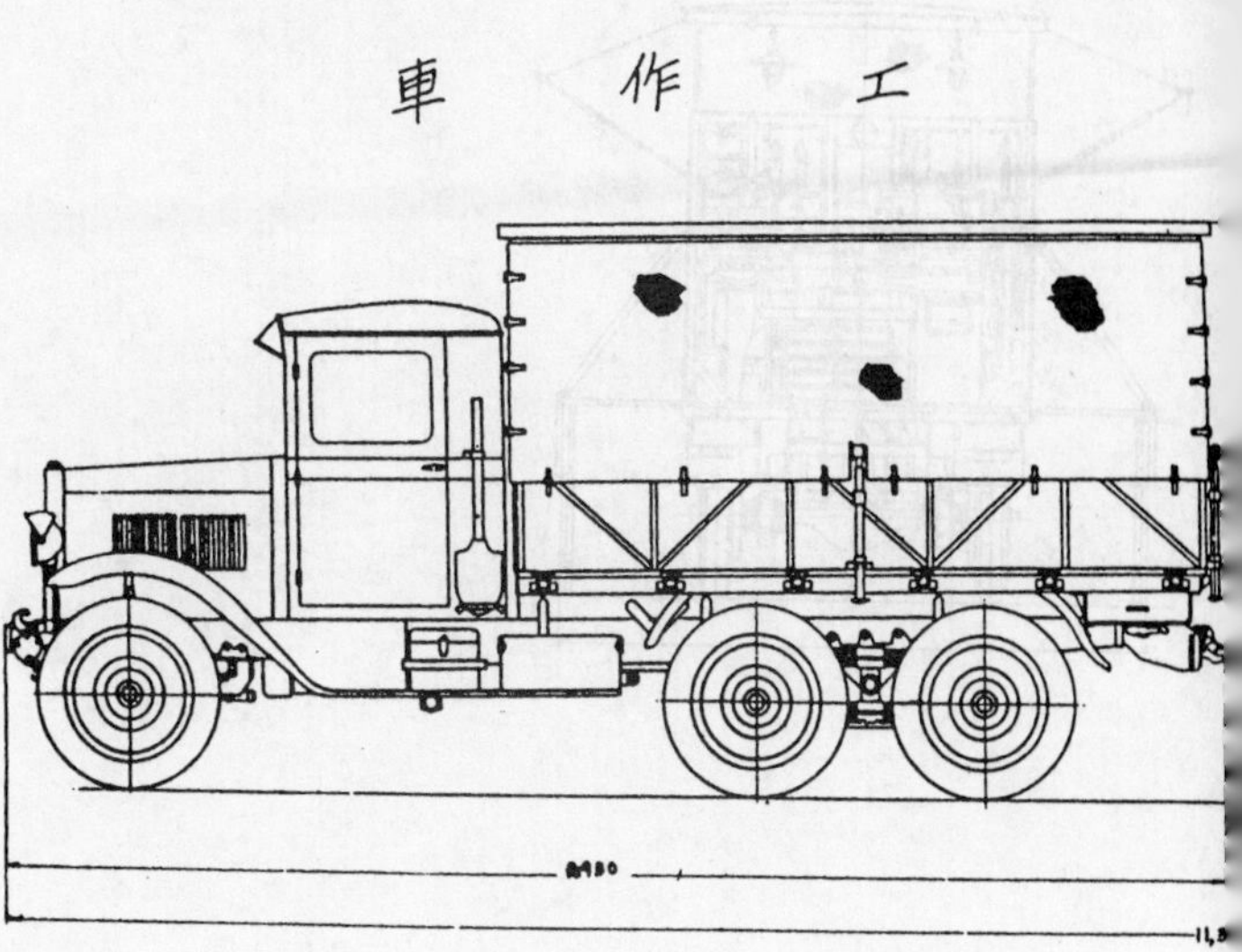

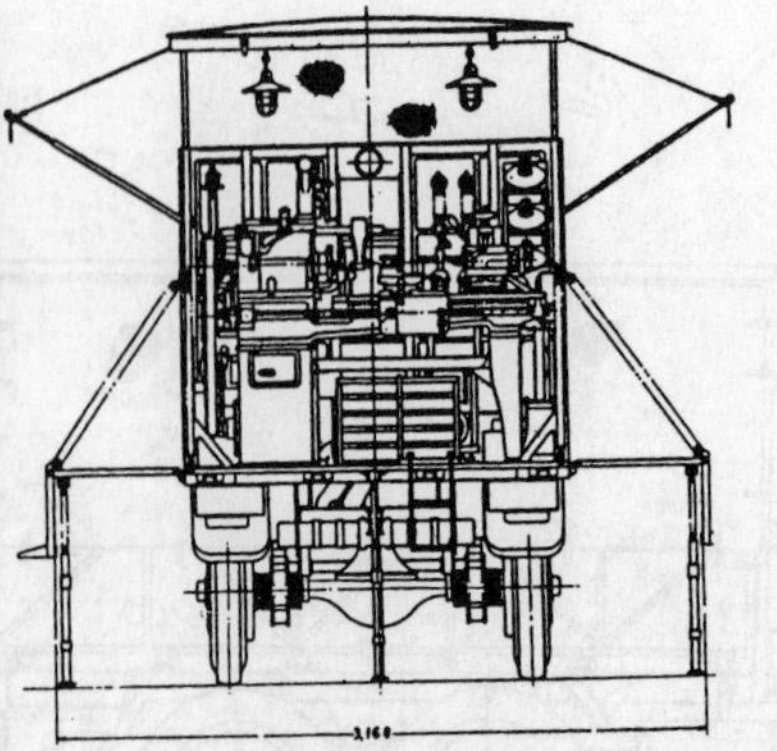
2,160

九四式工作機 工作車

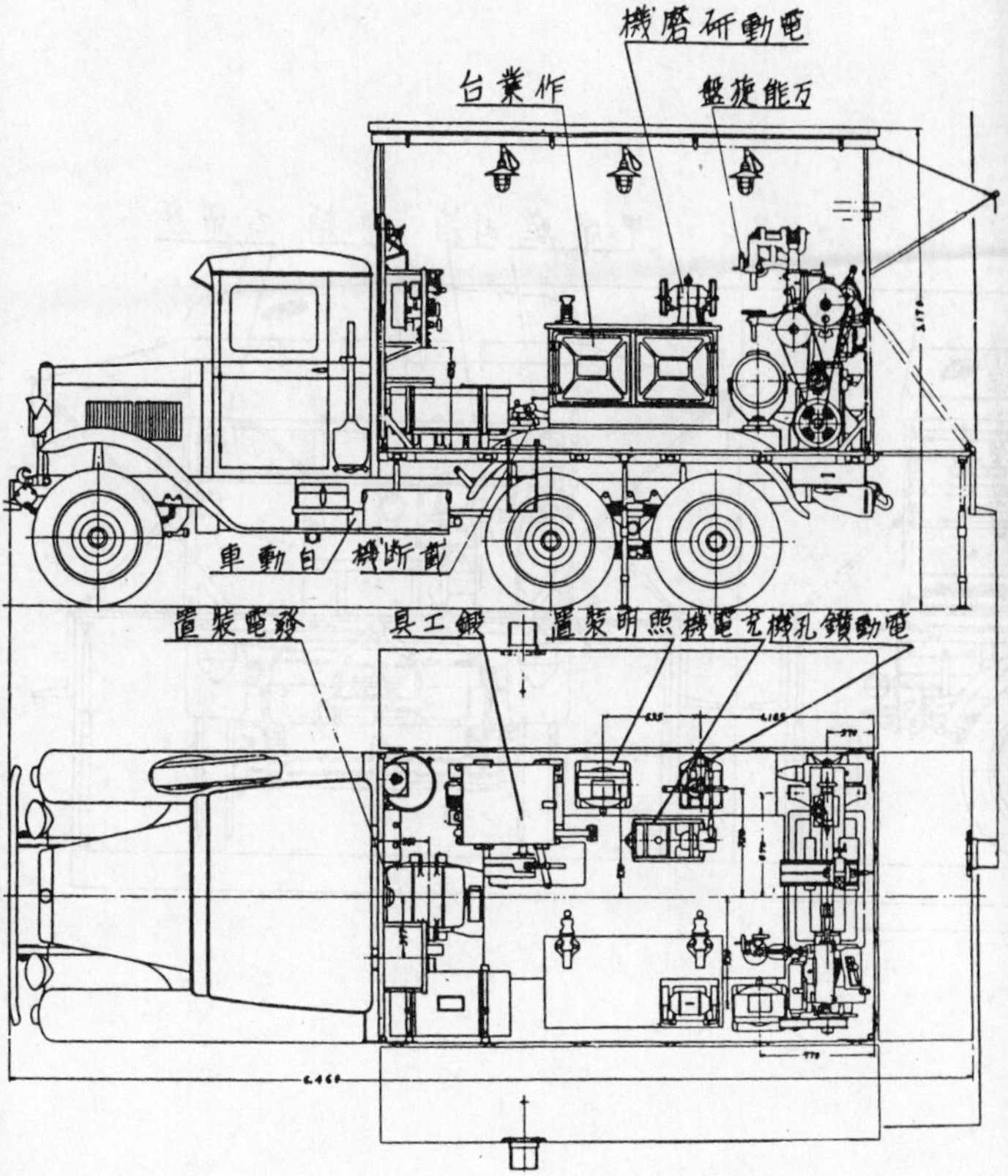

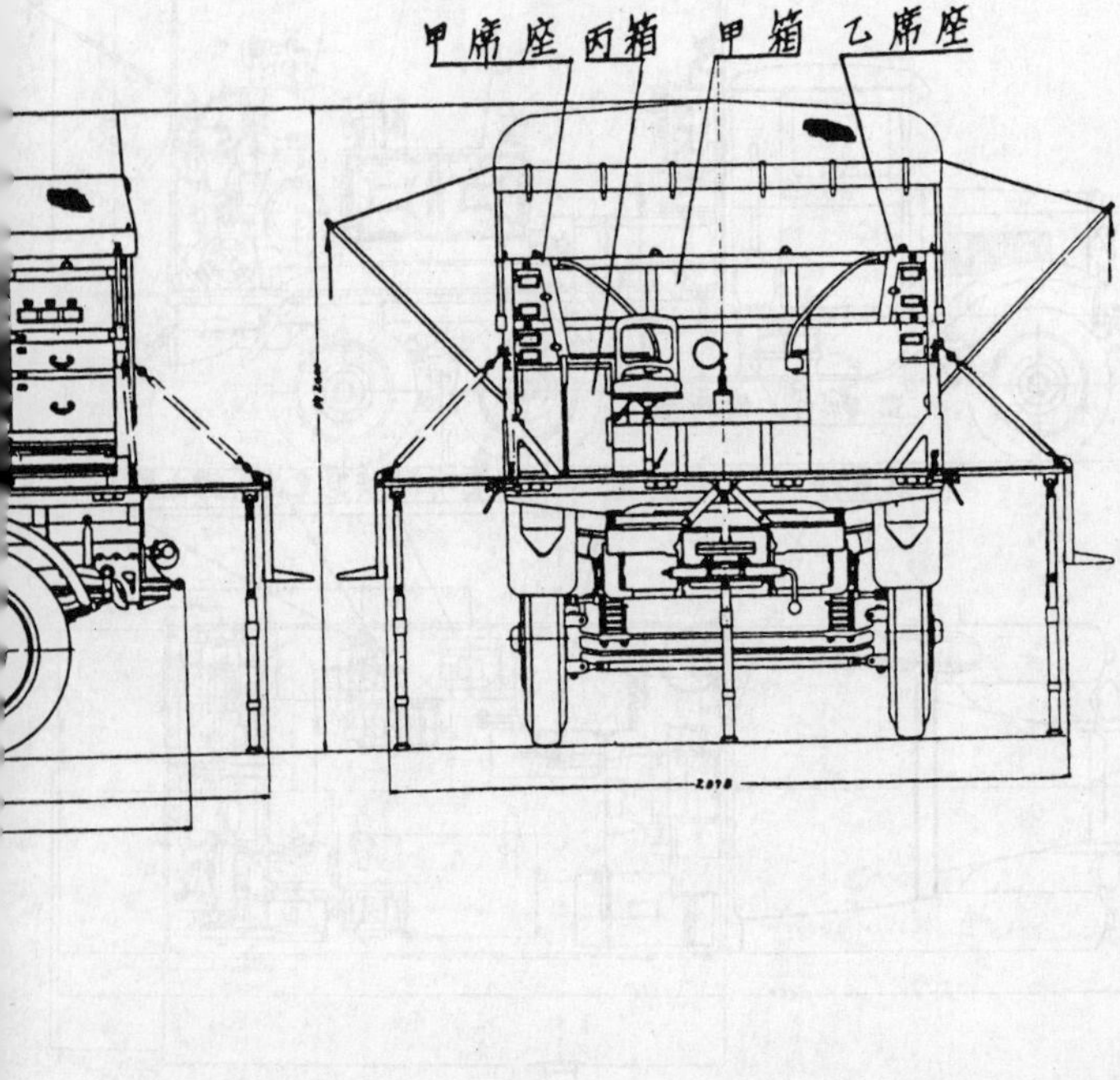
甲席座
丙箱
甲箱
乙席座

九四式工作機 附随車

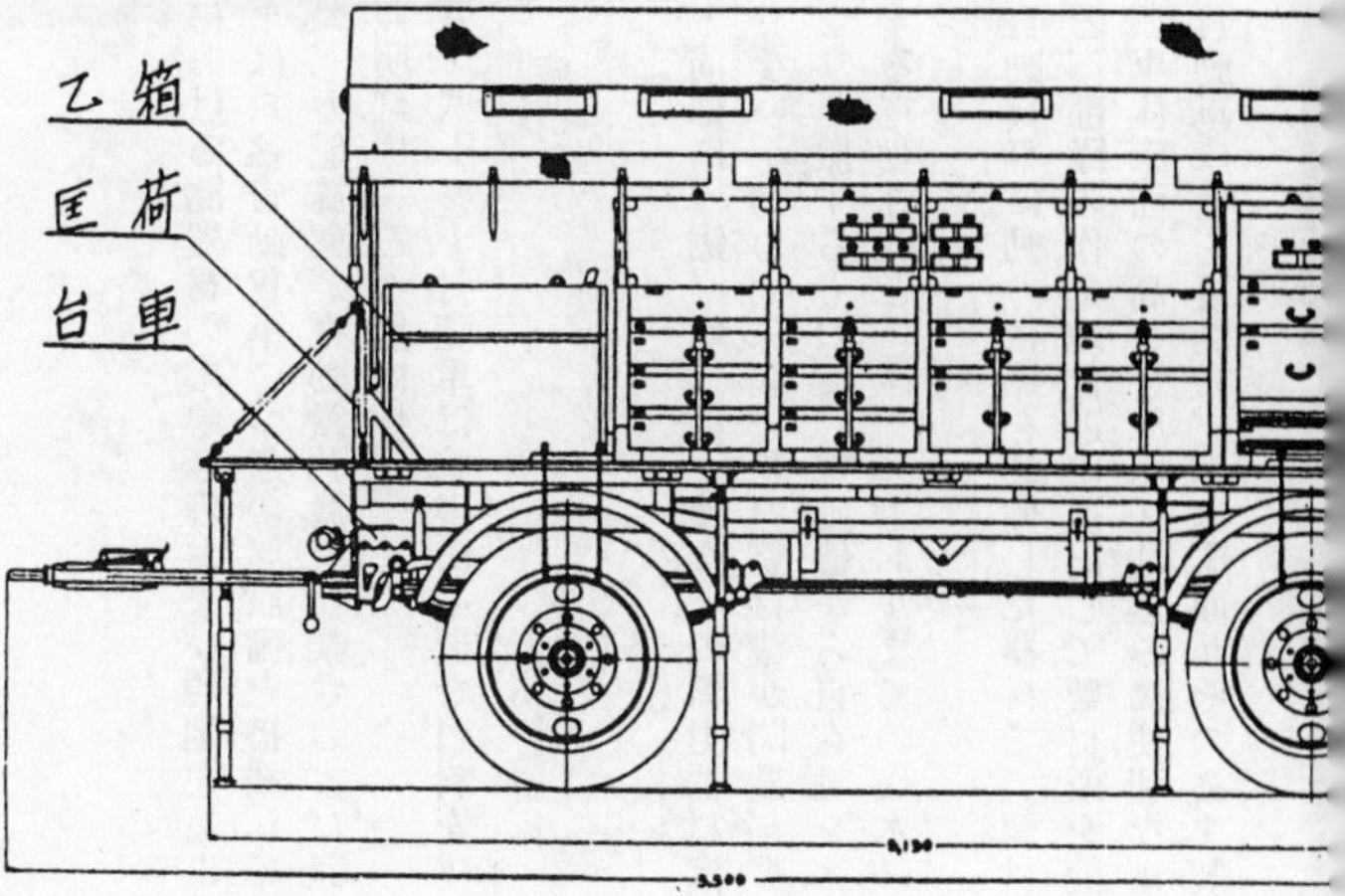

二、九四式工作機

九四式工作機は野外における諸器材の応急修理および現地急造に使用する器材で、工作車、付随車からなる。工作車は六輪自動貨車につぎの諸設備を搭載している。

五キロ発電機、電動鞴、万能旋盤、電動鑽孔機、作業台および諸工具、電動研磨機、切断機、充電機、投光器、照明灯甲、乙、室内灯。

工作車の全備重量は八・八トン。付随車は修理に必要な材料を携行し、人員八名が搭乗できる。付随車重量二・九トン。

三、九四式製材機

木工器材も土工器材と同様に、鋸、鎌、鉈、斧などの臂力器材ばかりであったが、器材全般にわたる動力化にともない、動力伐採機、動力整材機が開発、整備された。

動力伐採機は人力により運搬するもので、電動機から自在軸をへて作動し、中径二〇センチぐらいの樹木を伐採する電動丸鋸と、径一メートルまでの伐木に適する電動鎖鋸が制定された。

九四式製材機は六輪自動貨車に動力帯鋸を装備した器材で、製材車と付随車からなり、伐採地または架橋地点など、部隊の作業地付近に進出して製材所を開設し、自動車エンジンの動力によって製材する。車体床面の高さを原木送り込みに便利なように、自動車の位置を掘り下げ、側板を開いて自動車床面を展開し、車体床面がそのまま製材場となる構造だった。

（上）九五式力作車。九四式製材機との協同作業。
（下）九五式力作車。架橋作業における重材料の取り付け。

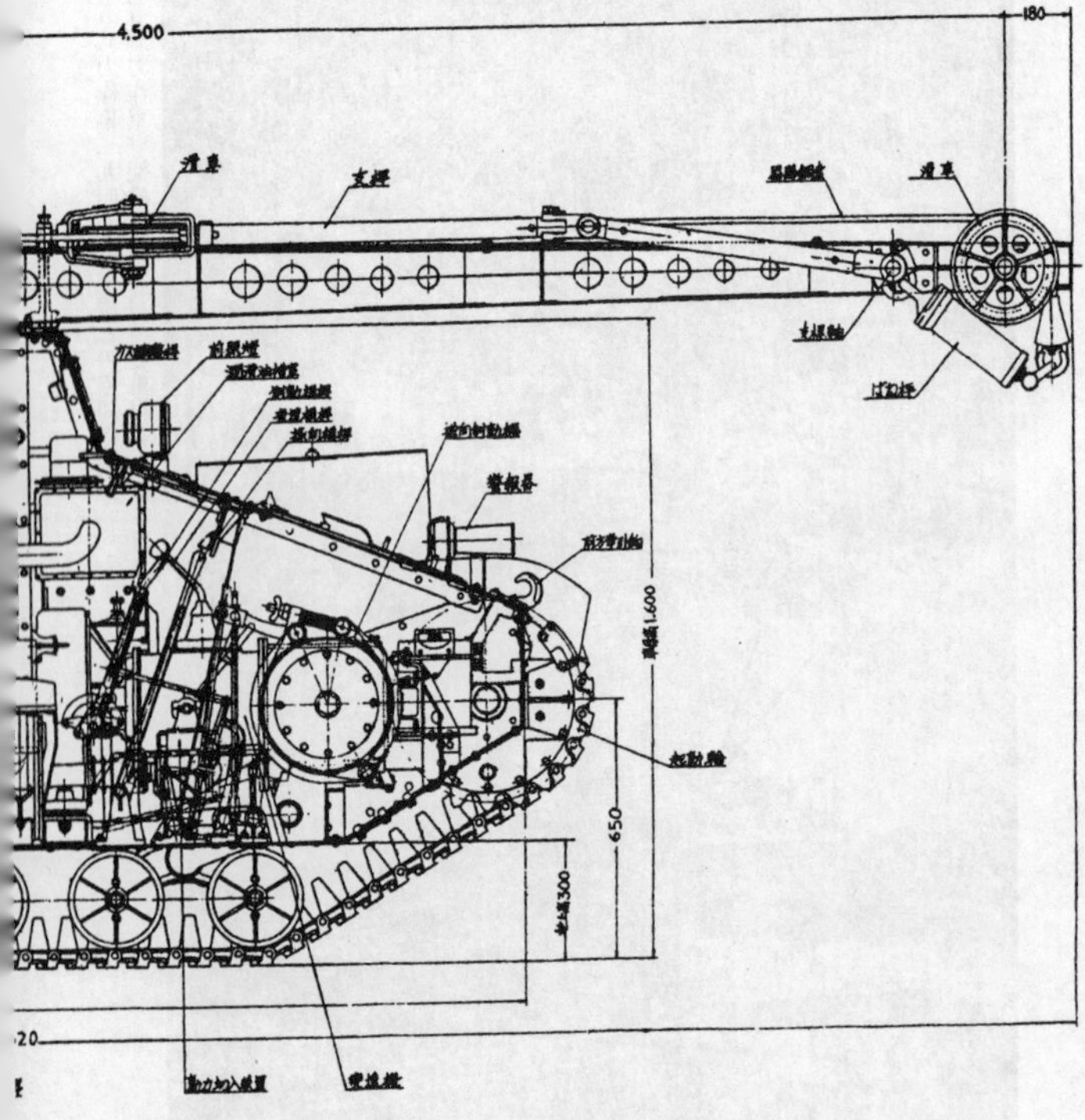
4,500
180
滑車
支桿
滑車
前照燈
警報器
起動輪
1,600
650
300
20

九五式力作機

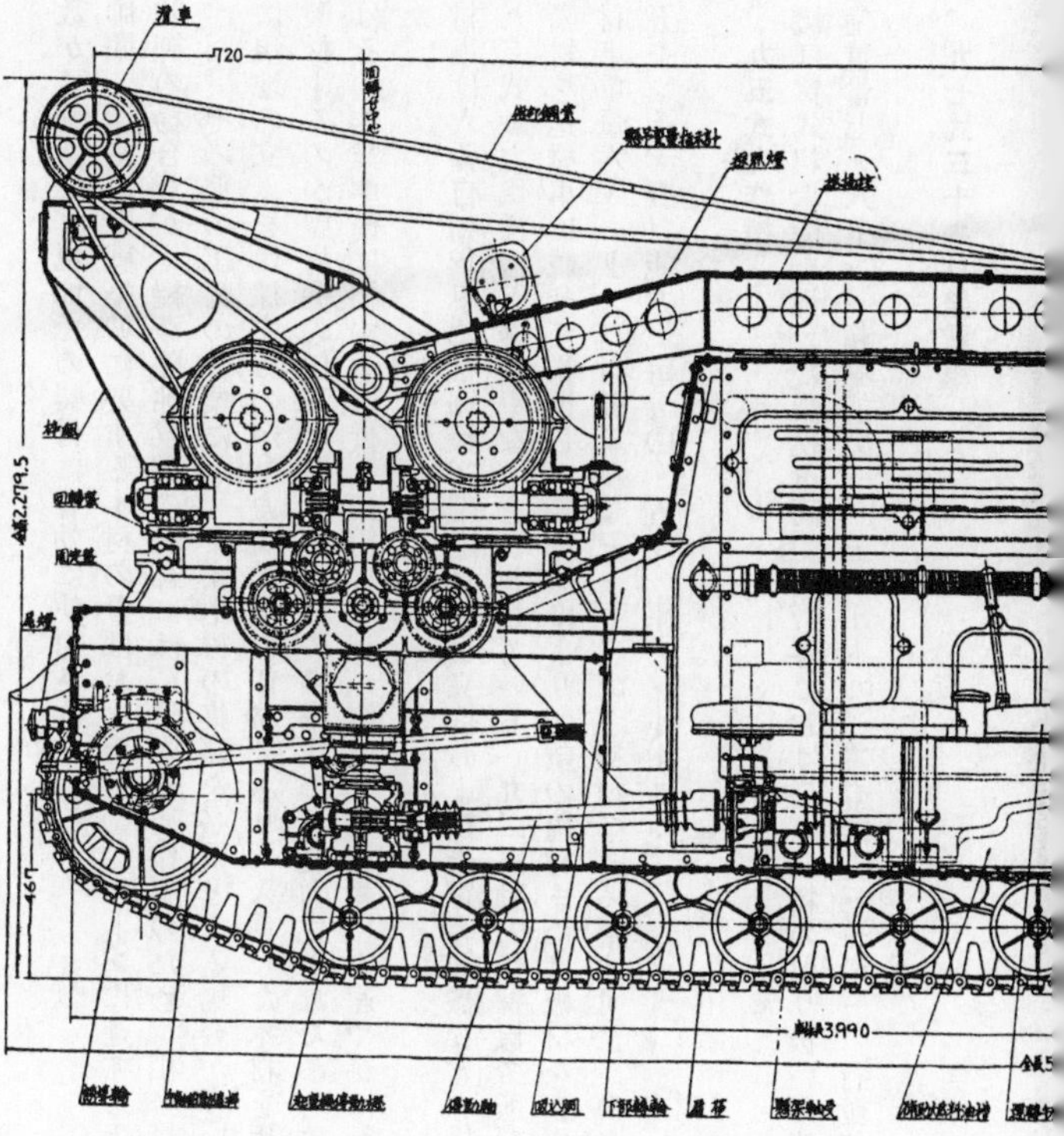

相当数が整備され、現地での製材に有効に使用された。
一師団一ヵ月の野戦築城に要する木材の量はおよそ七〇〇〇トンに達するといわれる。これは防御の場合だが、縦深陣地攻撃の場合には、陣内交通作業のため、相当量の木材が必要であった。その他の工兵の作業にも、まず木材の集積を必要とする場合が多い。このようなときに現地の立木を伐採するのが動力伐採機の任務であり、入手した木材を用途に応じ、迅速に製材するのが製材機の任務である。木材の整備作業が動力化されたことにより、工兵としてはその作業準備に要する人員を節約し、かつ作業準備を著しく速やかに行なえるようになった。

製材車は六輪自動貨車に帯鋸機、帯鋸自動目立機および帯鋸歪取機などを搭載し、付随車には九二式動力伐採機と送材車などを積載している。九二式動力伐採機で所要の長さに切断した素材を送材車に載せて推進し、帯鋸機により所望の角材または板材を製作する。

製材車重量六・一トン、付随車重量三・五トン、製材できる最大寸法 高さ六〇センチ、幅四五センチ、製材能力 毎分〇・五～一平方メートル

四、九五式力作機

本機は臂式起重機を備えた装軌車両で、野外における重材料の取り扱いに使用する。

全備重量七・八トン、超壕能力一・五メートル、攀登能力三分の一、行動能力約一〇時間

五、九七式三十キロ発電車

九七式三十キロ発電車は野外において迅速に移動して直流電力を供給し、野外照明および各種坑道用器材の運転に用いる。車体は九八式四トン牽引車を改造し、発電装置および電纜を装載している。車両の停止間に走行用機関をもって発電機を運転する。

全備重量約五・三トン、全長約三・七メートル、発動機いすゞ空冷式ガソリン機関、標準出力七三馬力、発電容量最大三四キロワット、電纜一〇〇メートル二本、乗員三名。

九七式五キロ発電機は野外における各種の照明または動力用電源として用いるもので、全備重量は三四五キロ。

六、九七式空気圧縮車

本車は九八式四トン牽引車を一部改造したもので、本体、空気圧縮機、空気溜などからなる。全備重量約五・六トン、行動能力一〇時間または二〇〇キロ、空気圧力七気圧、乗員三名。

植杭器材

築城、架橋などに杭打ちはつきものであるが、築城では主に大槌や臂力築頭、架橋では挽索築頭を使用していた。挽索築頭には臂力によるもののほか、長大な列柱のためには動力によって築頭を引き上げる方式を用いていたが、この挽索築頭に代わる三馬力および七馬力の大小二種の九五式動力築頭が制式となった。この動力築頭は築頭自体が爆発力によってはね上がり、落下して杭頭をたたき、これをくりかえして植杭を行なうものであった。

九七式空気圧縮車。九八式四トン牽引車を改造したもの。

九五式三馬力（七馬力）築頭は陸上または舟上に設置し、径二五センチ、長さ約七メートル（径三五センチ、長さ約八メートル）程度の杭の打ち込みに用いる。

築頭本体重量　約二〇〇キロ（約五三〇キロ）
跳ね上がり高　約九〇センチ（約七〇センチ）
毎分標準打数　四〇（四〇）
櫓高　約九・八メートル（約一一・九メートル）
全重量　約二・三トン（約四・二トン）

道路構築用器材

昭和十一、二年頃、マガダム道路構築用として砕石機、簡易ローラーなどが試作されたが、大土量の迅速掘開、運搬に最も能率的なブルドーザー、動力シャベル、ダンプカーなどは研究されなかった。これら能率的な機械は太平洋戦争の開始後、第三研究所の時代になって一部が試作されたにすぎなかった。

道路構築のような大地を対象とした土工作業は、いわゆる土方仕事として軍政および作戦当局から等閑視されていた。戦争が始まってから必要にせまられ、急いで試作を始めても、

架橋器材、九五式三馬力築頭。

(上)重架橋前の列柱の臂力築頭。(下)門橋上に装置した大築頭櫓。大石油捲揚機と導柱式築頭により杭を打設する、高さ13メートル。

当時民間産業界においては土木機械は未熟だったせいもあり、要求に間に合わせることはできなかった。

昭和七年に陸軍省器材課は、年度計画にもとづく数コの野戦道路構築隊に装備すべきローラーなどの整備費を経理局に要求したが、戦時には民間から徴発すればよいとして、一蹴されてしまった。

また野戦航空基地設定器材の主力であるブルドーザーができなかったのはもとより、滑走路の最後の仕上げに欠くことのできない一〇トンローラーも容易に入手できなかった。

九一式軽構桁道路橋。

一、九一式軽構桁道路橋

本道路橋は両岸が高く、かつ急峻な河川および渓谷において、野戦部隊の渡河に使用するもので、構桁《かまえげた》四組を橋礎上に配列し、橋板を直接構桁上に敷置して欄干を構成する。有効幅二・九メートル、最大張間三二メートルで、その効力は牽引式十センチ加農または軽戦車の通過が可能である。

本道路橋は二馬曳輜重車または自動車をもって運搬し、野戦部隊と行動をともにすることができる。橋の自重は約一五トンある。本道路橋の架設撤収には九一式軽構桁道路橋架設機を用いる。架設機は架設起重機、架設櫓、桁吊機、転輪などで構成されている。

二、各種機力器材

道路構築用機力器材にはつぎのような種類があった。

㈠、掘起機（リッパー）

樹根の除去または岩石の破砕などに使用する。重量約二・五トン、掘起幅約二・〇メートル、掘起深さ約〇・四メートル、掘起速度約二キロ／時

㈡、溝掘機

排水溝の掘開に使用する。重量約二・五トン、掘溝幅約〇・七メートル、掘溝深さ約〇・四メートル、掘溝速度約二キロ／時

㈢、被牽引式成形機（グレーダー）

路面の成形、排水溝および斜面の切削に用いる。重量約四トン

㈣、運土機（キャリオール）

削土の積み込み、運搬、投捨を行ない、凹凸地形の平坦化、急坂の緩和などに使用する。

重量約二・五トン

㈤、運土車（ダンプトラック）

土、砂利、砕石などの運搬、積み下ろし、撒布に使用する。自重約三トン、一式六輪自動貨車（乙）を利用する。

(六)、砕石機
道路の構築、修理に用いる砕石を、機力をもって迅速に製造する装置。自重約九トン、砕石能力約二〇トン／時、自走速度約一〇キロ／時
(七)、六トン輾圧車
路面、路盤の輾圧に使用する。自重約六トン、土砂の塡実により自重を約八トンにすることができる。自走速度最高約一〇キロ／時、発動機九八式乗用車（乙）用水冷四気筒ガソリンエンジン
(八)、一〇トン輾圧車
自重約八トン、土砂塡実により約一〇トンにすることができる。発動機統制型水冷六気筒
(九)、輾圧機
軟弱または硬質地盤の輾圧に使用する。自重約二トン、土砂の塡実により約七トンにすることができる。
(十)、一〇トン土工牽引車（ブルドーザー）
被牽引器材の牽引、整地、樹木の処理に使用する。自重約一〇トン、土工機、ウインチ、油圧発生装置を装備、最高速度二〇キロ／時、牽引力約七〇トン、本器材は九八式六トン牽引車（ロケ車）を利用したもの。
(土)、土砂積込機
土、砂利、砕石などを機力により迅速に車両に積み込む装置。自重約四トン、積込能力約五〇立方メートル／時、自走速度約一キロ／時、発動機統制型空冷四気筒

㈢、揚石機

岩石を砕石機に投入し、もしくは岩石、土砂などを運搬車に積載する装置。自重約六トン、揚土能力約二三トン／時、自走速度約一〇キロ／時、発動機統制型空冷四気筒

㈢、削土機

動力をもって迅速に斜面を削土する装置。重量約一・五トン、削土容量約一五立方メートル／時、最大運行速度約一〇キロ／時、発動機統制型水冷六気筒

㈣、動力掘鑿機

軌道上で破壊した岩石、硬土などをすくい、急速に運土車に積載する装置。重量約二トン、発動機統制型空冷四気筒

㈤、九九式小動力鑿岩機

穿孔爆破により岩石を破壊する場合の穿孔に使用する。総重量三六六キロ、穿孔速度約一〇センチ／分、九一式空気圧縮車により同時に四機使用。

㈥、九九式大動力鑿岩機

支柱にとりつけ、小本坑道以上の坑道内で使用するのに適している。総重量七七六キロ、穿孔速度約二〇センチ／分、九七式空気圧縮車により同時に二機使用。

㈦、九二式動力伐採機

迅速な伐木または木材の鋸断に使用する。全重量約七〇キロ、発動機の出力は約六馬力で、径約一メートルまでの伐木および鋸断が可能。

㈧、駄載式動力伐採機

全重量約六一キロ、機関の出力約六馬力で、径八〇センチ以下の樹木に用いる。

通信器材

一、通信のおこり

軍事通信としてののろしは紀元前イスラエルの時代から使われていた。わが国や中国においても、所々に峰山などの地名が残っていることから、古くからこの通信法が行なわれていたことが推測できる。

電信電話などの現代的通信技術を軍隊にとりいれ、かつ通信勤務が軍隊における重要な任務の一つになったのは、十九世紀の末葉以後のことである。

通信教範もしくは勤務令に類するものが最初に発布されたのは、一九〇二年のドイツであった。そして野戦用電信電話の使用組織が軍隊内に確立するにいたったのは、一九〇四年の日露戦争が始めである。

㈠、電話

電気を応用して通話することに関しては、一八六一年にアメリカのフィリップレイスがその発明を発表したのが最初で、一八七四年から一八七六年にいたる間に、アレキサンダー・グラハム・ベルにより初めて実用できる電話機が製作された。その翌年、アメリカのエジソンが発明品の特許を得て、電話が実用的価値をもつことになった。

㈡、電信機

ステッフェン・グレイおよびグランビルによって、充電したレイデン瓶を絶縁線で接続すると、その電気的影響を遠距離に送ることができるという原理が発見され、それ以後、各種の考案が発表されるようになった。

一七五三年にA、B、C……の二六文字に応じる数の絶縁線で対向機を接続して、言葉を送ったことが雑誌に発表された。これが文章を送った始めである。

一七九七年にアメリカのローモンドは一本の線でA、B、Cなどに対応する符号を送ることを考案したが、その後しばらくは電信機および通信技術上の進歩はみられなかった。

一八三五年、アメリカのモールスが符号と機械とを考案したが、まだ多くの欠点があった。

一八四〇年、イギリスのホイトストンおよびフランスのブレグーにより、その細部が完成された。イギリスでは一八三七年に鉄道で実用試験を行ない、一八四三年から同鉄道で一般公衆のために使用されるようになった。

㈢、無線電信

無線電信の発明に最も重大な影響を与えたのは電磁波の発見である。電磁波は一八六四年にイギリスのマックスウェルによってその存在を立証された。その後一八八七年にドイツのヘルツが波長を測定し、かつ送受信に成功した。その後マルコニーは自ら発明した空中線により無線電信を実用化したのである。

マルコニーはイタリアの大地主の家に生まれ、二〇歳のとき、一八九六年に自分の発明品を携えてイギリスに渡り、ロンドン大郵便局の屋外から一〇〇ヤードの距離に送信した。また陸軍演習場において一マイル四分の三の通信に成功した。しかし一九〇〇年に大郵便局の技師長プリースがすでに成功していた、誘導による一種の無線電信と、距離四マイル半で競争したが勝目はなかった。この三日間の競争の後、偶然に高い空中線の効果を発見して、通信距離を一挙に増大することができ、一九〇一年には二〇〇マイルおよび一五〇〇マイルの通信に成功した。

二、日本の電信、電話、無線電信

嘉永六年、ペリーが来航したとき、電信機械一組を幕府に献上した。これがわが国に電信機が渡来した始めである。つぎに安政二年、長崎の出島に勤務していたオランダ領事キュルチュースが国王からの進物として電信機を幕府に献納した。また同年には江戸にいた島津斉彬が蘭書を翻訳して起電方法を研究し、電信機を作った。斉彬は安政四年に帰国後、城内に約三〇〇間の被覆線を架設し、通信を試みた。これがわが国における電信機の製造および通信の始めである。明治二年には横浜—東京間に初めて電信が開通された。その電信機はブレゲー回針機であった。

陸軍で電信を使用したのは、明治十年の西南の役が最初であった。このとき陸軍省と戦地との通信を迅速に行なうため、同年二月十六日、陸軍省第一局に電信取扱所を置いた。しかしまだ通信に従事させる技術者養成機関の設備がなかったので、さしあたり工部省から電信技術員を採用して、要員に充当した。

電話機が初めてわが国に渡来したのは、アメリカでベルが電話機を実用的に完成した翌年にあたる明治十年であった。この年十一月、機械を購入し、京浜間に電話線を試設したところ、首尾よく成功した。明治十一年には工部省電信局でこれを模造して、諸官衙間を連絡し、

(上)通信器材、手旗(赤と白)。手旗通信には現字通信と手旗モールス通信がある。(下)布板信号。飛行機または気球に対し、地上から通信する方法で簡単確実だが、敵に発見されやすい。

大いに好成績を博した。

陸軍ではずっと遅れて、明治二十二年七月に初めて携帯用としてガーベル電話機を採用した。この電話機はそれから明治三十年二月まで、陸軍唯一の電話機として使用された。

一八九五年(明治二十八年)、イタリアにおいて二一歳の青年マルコニーは電波式無線電信を発明し、翌年ロンドンに渡って特許権を得た後、これを世界に発表した。その頃、その特許権をわが国に売り付けに来た者があったが、その価格が驚くほど高かったため、当局者はこのような莫大な金を払って専売権を買うよりも、その金で内地で研究すべきであるとして、交渉を拒絶した。それ以後、逓信省電気試験所長浅野工学博士が研究に従事し、ついで海軍でも木村駿吉、松代松之助らが研究を行ない、それぞれ成功を収めていた。

陸軍では明治三十二年に逓信省と連携して研究しようとしたが、実行にはいたらなかった。その後明治三十五年八月、将校と技師を海軍水雷練習所に派遣し、海軍式無線電信を研究させた。さらに電信大隊の下士以下数名を同所に派遣し、無線電信技術の速成教育を受けさせた。明治三十八年、海軍式無線電信機二基の譲渡を受け、同時に中野電信大隊に電柱を建設して横須賀との通信試験を開始した。これが陸軍における無線電信使用の始めである。

三、有線通信器材

有線通信器材は満州事変前後から通信機、線路建築器材、電線などが体系的に研究され、画期的新器材が続出した。まず九二式電話機、九五式電信機、九二式被覆線、九二式裸線などで全軍的に装備を一新したのを始めとし、ついで九七式植柱作業車、九七式延線車など各種の線路建築機械化器材の完成によって、労力を節約するとともに、飛躍的に架設速度を増大し、機動部隊や機動性を増大した軍、師団などの前進に追随することができるようになった。九七式植柱作業車および九七式延線車は大戦後半に電信連隊の装備に加えられ、その活躍を期待されたが、整備の関係上定数を充足し得ないものが多かった。

さらにまた防空関係通信器材を試作し、東京、大阪、福岡など大都市に逐次これらの器材を設置して、防空態勢の整備に寄与したのであった。

有線電信の建築教練。

四、通信機

九二式電話機および九五式電信機の完成によって、九二式各種電線とともに一応、軍全般の通信装備は改善されたが、さらに搬送式多重通信機の完成によって、一線路を同時に数倍の有効利用ができるようになり、通信容量を著しく増大することが可能となった。

また、交換機も改良され、簡易電送機や印刷電信機の試作も完成したほか、暗号機、光線電話機など各種の研究が進められた。

㈠、九二式電話機

軍電信隊以下、各兵通信班にいたるまで、軍電話機の基幹となったものである。

㈡、九五式電信機

それまでの電信機は現字機および音響器と称するもので、形態重量ともに大きく、運搬が不便だった。九五式電信機は真空管発振器の原理を利用した構造簡単、取り扱い容易なもので、電信隊用通信機の骨幹となった。

㈢、九八式多重電話機

（上）各種電話架線仮設器材。
（下）昭和初頭の無線電信所。

九二式電話機

昭和９年５月５日制定
重量6.5キロ

備品
鞄

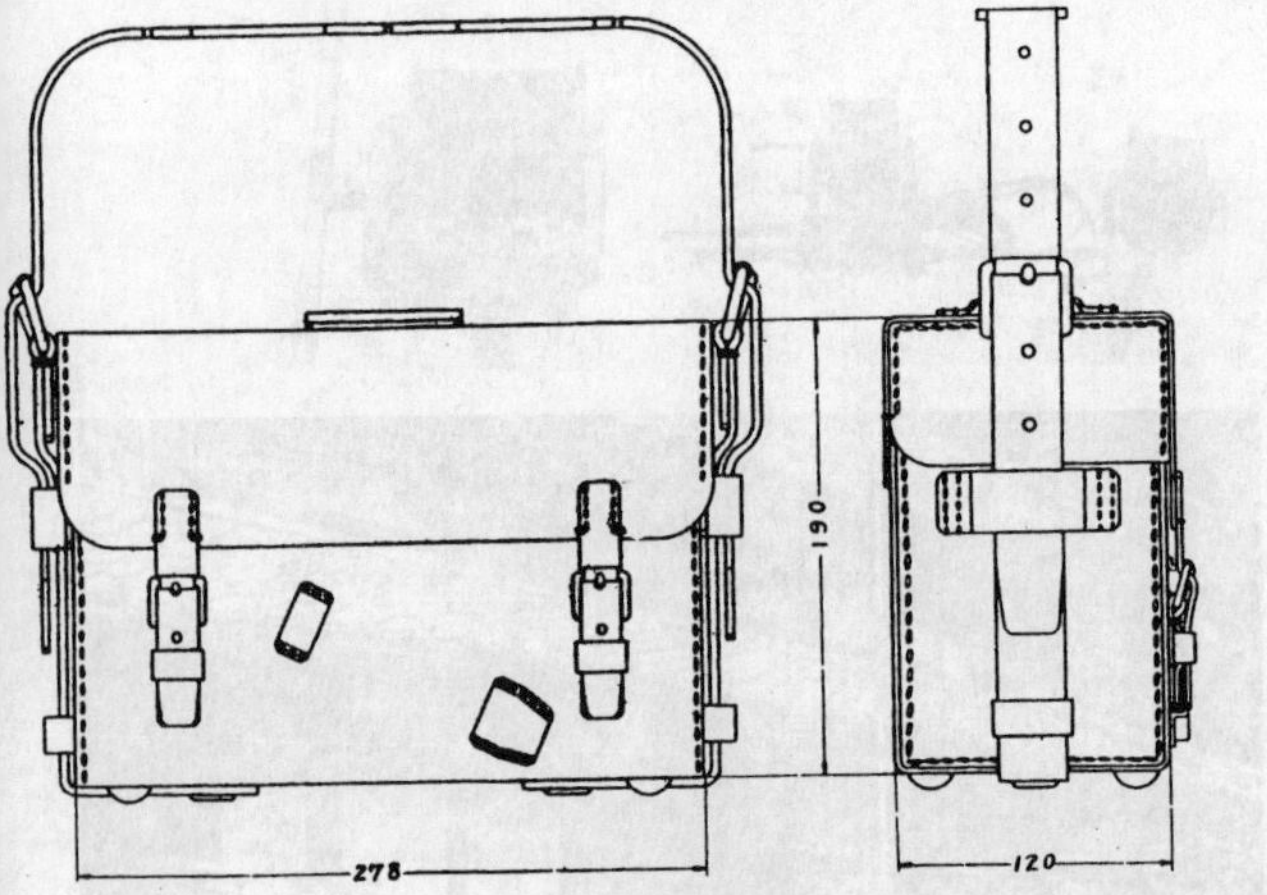

符号	名称	員数	摘要		重量
A	本体	1		鞄ニ収入ス	5.100 kg
B	送受話器	1	本体ニ収入ス		
C	副受話器	1			
備品					
区分名称		員数	摘要		重量
鞄		1			1.100 Kg
避雷器		1	[illegible] 本体ニ収入ス	鞄ニ収入ス	0.150 〃
九二式小接続線		2	通信器材ノモノニ同シ		
小地線		1	[illegible]	[illegible]	0.080 Kg
地線接続線		1	〃	鞄ニ収入ス	0.025 〃
予備品容器		1	〃 本体ニ収入ス		0.020 〃
大気入紙 同口螺鍵		1	〃		0.015 〃
螺廻		1	[illegible]ノモノニ同シ		

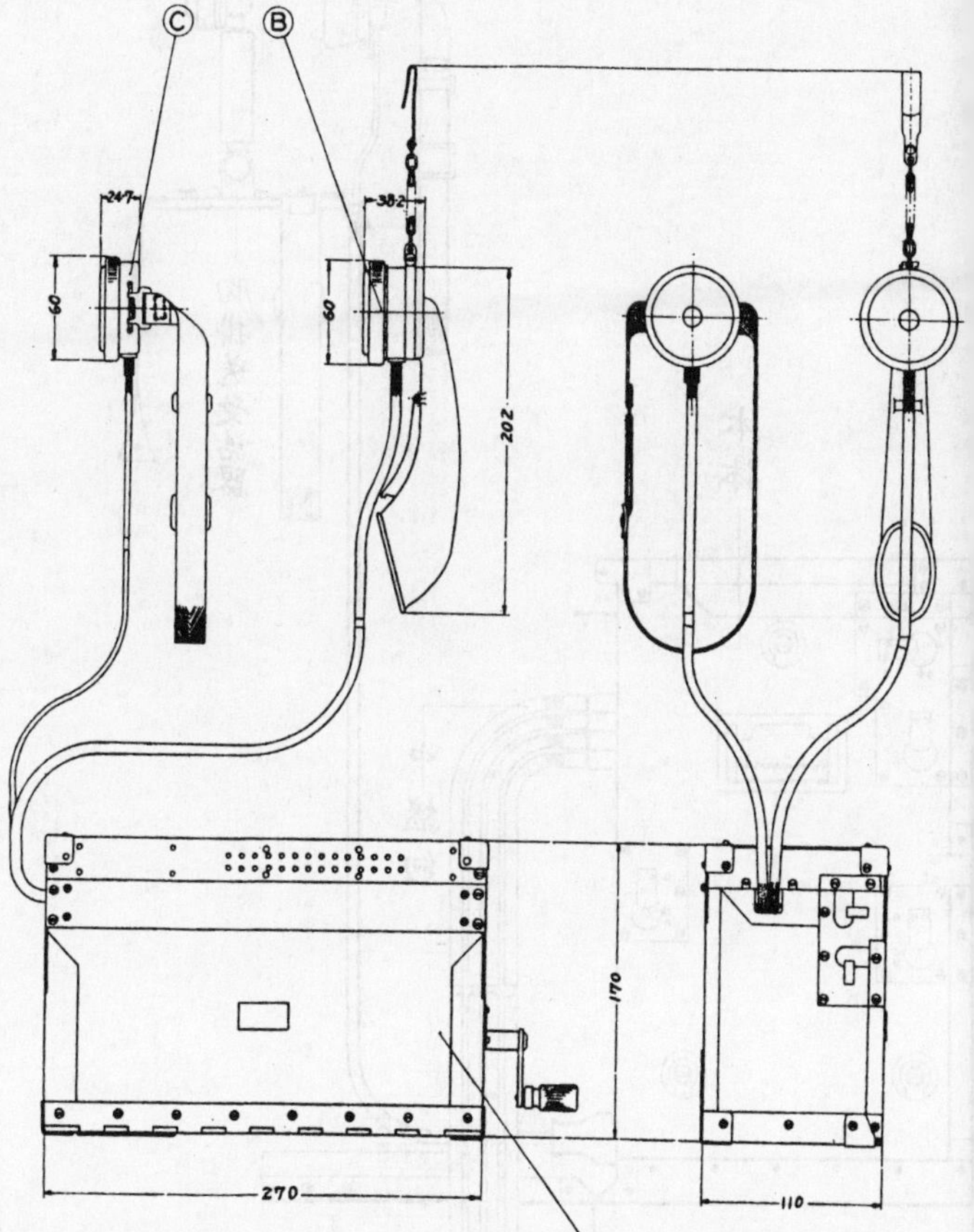

C
B
24.7
38.2
60
60
202
170
270
110
A

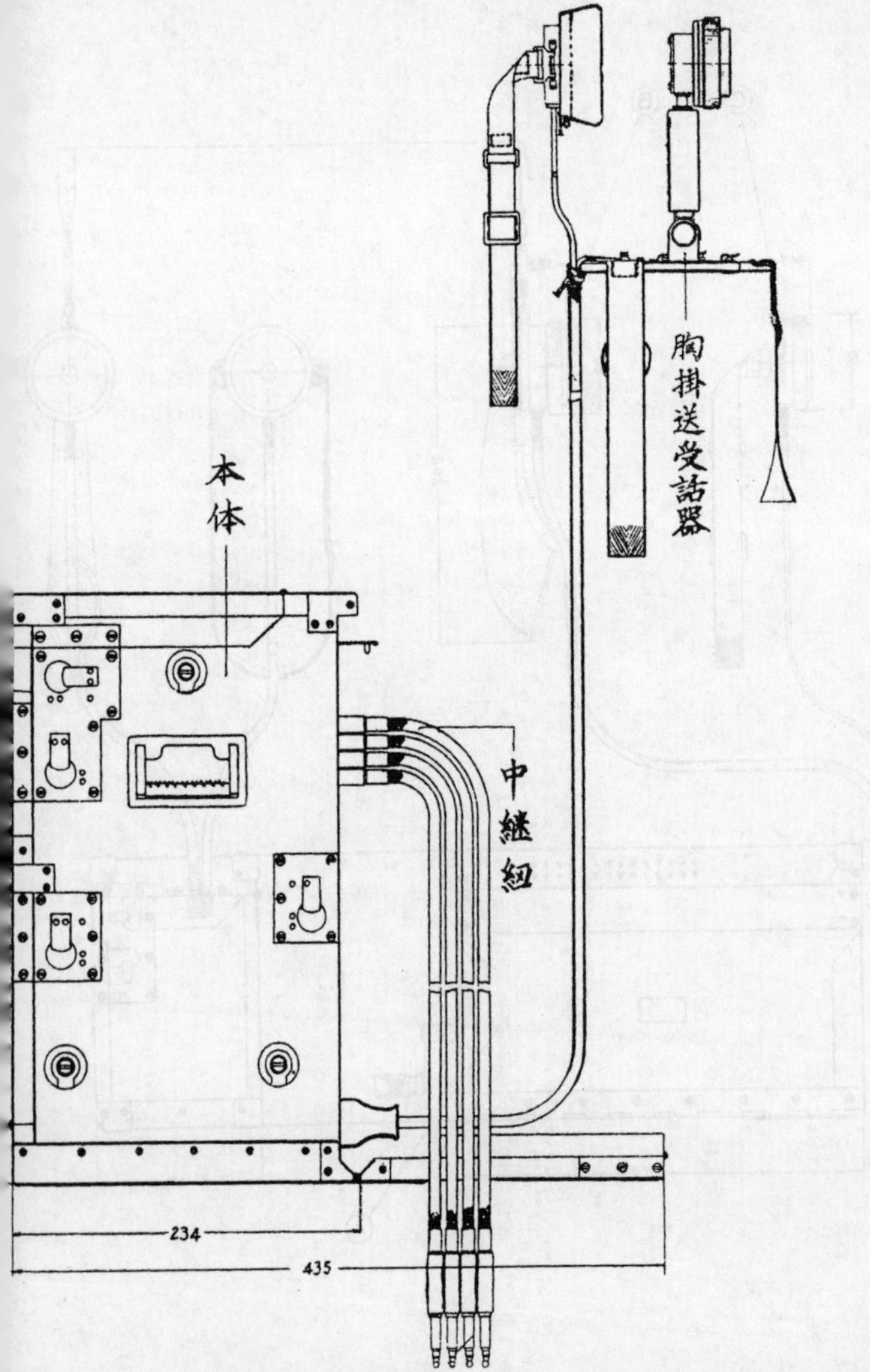
胸掛送受話器
本体
中継紐
234
435

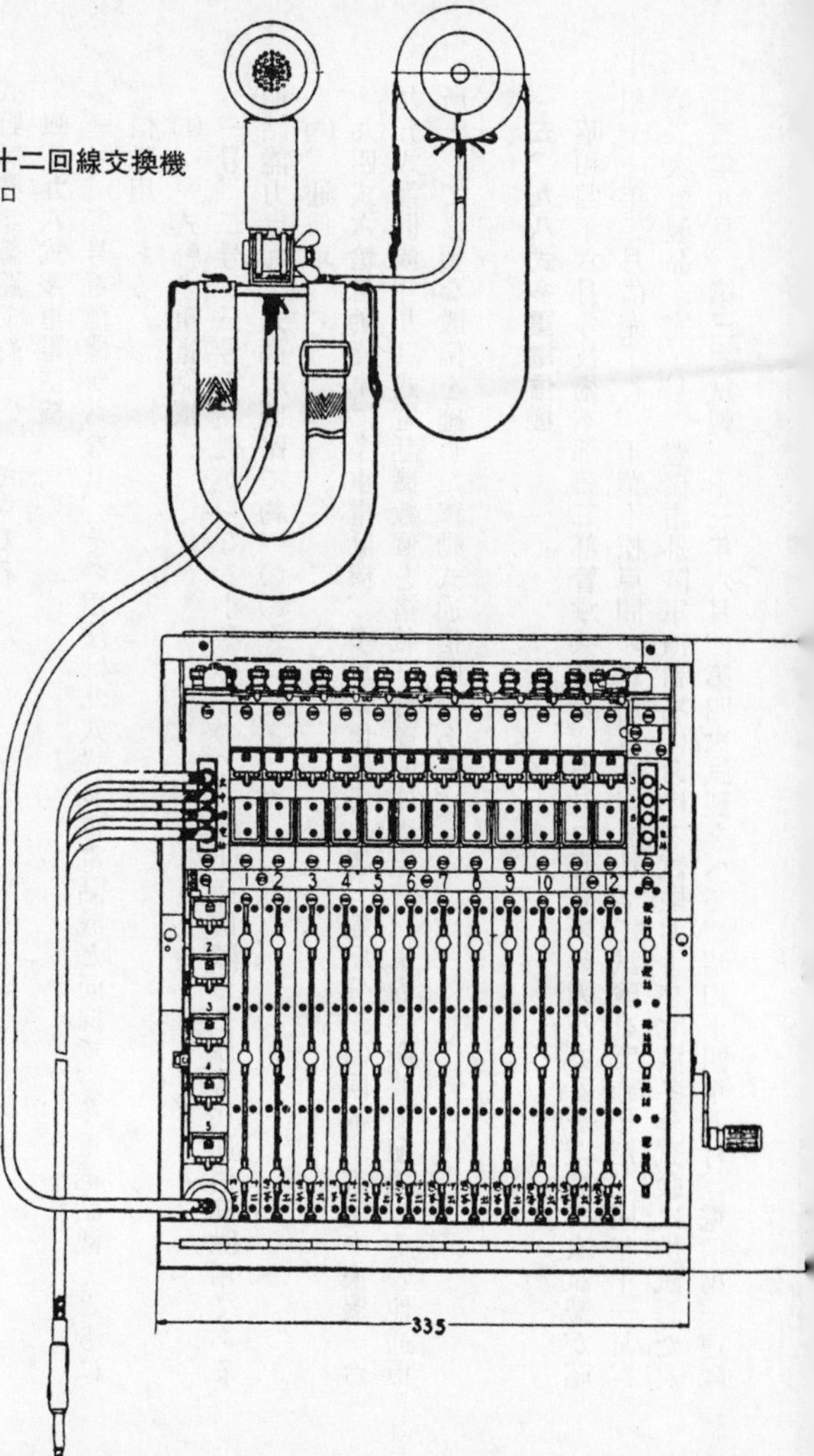

九三式十二回線交換機
重量29キロ

一号電話機および二号電話機からなり、通常、九五式電信機または九二式電話機による単一回路に重畳して、二通話の電話回路を構成するものである。通話能力は九二式裸線の単線式野戦建築線路で約一〇〇キロであった。

㈣、九八式多重電信機

一号、二号電信機からなり、その用法は九八式多重電話機と同様で、多重電話機とともに電信隊用である。

㈤、一式軽多重電話機

一号、二号、三号電話機からなる小型のもので、師団通信隊および各兵通信部隊用である。通話能力は九二式裸線回路で約一〇〇キロであった。

㈥、通信車

九四式六輪自動貨車に多重電話機、多重電信機各一組、端局分二〇回線、電話交換機一台、九五式電信機、九二式電話機数個を搭載、耐震的に固定し、車内に所要の配線、その他通信所として必要な設備を施した移動式通信所である。

五、九八式多重電信機

昭和四年六月の技術本部第二部管掌兵器研究方針に審査の起因があるが、第一次試製が昭和十一年二月に完了し、千葉―松戸間の軍用電話線を使って試験を実施した。同年十一月、第二次試製品が完了し、豊橋市外陸軍演習場における試験および北満冬季試験に供試した。十二年九月、第三次試製、十三年六月、第四次試製をへて、昭和十四年五月、電信第一連隊に実用試験を委託した。その結果良好な成績を示し、審査を終了した。本器材は全体として秘密を要しないが、通信の秘密保持上、接続方式を秘密とする必要があったので、全体が軍事秘密の扱いとなった。

六、満州における通信

日本と朝鮮間の通信は東京―下関―釜山―京城―奉天―新京―哈爾濱間は地下ケーブルによる有線電話電信を完備し、新京から各地に対しては市内電話のように容易に通話できるまで十分な施設を設けた。

北支とは朝鮮と同様に緊密な連絡を必要とするので、奉山鉄道に沿って地下ケーブルを敷設する計画があったが、実現しなかった。しかし架空線には相当の努力を払った。熱河方面と北京方面との通信は熱河―北京鉄道に沿い、若干の有線を設けた。

満州における電気通信とくに有線通信施設は、満鉄沿線を除いてきわめて貧弱または皆無の地域が多かった。関東軍としては満州事変の最中から、通信施設の整備に努めてきたが、広大な地域のすみずみにまで必要な施設を配置することはできなかった。ノモンハン事件のようにまったく通信設備のないところで事件が突発し、航空作戦や兵站通信の要求にまったく応えることができなかったし、関特演の際でも通信はきわめて不十分であった。

電信連隊は当初は本部、有線隊（中隊若干）、無線隊（小隊若干）および材料廠に分かれていたが、ノモンハンの経験からみて、砲爆撃の熾烈な現代戦では有線はあまり頼りにならない。そこで一方面の師団（軍）に追随して通信を担任する中隊長に有線、無線を両方与えて、連絡の全責任を持たせる編成に変わった。
中隊は野戦建築用の硬銅裸線、九五式電信機、大被覆線、九二式電話機、二号甲または乙無線機などを装備した。
師団通信隊以下の有線は小被覆線である程度延伸した後、師団長や第一線の部隊長が前進すれば、もとの有線は撤収して前送し、二度も三度も再使用する用法で装備を定めていた。しかしノモンハンの例によっても明らかなように、戦場では被覆線の再使用などはまったく不可能であった。

前に述べたように満州には通信施設のみるべきものがなく、しかも旧政権時代は各地方に割拠していた地方統治者が、自分に都合のよい通信施設をわずかに保有していて、満州全体として統一された通信施設がなかった。そこで日本としては満州事変の当初から電気通信を統一し、施設の合理化と強化を図り、経済、文化発達の基盤を整備し、あわせて満州を作戦基地とする対ソ作戦通信の基礎を確立しようとして、日満合弁の満州電信電話株式会社を設立した。

満州電々は全満州の有線電話電信、無線電話電信、ラジオなど電気通信一切を経営するので、日満両国間の議定書により設立され、関東軍司令官は必要の場合、この会社の施設、資材および従業員を、軍事上の目的に使用できるよう、別の協定で決められていた。

満州電々は重大な任務を帯びて、満州国政府および関東軍の計画にしたがい、全満地区における施設の強化、人員の育成、資材の整備を行ない、終戦前には相当の充実をみていた。

また、全満にわたる各飛行場を結ぶ有線、無線通信はまったく満州電々の担当といってよいほどで、航空軍の演習にはつねに参加していた。満州電々の実力は電信連隊一〇コ分にも相当するといわれていた。

九七式植柱作業車。

通信施設が抱える問題の一つに保安警備の難しさがあった。それは匪賊、ゲリラ、ソ連のスパイが多数暗躍しており、有線はほとんど架空線で容易に切断できること。通信線が通過する村落は遠距離に点在しているため、警備の兵員を置くのに不便であること。道路が悪いため警備隊や補修隊が迅速に活動できないこと。有線、無線ともに盗聴されやすいから、暗号の使用が必要であった。通信施設は地形上、鉄道線路に近いところに設置されなければならず、また主要通信施設が集中している市街地は爆撃目標になりやすいこと。以上のような問題があったので、有線の主要幹線は地下ケーブルとすることが重要であったが、ほんの一部分しか実現することができなかった。

七、九七式植柱作業車

電信工兵の線路建築作業の中で、植柱作業は最も重労働の原始的方法であった。野戦建築線路においては、中径約五センチ、長さ四メートル、上部に碍子をつけた木柱を七〇メートルごとに、重量約三〇キロの鉄地鑿で穴をあけて植柱した。毎時二キロの建築速度を要求されていたので、つぎからつぎへとほとんど駈足で移動しながら、作業をくりかえしたものである。

また半永久線路の電柱は中径約二五センチ、長さ六メートルの木柱を、幅五〇センチ、長さ七〇センチ、深さ一二〇センチの穴を手掘りで掘り、根子木をつけて植柱するもので、単位部隊の建築速度は一日数キロにすぎなかった。

このような重労働の連続で、能率が上がらないため、作業の機械化が要望され、各種の建築器材が開発された。

九七式植柱作業車は野戦建築線路における従来の鉄地鑿による穿孔作業に代わる機械化作業車で、エンジンによって作動する出力五キロワットの発電機を動力源とする電気穿孔機を用いて穿孔するものである。植柱速度は普通土質で毎時六キロ、凍結土で毎時四キロだった。作業手は運転手を含み、組長以下六名である。

九七式植柱作業車は穿孔、植柱および架線の諸作業と材料の直接補充に用いる装軌車で、昭和九年一月に審査を開始した。車体は九四式軽装甲車を採用することとし、昭和九年七月、これに機力穿孔装置を施したものを試製した。同年八月、豊橋市外陸軍演習場および東京から豊橋にいたる往路上において試験を実施した。その結果、植柱能力が不足で、その向上の必要があると判定された。

昭和十年二月、第一次改修、同年六月、第二次改修を行ない、同年八月から九月まで試製野戦建築延線車とともに電信第一連隊に委託試験の結果、電信隊野戦建築器材として適当であると認められた。昭和十一年一月、第二次改修品に鉄杭式植柱に適する凍結土用電動穿孔装置を増備したものを試製し、野戦建築延線車とともに昭和十年度北満冬季試験に供試した。その結果、鉄杭の抗力を高めるため、穿孔の径および深さを大きくし、かつ電動機の容量をいっそう大きくすることが必要とされた。

同年八月、電動穿孔装置を普通土にも適用できるよう改良し、試験の結果、機能抗堪力十分で、従来の機力穿孔装置に代えてこれを採用することに決定した。十二年一月、本装置を凍結土においても電柱および継柱を直接植立できるよう改良を加え、関東軍の昭和十一年度北満冬季試験に送った。その結果は機能十分で、凍結した地域の野戦建築作業に適していると認められた。同年四月から五月にかけて、九七式延線車とともに電信第一連隊に委託試験し、またその間昭和十二年度特別通信演習にも実用した結果、本器材を採用することに決した。以上により九七式植柱作業車は制式器材として制定されることになり、研究を終了した。

九七式植柱作業車は九四式軽装甲車に穿孔装置、作業台、材料積載部などを装備したもので、装甲は施していない。穿孔装置は車体発動機により運転する発電機から電力を受け、穿孔機で普通土、凍結土に電柱を直接植立するための穿孔を行なう。作業台は碍子のとりつけ、留線などの作業に用いる。電柱、電線は一〇キロ分積載している。

八、九七式延線車

九七式延線車は九七式植柱作業車と同じ車体を利用し、これに延線、巻線装置をつけたもので、植柱作業車で穿孔植柱した電柱に、九二式裸線を延線懸架して線路を完成する作業車

九七式延線車。九四式軽装甲車を利用した車体で延線装置の配置がわかる。

九七式延線車。写真は後部誘導輪が接地した型式、他にも細部の変化がよく分かる。

（上）試製半永久建築車、作業姿勢。（下）試製半永久建築車、運行姿勢。

である。

昭和十二年頃、那須、矢板町を中心とする東北線沿線地区における通信特別演習に、植柱作業車、延線車で編成した建築隊が参加し、実用試験の結果好成績を収めた。植柱作業車と延線車の組み合わせは、状況によって二対一、あるいは三対一の割合で運用すれば、旧来の建築要員に比べて人員を著しく減少し、労力を軽減して、建築線頭を師団の前進に追随させることができると判定された。

植柱作業車と延線車の一部は海外第一線において活躍した。

九、半永久建築車

半永久建築車は半永久線路の建築作業車で、九四式六輪自動貨車を利用し、車台上に穿孔装置、植柱および柱上作業に兼用する梯子設備、電線を延線する装置などをとりつけ、穿孔、植柱、延線、懸架などの作業を行なうものである。

穿孔錐はその回転軸を車台の後端にとりつけた高さ約四メートルの起倒式鉄塔で保持し、自動車エンジンの動力により錐を回転穿孔する機構である。穿孔速度は中径二五センチ、深さ一二〇センチの孔を約五分、凍結地でも約一〇分、かつ手掘りによる植柱よりも機械穿孔による植柱の方が堅固であった。

一作業隊に二、三台の建築車を配属し、交互に前進しつつ作業させれば、従来の手掘方式に比べて数倍の能率を発揮することができた。ただし多数整備するにはいたらなかった。

十、中・重延線車

野戦線路建設においては、簡単に大被覆線を架設することがあるが、その場合は友軍の交通により大被覆線が損傷を受けやすかった。このため新たに二対入りおよび四対入りキャプタイヤケーブルが開発され、この敷設のため六輪自動貨車を利用した重延線車ができた。延線速度は毎時六キロであった。

後に九七式延線車の延線装置と同一方式によるものを作り、中延線車と称した。野戦電信中隊あるいは師団通信隊の急速建設用として好適の器材であった。

十一、埋線建築車

埋線建築車はケーブルを敵弾から守り、また味方車両部隊による損傷を防ぐため、ケーブルを埋めて地下に線路を建設する作業車である。

東京瓦斯電気工業の試作で、六五馬力エンジン装備の装軌車車体の後端にとりつけた埋線鋤で、深さ四〇センチの溝を切り開きつつ、中径一六ミリの四対入りケーブルを敷設し、建築車自ら後方に牽引するローラーで地固めしながら前進する。埋線敷設能力は毎時一キロであった。

十二、九二式各種回光通信機

回光通信機は日光を鏡に受けて、これを所望の方向に反射させて通信する視号通信機で、日光のないときはアセチレンガスを光源とする光を送って通信した。前者を日光器、後者を火光器といい、長く電信隊および騎兵部隊用として重用されていた。

第一次世界大戦のとき、乾電池および電球を光源とする回光通信機が出現し、戦場において当時出たばかりの無線よりも重用されたが、戦後ドイツにおいては小型無線の装備を禁じられた関係もあって、相当研究が進められていた。

日本陸軍では昭和二年頃から開発が進められ、つぎの三種があった。

携帯回光通信機は重量一キロで、手回し発電機を電源とし、五ワットの電球を点滅して通信するものである。歩兵用で通信距離は昼間三キロであった。

小型回光通信機は一五ワットの手回し発電機を電源とし、反射鏡の径が一〇センチ、脚の上に装置して使うもので、通信距離は昼間六キロだった。紫外線装置をつけることもできた。主に通信隊で用いた。

中型回光通信機は四〇ワットの手回し発電機を電源とし、反射鏡の径二〇センチ、脚上に装置して使うもので、通信距離は昼間一〇キロ、紫外線装置をつけることもできた。電信隊および騎兵用である。なお従来の日光器は騎兵隊などの特別用途に供するため、保管されていた。

防空用通信器材は主としてつぎの器材からなり、第一回試作品は昭和九年頃、東京の東部防衛司令部に設置され、ついで第二次、第三次の試作品が中部、西部防衛司令部に設置された。

特殊情報送信機、特殊情報受信機

特殊情報表示機、特殊情報伝達標示装置

20センチ回光通信機

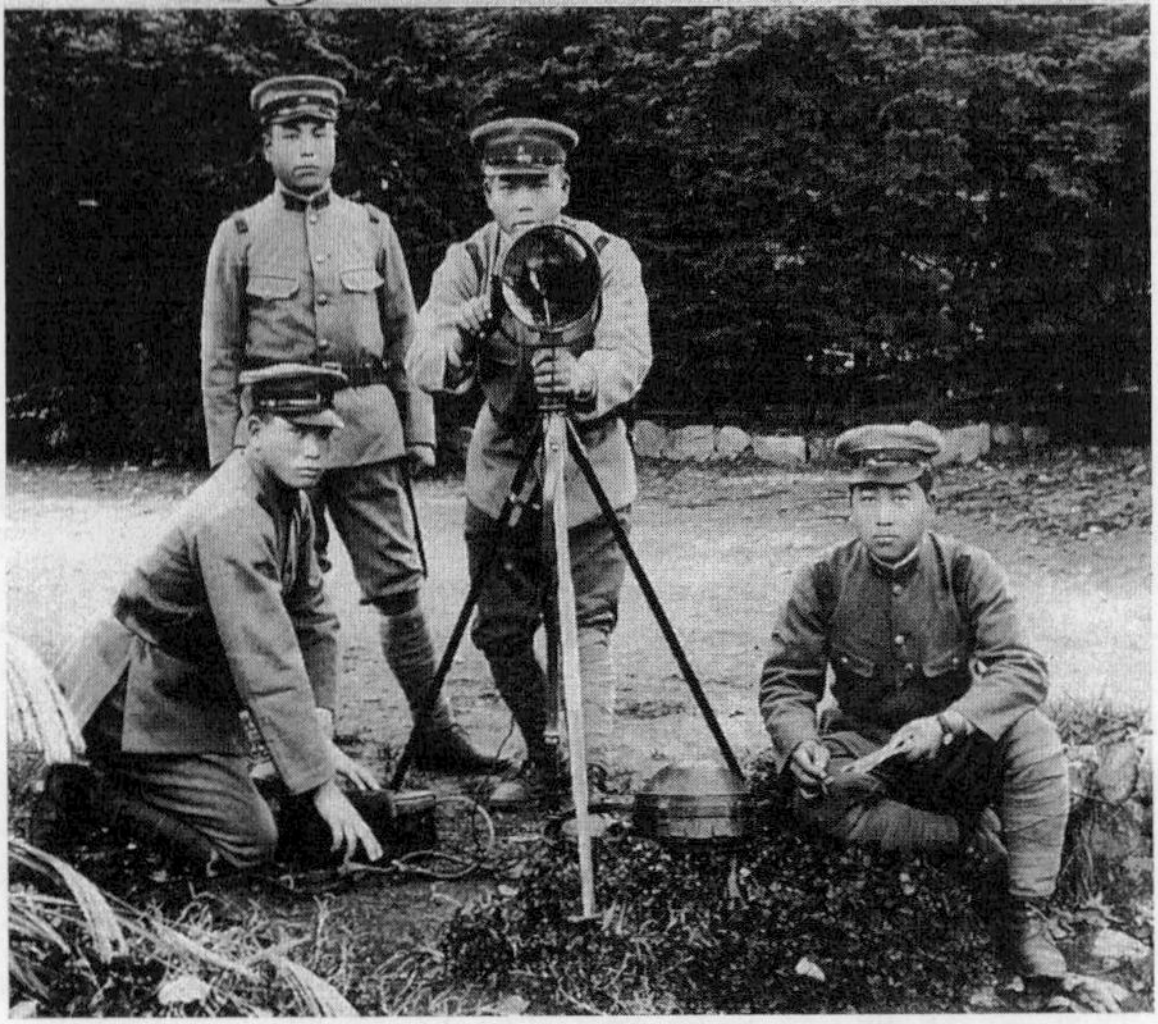

30センチ回光通信機。

九二式携帯回光機

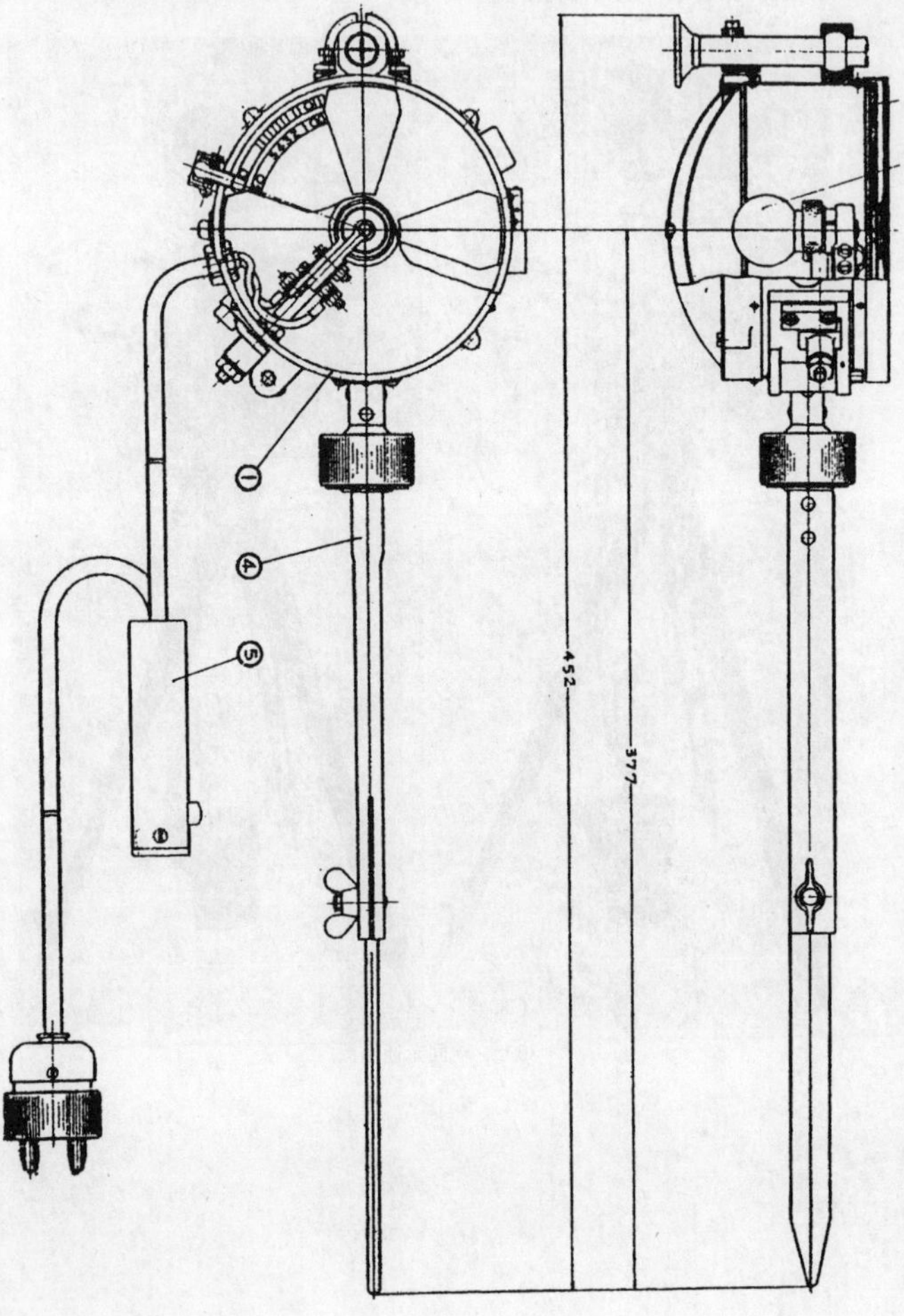

灯火管制中央制御装置、ラジオ放送装置
特種監督司令通信機

十三、終戦時における通信部隊の種類と部隊数

電信連隊	五四
独立有線中隊	四七
野戦電信中隊	四
特殊無線隊	一
超短波無線中隊	五
固定通信隊	一二
独立通信作業隊	七一
独立無線小隊	八二
独立無線中隊	四
船舶通信大隊	五
船舶通信連隊	一

測量器材

一、測量のはじめ

明治四年七月、工部省に新たに測量司を設け、全国測量に着手する一方、兵部省に参謀局

を新設し、その編成内に間諜隊と称し、平時には地理の偵察、地図の編纂などをつかさどる機関が設置された。前者は陸地測量部の発端で、後者は兵要地誌班となったものである。

明治の陸軍が一番最初に力を注いだのは地図の編纂であった。寛政年間に伊能忠敬によって作成されたいわゆる伊能図には三種があって、大図は三万六〇〇〇分の一、中図は二一万六〇〇〇分の一、小図は四三万二〇〇〇分の一と区別し、その中図こそが明治初頭における輯製二〇万分の一の骨子になったもので、いかに正確であったかがわかる。

これを基礎とし、天保年代に各藩で作られた地図を合わせて、急遽、国内の地図を編纂した。ところが西南の役でその地図を使ってみたところ、縮尺が小さ過ぎて使いにくかったということが反省され、もう少し大きい縮尺で作ることが要望された。

当時は内務省をはじめ各省で測量業務をやっていたが、明治十七年に陸軍が国の地図作成の中心となって整備していくことに一元化された。同年、内務省で実施されていた大三角測量の機材も全部陸軍に譲渡された。

明治二十一年に陸地測量部が発足し、終戦直前まで、工兵が中心となって運営されていた。明治十七年に策定された測量計画により、縮尺は当初フランスにならって二万分の一で作り始めたが、これでは時間がかかりすぎるというので、明治二十三、四年頃に五万分の一に変更し、大正十四年に全国的に完結した。

戦後米軍が進駐してきて、空中写真を撮影して地図を作り始めたところ、平地は陸地測量部の地図とピッタリ合いすぎて、途中で止めてしまったという話がある。陸地測量部が完成した五万分の一の地図と、日本全国にめぐらした三角点、基準点は今日のわれわれの生活に役立っている。

二、満州における測量

大陸においては満州事変とともに野戦測量隊が編成され、地図のきわめて不完全な満州において作戦に従い、応急図を作成して作戦に寄与した。事変の進展にともない、匪賊の妨害を排除しつつ、広大な地域の三角点を編成し、重要地域の測図に着手した。

満ソ国境に設定されていた標識第二十一号。

昭和十三年頃、満ソの国境は依然として不明確な点が多く、一方、昭和十二年七月には黒龍江中流にあるカンチャーズ島事件があり、十三年八月には東部北鮮国境張鼓峰事件があって、一日も早く満州国地図の整備が求められていた。

昭和十四年にはノモンハン事件が発生した。戦場付近の地形は地図と対照する目標物がまったくない砂漠地帯であったため、地図上自己の位置さえわからない始末だった。急いで測量隊を編成し、空中写真を利用して、道標および目標物の設置と、これを図上に明示し、空中写真図と併用すれば現地との対照ができるよ

携帯写真機

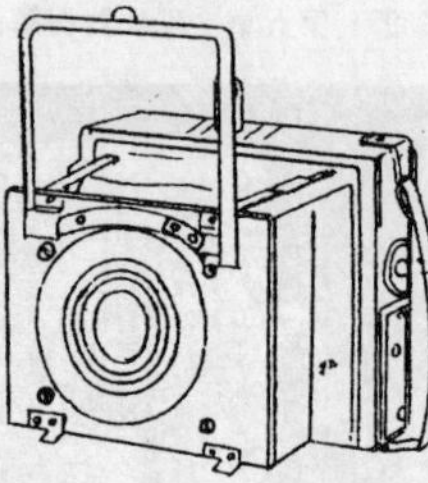

九五式望遠写真機

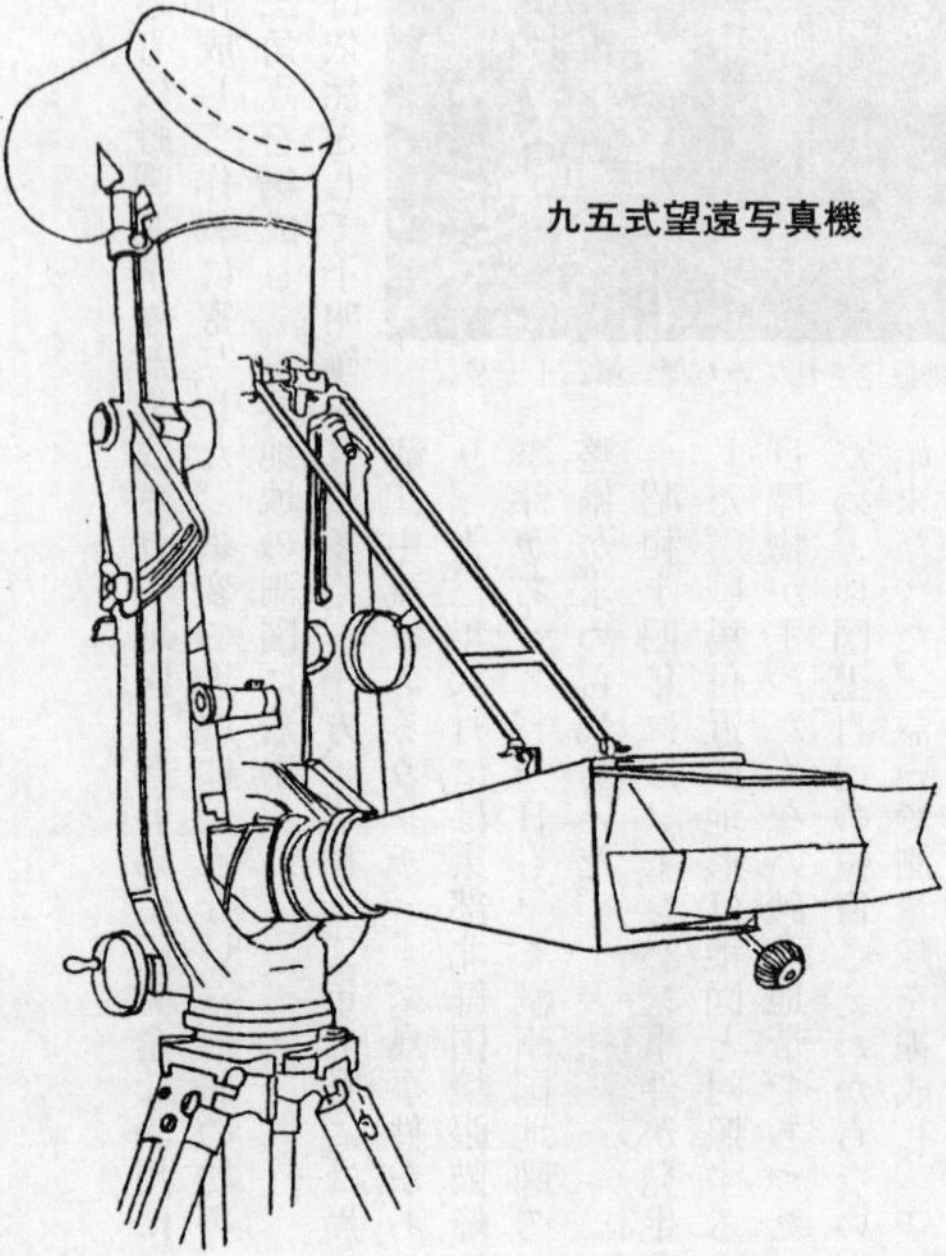

潜望経緯儀。

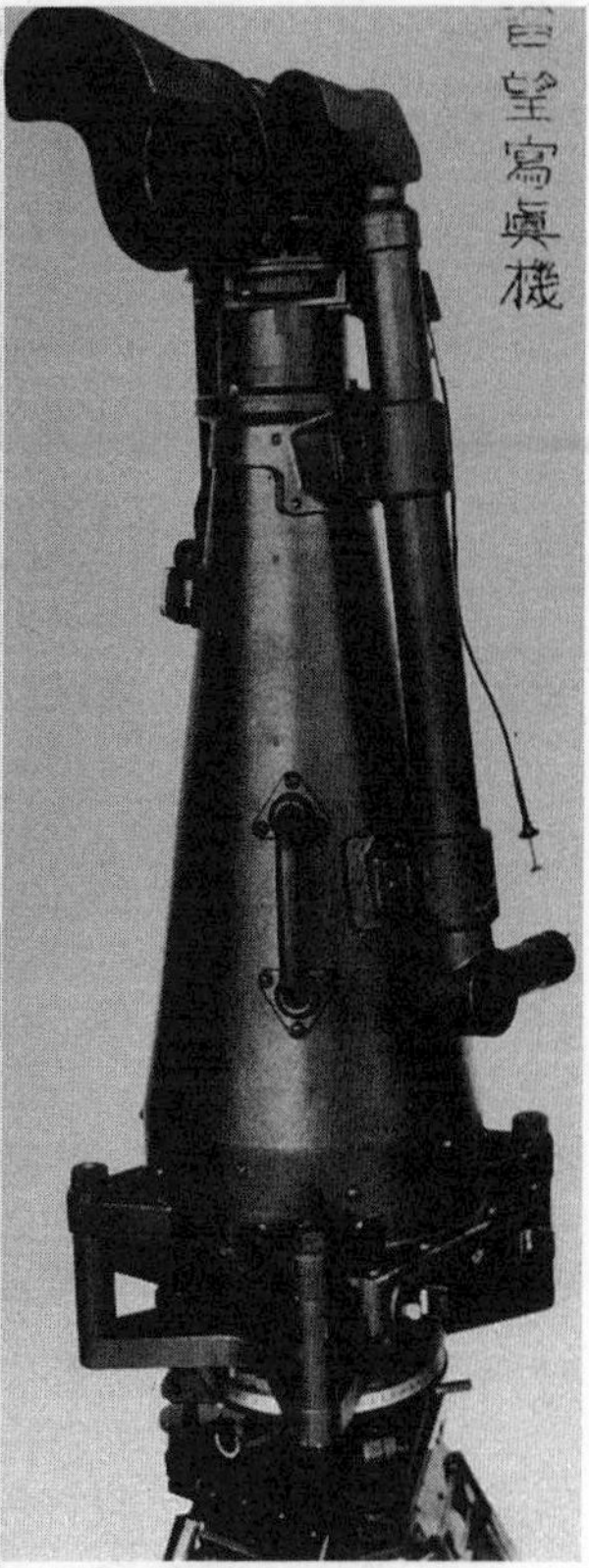

(上)潜望写真機。
(下)測量器材、実体刻標器。
戦場の空中写真測量に用いる。

潜望式経緯儀
昭和7年12月9日制定
重量19.42キロ

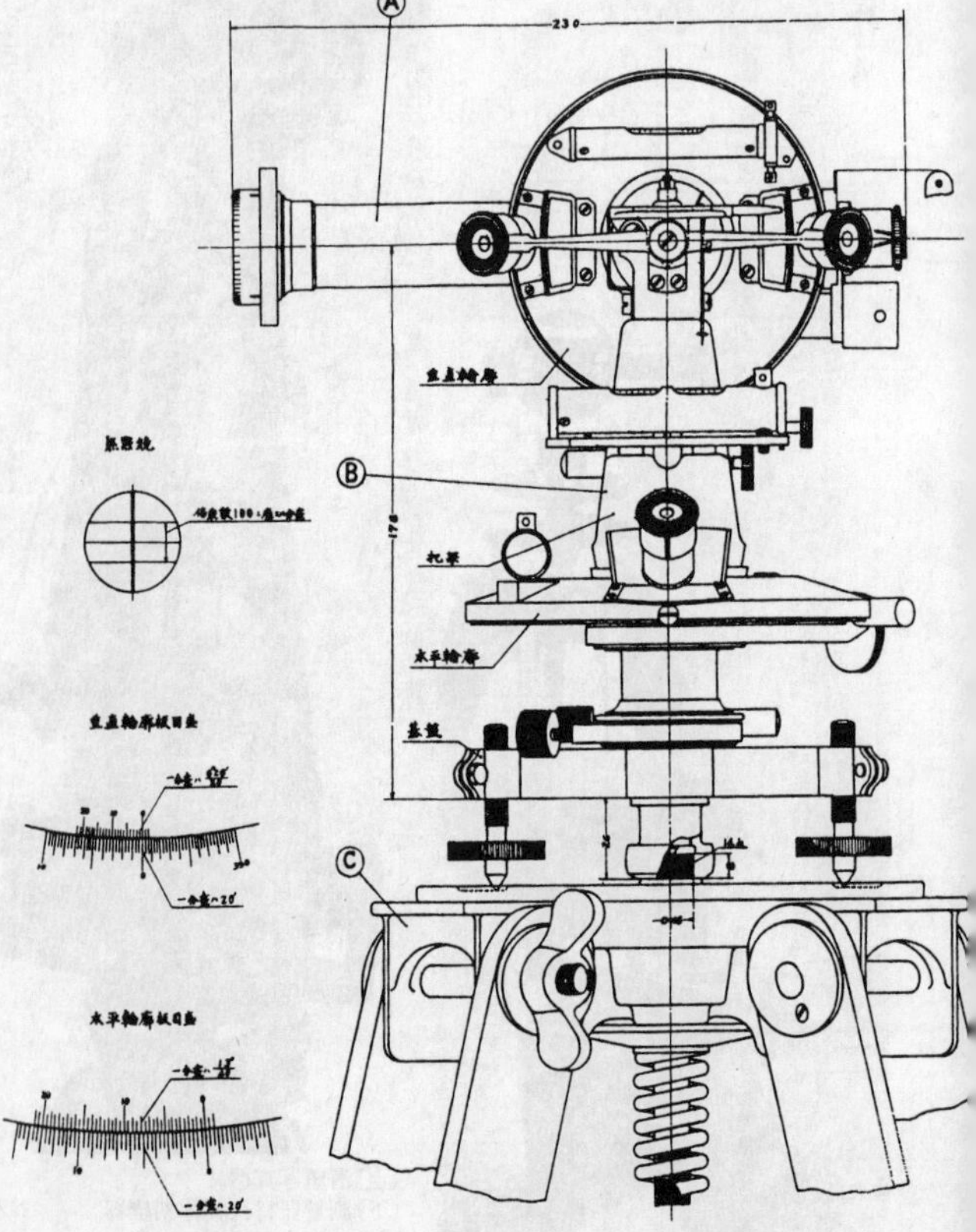

潜望式経緯儀

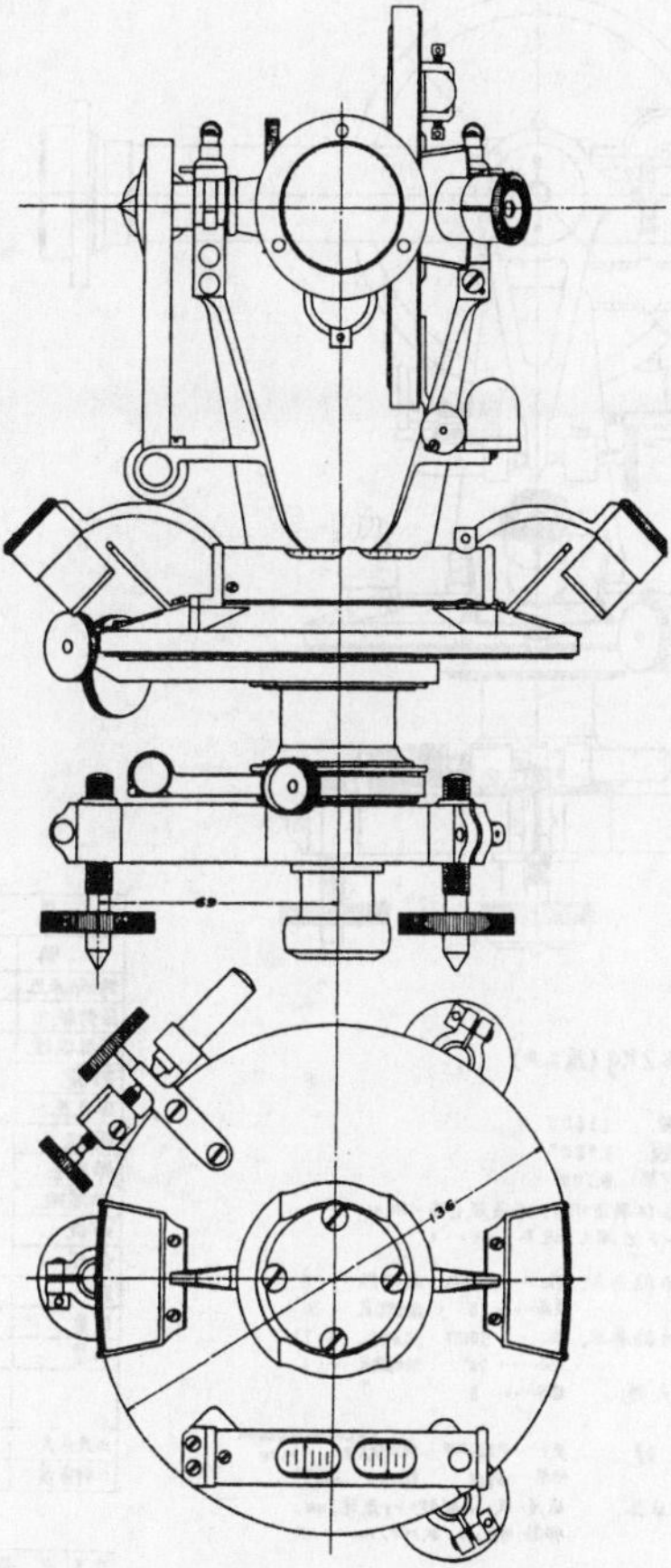

潜望式経緯儀

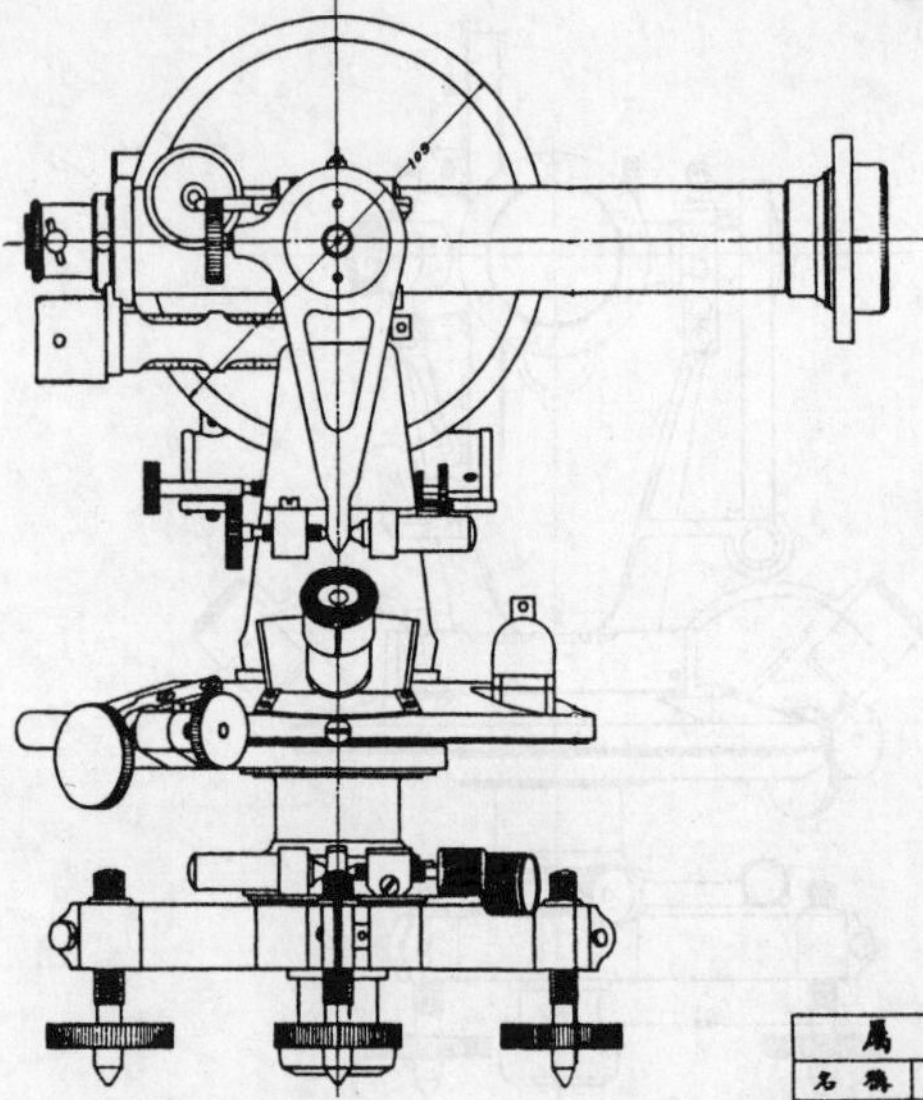

総重量 19.42Kg.(属品共)

各部重量 { 眼鏡 1.140g / 本體 2.980" / 三脚架 8.700"

註記 本器(三脚架ヲ除ク)ハ普通販賣品ニ類ス
但シ下記諸元ニ適合スルモノトス

諸元
- 水平輪廓板 径 ……120mm 遊標数 …… 2
  目盛 …… 20′ 遊標読度 …… 30″
- 垂直輪廓板 径 …… 90mm 遊標数 …… 2
  目盛 …… 20′ 遊標読度 …… 1′
- 擴大鏡 倍率 …… 8
- 眼鏡 長サ ……約230mm 對物鏡 { 焦点距離 ……約210mm / 径 …… 25mm
  倍率 ……約19 視界 ……約1.5°
- 水準器 感度ハ気泡ヲ鋭敏ニシテ気泡1mmノ移動ハ角度ニ於テ次ノ如クスルモノトス

托架水準器 ……… 約 25″
水平遊標板水準器 ……… 約 25″
跨状水準器 ……… 約 8″
照準部水準器 ……… 約 10″

属品表		
名稱	重量	摘要
跨状水準器	140g	
磁針板	400g	
擴大鏡	340g	
彩鏡		
導光器		
螺廻		
掃除筆		
棒螺廻		
油瓶		
垂球		
匣	4,750g	
匣嚢		
雨覆	75g	
二米巻尺	47g	[illegible]
三脚架嚢	900g	[illegible]

符号	名称	摘要
A	眼鏡	
B	本体	三脚架ニ取付クルねじ部ハ[illegible]

九五式大舟艇羅針盤

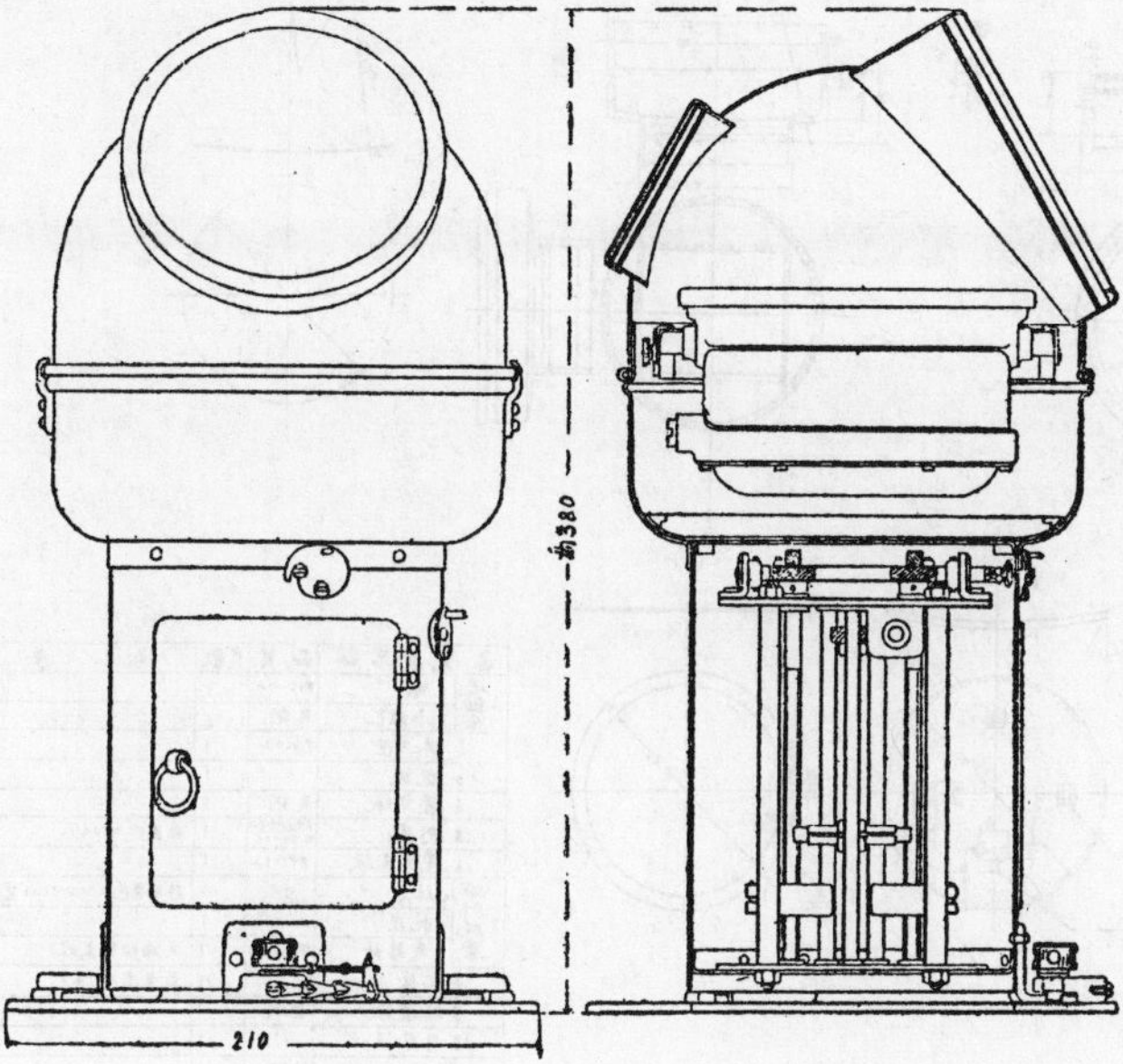

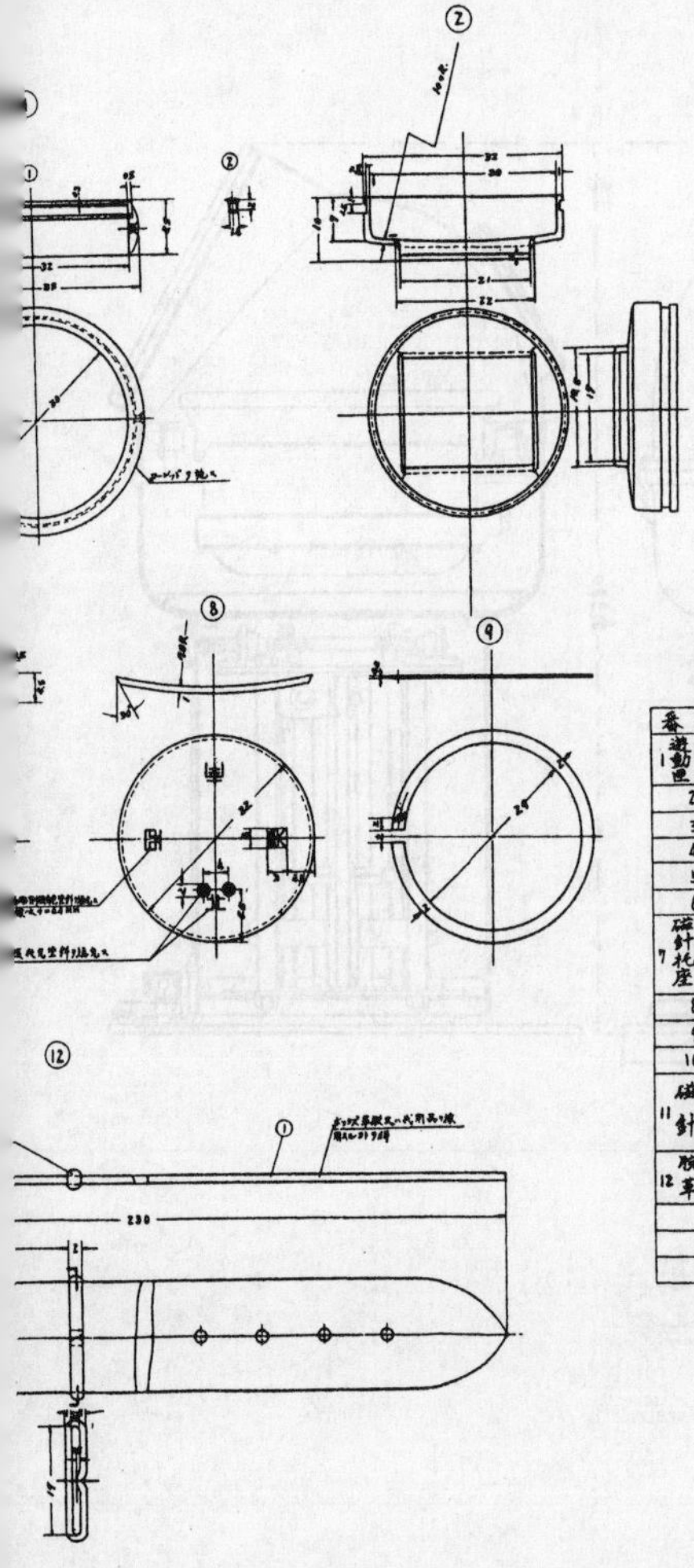

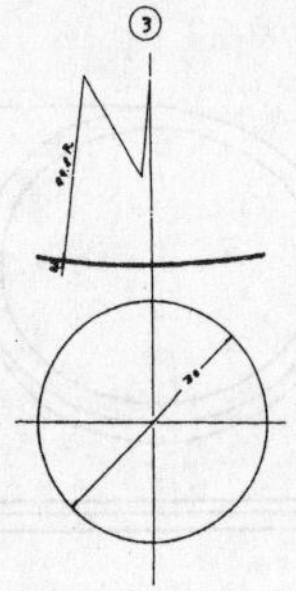

番號及名稱		品質	員數	摘要
1 遊動匣	1 体	アルミニウム	1	
	2 小ねじ	黄銅	2	
2 体外匣		アルミニウム	1	
3 底板		〃	1	
4 壓定環		黄銅	1	
5 円蓋		[illegible]	1	無色透明ノモノ
6 壓定底板		アルミニウム	1	
7 磁針托座	1 体	〃	1	内面黒色エナメルペイント塗
	2 托座	〃	1	
	3 支持針	[illegible]	1	尖端部熱處理
8 窓蓋		[illegible]	1	無色透明ノモノ
9 駐座環		黄銅	1	
10 目盛板		〃	1	
11 磁針	1 体	磁鋼	1	
	2 托座	アルミニウム	1	
	3 針受	瑪瑙	1	
12 腕革	1 体		1	普通販賣品
	2 制限駐板	アルミニウム硬質	2	

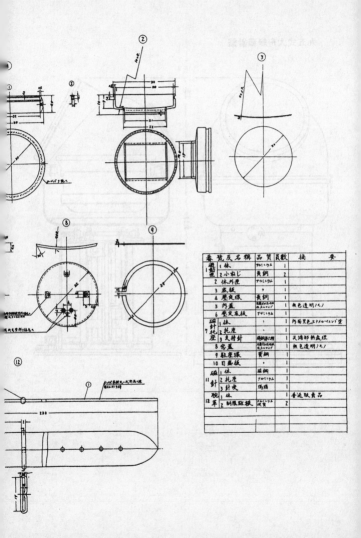

九八式夜光羅針

昭和14年10月３日制定

重量24グラム

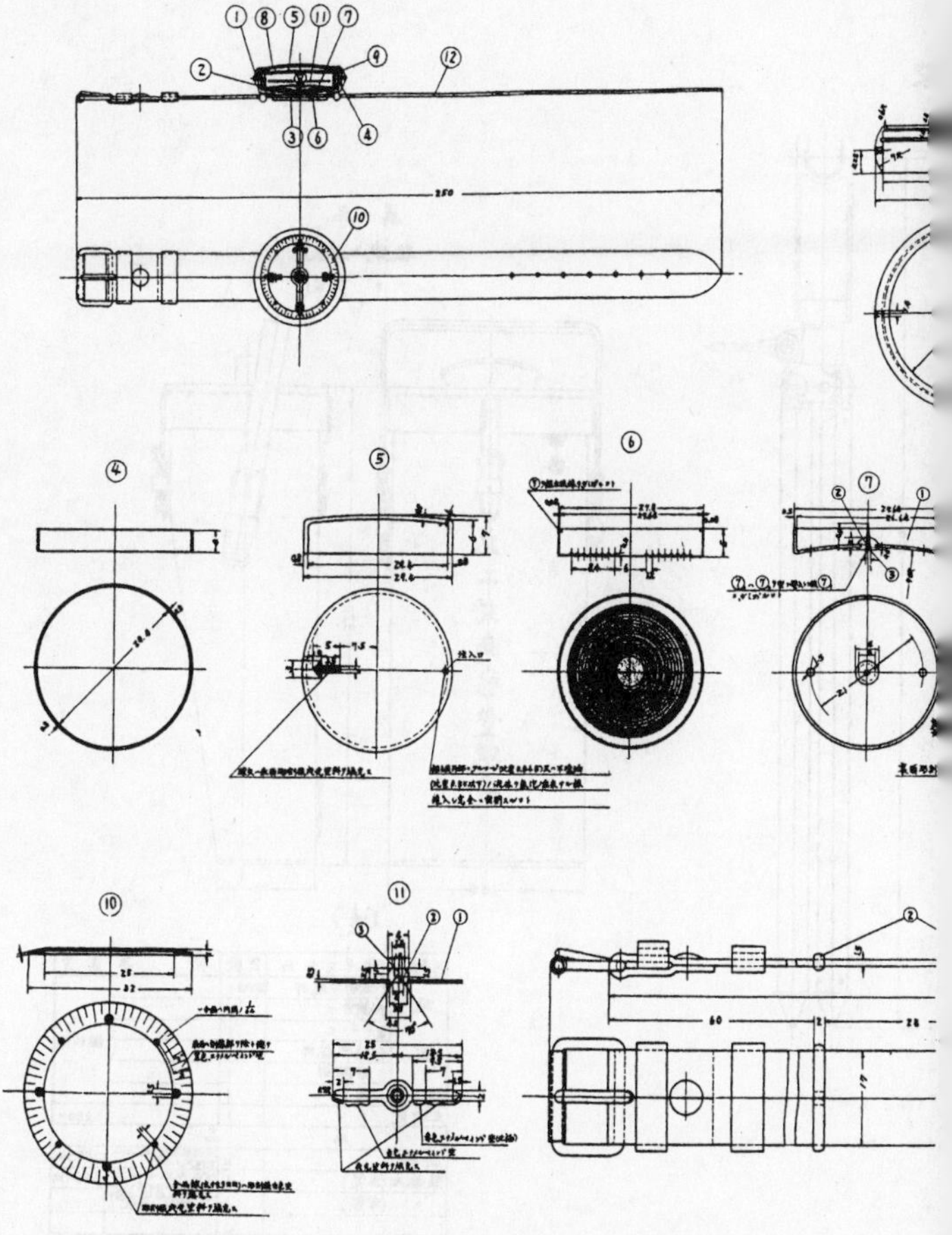

九二式角形雙眼鏡

昭和８年４月10日制定
重量2.1キロ

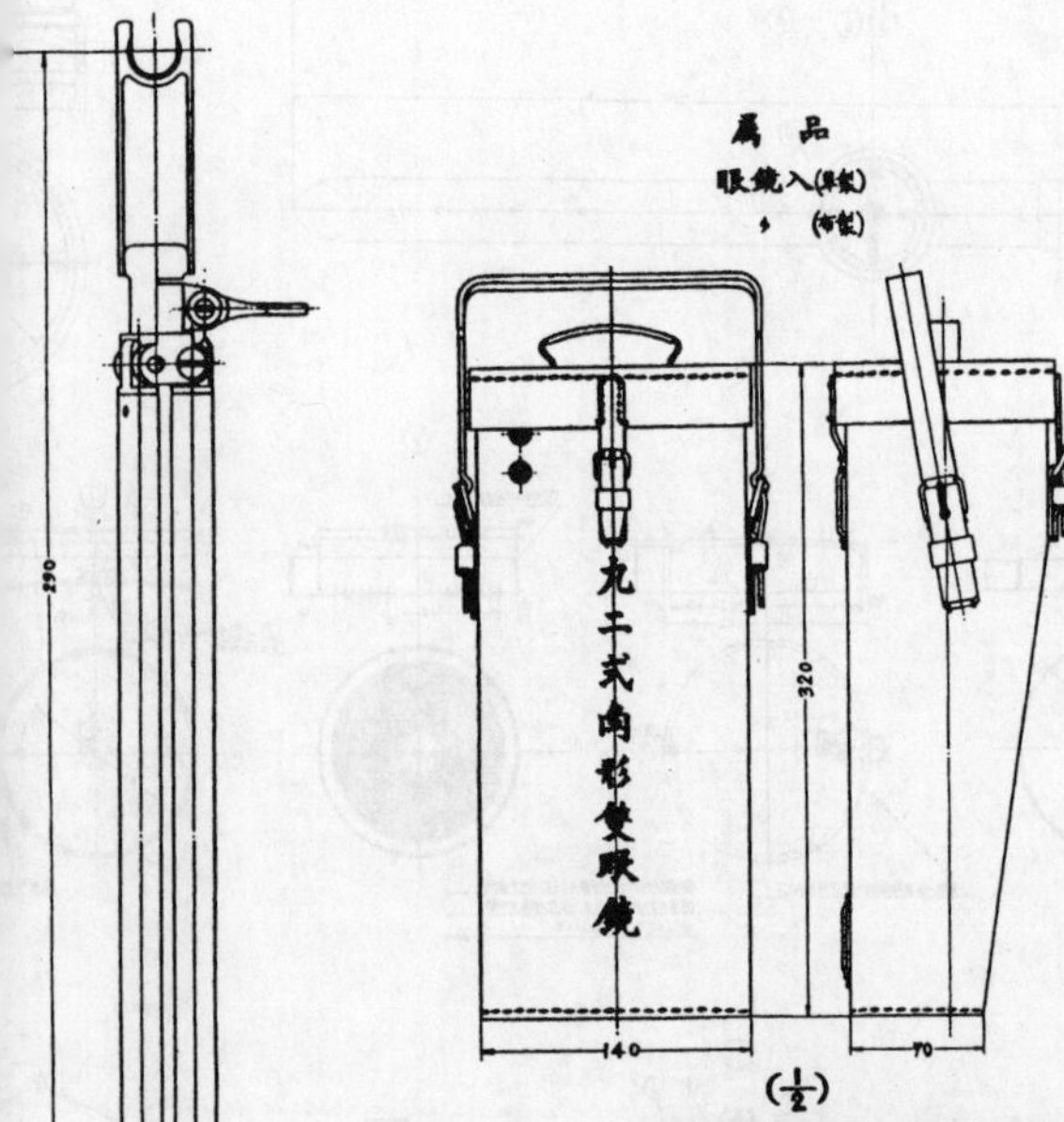

區分名称	番号及名称	員数	摘要	重量
眼鏡	1 對物眼鏡部	[illegible] 1		1.010kg
	2 鏡筒 [illegible]	1		
	3 〃 [illegible]	1		
	4 接眼鏡部	[illegible] 1		
	5 連繋部	1		
	6 吊革	1		
三脚架		1		0.280〃
属品				
刷毛		1	[illegible]	0.003Kg
眼鏡入(革製)		1	[illegible]	0.807Kg
〃 (布製)		1		

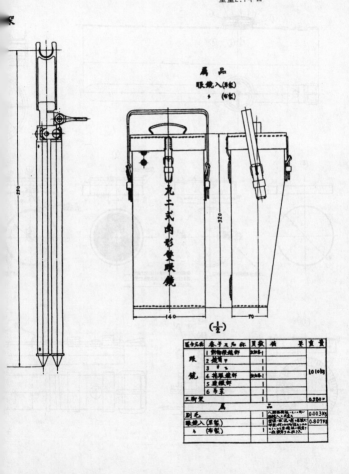

眼鏡

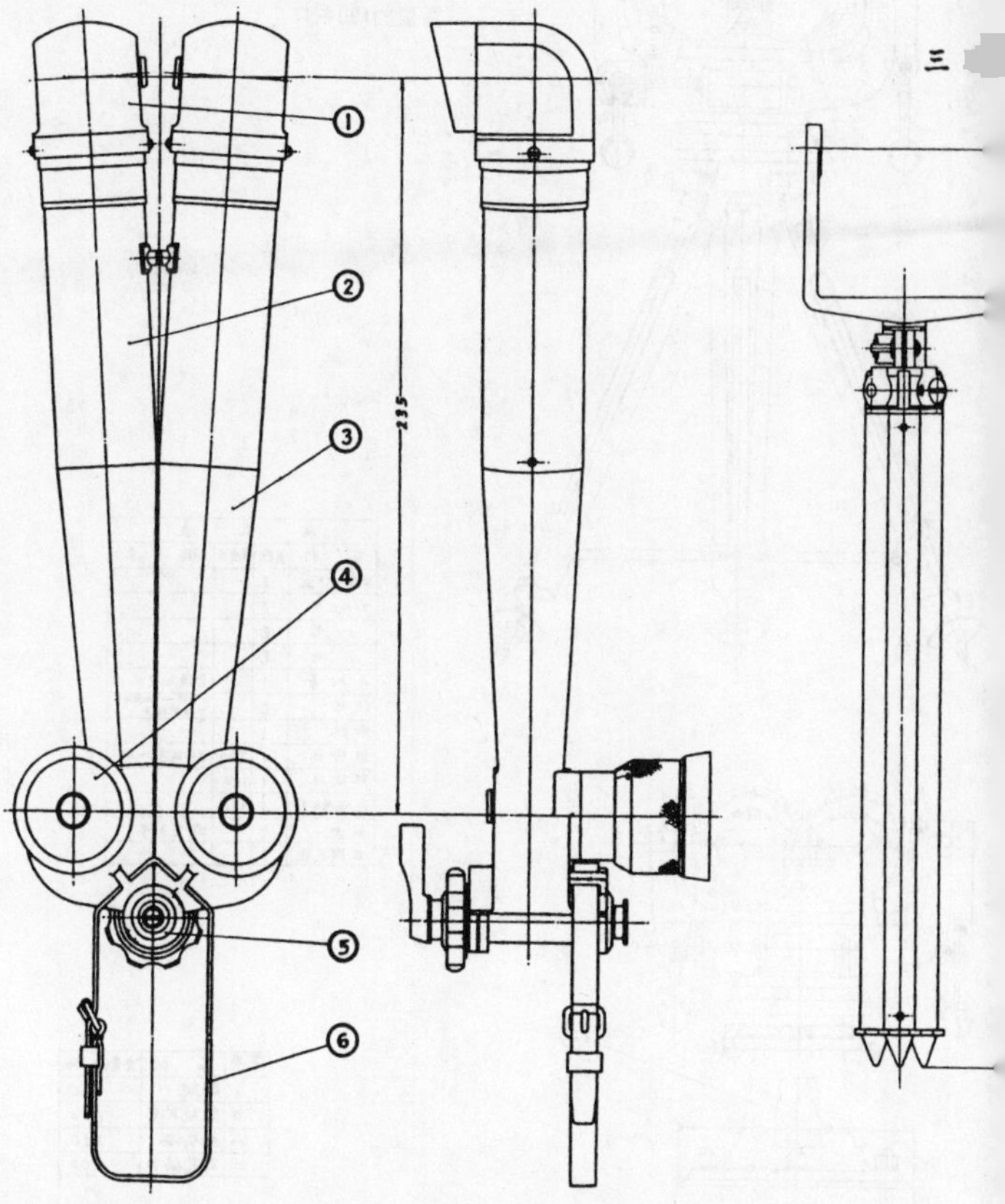

特九七式十五センチ双眼鏡

昭和17年4月6日制定
重量約190キロ

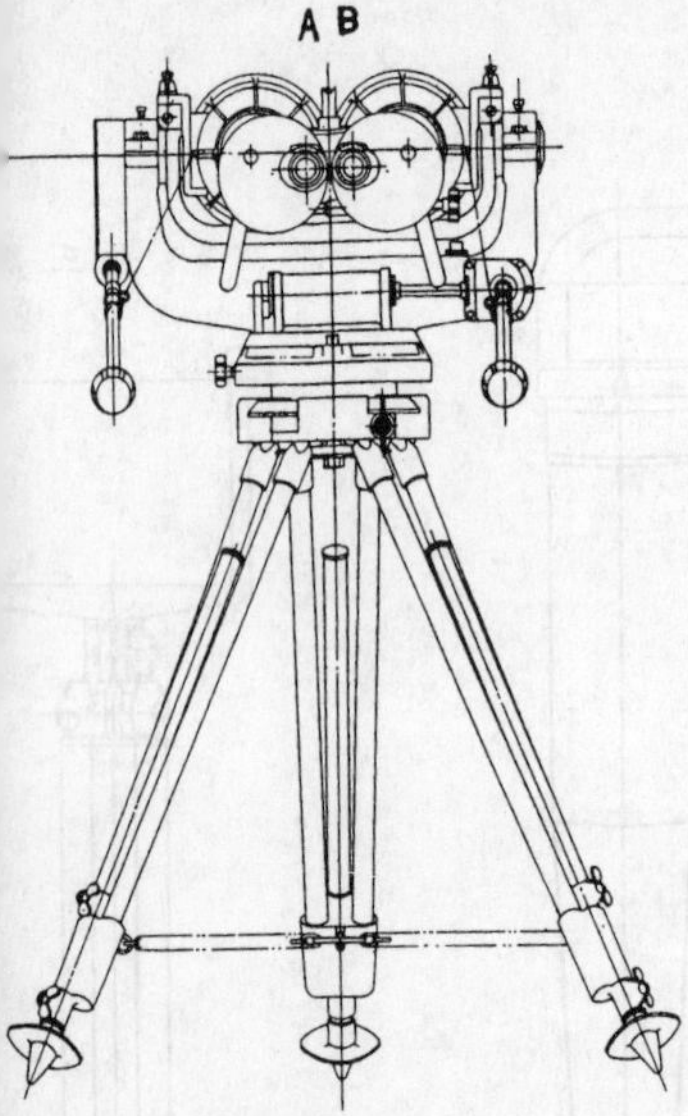

属品表			
名称	員数	単重量	摘要
対物レンズ蓋	2		
フィルタ甲	2		
〃乙	2		
〃丙	2		
手入筆	1		普通販売品
拭布	2		約300mm(木綿布)方形軟絹布
雨被	1		
照明具	1	2.0kg	重砲観測具ニ同シ
眼鏡箱	1	39.0〃	
眼鏡托架箱	1	30.0〃	
健大	4		内第50号
三脚架袋	1		

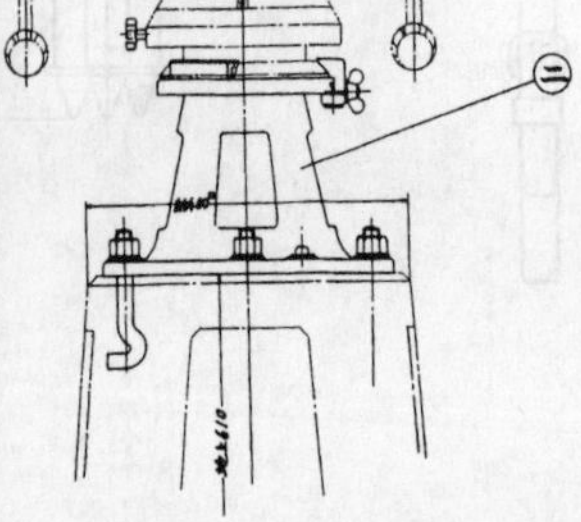

符号	名称	重量(kg)約
イ	眼鏡	50.0
ロ	眼鏡托架	30.0
ハ	三脚架	21.0
ニ	固定架台	20.0

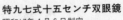

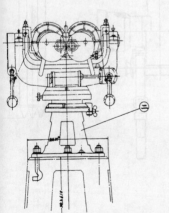

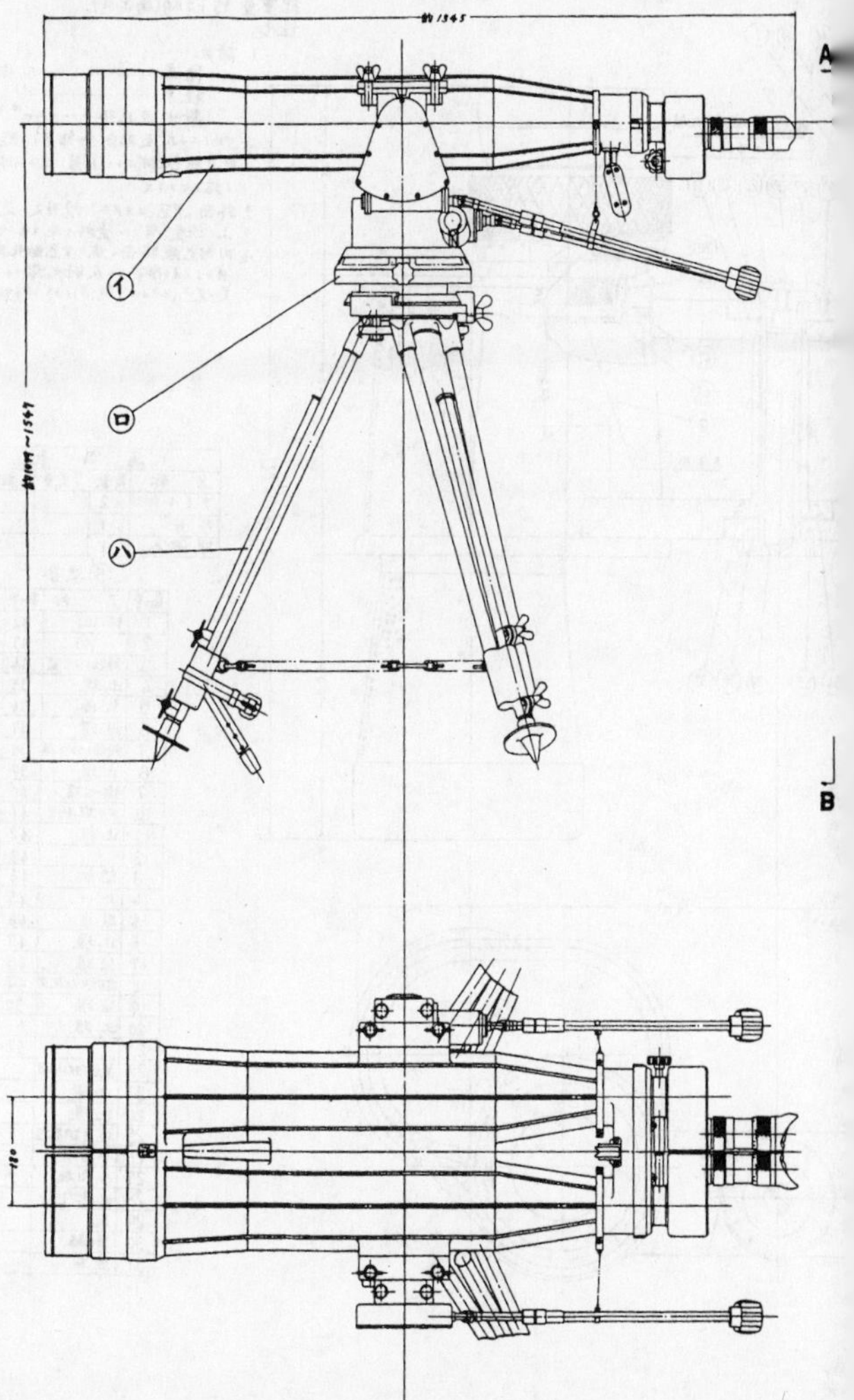

約1345
A
イ
ロ
ハ
B
180

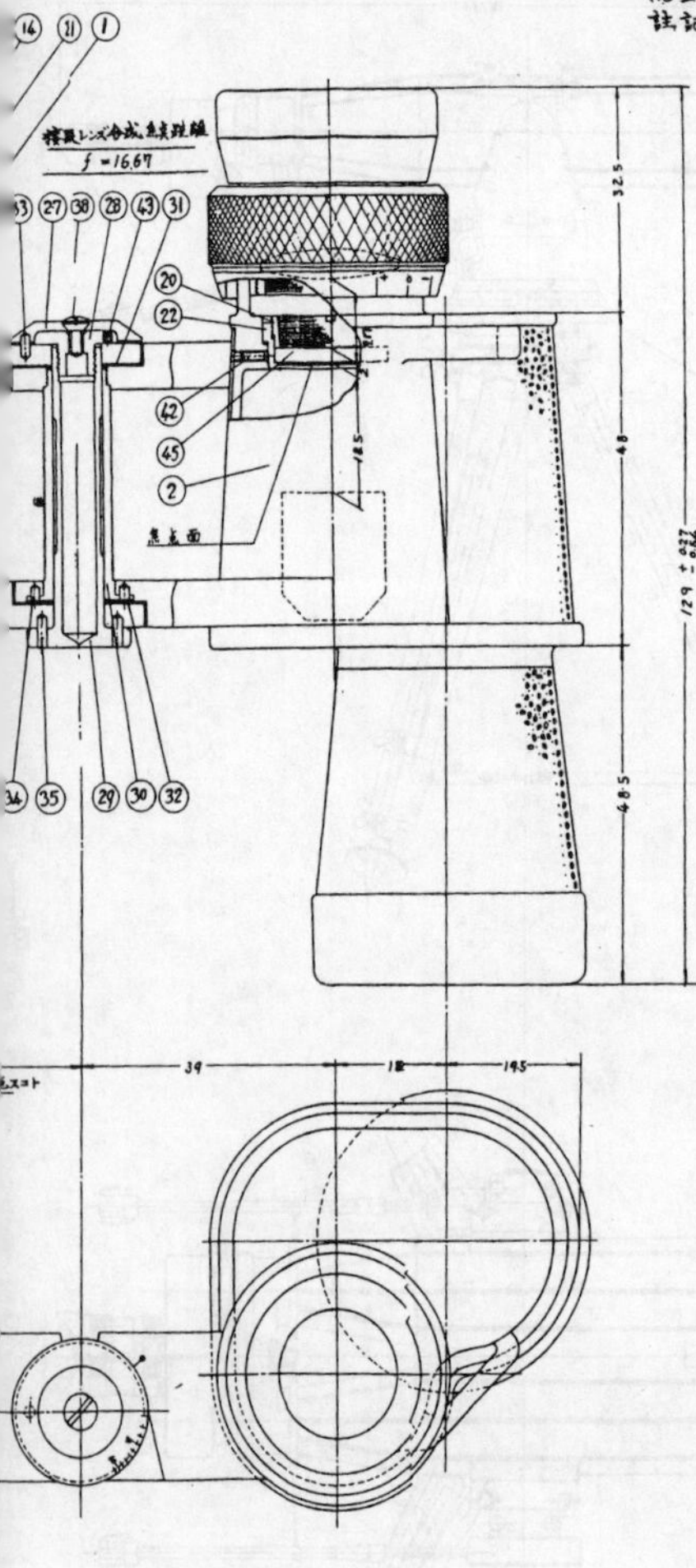

総重量 約1.3Kg(属品共)

註記

1. 諸元

倍率----------------8 倍

視界----------------7°

射出瞳孔径---------4 mm

2. 「アルミニウム」及同合金部品ニハ総テ黒色酸化皮膜(理研「アルマイト」若クハ之ト同等以上ノモノ)ヲ施スモノトス

3. 外面ハ黒色「エナメル」ノ焼付又ハ之ト同等以上ノ強度ヲ有スル塗料ヲ施スモノトス

4. 内部光線路面ニ施ス黒色酸化皮膜ハ艶消トス 但シ有害ナル反射光線アル場合ニハ更ニ黒色「エナメル」(艶消)ノ焼付ヲ施スモノトス

属品表

名称	員数	單重量	摘要
フィルタ	2		
吊革	1		
眼鏡入	1		

⑤欠番

番号	名称	番号	名称
1	体(左)	32	坐板
2	〃(右)	33	ピン
3	対物レンズ筒	34	〃
4	止環	35	〃
5	欠番	36	小ねじ
6	被環	37	〃
7	対物レンズ托環	38	〃
8	止環	39	〃
9	偏心環	40	〃
10	プリズム托坐	41	塞ねじ
11	止板	42	止ねじ
12	〃	43	〃
13	間坐	44	〃
14	キー	45	焦点ガラス
15	眼当	46	ガラス板
16	止環	47	プリズム
17	坐環	48	〃
18	接眼レンズ托筒	49	対物レンズ
19	坐環	50	接眼前レンズ
20	止環	51	〃中〃
21	〃	52	〃後〃
22	焦点ガラス托環		
23	止環		
24	托環		
25	視度調整環		
26	分画環		
27	分画板		
28	止ねじ		
29	軸		
30	外軸		
31	坐板		

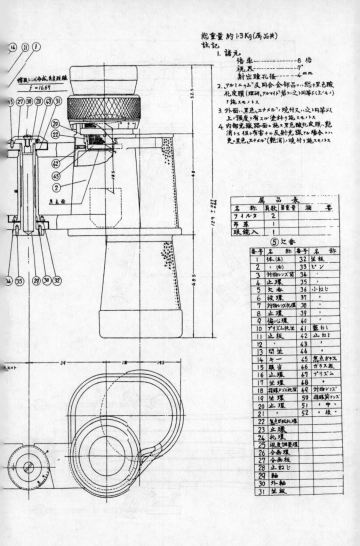

二式八倍双眼鏡

昭和18年 8 月 9 日制定

重量約1.3キロ

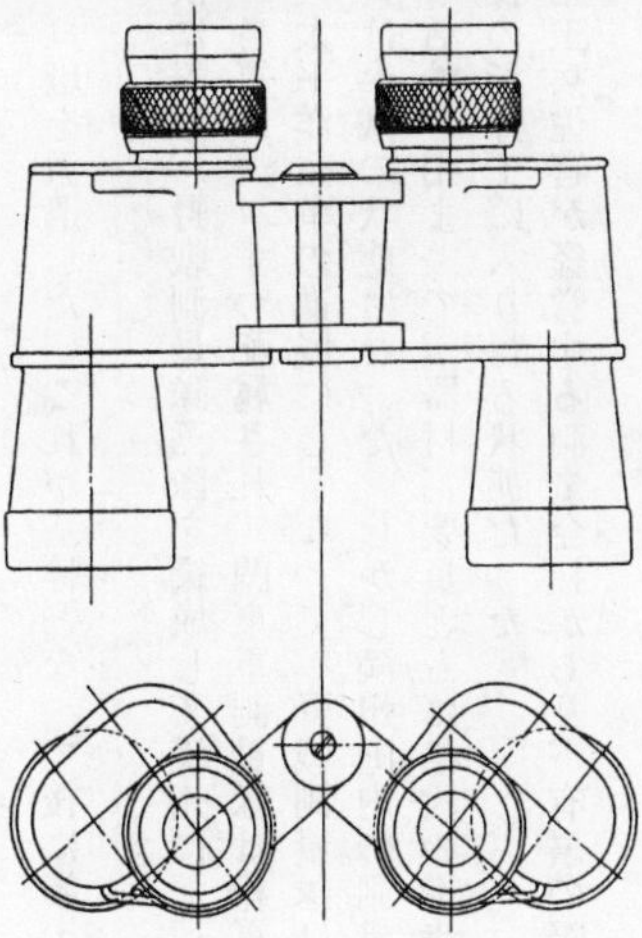

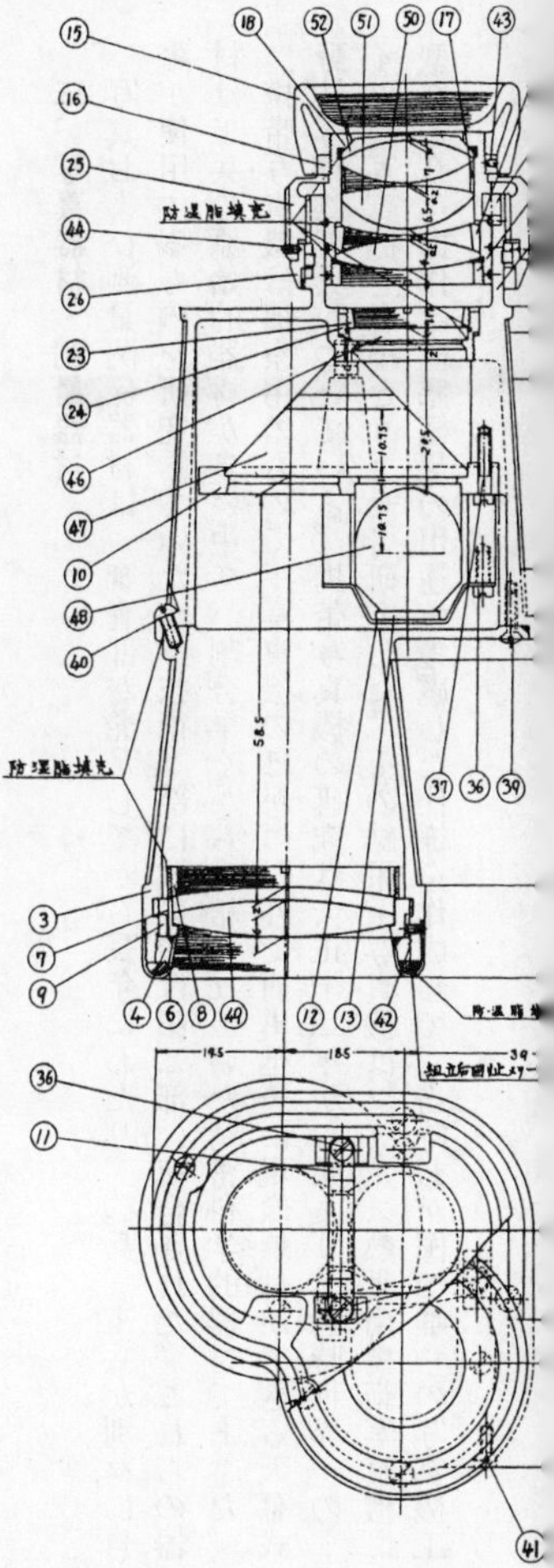

うに印刷能力をもつ一コ班を派遣した。これが基幹となって後に第十四野戦測量隊を編成した。

昭和十六年、関特演に際し、野戦測量隊三隊を編成して満州に派遣した。これらの野戦測量隊は、東部、北部の各軍に一コずつ配属され、関東軍測量隊は総軍測量隊となって、戦時態勢を整えた。その後太平洋戦争の進展にともなって、野戦測量隊は逐次南方に転属され、終戦直前にはその人員は半減の状態になった。しかし満州国内の測量局は年々拡張され、満州航空会社の写真処の活動と相まって、器材、要員ともに格段の進歩をみ、必要があればいつでも関東軍測量部長の指揮下に入り得る状態だった。

その他、民間には元工兵佐官が経営する測量会社があり、有事の際には一コ野戦測量隊ぐらいの能力はあった。

三、写真器材・測量器材

写真および測量関係器材は、審査部が発足してから長年にわたり、砲兵、工兵が別々に自隊が使用するものを研究していたが、技術本部に改変後は第二部に統合された。これらの器材は工兵の原始的器材が多い中で、割合早くから支給されていた精密科学的器材であった。

携帯写真機は偵察用のもので、写真機のほかに野外で簡単迅速に現像焼付ができる天幕式野外写真処理具がついている。携帯写真機の研究は大正十二年から始まり、当時世界一のドイツ製写真機を各種とりよせて研究した。その結果、写真機はツァイス熱帯用携帯写真機に型をとり、操作は極寒極暑の用途を考慮した仕様を作成して、当時わが国で唯一の写真機工業会社であった小西六商会に試作発注した。その後、一時研究中断となっていたが、昭和二年に改修が完了し、工兵隊に装備されることになった。

三メートル望遠写真機は満ソ国境の情況偵察用として要求されたもので、昭和十年に完成し、数十台整備されて、主として工兵隊に装備され、国境の情況偵察に使用された。

三メートル望遠写真機についで焦点距離二メートルの望遠写真機が二、三〇〇台製作された。また、歩騎砲工各部隊に望遠写真機が必要とされるようになり、昭和十六年に一メートル望遠写真機が完成し、各部隊に支給された。このほか五メートル望遠写真機も試作された。

潜望経緯儀は塹壕内から測量する潜望高一メートルの経緯儀で、大正十五年に試作、昭和二年に改修完了したものである。

測距経緯儀は距離の測量と精密多角測量用の器材で、大正十四年に試作後、工兵部隊に装備された。

九二式測距機は昭和七年に完成し、工兵隊に装備されたもので、渡河作業などのため、簡単に測距ができるほか、偵察測量、多角導線測量にも使用された。使用が便利で軍用以外にも使用された。測距範囲は三〇～一五〇〇メートル。

空中写真を用いて、野戦における作戦指導図を迅速に作成する要求にもとづき、大正十五年、ドイツのツァイス社から自動偏歪修正機を輸入して基礎研究を行ない、同時に実体曲線描画機の製作を日本光学に、野戦速刷機の製作を岡村製作所に注文した。昭和三年に試作品ができ、航空部隊の協力を得て内地および朝鮮における試験の結果、昭和五年に器材一式の改修を完了した。この後、水戸地方陸軍大演習に参加して迅速航空写真測量の実用試験をへ

野戦速刷車。戦場での空中写真測量にともなう、地図の迅速印刷を行なう車両。オフセット印刷で、毎分25枚、印刷面縦570ミリ、横400ミリ。

照明器材、九三式百五十センチ探照灯。射光機、隔離操縦機、発電自動車からなり、照明距離は約8キロ。

て、制定されたものである。
本器材は自動偏歪修正機一（初め輸入、後に岡村製作所製）、実体曲線描画機一（日本光学製）、野戦速刷機一（岡村製作所製）からなり、工兵学校で教育を施し、野戦測量隊の編成にともない、これに装備された。
このほかに余色式空中写真製図機が昭和十三年頃に試作された。空中写真から簡単に地図を製作するもので、日本光学で試作したが、採用にはいたらなかった。

照明器材

照明器材にはつぎのようなものがある。
九二式隠顕灯、隠顕アセチレン灯、大アセチレン灯、小アセチレン灯、九二式微光灯、九二式三十糎探照灯、九七式三十糎探照灯、水上照明筒、無電池携帯電灯
九二式微光灯は夜間における指揮連絡および地図、報告などを見たり、書いたりするときの照明用で、認識距離を二〇〇、三〇〇、四〇〇メートルに転換し、制光することができた。
夜光塗料はとくに発光の持久性が大きい夜光塗料を研究し、夜光経始縄、指揮棒などを作った。渡河点や進路の表示に有効に利用された。

化学戦闘器材

一、九四式甲号消車

本車は持久ガス地帯の消毒に使用するもので、前車と後車からなる。前車は九四式軽装甲

重量　1.3kg（属品共）
註記　発電機ノ把柄ヲ完全ニ巻キ点燈シタル際
　　　発電機巻線ノ両端電圧ハ下記ノ通トス
　　　1 点燈ノ初期ニ於ケル電圧　約3V
　　　2 点燈開始ヨリ1.5分時間
　　　　経過後ニ於ケル電圧　2.4V以上

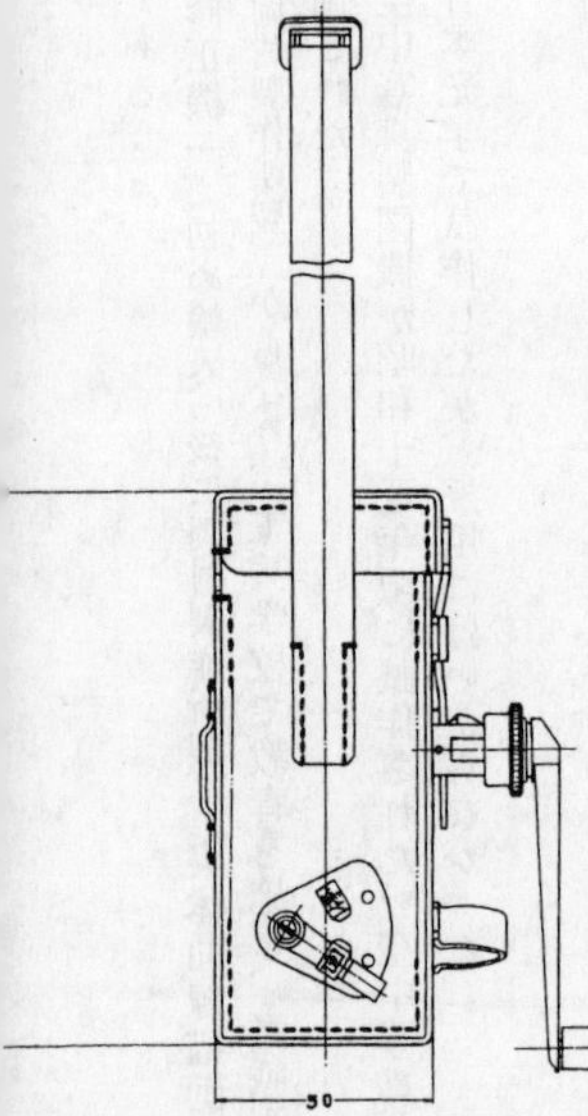

属品

油差

ねぢ回

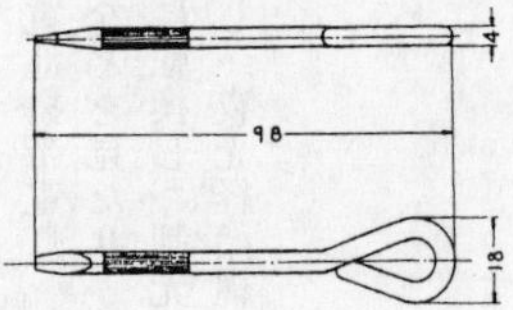

符号	名称	員数	摘要	重量
Ⓐ	燈	1		1,280g
Ⓑ	発電機	1		
Ⓒ	鞘	1		
属品				
区分名称		員数	摘要	重量
油差		1	鞘ニ収入ス	10g
ねぢ回		1	〃	10〃

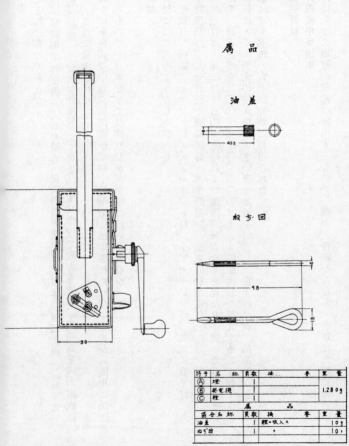

無電池携帯電灯

昭和12年10月14日制定

重量1.3キロ

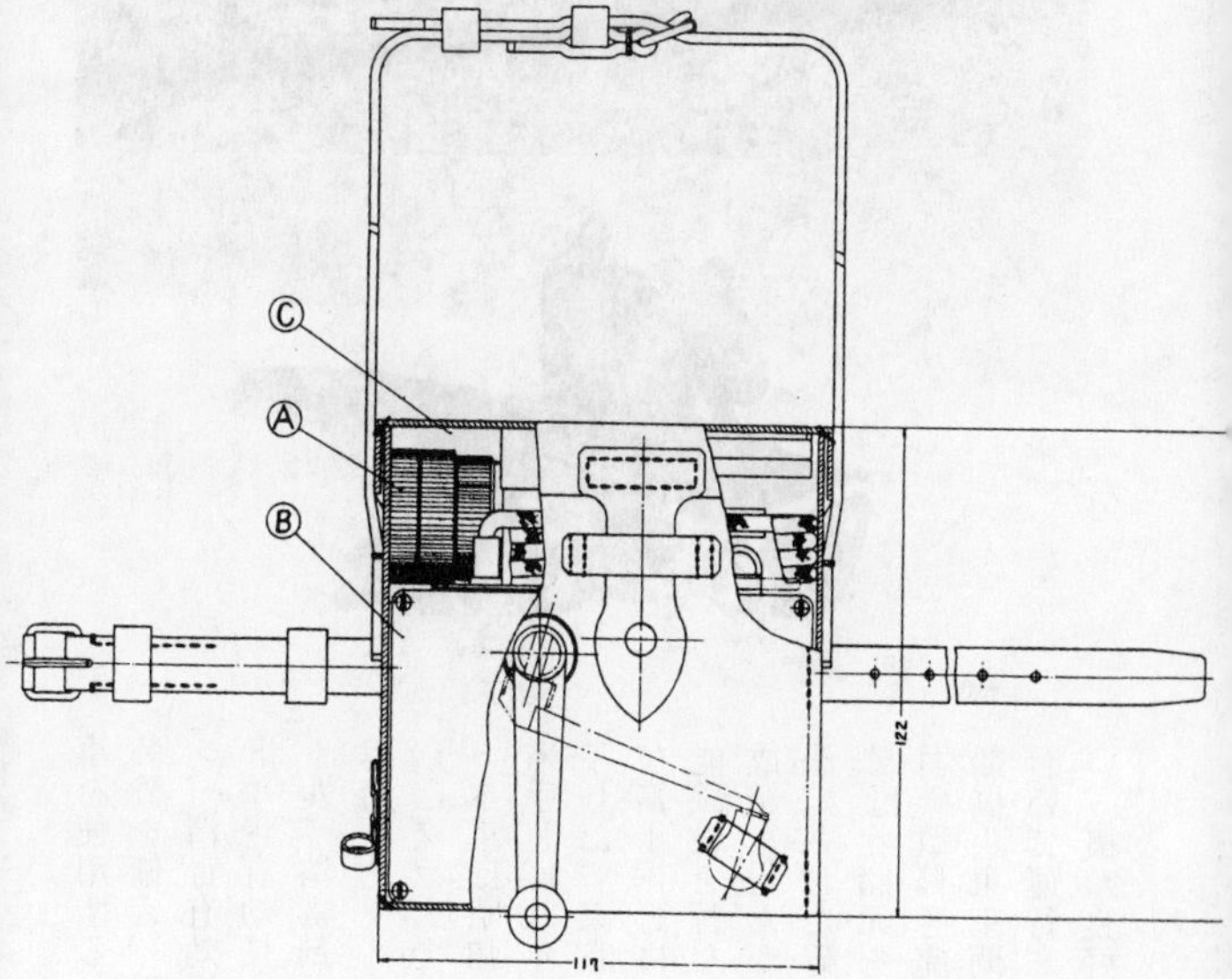

（上・下）九四式甲号消車。

車を使用する。後車には消毒装置を備え、重量は一・二トン、消毒有効幅は三～四メートル、有効長は約八〇〇メートル、消毒剤の平均撒布密度は毎平方メートル二〇〇～三〇〇グラムである。

本車は昭和七年四月に研究着手し、八年四月に試製を完了した。東京―御殿場間および富士裾野において運行、機能試験を行ない、ほぼ予期の成績を得たが、軍需審議会で決定された研究方針に適合するよう諸元を変更し、同年九月、改修を完了した。佐野―船橋―東京間および習志野において運行、機能試験を行ない、概ね良好な成績を得たが、

（上・下）九四式甲号撤車。

撒粉装置に一部修正を要するところがあり、同年十一月、改修を終えた。同月、王城寺原において撒毒地帯における実用試験を実施し、一部修正した。

九年一月に北満寒地試験に供試し、二月から五月にわたり、化学戦補備巡回教育用として、各師団において実用に供し、昭和九年五月、陸軍習志野学校で実用試験を実施した。

同年七月、習志野学校より、試製甲号消車は野戦ガス隊用仮制式兵器として条件を満たしているとの意見を受領し、陸軍科学研究所は研究を終了した。

二、九四式甲号撒車

本車は持久ガス撒毒地帯の構成に使用するもので、前車は九四式軽装甲車を用いる。後車には撒液装置があり、重量は一・二トン、積載ガス量は四〇〇キロ以上、撒毒有効幅は四メートル以上、長さ一一〇メートル、撒毒密度は毎平方メートル約五〇グラム。

昭和六年以来、広地域に迅速に撒毒できる器材として、六輪自動車による自走式撒車を試製研究していたが、昭和七年後期に技術本部が開発した九四式装甲牽引自動車を前車とする牽引式撒毒車を要望されるにいたり、昭和八年三月、本後車の研究に着手した。同年九月、試製完了し、前車とともに戸山ヶ原、富士裾野演習場などで機能、運行試験を実施した。

その結果、構造、機能ともに良好であったが、液槽その他に改良を要する点が認められた。この後、液槽などに改修を加え、習志野学校の実用試験をへて、昭和九年七月、最終的に仮制式器材として認められたので、審査を終了した。

三、ガス防護器材

ここには主要なガス防護器材の名称だけを収録するが、様々な目的に応じた資材、器材が準備されていたことがわかる。その一例として一〇〇式長柄鎌がある。これは単なる草刈鎌ではなく、ガスで汚染された草を刈るためのものであるから、消毒器材に分類されている。

㈠、防毒面
九五式防毒面、九九式防毒面、九八式特一号防毒面、一〇〇式防毒面耐水具
㈡、検査機

試製野戦徐毒車(甲)。

九一式一酸化炭素検知器

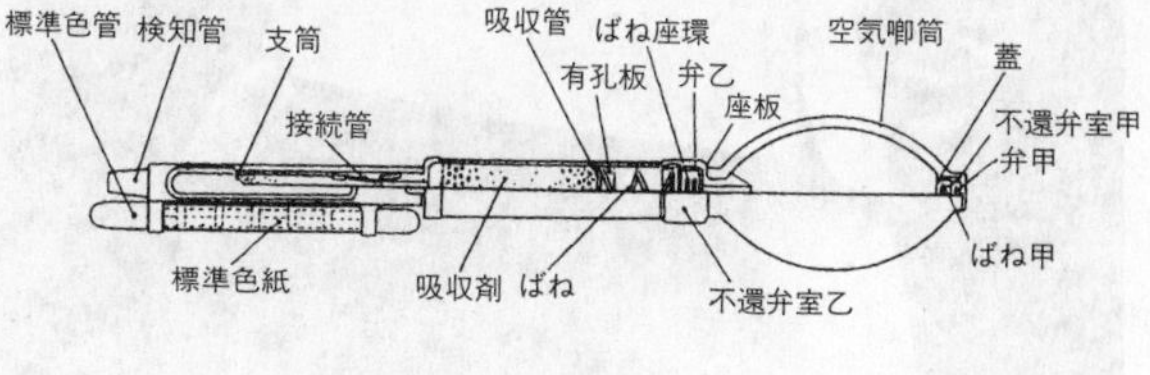

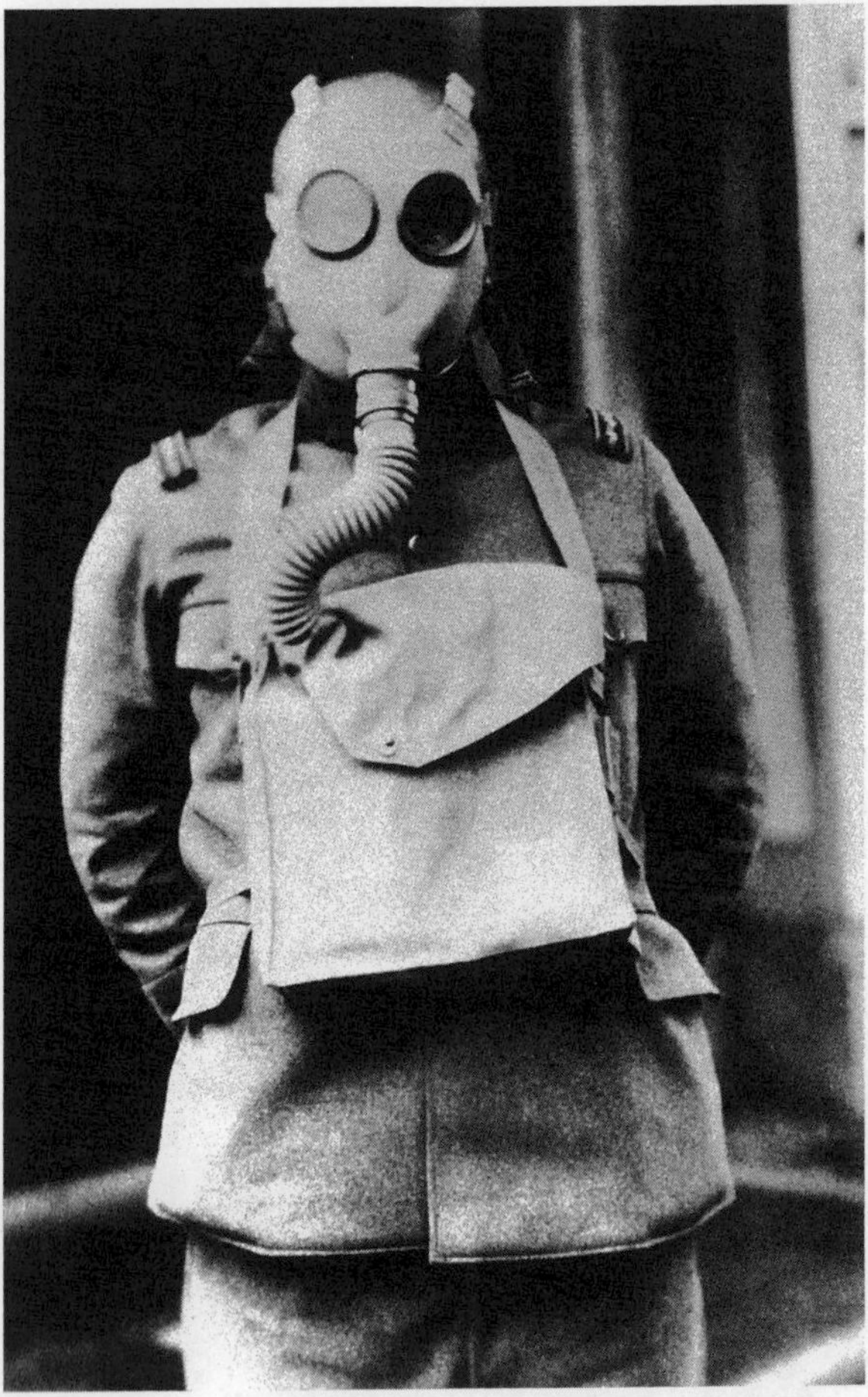

化学戦闘器材、九一式防毒面。全備重量約1・7キロ。

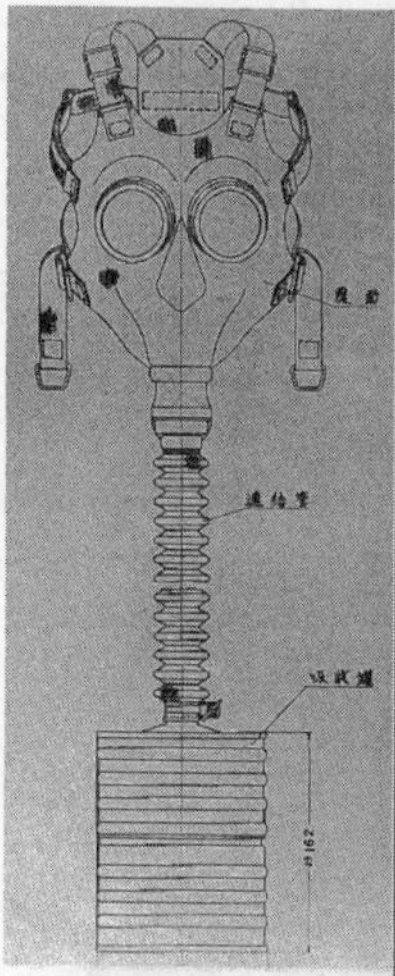

九一式防毒面。同防毒面は覆面、連結管、吸収缶、携帯袋からなる。防毒面は化学兵器に対し、兵員の眼および呼吸器官を防護する。

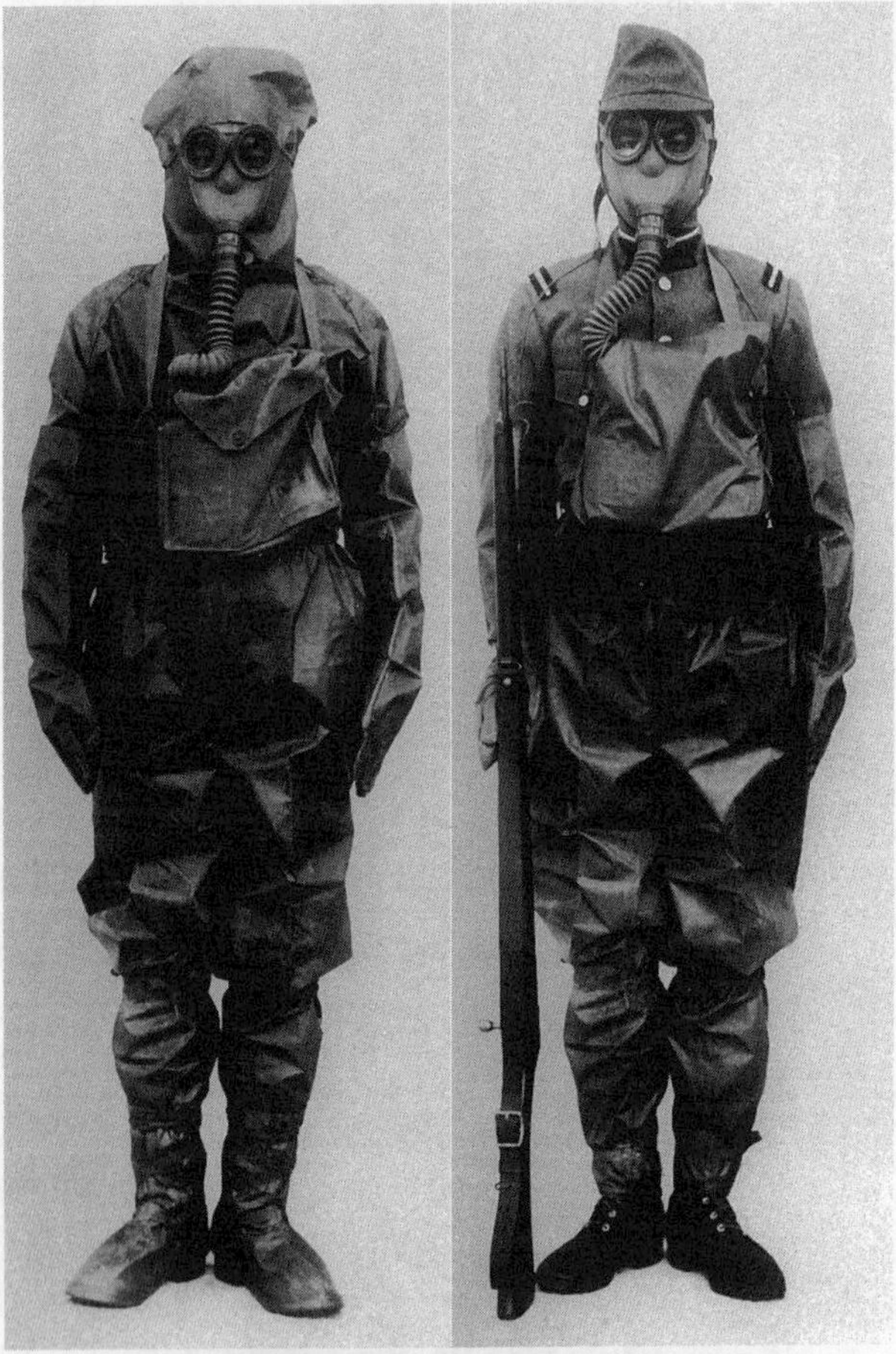

（右）九六式軽防毒面の装着姿勢。（左）九六式全防毒面の装着姿勢。

(上)九六式馬防毒面。

九四式馬防毒脚絆。

九四式水上発煙筒甲

重量約9キロ

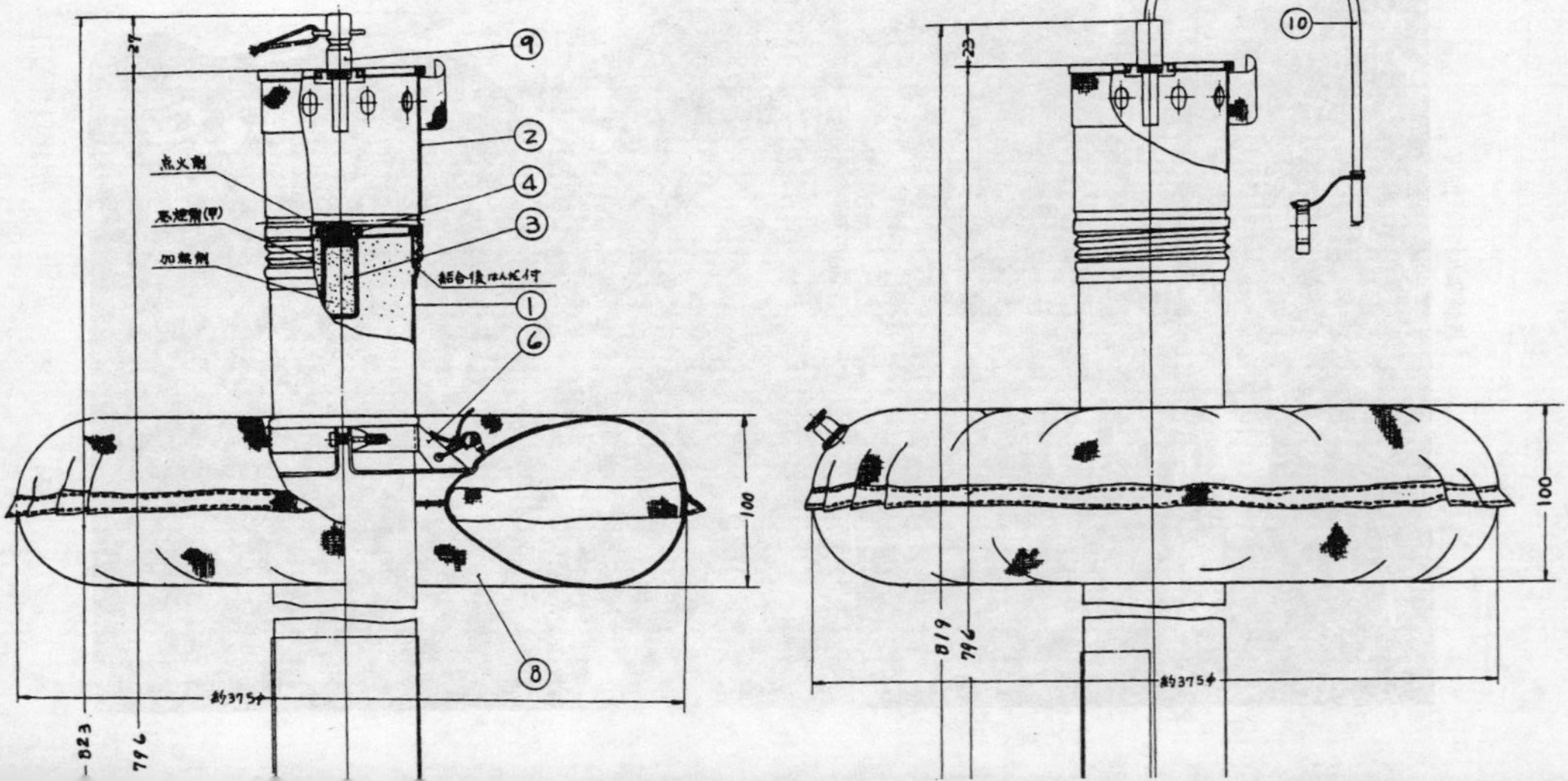

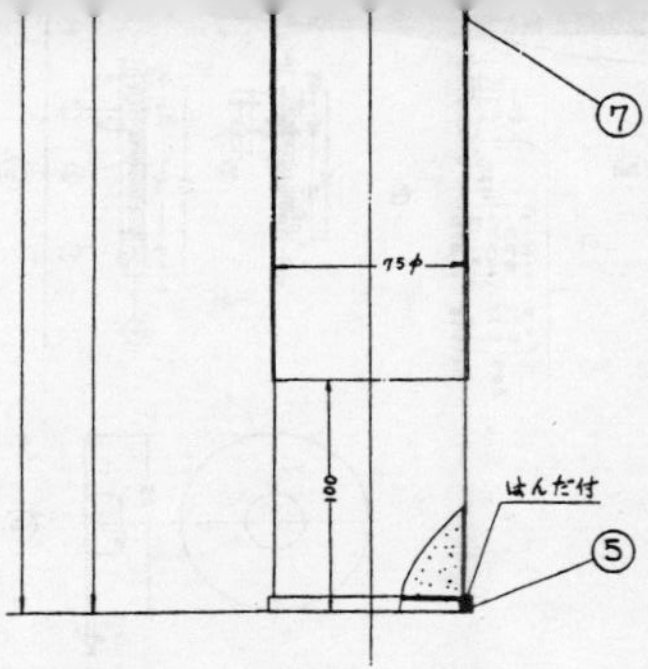

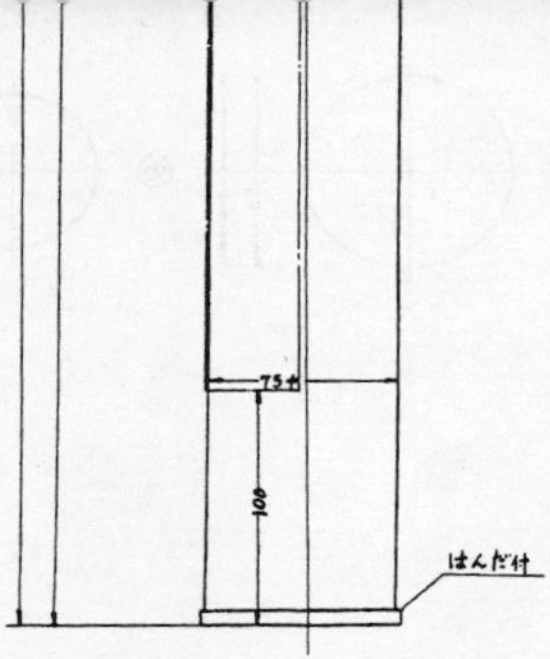

番号	名称	摘要
1	筒体	
2	蓋筒	
3	加熱剤筒	
4	点火剤室	
5	底板	
6	緊定具	
7	使用法書紙	
8	浮囊	
9	信管	曳火手榴弾十年式信管
10	延期点火具	
11	螺塞	次葉ニ図示ス

九九式発射発煙筒

昭和15年 7 月22日制定

重量1.27キロ

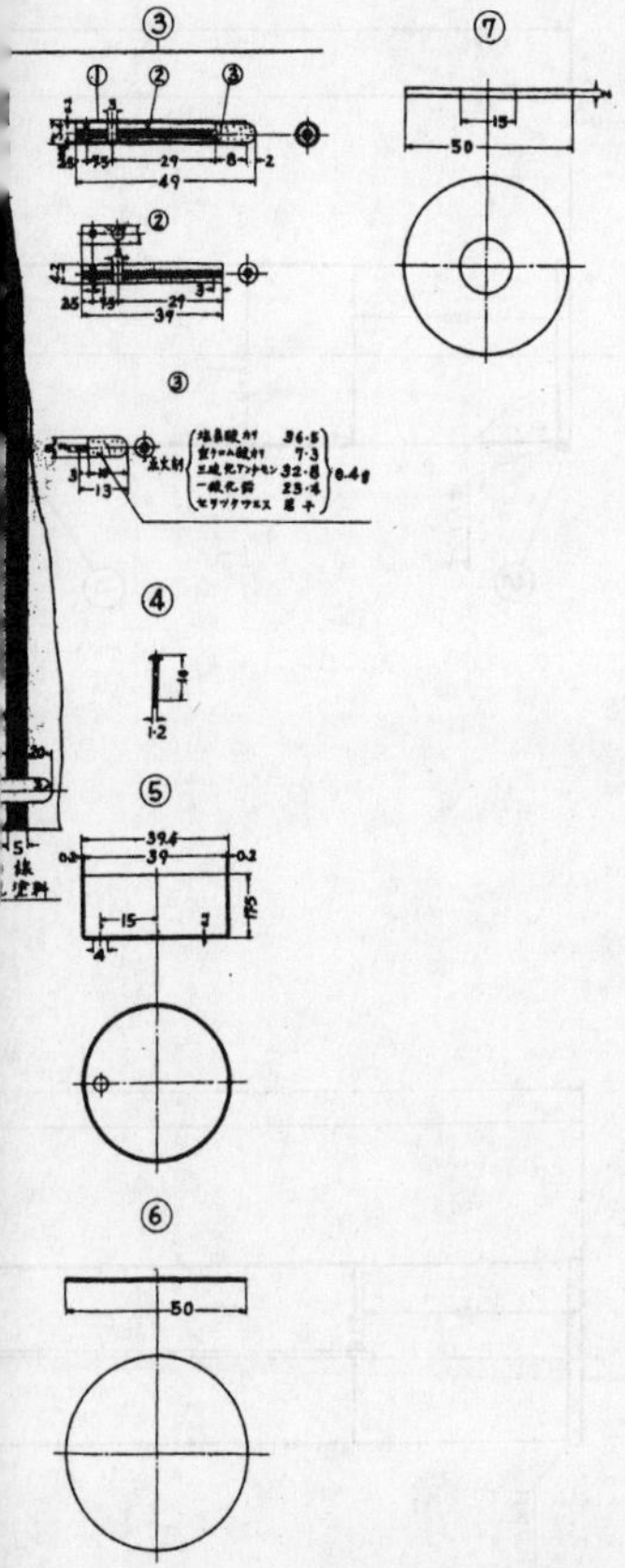

番号及名称		品質	員数	摘要
1 外筒			1	[illegible]
2 外筒底栓		[illegible]	1	
3 点火具	1 体	黄銅	1	
	2 火道	緩燃導火索	1	[illegible] ③ [illegible]
	3 点火剤		1	
4 駐釘		鋼	5	
5 装薬室		[illegible]	1	[illegible]
6 装薬室蓋		真鍮板	1	[illegible]
7 隔板		ボール紙	1	

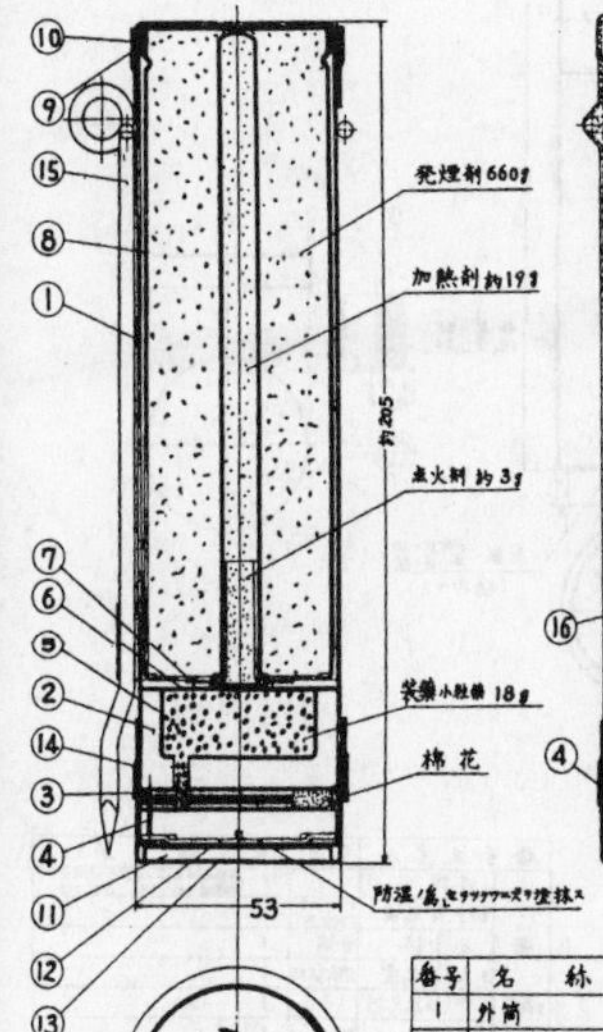

外装図

番号	名称
1	外筒
2	外筒底栓
3	点火具
4	駐釘
5	装藥室
6	装藥室蓋
7	隔板
8	発煙剤筒
9	蓋
10	上部防湿帯
11	摩擦板
12	座板 r
13	外筒底栓蓋
14	下部防湿帯
15	支柱
16	使用法書納

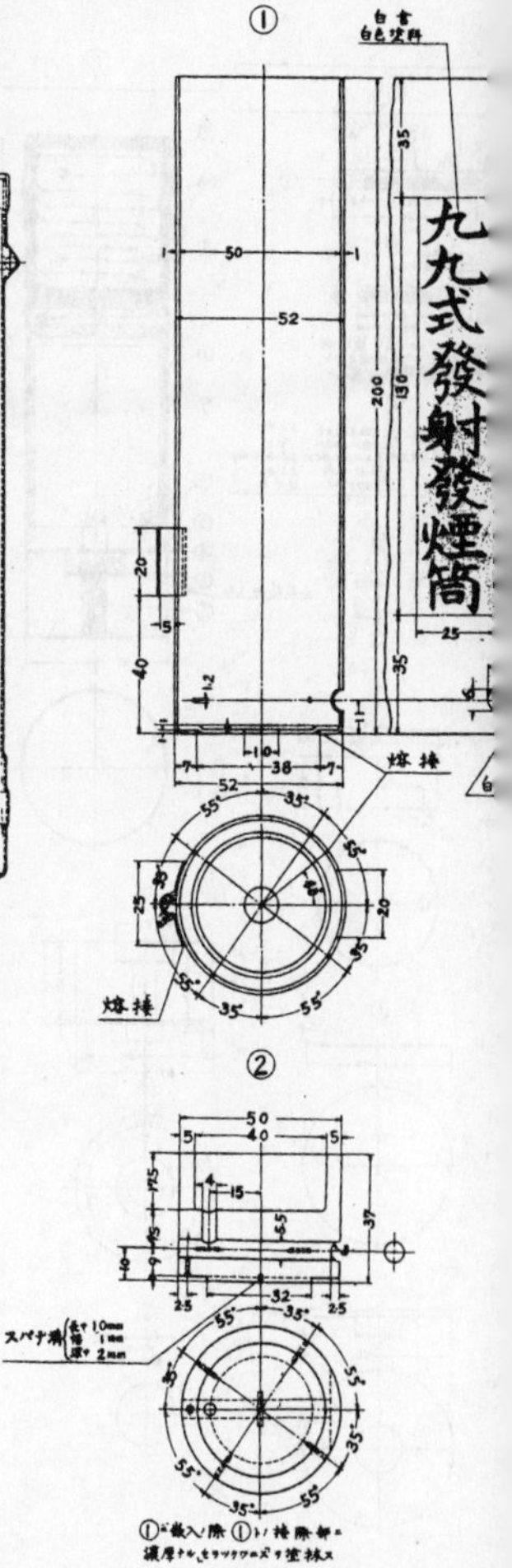

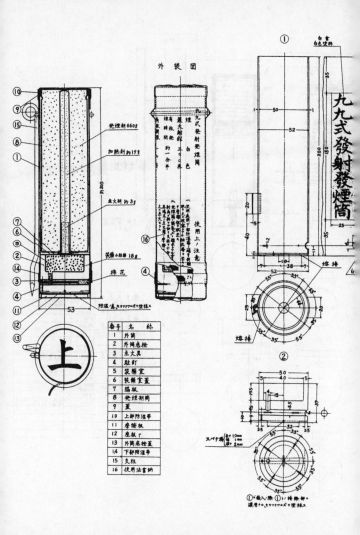

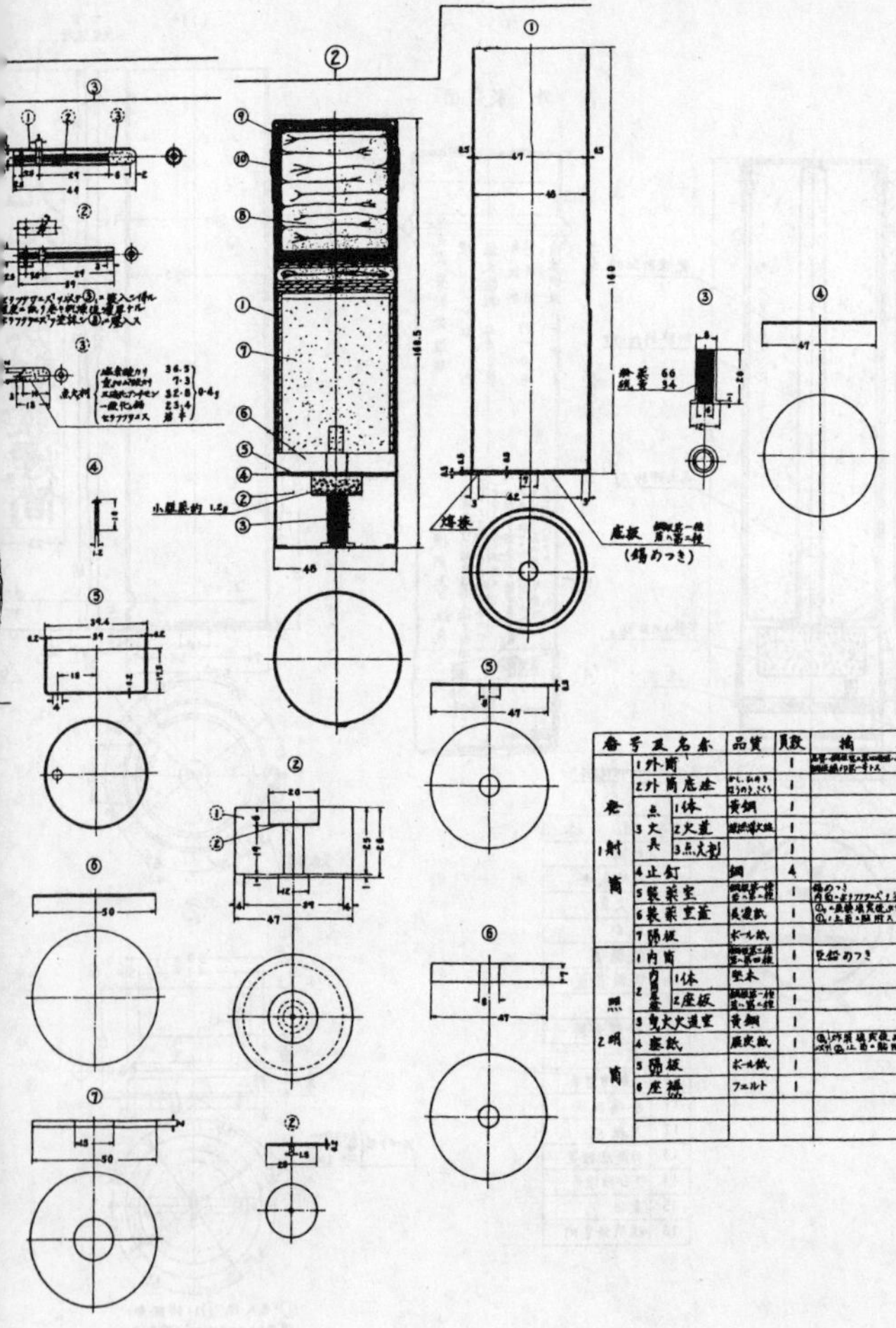

番号及名称			品質	員数	摘要
1 発射筒	1 外筒			1	[illegible] 亜鉛めつき
	2 外筒底座		[illegible]	1	
	3 点火具	1 体	黄銅	1	
		2 火蓋	[illegible]	1	
		3 点火剤		1	
	4 止釘		鋼	4	
	5 装薬室		[illegible]	1	錫めつき 内面ニセラツクワニスヲ塗抹ス
	6 装薬室蓋		[illegible]	1	[illegible]
	7 隔板		ボール紙	1	
2 照明筒	1 内筒		[illegible]	1	亜鉛めつき
	2 [illegible]	1 体	堅木	1	
		2 座板	[illegible]	1	
	3 [illegible]		黄銅	1	
	4 塞紙		[illegible]	1	[illegible]
	5 隔板		ボール紙	1	
	6 座褥		フェルト	1	

一〇〇式発射照明筒

昭和15年11月5日仮制式制定

重量0.862キロ

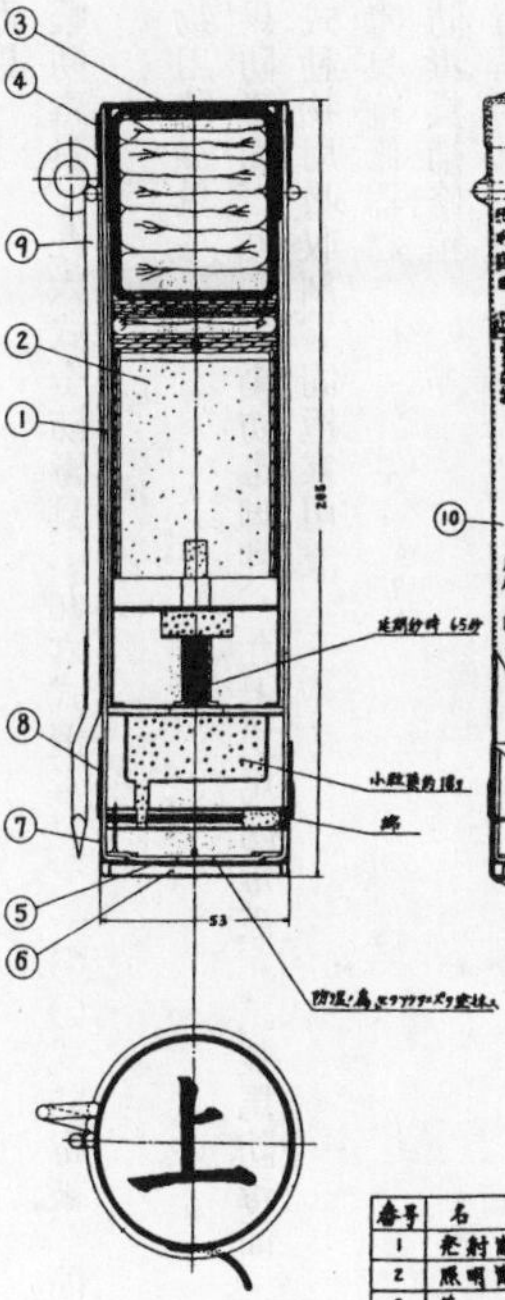

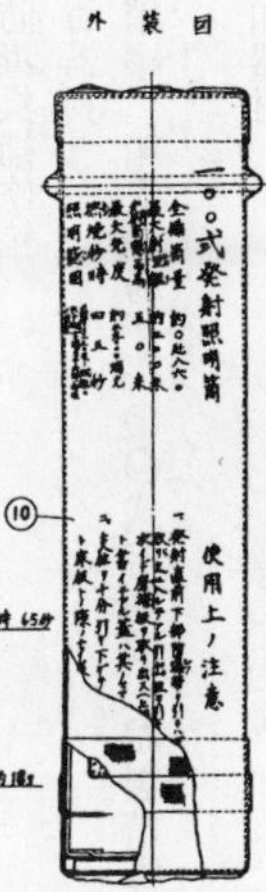

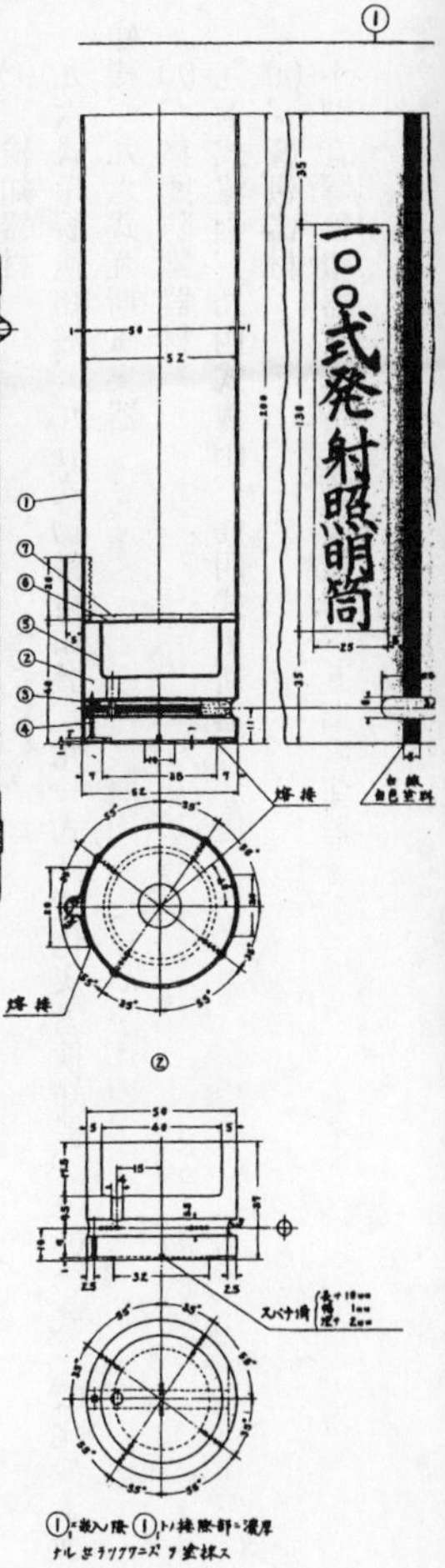

番号	名　称
1	発射筒
2	照明筒
3	蓋
4	上部防湿帯
5	座板
6	摩擦板
7	底栓蓋
8	下部防湿帯
9	支柱
10	使用法書紙

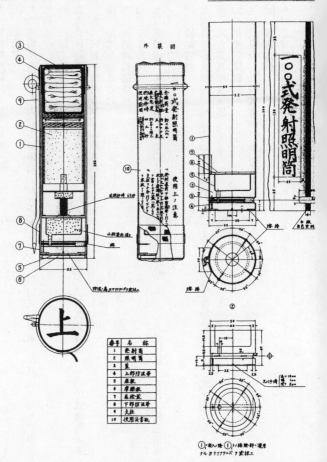

九八式部隊用防毒面検査機第一号、同第二号
㈢、防毒具
九六式軽防毒具、九六式全防毒具、九六式消毒包、一〇〇式防毒被、簡易被、九九式舟艇防毒被
㈣、動物用防毒具
九六式馬防毒面、九四式馬防毒脚絆、九七式馬防毒被、試製馬防毒面、一〇〇式馬防毒脚絆、九六式動物用吸収剤、同極寒用液
㈤、防毒具補修器材
九八式防毒具補修箱
㈥、消毒器材
九五式消罐、箱入晒粉、一〇〇式溶剤罐、試製消毒計、一〇〇式長柄鎌、九九式簡易消毒車
㈦、検知器材
九六式斥候検知機、九五式物料検知機、九一式一酸化炭素検知機、一〇〇式一酸化炭素検知機、九六式瓦斯試臭器
㈧、集団防護器材
九七式濾函、九四式濾函、九四式更新器
㈨、警報器材
小型音響警報器、携帯音響警報器、瓦斯警報器

(十)、化学戦気象器材
簡易測候具

四、発煙器材

太平洋戦争で使用した発煙筒にはつぎのような種類があった。

九四式小発煙筒甲、九四式小発煙筒乙、九四式大発煙筒甲、九四式大発煙筒乙、九四式水上発煙筒甲、九四式水上発煙筒乙、九九式発射発煙筒

第六章　対ソ作戦用器材の開発

満ソ国境の永久要塞

日本陸軍は満ソ国境に約二〇ヵ所の永久要塞を築いた。昭和七年に満州国が独立し、その翌年に参謀本部、築城本部、工兵学校などから築城偵察要員が新京に派遣され、満ソ国境を偵察した。二〇ヵ所にものぼる永久要塞は、築城偵察要員が約三ヵ月かけて偵察した結果から、必要と思われる場所を選定したもので、昭和八年頃に工事が始まり、昭和十四年に関東軍築城部になってからも逐次増設された。満ソ国境の広い正面に、間隔は空いているが、攻防の戦略要点に配置された。これに対するソ連の要塞は、長い国境線上にトーチカを切れ目なく配置してあった。

第一次工事は東寧、綏芬河、半截河、海拉爾《ハイラル》で着手され、翌年秋に完成したが、完全なものではなかった。機関銃、歩兵砲から火砲の砲座まで、全部掩蓋を被せ、野戦築城式の鉄条網の障碍物を設置した。引き続き第二次工事が黒河、瑷琿、ホルムシン、虎頭の四地区で着手された。

関東軍築城部は昭和十八年から十九年にかけて、逐次南方、支那方面に人を抜かれて減ってしまったが、戦争の末期には関東軍建設団司令部ができて、全域の築城指導にあたった。新規工事のほか、すでにできあがっている要塞の補強のため、一時は一万人以上の人員が働いていた。

これらの要塞のうち、最も重要視されていたのが虎頭要塞と、海拉爾地区の河南台の要塞で、ソ連軍の攻撃を受けてから、日本軍が集中完了するまでには三ヵ月ぐらいはかかることから、孤立しても一〇〇日間は持ちこたえ得ることを目的として、増強されたのである。

対ソ作戦用特種器材の研究

満ソ国境に派遣された調査団による報告にもとづき、昭和十三年十二月、陸軍技術本部と陸軍科学研究所に対し、左記の事項を研究することが命じられた。ただし国内における兵器資材製造能力の現況からみて、努めて制式品を流用するなど、将来における整備を容易にする点に留意して研究するよう付記している。

技術本部に対して命じられた研究項目は潜望式銃塔など一四項目で、研究費は三万円が配当された。主なものはトーチカ形式の銃砲塔と付属設備である。

科学研究所に対して命じられた研究項目は以下の一七項目である。研究費は一万五〇〇〇円がつけられた。

遠隔制御式機関銃甲、同乙、特殊「やい」号応用による投射器、射撃指揮用拡声装置、対音照準器および踏発照準器、高圧電撃装置甲、同乙、特殊「かて」号、火焔およびガス放射

装置、ガス地雷、特殊火剤、地雷地帯遠隔点火装置、超短波警戒装置、偽装鏡、発射音消音装置、防音装置、地区連絡装置

装甲作業機の誕生

陣地攻撃は工兵の重点訓練の一つであった。日露戦争後から第一次世界大戦の前までは、もっぱら外壕をもつ堡塁を目標とし、外壕通過、側防機能の破壊が一般工兵の訓練重点であり、坑道工兵は側防機能など堡塁の重要目標に対する地中攻撃を訓練したものであった。

外壕を滑棒を伝って壕底に下り、側防機能に迫って爆破を敢行したり、あるいは携帯橋を外壕に架設して、火線直前の鉄条網を破壊し、突撃部隊の通路を開設する訓練をしていたが、それに用いる器材は鉄条鋏と黄色薬、滑棒と携帯橋ぐらいのもので、装薬は必要な量を自ら梱包して使用し、携帯橋などは竹を使って部隊で作ったものを使用していた。

第一次世界大戦以後は、訓練の重点が堅固な縦深陣地に対する突撃作業に変わったが、器材としては旧態依然たるものであった。

満州事変頃から新制式破壊筒や対戦車地雷、軽、重防楯、小火焔発射機などが整備される一方、敵前作業に代わる装甲自走式器材の研究が開始され、三菱重工業により試作された。

昭和四年六月に決定された陸軍技術本部第二部管掌兵器研究方針にもとづき、突撃用工兵器材である装甲作業機の開発が着手された。その用途は側防機能の制圧、地雷の排除、消毒、撒毒、発煙、鉄条網の破壊、簡単な壕の掘開など、近接戦闘に備えて進路上の障碍を排除することにあった。

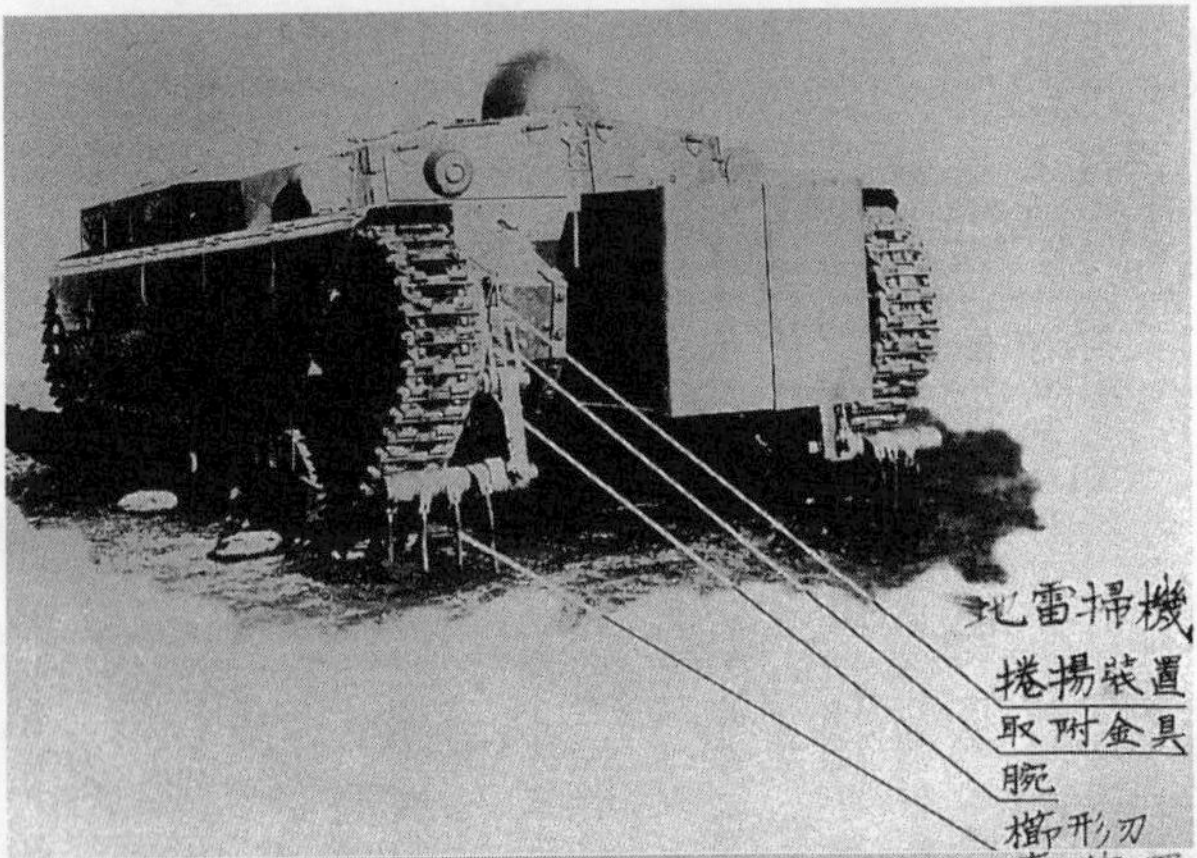

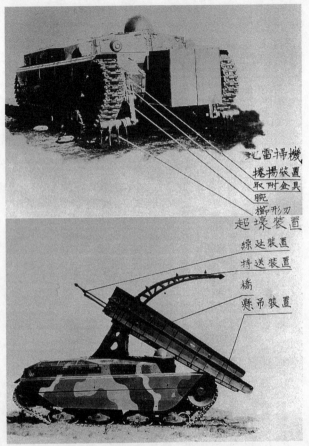

(上)装甲作業機、地雷掃機(ＧＳ機)。
(下)装甲作業機、超壕装置(ＴＧ装置)。鶴首式二折式搭載式。

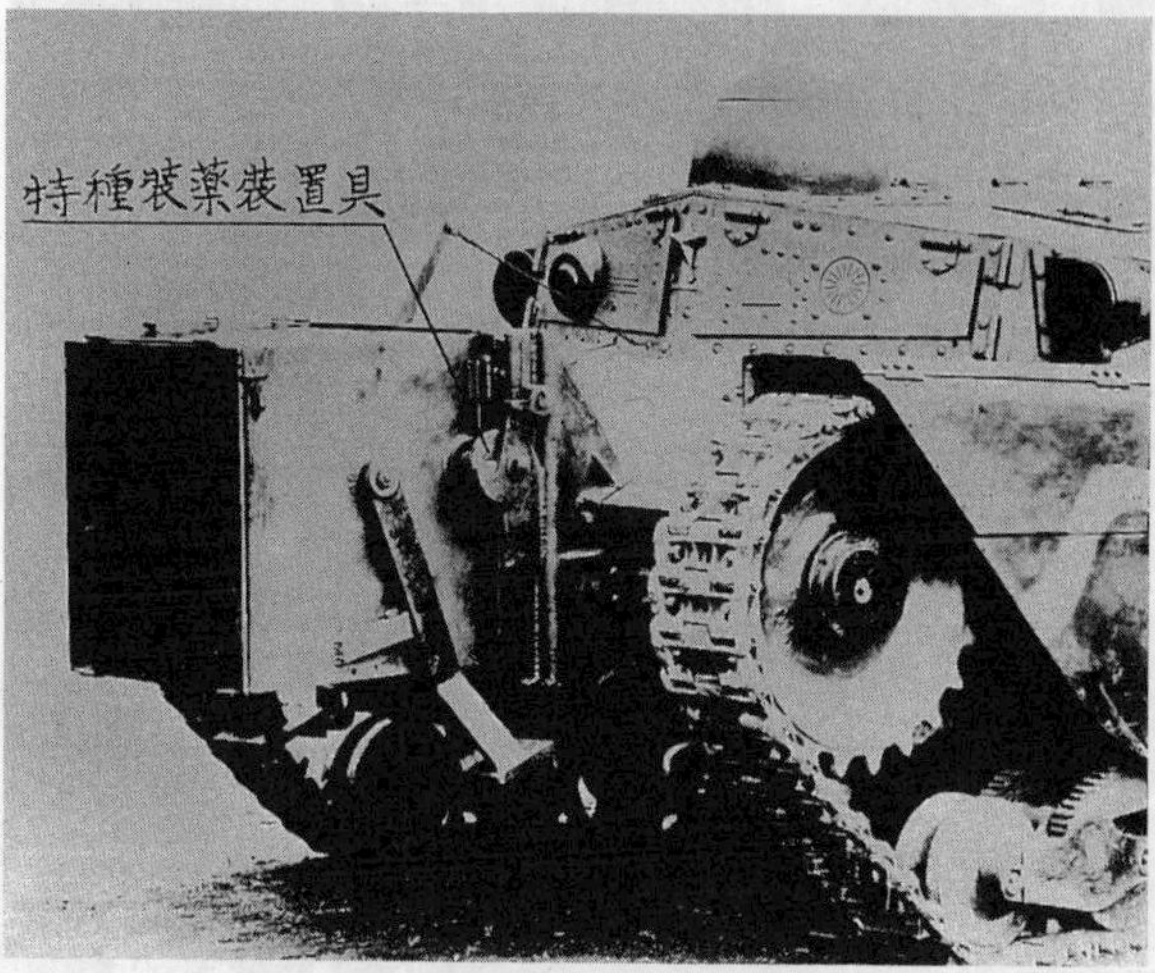

装甲作業機、爆薬投下装置。

装甲作業機は装甲車、作業具および付属車で構成される。装甲車は全装軌式で、各種の作業具を装備した。重量は約一〇トン、全長四・五メートル、全幅二・三メートル、全高一・七五メートル、履帯幅二八センチ、燃料積載量一二〇リットル、発動機は水冷式直列六気筒ガソリンエンジンで、出力一〇五馬力、速度は最大時速二八キロ出せるが、常用路上速度は毎時二〇キロで、連続一〇〇キロの運行が可能だった。車体は主要部に一五ミリ、その他は八〜一〇ミリの防楯鋼板で装甲されている。乗員は四名。

昭和五年十月、三菱重工業の担当で設計に着手し、六年六月に試製車両が完成した。七月に八柱演習場で機能試験を行ない、能力増加のため、一部改修を十月に完了した。富士裾野演習場において改修部位と運動性の試験を実施した結果、良好であったので、十一月、工兵学校に実用試験を委託した。

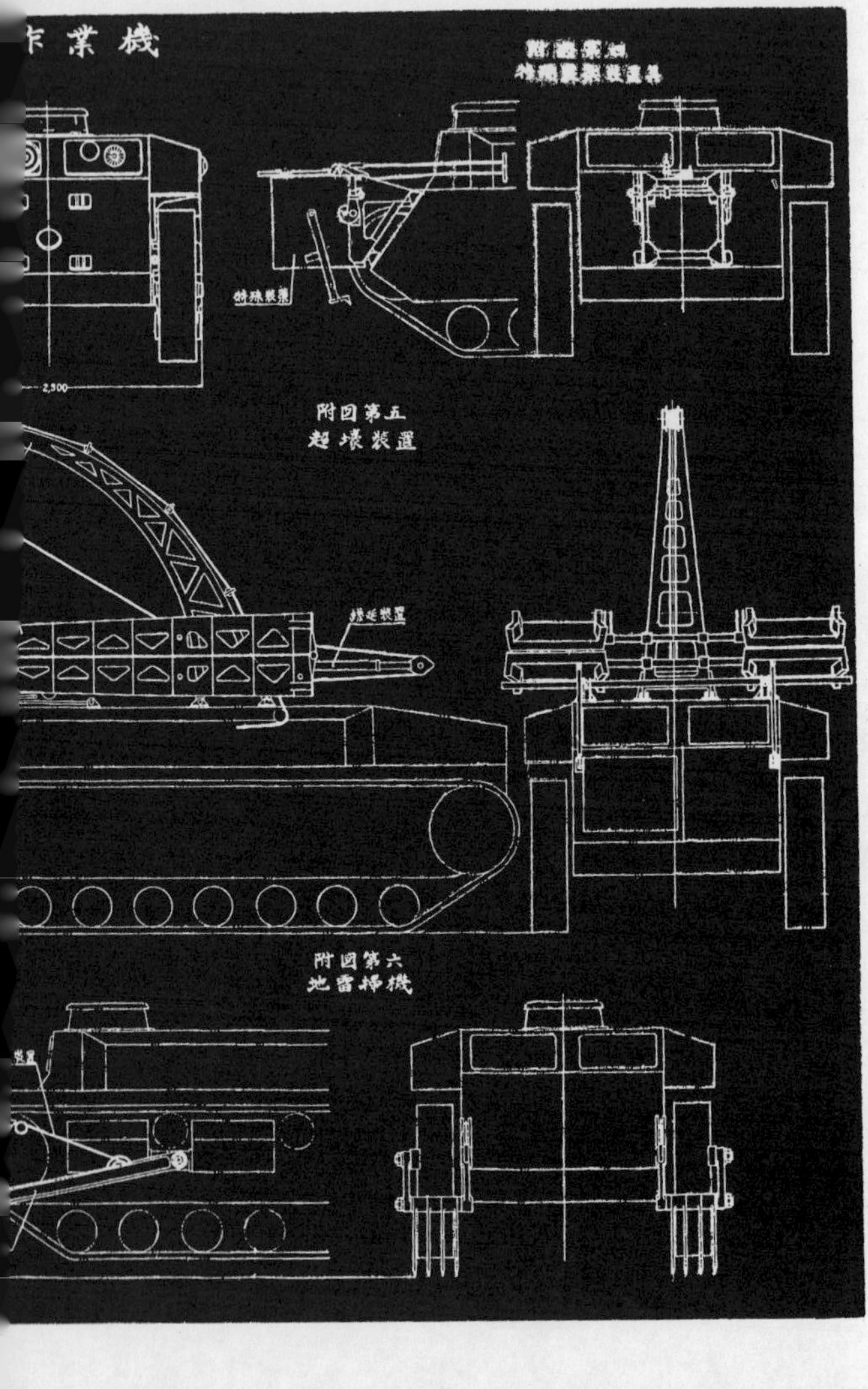
業機
2,300
附図第五
超壕装置
附図第六
地雷掃機

九六式装甲作業機

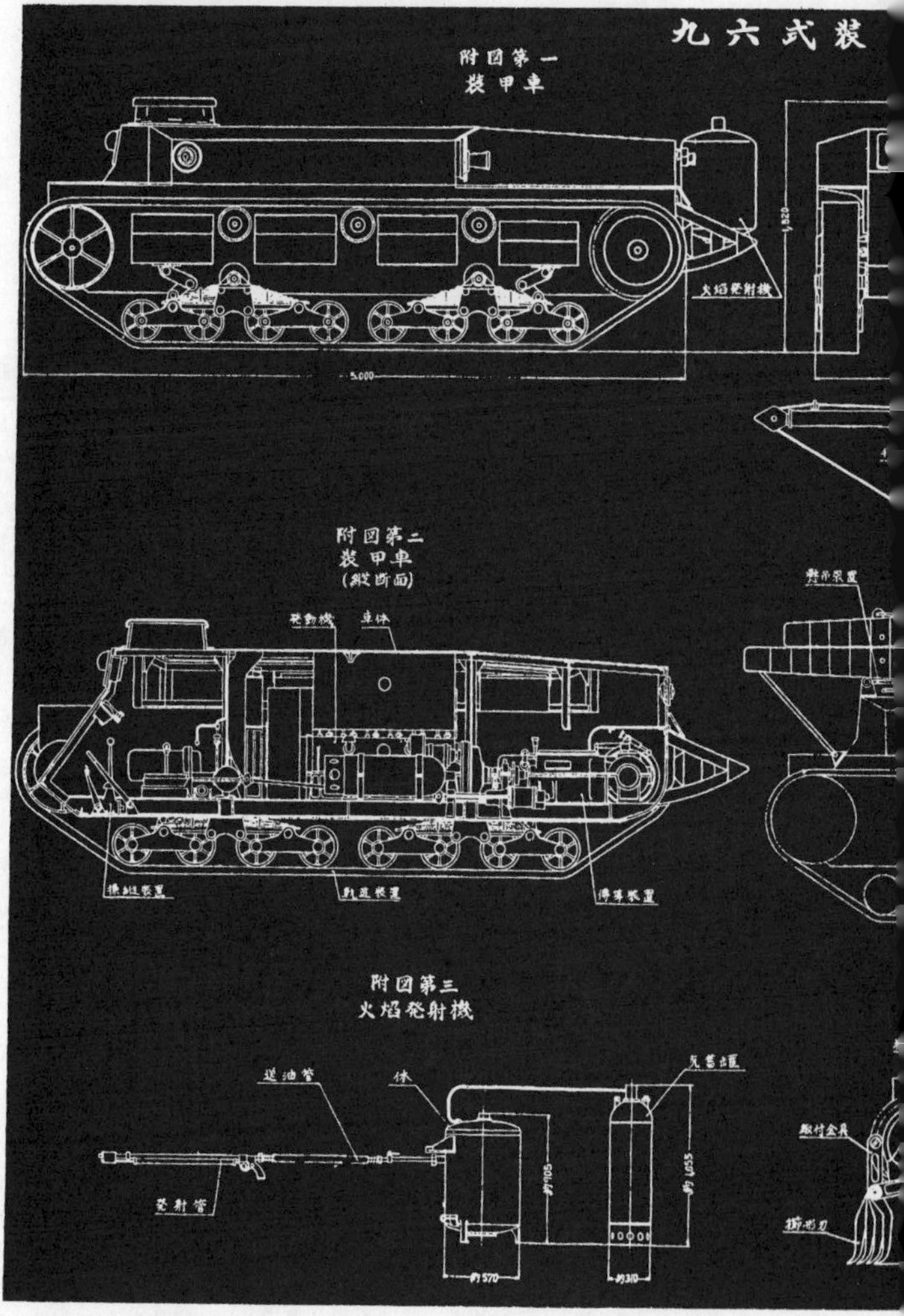
九六式装
附図第一
装甲車
1,820
火焔発射機
5,000
附図第二
装甲車
(縦断面)
発動機
車体
操縦装置
軌道装置
伝導装置
附図第三
火焔発射機
送油管
体
発射管
約905
約1055
約570
約310

昭和七年八月、工兵学校における実用試験の結果にもとづき、乗員および機関の車内配置などに改修の必要を認め、十一月に完了した。この後八年三月までの研究で、作業装置のうち壕の掘削には回転式より鋤式の方が有効と認められ、いったん鋤式が採用されたが、本作業機の任務上、後に鋤は作業具として装備しないことになった。

火焔発射装置は能力増加のため、撒毒の液槽を利用することに改め、七月までに改修して良好な成績を得た。昭和八年九月、豊橋付近における特別工兵演習に参加したとき、消毒装置のさらし粉が湿っていたため、十分撒布できなかったことと、戦場におけるさらし粉の多量補給は難しいことから、掘削機を利用して撒毒地の表土を削り、両側に覆土することによって消毒に代える方法に改め、消毒装置は廃止した。

火焔発射機は体、送油管、二〇気圧気蓄罐、発射管からなり、火焔油量一八〇リットルを前方、左右に対し断続発射する。火焔油は火焔の持続のための重油と、火力発揮のための石油に、点火しやすくするためにガソリンを少量混入したもので、火薬による点火信管を使用した。

地雷掃機は櫛状の爪、腕、取付金具、巻揚装置からなり、通常運転時は履帯前方泥除上にあり、使用時は車内からの操作により、履帯前方に降ろす構造になっている。掘起こした地雷が履帯の下に入らないよう、爪の間隔と傾斜が工夫されている。地雷掃機は昭和六年から九年七月にいたる間、地雷を踏爆する方式を研究したが、不斉地通過の困難、地雷爆発時の損傷など、構造不適当が認められ、また外国の延期式信管を使用した戦車地雷には無効であるため、地雷掃機には掘出式を採用することになった。昭和九年十二月および十年三月、豊橋市外老津演習場において試験を実施し、良好な成績を得たので、七月に工兵学校に実用試験を委託し、実用に適すとの判決を得た。

超壕装置は装甲作業機の任務に後から追加された課題であった。装置は橋、持送装置、懸吊装置および繰延装置からなり、橋は幅五メートル以下の戦車壕の超越に使用できる。昭和九年四月、装甲作業機を戦車壕の超越通過を可能とする装置の研究に着手し、七月、ドラム式のものを試作したが失敗に終わり、橋式の研究に移った。第一次試作品は十月に完成し、重量軽減のため特殊鋼を使用した第二次試作品が十二月に完成した。これは概ね所期の目的を達成したが、壕幅によっては下部の構造に不備があったので、これを改修した第三次の試作品を昭和十年三月に製作し、老津演習場で試験した結果、良好な成績を示した。八月に工兵学校に委託した実用試験では、上昇傾斜地においても架橋できるよう、懸吊装置を改造するとともに、橋の幅をひろげ、九四式軽装甲車をも通過できるよう改造することが求められた。五月には八九式中戦車を通過させ得るものの試製に着手しており、十月に完成した。

翌年一月、北満冬季試験に供試した後、戦車第一連隊に貸与し、その所見と工兵学校の意見とにもとづく一部改修を施した。昭和十一年四月、工兵学校に再度実用試験を委託した結果、従来は平坦地もしくは下り斜面しか超壕できなかったが、改修により登り傾斜七分の一までは架設超壕が可能になったので、実用価値があると判定された。

特種装薬装置具はソ満国境のトーチカを破壊するため、大威力の爆薬を運搬、設置するためのもので、装甲作業機の前部に装置して特火点に突進し、火点壁に密着投下する。六〇〇ミリ角の防弾鋼板に包まれた三〇〇キロの爆薬は、たとえ貫通弾数発を被っても爆発することはなく、投下と同時に安全栓が外れることにより、装甲作業機の避退後に爆発する。昭和九年四月、特種火点の攻撃爆破のため、装甲作業機に付加すべき特種装薬装置の研究に着手し、九月に最初の回転胴式のものが完成した。十一月に関山演習場で試験を実施したが、成果は得られなかったので、続いて投下式のものを研究することになった。昭和九年十二月と十年三月に老津演習場で試験された投下式は成績良好で、一部改修のうえ七月に工兵学校へ送った。その結果にもとづく所要の改修を行ない、昭和十一年四月、再び工兵学校へ実用試験を委託した結果、幅四メートルの三角断面の特種壕をもつ面壁に装薬を装置することができ、目的を達成した。

このように装甲作業機は昭和五年から研究が開始され、昭和十二年三月に制式制定されている。その後も改良が続けられて新型が続々と開発され、昭和十五年頃までに乙型、丙型、丁型、戊型が開発された。最後の戊型は昭和十五年から十九年までに七七機生産されている。

装甲作業機の付属車は昭和六年七月、作業機本体により牽引するものを設計し、七年二月、試製を完了したが、この方式では作業機の運動に支障を来すため、九四式六輪自動貨車に所要の改修を施し、独立した付属車を開発した。

また、装甲作業機に装薬その他の器材を補給し、活動を支援するために器材補給車が作られた。器材補給車の車体の上部、中央には作業機用投下装薬が三個、両側にはその他の器材を搭載し、分解ができる起重機を装備して、作業機への装薬とりつけ作業ができる。器材補給車は戦車や作業機の行動が困難なところでも踏破する能力を必要とするので、とくに補助履帯を装備していた。

初期の装甲作業機、改良型の代表的装甲作業機、器材補給車の諸元は左記のとおり。

	初期（旧型）作業機	改良（新型）代表的作業機	器材補給車
自重　トン	約九	約一三	一一
全装備重量　トン	約一二	約一五	
全長　メートル	四・四	五・〇	五・四
全幅　メートル	二・三	二・三	二・五
全高　メートル	一・八	一・八	一・九
地上高　メートル	〇・三八	〇・四	〇・四
前面装甲厚　ミリ	一〇	二五	一六
発動機	水冷、ガソリン　一〇五馬力	空冷、重油　一三五馬力	空冷、ディーゼル　一三五馬力
標準速度キロメートル／時	二〇	二九	三〇
履帯幅　センチ	二八	二九	
武装	火焔放射機　大一、小一	火焔放射機　大三、小二　軽機関銃　一	
乗員	四	五	二
積載燃料　リットル	一二〇	四〇〇	
超壕装置	当初なし	有	
爆薬投下装置	当初なし	有	
地雷掃機	当初なし	有	

起重機	有	なし	
撒水機（撒毒・消毒）	有	なし	
鋤（作壕）	有	なし	
錨（鉄条網清掃）	有	なし	
突角	有	なし	
巻上起重機			一
積載荷重トン			三

装甲作業機部隊

装甲作業機が初めて部隊に支給されたのは、昭和九年四月、遼陽に仮駐屯していた独立工兵第一連隊である。部隊は公主嶺に移駐し、作業機の教育を続けていた。作業機が最初に実戦に加わったのは昭和十年末の山海関出動で、戦車とともに山海関付近の山野で火焔発射を行ない、示威の目的を達した。

独立混成第一旅団の時代は、部隊の任務が快速機甲旅団の進路開設であって、旅団としても部隊としても堅固な陣地を攻撃するというような演習はなく、つねに長距離の乗車機動であったので、作業機はいつも残留整備という状態だった。

しかし、昭和十四年三月に独立工兵第五連隊が創設されてからは、部隊の最重点任務が装甲作業機による敵トーチカの爆砕であったから、訓練に演習に、大活躍をし始めた。部隊が興源鎮に移駐した十四年末から十七年六月にかけては、作業機が本来の目的に沿って活動した期間である。

昭和十七年七月、関東軍に機甲軍が編成され、装甲作業機部隊の任務は特火点攻撃から逐次交通作業および陣内障碍物の突破に移った。装甲作業機の訓練も超壕橋による対戦車壕の突破に向けられた。このときの装甲作業機は戊型で、それまでの経験を総合して開発された新型であった。

昭和十七年九月、独立工兵第五連隊は解散されて、各戦車師団工兵隊などに分割された。激戦を重ねた戦車第二師団工兵隊も米軍との戦闘は最初は機動戦、後は専守防御であったし、北支で活躍した戦車第三師団工兵隊の戦闘も主として機動戦であったので、装甲作業機を使うことは少なかった。終戦時に内地に転進し、本土防衛の任務についた戦車第一師団工兵隊および教導戦車旅団工兵隊も、任務は敵の上陸防御であったから、おそらく作業機が使用されることはなかったであろう。

掘進車

装甲作業機の任務は、初めはトーチカの制圧だったが、アタッチメントを取り替えることにより、各種の用法にも使えるようにすることが要求された。その一つは散兵壕の掘削で、装甲作業機で掘ることは難しかったため、大きな鋤をつけて引っ張ることにした。しかし、これでは三角断面の浅い壕しか掘れないため、後に分離されて、掘進車という専用機が生まれた。

掘進車は敵前作業を機械力によって迅速に行なうためのもので、車体の幅は掘開具（突

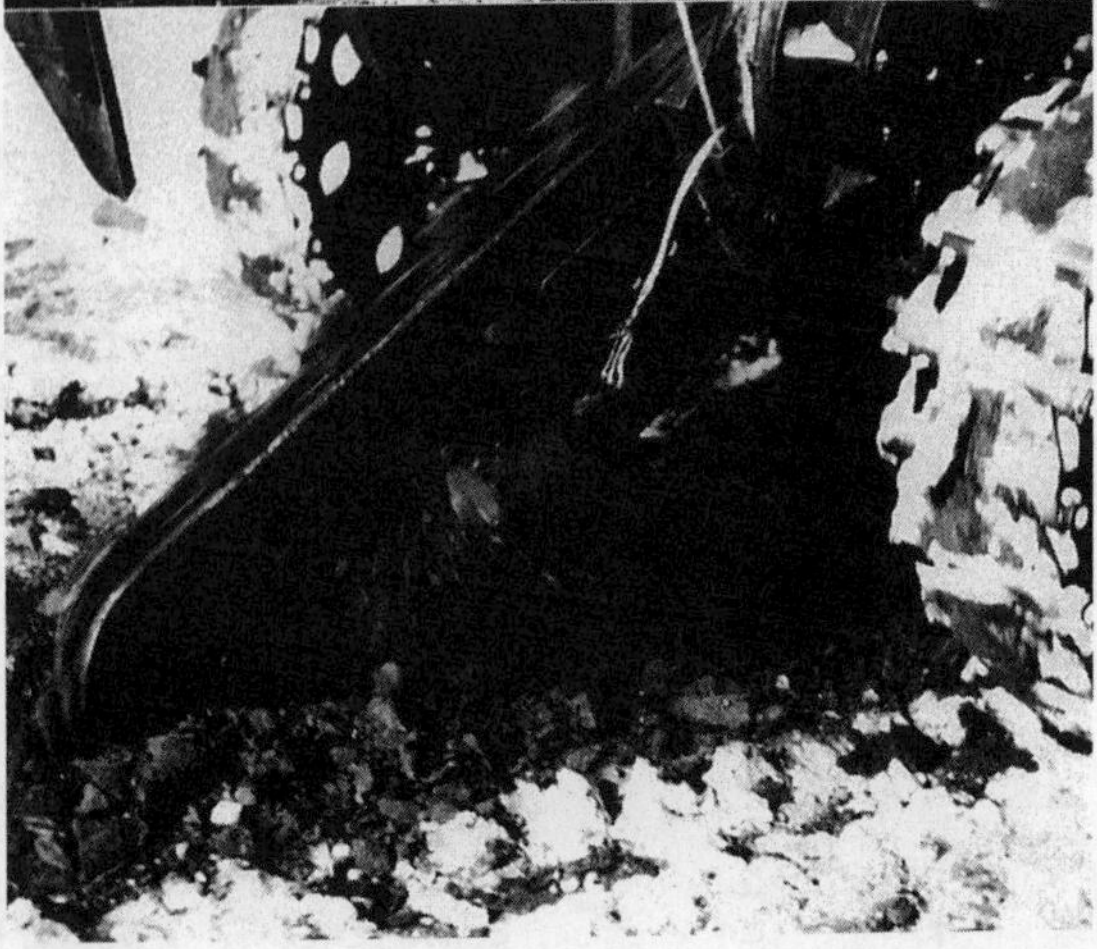

（上）試製掘進車。凍結土の表面を掘り進む状況。
（下）試製掘進車。単条にて深度20センチを掘開。

(上)試製掘進車。昭和13年度、北満冬季試験の状況。
(下)試製掘進車。二条にて深度40センチ掘開。

角）の幅より小さくすることが必要であり、幅の狭い車体で所要の重量を得るため、また狭小な車体の中に強力なエンジンを備え付け、操縦席を設けるための設計は困難をきわめた。

地表面に平行に壕底を維持する機構にいたっては、いっそう至難な問題であった。試作された車両は一〇〇馬力機関を備える装軌車両の前方に尖鋭な突角をもち、地中の若干の深さに埋まりつつ、毎時六キロの速度で膝射散兵壕程度の壕を掘進し得るものであったが、整備にはいたらなかった。別名を潜行作業機とも称した。

作壕機は装軌車両にバケツ式掘開装置を備え、車両の進行とともに立射散兵壕程度の壕を連続掘開するもので、毎時六〇〇メートルの掘進能力があったが、試作に止まった。

伐開機

原始密林を突破するには、踏ん張りのきく相当重い装軌車両に突角をつけて驀進したら、その衝撃力で樹木を左右に押し倒すことができるとの着想のもとに、最初は装甲作業機に突角をつけて、外観的状況が予想地と似ているという武蔵野の森林で実験をした結果、重量一五、六トンで踏ん張る力の大きい懸架装置と履帯を使用すれば、目的を達し得る見通しがついた。東京瓦斯電気工業に第一次試作を発注し、再び前述の森林で性能試験を実施した結果、概ね所望の成績を得ることができた。

本機はその特性上、活動の中途において万一にも故障するようなことがあってはならず、今度は富士裾野において不斉地の耐久運行試験を行なった。この試験は本機のどこかがこわれてまったく動かなくなるまで、徹底的に行なわれ、終了後、全部を分解して詳細に点検した結果、所要の改修を加えることになり、第二次試作を実施した。これを盛岡付近の林野局の自然林で試験し、改修の後、北海道留《る》辺《べ》蘂《しべ》町の天然密林地帯で工兵学校と協同し、二週間にわたり伐掃車とともに基礎試験、実用試験を実施した。その結果、成績は良好で、密林地帯突破、通路開設の目的を達成し得ることが認められた。

伐開機は最初は猪をまねて亥号車と称し、ついで驀進の意味から驀開機と称したが、第二次試作から伐開機となった。一見馬力だけで圧倒するように見えるが、伐開機の突角は樹木の状態に応じて角度および上下位置を変える必要があり、これを車内から油圧操作により行なえるようになっていた。また、大密林地帯の突破に際しては、伐開機が進路をつねに正確に維持することが最も重要であるから、一般経路機を改良した車両経路機をとりつけてあった。この経路機の精度は平坦地において距離六〇キロで、誤差八〇〇メートル程度であった。

伐掃車

伐掃車は伐開機が荒ごなしをした後に追随して、通路をかたづけるための作業車である。伐掃車の前方左右両側にある二個の起重機と前面に備えてあるウインチを用いて、伐開後の倒木を左右に排除し、あるいは抜根作業または倒木の移動を行ない、通路を開設する。また車上に備えてある発電機によって作動する電動鎖鋸、電動丸鋸などを用いて倒木を切断し、小樹木を根本から切りはらい、通路を完成する。鋸類は同時に鎖鋸二、丸鋸六の使用が可能だった。

実用試験の結果、伐開機一、伐掃車二をもって一作業隊を編成するのが適当と認められた。

伐開機と伐掃車は昭和十八年にニューギニア西部の飛行場設定器材として送ったが、揚陸直後に爆撃されて役には立たなかった。この車両はまだ試験段階にあった一、二号機を、飛行場設定隊がすぐ出発するからといって取りあげたものと、その後正式に作った五、六台のうちから持って行ったものであった。伐開機と伐掃車を昭和十八年に樺太の飛行場開設に使用した経験によれば、道路開設には適当だが、飛行場には不向きとの判決であった。本器材はあくまでも細長い通路の迅速開設を目的とするもので、ブルドーザーの代用にはならなかったのであろう。

この飛行場設定隊は空中ケーブルを架設する目的で編成された索道の連隊で、ニューギニアに中索道一〇〇〇メートルを持っていった。索道はスキー場のリフトと同じようなもので、ジュラルミンを使った軽い部材の組立式だった。

坑道器材

日露戦争の旅順要塞戦以後、地中戦に対する教育訓練の必要性が高まった。数コの工兵連隊に坑道作業を主任務とする乙中隊を設けて訓練してきたが、第一次世界大戦後、乙中隊は廃止され、その後、地中戦に関する教育は工兵学校で幹部教育としてのみ行なっていた。技術本部における坑道器材の研究も、昭和初年に運土装置の改良が行なわれ、狭い坑道内で能率よく土を運搬できるトロッコ式運土車が完成して、整備に移ろうとしたときに乙中隊が廃止され、打ち切られることになった。

昭和六、七年頃、研究打ち切り当時における臂力土工器材以外の坑道器材の主なものには、

(上)動力掘鑿機。敵から離れた場所で塹壕の掘鑿に用いる。大正11年試製。(下)試製潜行作業機に装着した試製凍土掘開機。

九二式動力鑿孔機、九二式電動通風機、九二式電気地中聴音器、九二式五キロおよび十キロ発電機、電動巻上機、電動排水機などがあった。

技術本部では昭和十年頃から、築城作業用としての機械化土工器材の研究を重視して、作壕機や掘進車などを試作し、また試製掘進機と称し、爆破による迅速坑道の研究も行なったが、地中深く縦にあるいは横に掘進する技術と、装薬を目標地点に送り込む技術は困難をきわめた。

試製掘進機はトーチカなど堅固な術工物に対し、その真下で地中戦における窖室に相当する位置を目標として、横方面に掘進して鉄管を押し込み、目標位置に到達したとき、その先端に爆薬を挿入、爆破して窖室を作り、つぎに圧搾空気を利用して小爆薬を大量にこの窖室に充塡し、堅固な術工物を根底から爆砕しようとするものである。利根ボーリング社の技術的考案にもとづき、昭和十年に研究を開始した。

地中の相当距離を方向、傾斜ともに曲がることなく目標位置に鉄管を掘進することの困難のほかに、窖室に大量の装薬を送り込むことについても容易ならぬ障碍があり、研究完成には非常な苦心を要したが、赤土等質土の場合は距離三〇〇メートルまで掘進可能となり、一方、アルミニウム被包を施した球状爆薬もできて、窖室への大量送り込みに成功し、ここにようやく目的を達成することができた。

掘進機、送薬装置も取り扱いに便利な小型軽量の分解式のものが完成し、技二号機として利根ボーリングで数組製作された。元来、北方作戦用であったが、戦場が予想外の方面となり、本機を実戦に使用することはなかった。

満州の湿地にひろく自生するウーロー草。

湿地車

満州東部で佳木斯《チャムス》、密山以東の地区に行動する場合は必ず湿地に遭遇した。ことに黒龍江、松花江の沿岸には大湿地帯があった。作戦は努めて湿地帯を避けるが、実際には虎林、東安方面で強要されたように、避けられない場合があった。したがって湿地交通は地上作戦のためには重要な問題だった。

湿地の種類を水流をともなう重湿地と、歩行すると足が一〇センチ程度陥没する中湿地、車は通れないが歩行者には全然障碍とならない軽湿地に分けた場合、徒歩部隊の湿地通過は大体つぎのように行なった。

軽湿地には何もいらない。中湿地は無理に通れば通れるが、カンジキがあれば便利だった。重湿地の場合、水流があるところでは浮嚢舟を使うか、簡単な軽徒橋を架けた。水流の前後の泥濘地には簀《す》の子を敷く。しかし、湿地の特徴は入ってみるまでわからないことが多く、しかも季節や連続通過により非常に変化するものだったから、やはり経験と偵察が一番重要であった。

車両の湿地通過は非常に困難であった。一台や二台は通れても連続通過となるとたちまち湿地の特性を現わして、乾燥していたところでも湿潤になってしまう。ことに一度雨が降れば軽湿地も急に粘度を増加した。

車両をともなう部隊の湿地通過には特別の作業隊と器材を準備する必要があった。水流に対しては架橋または門橋、水流の前後の泥濘地および中湿地には湿地橋、ごく小部隊の軽湿地通過には籐蓆（とうづるで編んだ敷物）などを敷いた。また砲車や輜重車のようなものは履帯（着脱式の防滑キャタピラ）を使用する場合もあった。

戦車の湿地通過は最初は比較的容易である。しかし湿地内で一度空回りを起こすと、進むも退くもどうにもならなくなる。軽湿地は大体通過に差し支えないが、これを連続通過する場合と中湿地は、厚板を敷く必要があった。泥濘地には強度の大きい湿地橋を用い、水流には門橋を使うことが必要だが、いずれにしても戦車の湿地通過には大作業が必要だった。

湿地用器材はいろいろ研究されたが、結局、湿地橋が一番適当であった。

満州の雨季と解氷期には交通が大きな影響を受けた。とくに雨季の末期からそれに続く氾濫期は影響が大きく、せっかく架けた橋梁も毎年被害を受けるような有様だった。湿地帯の範囲は乾季の約五倍となり、その状態も悪くなった。この対策に日本軍は一〇年間かけたが、毎年改修、補修をくり返すばかりで、とうとう永久的施設を構築することはできなかった。

大都市といえども一歩市街を離れればこの状態で、国境地帯ではなおさらであった。

関東軍が攻撃目標としたチタ付近は広大な湿地帯だった。これを奇襲突破するため、最初

湿地車（ＦＢ器）。昭和17年、三菱重工業東京機器製作所製造。

は大きな舟にカタパルトをつけた橇舟を試作したが、これは失敗した。その原因は湿地の特性として浮力がまったく働かないことを忘れていたためで、水上の舟は傾いても復原力が働いて元に戻るが、湿地ではそのままズブズブッと沈んでしまう。チタ付近の湿地は水分が多い湿地なので、キャタピラの代わりに特殊な履帯をつけ、フレームも軽く作って、水上走行のためにプロペラをつけた車両を試作し、湿地車と称した。

第一回試作の湿地車は、鉄板製車体に鉄製広幅の履帯の外腹部に蛇腹式ゴム製履帯を備えたもので、水中はプロペラで進行する。総重量一〇トンで、積載量は歩兵一コ分隊程度、発動機出力一〇〇馬力、三菱重工が試作したが、水上、陸上および普通の湿地通過は可能でも、底無沼のような深い泥濘地に入ると動きがとれなくなり、失敗に終わった。問題は主として履帯にあった。

第二回試作は浮嚢式履帯を採用し、総重量も前者の約半分の小型のものであった。ゴム製浮嚢を履帯にした舟ともいうべきもので、水中はやはりプロペラを使った。三菱重工東京機器が試作し、試験改修の結果、草湿地、水流、泥濘いたるところ走破することができ、水際の出入も容易で、ここに初めて大湿地帯踏破可能の器材が完成し、作戦用として所要量を整備した。

湿地車の性能は、搭載能力約二トン、一車で二〜四台の橇の牽引が可能で、これにより兵員四、五〇名、野砲二門ぐらいを輸送することができた。なお湿地ばかりでなく、冬季には雪上の輸送にも便利に使用された。

全重量約五トン、全長六・九メートル、機関一〇〇馬力、ガソリン

速度　陸上　単車　六〜一七キロ／時

　　　　　　牽引　四〜一二　〃

　　　水上　単車　六〜　八　〃

　　　　　　牽引　三〜　六　〃

牽引力　湿地上　三〇〇〜五五〇キロ

　　　　水上　五〇〜二五〇　〃

　　　　雪上　五〇〇〜一八〇〇〃

湿地における偵察用に湿地オートバイを試作した。これは前輪のタイヤの代わりに空気袋だけで浮くようにし、後輪は湿地車と同じ空気枕のキャタピラ式で、これに斥候一人が乗る構造だった。ノモンハン事件の頃に、哈爾濱の近くの大湿地帯で、技術本部と後宮師団が協

(上)湿地板の上を通過する九五式力作車。
(下)湿地板を通過する特殊装軌車。鉄材を搭載して湿地での荷重試験に臨んでいる。

力して実験を行なったところ、どんなところでも軽快に走行することができた。

人間が徒歩で湿地帯を渡るには、結局のところ、板か材木を敷くしか方法がなかった。これを機械化するため、湿地板敷設車を試作したが、これは一キロ敷くのに板が何千枚もいるという難点があった。実際に使うときに板の補給ができるかが問題だったが、機械の性能は満足すべきものができた。

湿地板敷設車は単純で軽度な湿地に対し、戦車部隊に随伴して迅速にその通路を開設するのが目的であった。湿地通過の方法は、幅二・五メートル、厚さ約四センチの板を帆布で継ぎ合わせたスダレ式のものを、長さ五〇メートルごとに一巻として、敷設車の上に一、二巻搭載し、動力によってこのスダレ式湿地板を作業車の前方進行方向に敷設しつつ、その板上を進み、湿地板がなくなれば後退して、別の敷設車が既設湿地板の上を進んで作業をくり返し、通路を完成するものであった。

湿地の状況や湿地板の損耗の程度によっては一六トン級戦車の数十台は通過できるが、水流や泥濘の深いところでは使えなかった。また、材料の関係からせいぜい長さ五〇〇～一〇〇〇メートルが限度だった。本車は日野ディーゼルが試作したが、実用にはいたらなかった。

自重約七トン、機関一五〇馬力、ディーゼル、敷設速度毎時六キロ

K号曳船

シベリア鉄道が通過するウスリー河の橋脚を爆破するため、特殊高速艇を試作した。この舟艇は前部と後部を分離することができ、後部には爆薬五〇〇キロを積載している。目標に

着いたら自動装置により後部を切り離し、二つの錨と錨綱を用いて橋脚に密着させる。爆薬を装着したら前部の舟艇は四〇ノットを超える速度で離脱する。そのため普通のエンジンでは馬力不足で、名古屋の三菱が作った水冷式イスパノ六〇〇馬力をつけた。また、川の水を吸い上げると冷却器がすぐ腐蝕するので、きれいな水を回す二重冷却式にした。この舟艇は横浜ヨットが製作したもので、K号曳船と呼ばれ、関東軍の極秘橋脚爆破用高速艇だった。

また、K号曳船と同じ考え方で、㋘と称する突撃艇が整備された。ベニヤ船を前後に分断できる構造にし、前部に自動車エンジンを搭載し、後部に爆薬を積載した。やはりK号曳船と同じように、ワイヤで鉄橋の橋脚に巻きつけて爆破するというもので、凍結する前の松花江で訓練が行なわれた。

特殊兵器の貯蔵

昭和十四年八月、陸軍兵器本廠に対し、対ソ作戦用特殊兵器の貯蔵要領と、名称の変更に関する令達があった。貯蔵については左記の三項目により、とくに機密を厳守するよう指示した。

一、試製臼砲（技四号）関係兵器は大阪支廠に、その他は東京支廠に、なるべく別棟の倉庫に他の兵器と分離して貯蔵する。

二、この倉庫は特定の者のほか一般の出入を禁止し、とくに機密保持を確実に行なう。

三、この兵器の検査、手入れにあたっては、陸軍技術本部または陸軍科学研究所に委託し、この兵器関係者の指導のもとに行なうこと。

別表には試作当時の九八式臼砲や、試製気象機（風船爆弾）も記載されているが、ここでは本書に関係のある「やい」号器材や「いて」号器材に関する部分を抜粋する。

調弁令達番号	調弁名称	変更名称	数量	摘要
昭和十二・十・二十八 陸支機密三六四	やい号器材	試製小作業機	二組	内一組は三組に組替、関東軍に交付済
	かは号器材	試製作業車乙	二組	残一組は三組に組替す
昭和十三・八・十六 陸支密三〇九九	やい号（破壊筒）	試製小作業機	四〇	
	いて号	試製迫撃機	四〇	
	弾薬（やい号用）	試製小作業機用弾薬	六〇〇	
	かは号（装軌式）	試製作業機甲	四	
昭和十四・八・二 陸支密二六六四	試製小作業機（九八式やい号器材）	試製小作業機	四二	
	試製迫撃機弾薬（いて号用弾薬）	試製迫撃機弾薬	四五	

この令達に対して昭和十五年八月、一部数量変更と追加があった。数量変更については昭和十四年に令達された試製小作業機の調弁数四二を四〇に減らし、それに代えて以下の追加があった。

試製小作業機、電動車甲二四、電動車乙八、操縦器甲六、操縦器乙八、一号機二八、二号機二四、電纜一〇四、絡車五二、補助電纜八〇、十心電纜八、十心絡車八、十心補助電纜三〇、分電器四、捲取機八、眼鏡八、防楯用眼鏡二、運搬車六、属品二

これらの資料によると、「い」号兵器と呼ばれている器材の正しい秘匿名称は「やい」号器材であること、「やい」号の制式年次は九八式であること、すでに昭和十二年末には「やい」号器材三組が関東軍に交付されていたこと、「やい」号は八〇組以上、「いて」号は四〇組以上作られたこと、チハ車を改造した「かは」号器材は四機作られたことなどがわかる。なお本書では従来どおり、「い」号装置の名称を使用した。

遠隔操縦器材「い」号装置

遠隔操縦器材とは、小さな装軌車両に電線をつけて、後方から電力で操縦するもので、この器材を総称して「い号」および「いて」号装置といった。「い」とは有線（いうせん）の頭文字、「いて」号の「い」は錨および有線の「い」、「て」は投擲の「て」を採ったものである。

満州事変当時、敵陣地の鉄条網や特火点の攻撃には、もっぱら兵自ら爆破管などを担い自爆する、いわゆる肉弾戦法がとられたが、人的損耗が大きく、その割には成果はあまり期待できなかった。ことに上海事変における爆弾三勇士の戦闘後、肉弾戦法に代わる特殊兵器の研究が要望されるにいたり、科学研究所第一部で研究が始められた。

地上構築物を地上攻撃により爆破するには火砲を用いるか、または爆破管などを使用するしかない。爆破装置を目的地点に搬送する方法はいろいろな方式が考えられるが、研究の結

果、無人車に爆破装置を搭載し、これを後方から多心電纜を介して操縦する有線操縦方式が採用された。

昭和七年に研究を始めたときは、四輪小型車にガソリンエンジンを装置し、後輪駆動で、方向の調整は電磁石により、前車輪軸を動かして行なった。

昭和九年、車輪を無限軌道に変え、電動機二台を搭載した。方向調整は左右電動機の回転数を変化して行ない、後進は電動機の極性転換によって行なった。この基本形式は最後の整備まで変わらなかったが、履帯、減速機、懸架装置などの機械関係と、操縦器、継電器、電纜、巻取車などは試験を行なうたびに改良が重ねられた。

有線操縦の最もむずかしいところは、電動車が電纜を牽引するという方式自体にある。すなわち電纜の重量を軽減し、電動車の牽引荷重を減少することが重要であるが、電纜の強度と絶縁耐力は十分保持する必要があるため、種々の問題が発生した。

本装置の故障の大部分は電纜または接続器に起因するもので、電纜は張力、屈曲、圧縮、衝撃、摩擦に対する強度の点において、接続器はとくに衝撃的な張力に対して、電纜締着機構の不完全にもとづく心線の離脱を防ぐために、研究が行なわれた。

作業機の研究も鉄条網爆破用、特火点爆破用、架橋用、火焔放射用、火器搭載用、防楯偵察用、煙幕展開用、資材運搬用といったあらゆる用途について試作、試験が行なわれた。

昭和十一年、電纜の心線数を少なくすることにより、重量の軽減と故障原因の排除を企図した。操縦器、継電器、回路の改良が行なわれ、動作の種類を変えることなく、従来使用されてきた八心電纜を四心電纜に変えることができた。この結果、電纜の径および重量は軽減

水中破壊艇。上より、その全体、器材の組成、爆破装置の要領。

し、しかも強度は増大して、この後は電纜、接続器の故障はほとんど発生しなくなった。野戦兵器としての最難点を突破したといえる。

昭和十二年、有線操縦方式の最終案が成立し、昭和十三年、第一次の整備が開始された。この間、天覧一回、秩父宮殿下の台覧五回におよび、総合演習は主として宮城県王城寺原および青森県山田野の両演習場で実施した。

また研究の始めから整備にいたるまで、本装置の各部を外注する際は別々のメーカーを利用し、装置の内容を知られることのないようとくに注意した。

昭和十四年春、本兵器取り扱いに関する専修員教育が内地において実施された。引き続き満州斉々哈爾《チチハル》において幹部要員の教育訓練が実施された。同年冬、海拉爾地区において実戦を想定した演習を行ない、機関銃射撃による被害はほとんどなく、また暗夜の鉄条網攻撃、払暁の特火点攻撃などもきわめて確実、有効に行ない得ることを確認した。

整備は昭和十三年から十四年にかけて、第一次、第二次、第三次、第四次と進められた。昭和十五年、本兵器専属の部隊が編成され、関東軍司令官直属の秘密部隊として満州東部国境に配置された。部隊編成におよんで研究は一段落をつげたが、有線操縦方式の応用は陸上兵器から河川用兵器に移り、水際障碍物の爆破を目的とする有線操縦兵器が昭和十五年に完成した。

「い」号装置の構成

整備に移した「い」号装置一組の主要な構成はつぎのとおりである。

発電車（被牽引車とも）一両、電動車甲四両、電動車乙二両、一号作業機四機、二号作業機二機、三号作業機二機、操縦器甲三個、操縦器乙（本体、携帯操縦器、二三心電纜、絡車、絡車軸とも）二組、四心電纜（絡車、絡車軸とも）三六個、分電器二個、巻線機三個、付属器材一式

このほかに操縦者が中に入って、操縦しながら目的の電動車を操縦する装甲操縦車も若干整備された。

電動車甲

本体は長さ約一・八メートル、幅約〇・七メートル、高さ約〇・五メートルの軽合金製無限軌道車体で、電動機は直流六〇〇ボルト、二馬力、毎分四〇〇〇回転、全密閉耐水型の直捲電動機で、二台を左右に装備する。継電器甲は本車の前後進をつかさどる電動機極性転換用継電器と作業機の動作および動作完了後自動後進をなさしめるための継電器とを、防水型軽合金製の箱に収容したもので、操縦用電纜を接続する接続器がある。

電動車乙

構造的には電動車甲とほとんど同じであるが、長さ約二・五メートル、幅約一メートル、高さ約〇・六メートルと大きく、作業機が二台搭載できる。継電器乙は作業機二台を順次に動作させる構造をもつ。

	電動車甲	電動車乙
装備電動機	一馬力、二台	二馬力、二台
最大速度	毎秒約五メートル	毎秒約五メートル

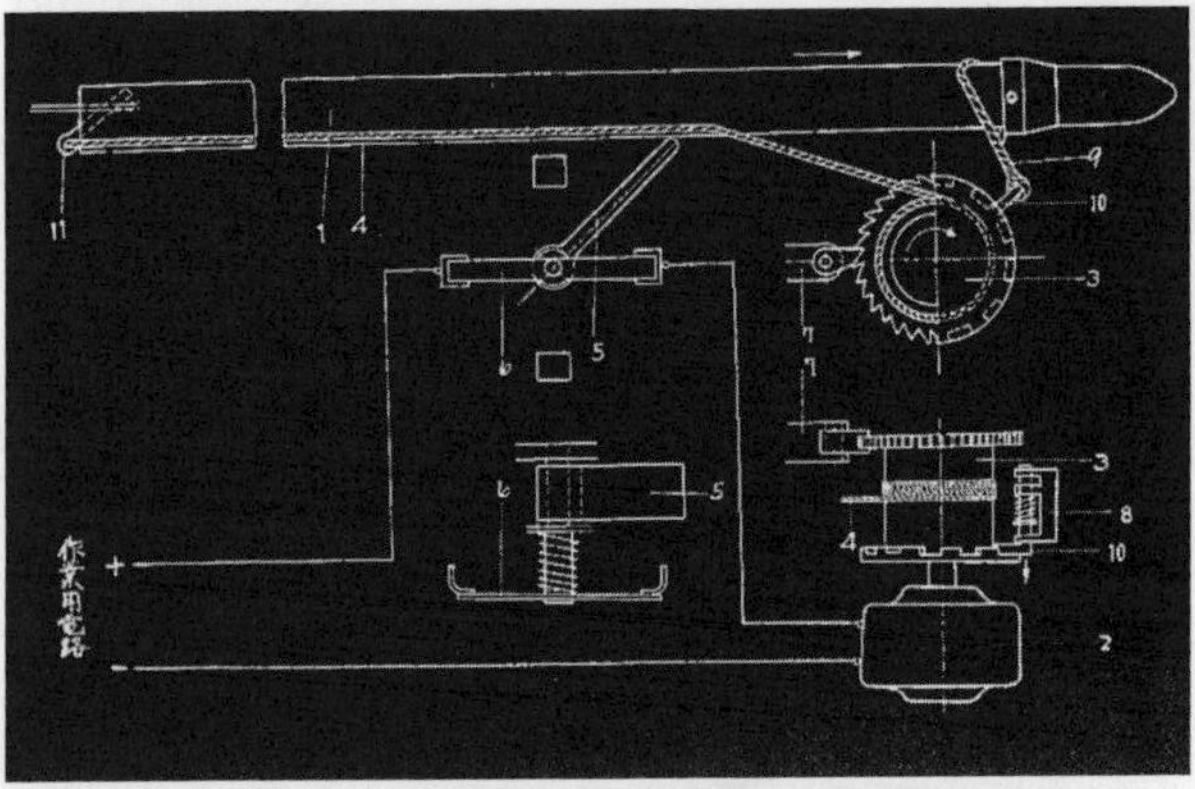

有線遠隔制御による障碍物破壊装置の特許図。鋼索4を鼓胴3に巻き取られることによって、爆破管1が鉄条網の中に押し込まれる。

登攀傾斜	四分の一以内	三分の一以内
超壕幅	約八〇センチ	約一〇〇センチ

作業機

作業機は電動車にとりつけて各種の攻撃作業を行なう装置で、つぎの三種がある。

一号作業機

鉄条網に爆破管を挿入し、これを爆破する作業を行なうもので、作業用電動機、鋼索、絡車、導管などからなっている。一端を絡車に巻きつけた鋼索を、導管内を通して後方に曳いた爆破管の後端につないでおく。

鉄条網の直前に達したら、電動車を停止し、作業用電動機を作動させると、鋼索は絡車に巻きとられ、爆破管は導管を通じて前方に押し出され、鉄条網に挿入される。爆破管が導管を離れるとき、爆管を引いて導火索が点火し、これと同時に電動車は後退を始め、爆破の危険圏外に退避する。これらの一連の動作は、操縦器の作業のスイッチを回すことにより、自動的に連続して行なわれる。

二号作業機

電動車甲に装着するようになっていて、小型の集団装薬を搭載し、目標の直前で電動車を停止させ、作業用電動機を作動させる。そうすると押桿が延び出して装薬を車前に押し落とし、装薬が車を離れるとき導火索が点火し、同時に電動車は後退する。二号作業機は敵の掩

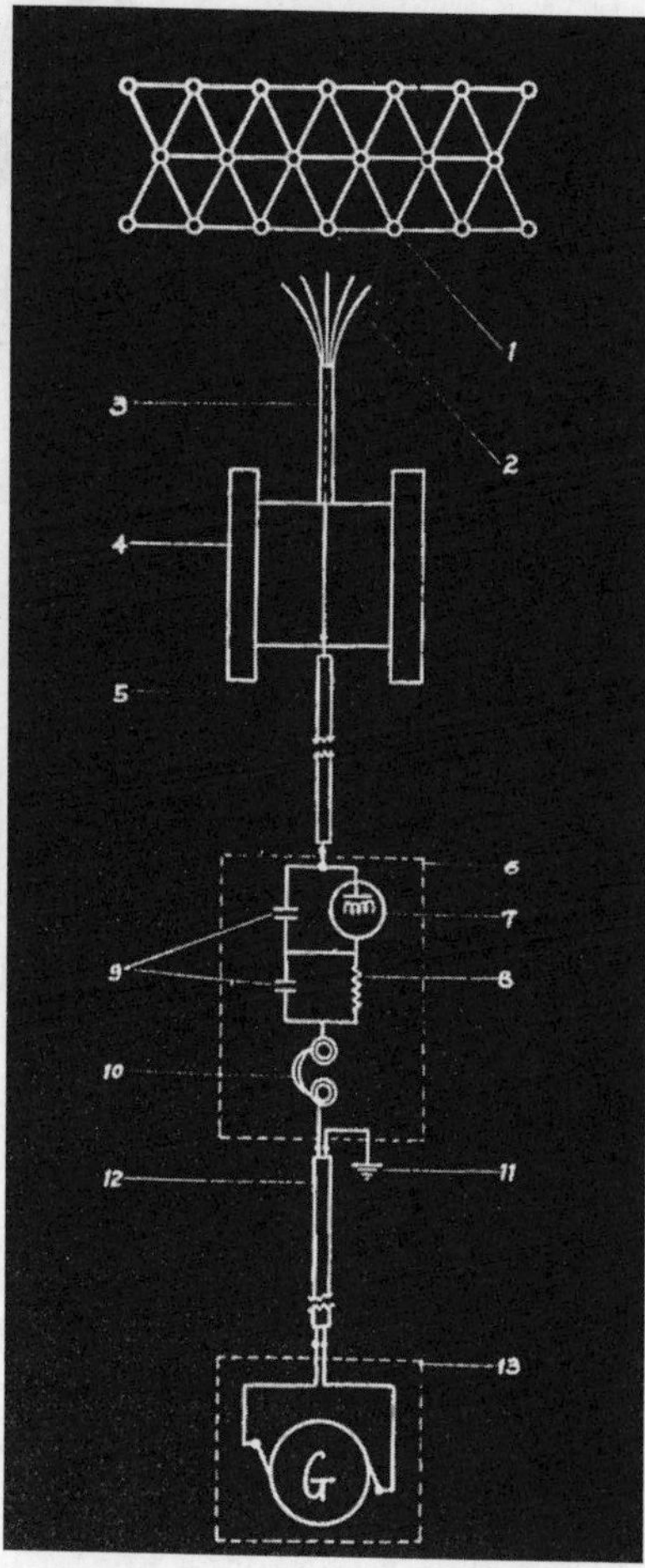

有線操縦器材の目標への到着を知らせる自動表示装置。2の触覚が1の鉄条網に触れると、電気的に信号が流れる。これも特許図である。

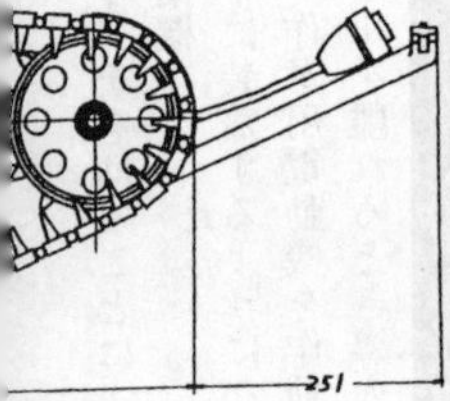

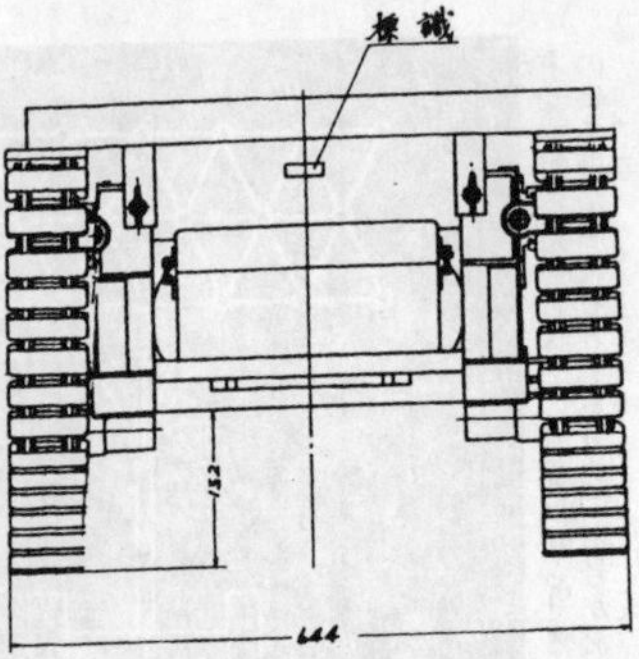

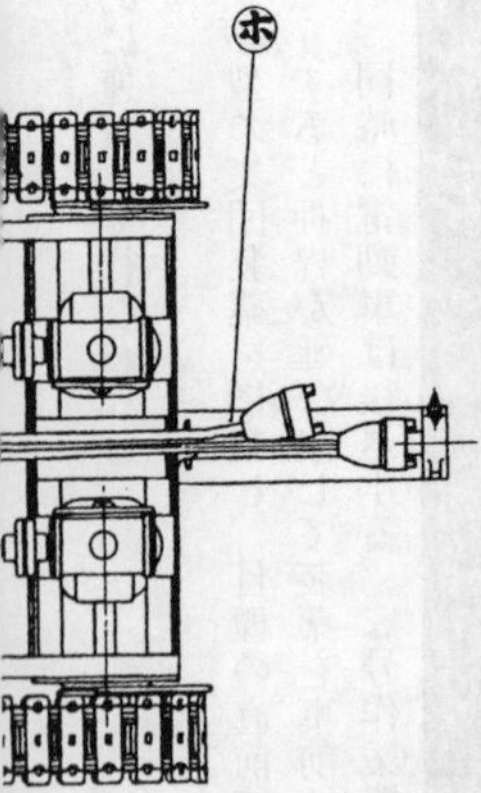

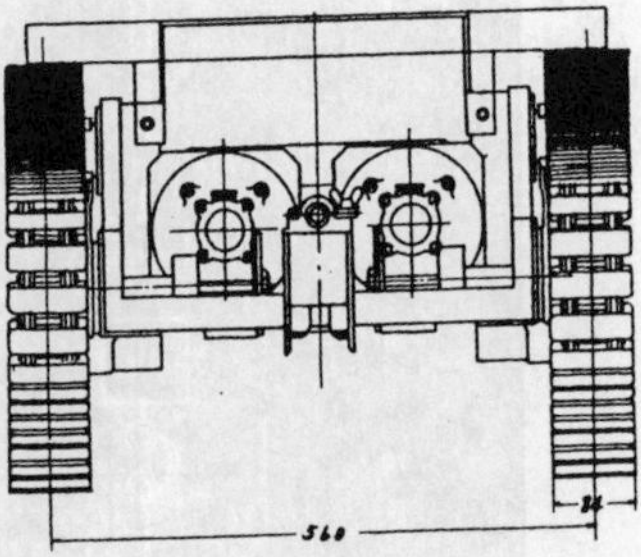

符号	名称
イ	車体
ロ	電動機
ハ	蓄電池
ニ	手制止器
ホ	線制止器

九八式小作業機 電動車甲

重量約130キロ

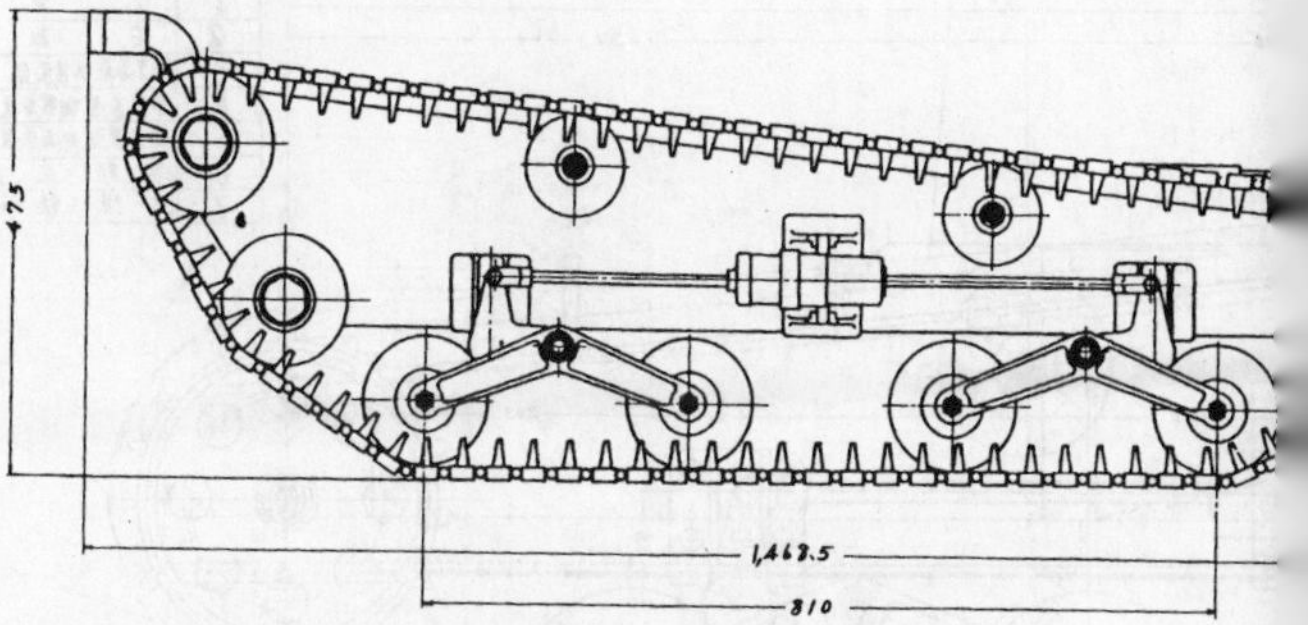

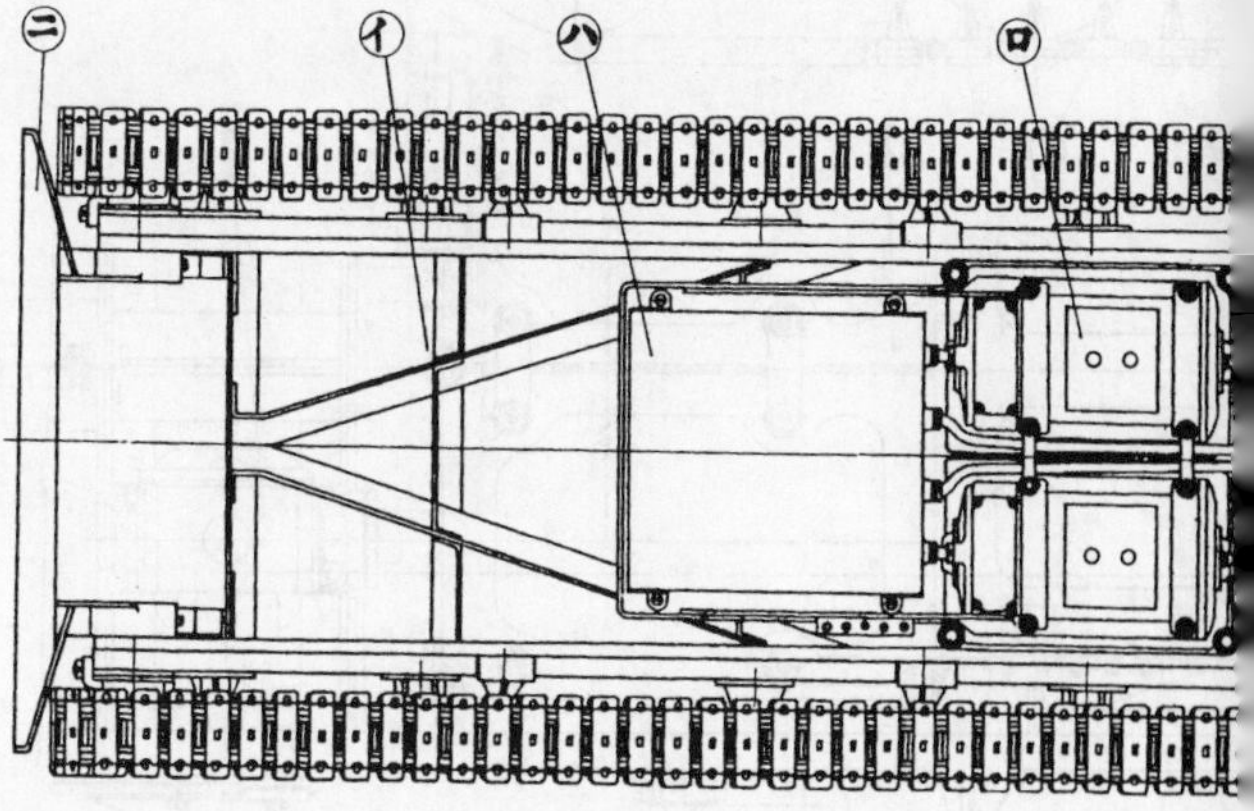

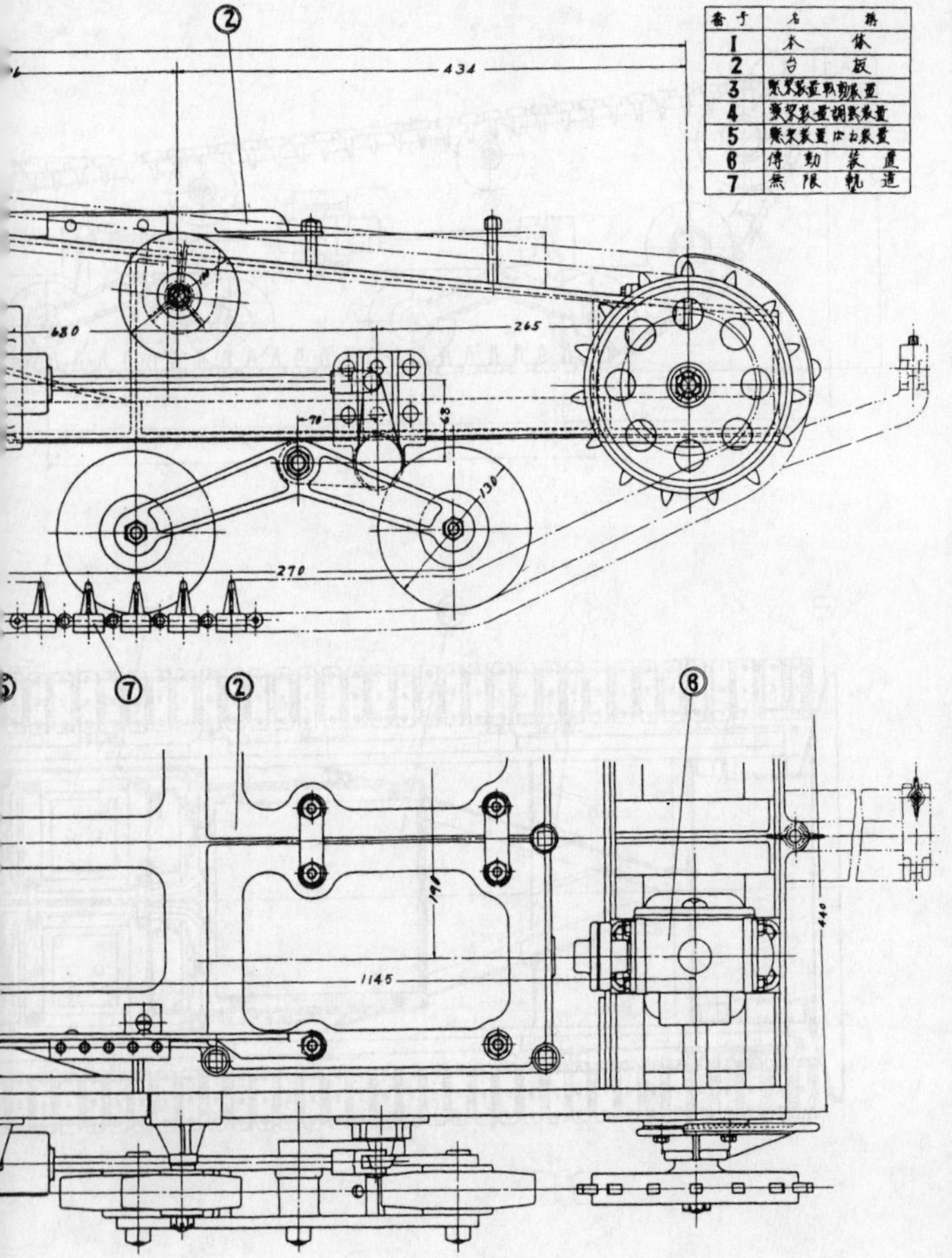

番号	名称
1	本体
2	台板
3	緊架装置駆動装置
4	緊架装置調整装置
5	緊架装置ばね装置
6	傳動装置
7	無限軌道

九八式小作業機 電動車甲組立

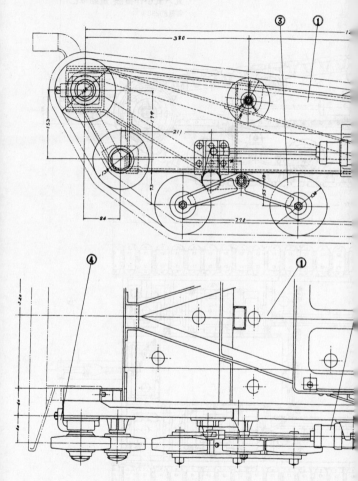

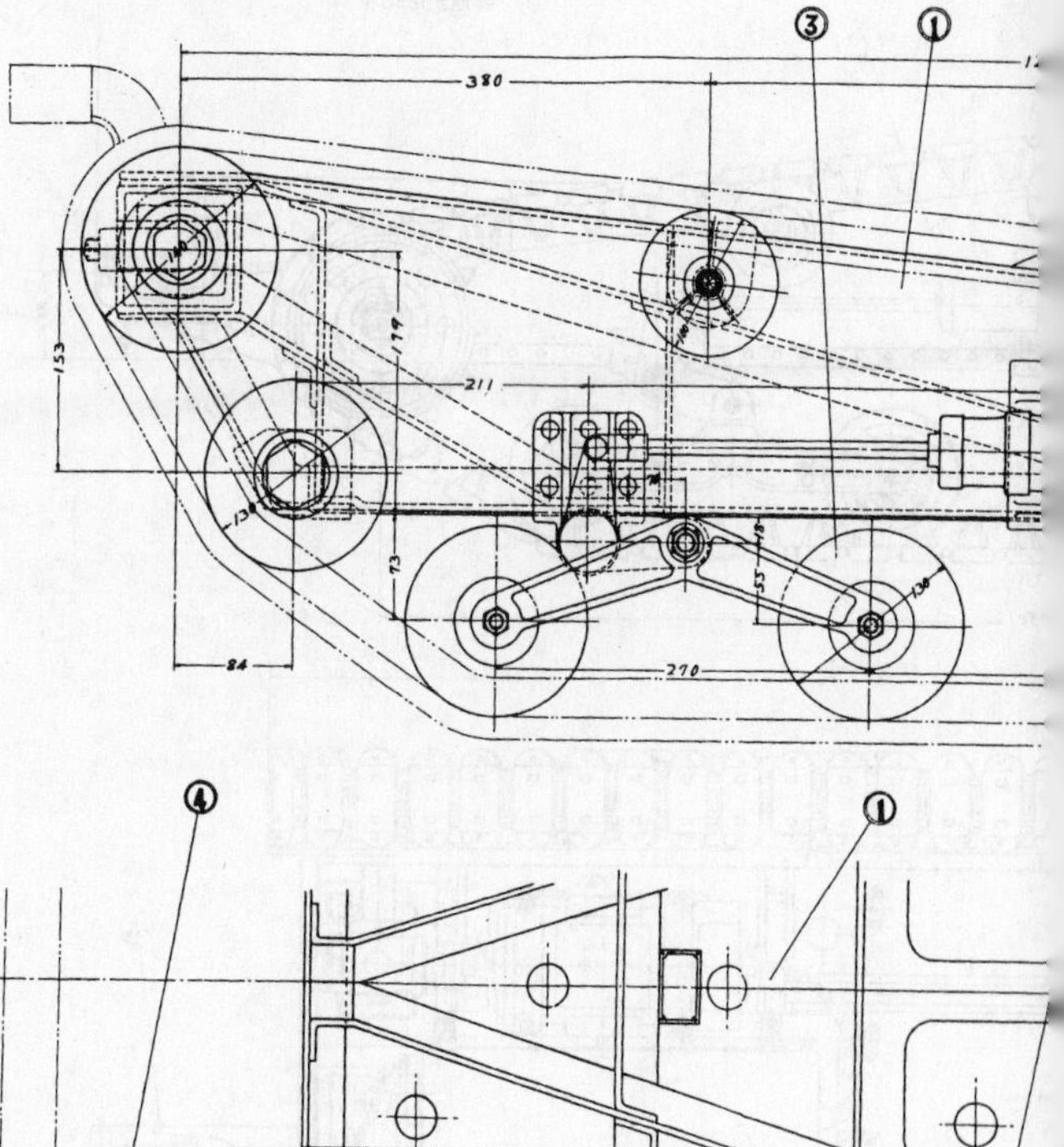

九八式小作業機 電動車乙

重量約290キロ

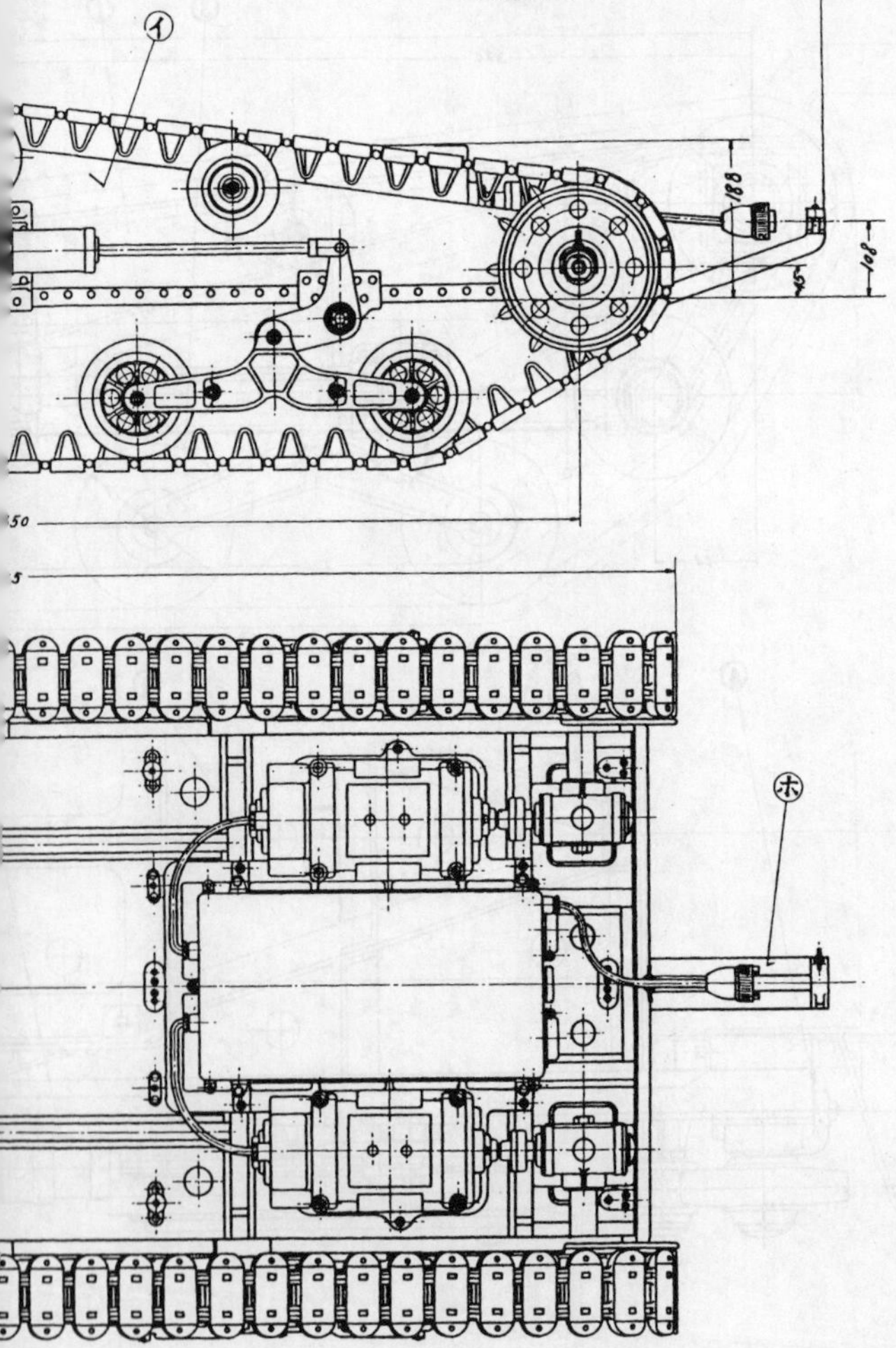

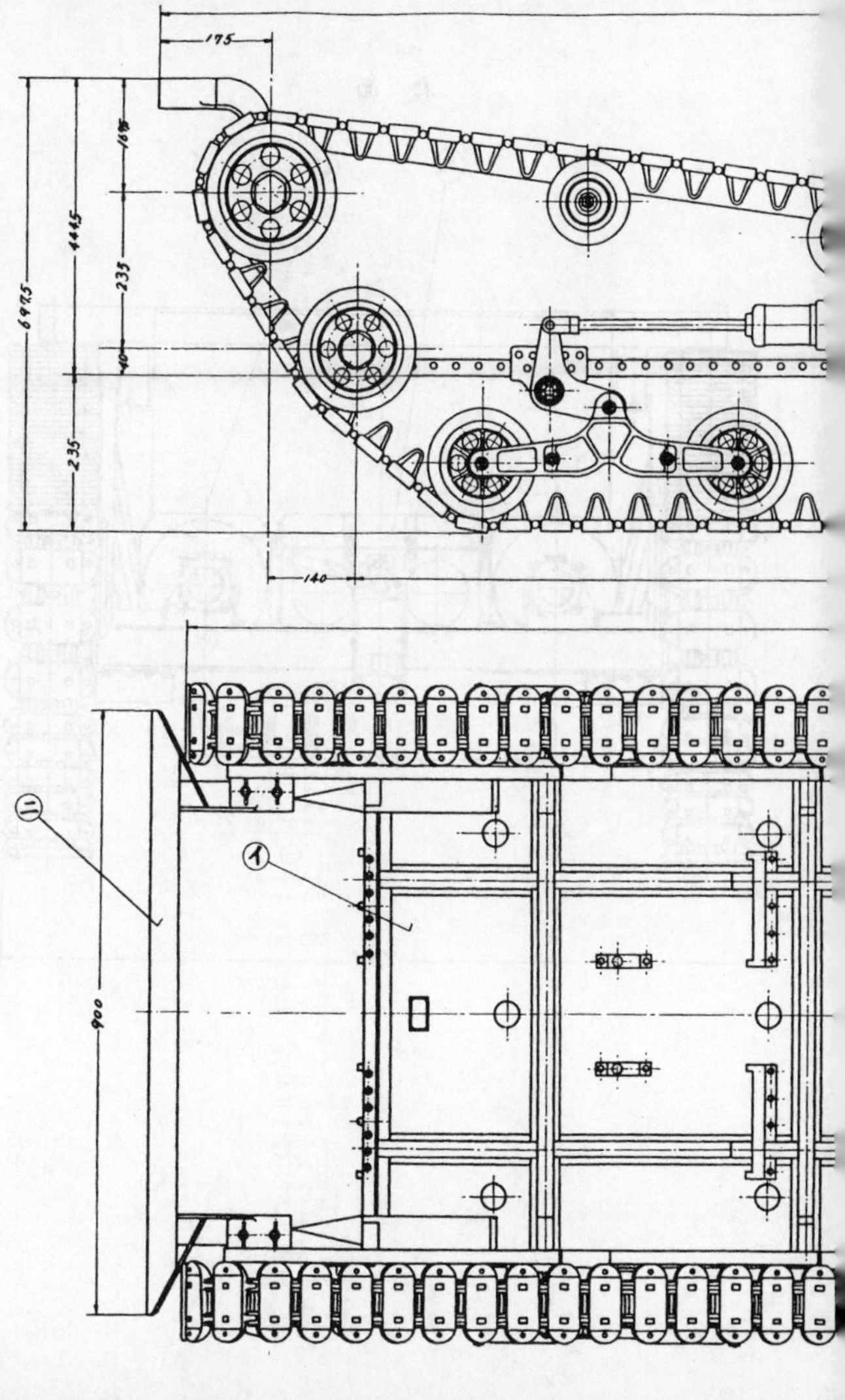
175
697.5
444.5
235
40
235
140
900
11

後面

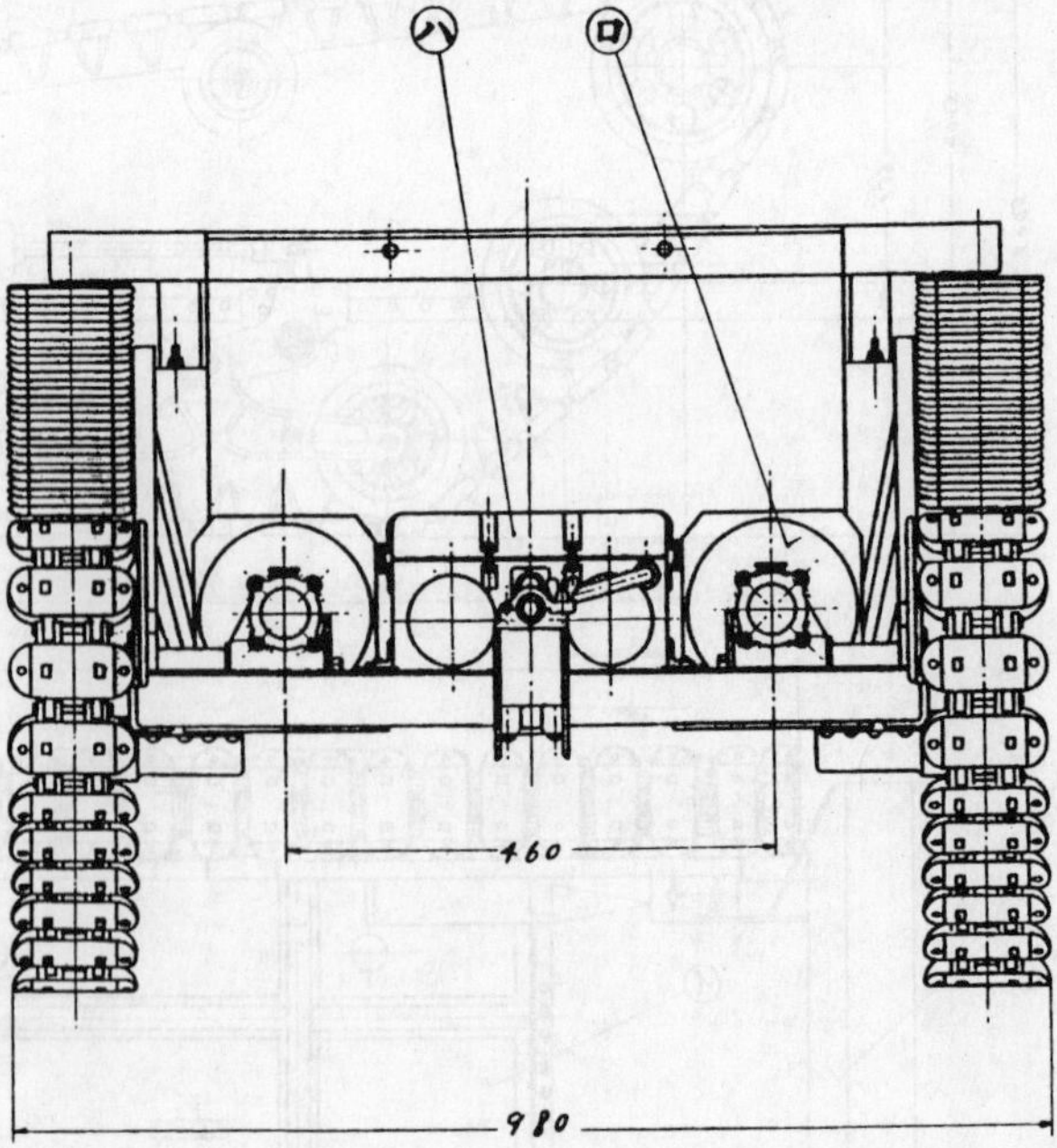

九八式小作業機 電動車乙前後面図

前　面

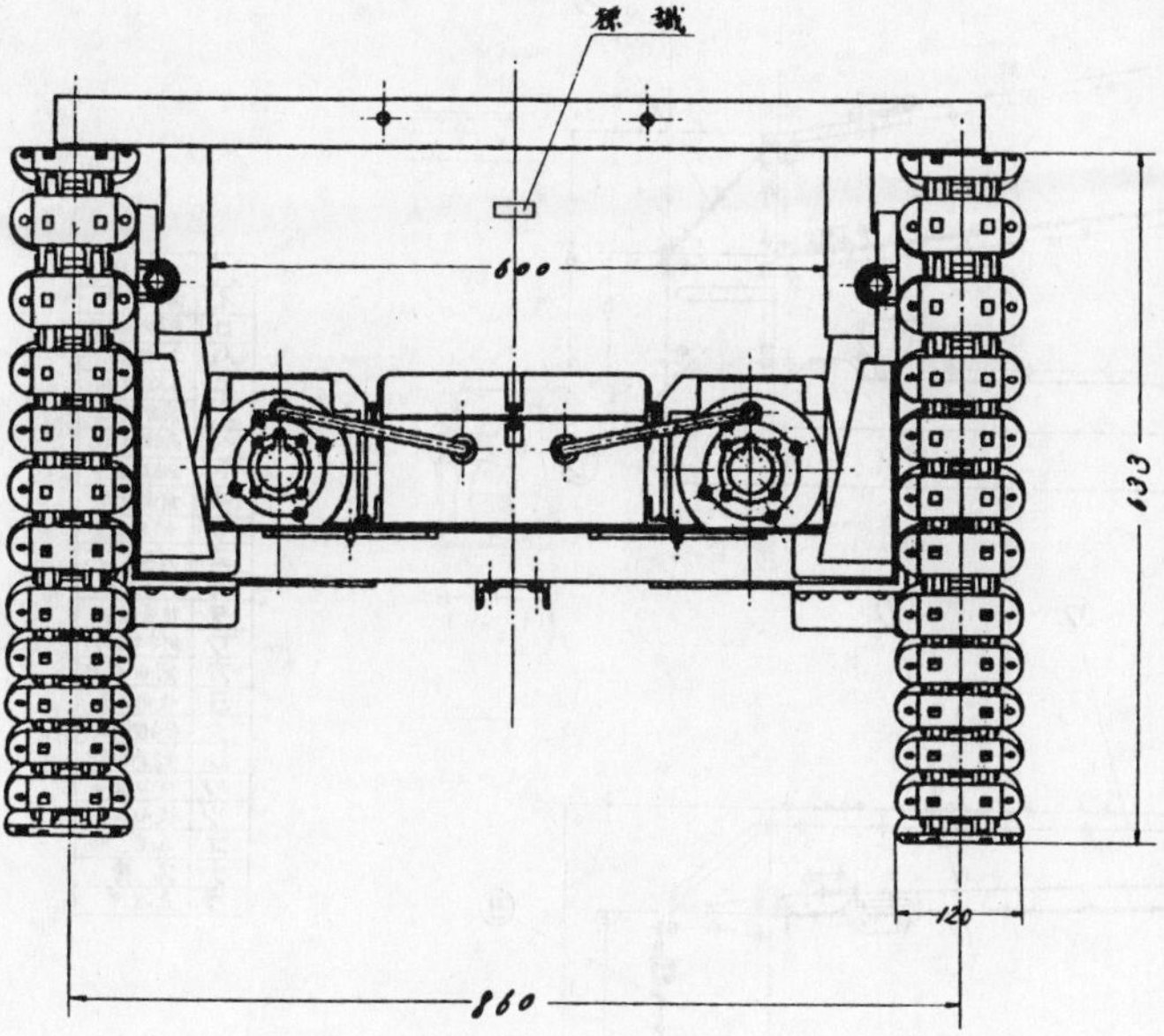

符號	名稱
イ	車體
ロ	電動機
ハ	継電器乙
ニ	前部止金
ホ	後部止金

九八式小作業機 防楯

重量約200キロ

註記

摩擦部ヲ除キ内面白色ノ塗装ヲ行フ

外面茶褐色トシ規定ノ迷彩ヲ施ス

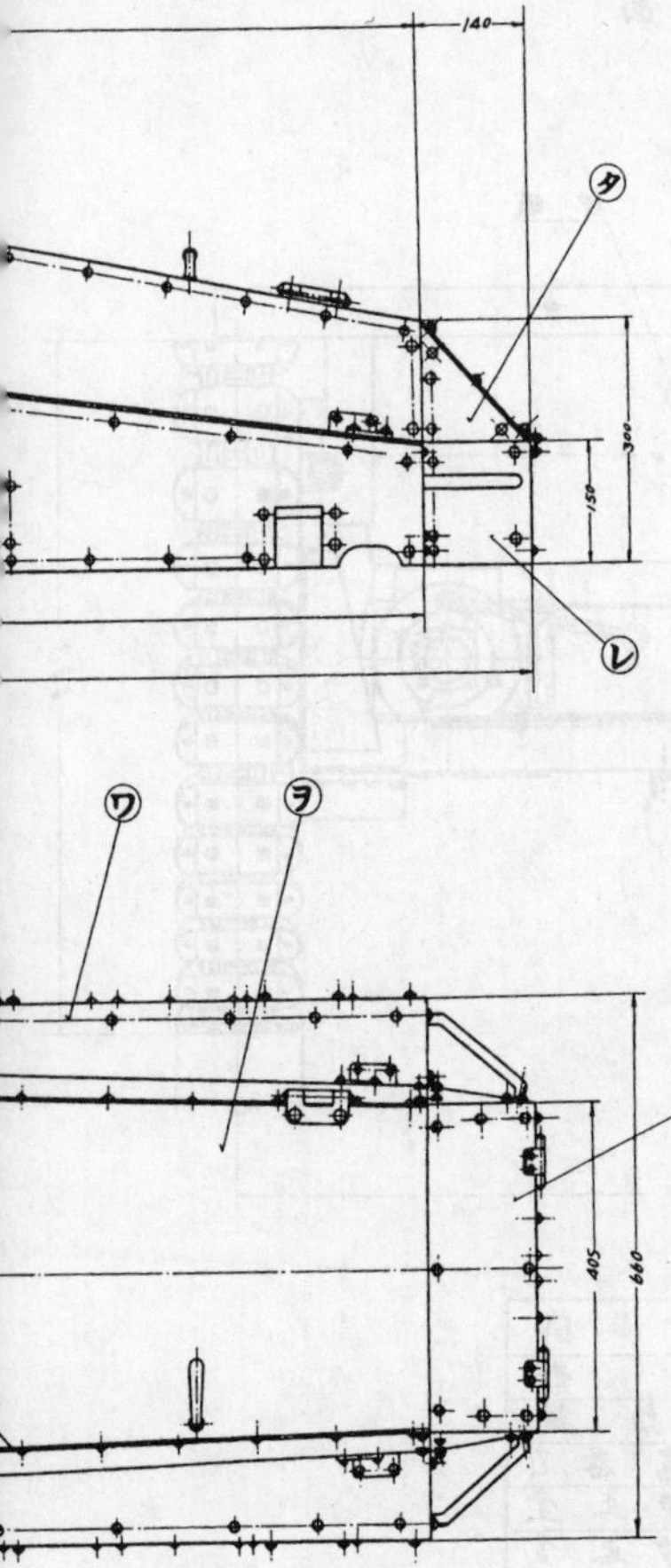

符号	名称
イ	前面板甲
ロ	前方側面板甲
ハ	上面板甲
ニ	上面板乙
ホ	前面板乙
ヘ	前方側面板乙
ト	側方上面板甲
チ	前面板丙
リ	側面板甲
ヌ	側面板乙
ル	前方蓋板
ヲ	後方蓋板
ワ	側方上面板乙
カ	側面板丙
ヨ	後面板甲
タ	後方側面板甲
レ	後方側面板乙
ソ	後面板乙
ツ	後面板丙
ネ	底板
ナ	[illegible]
ラ	止金甲

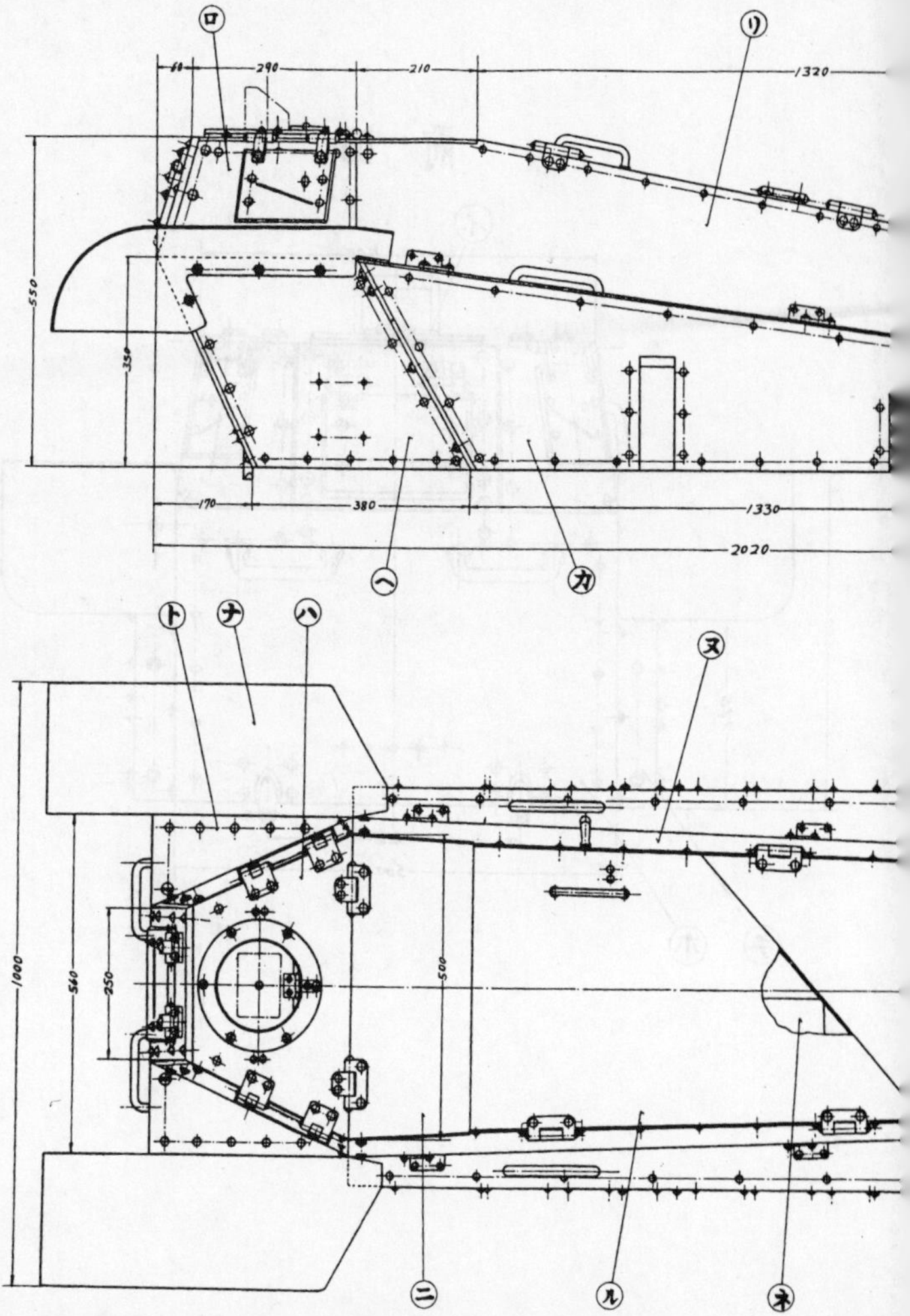

ロ
リ
60
290
210
1320
550
350
170
380
1330
2020
ヘ
カ
ト
ナ
ハ
ヌ
1000
560
250
500
ニ
ル
ネ

前　面

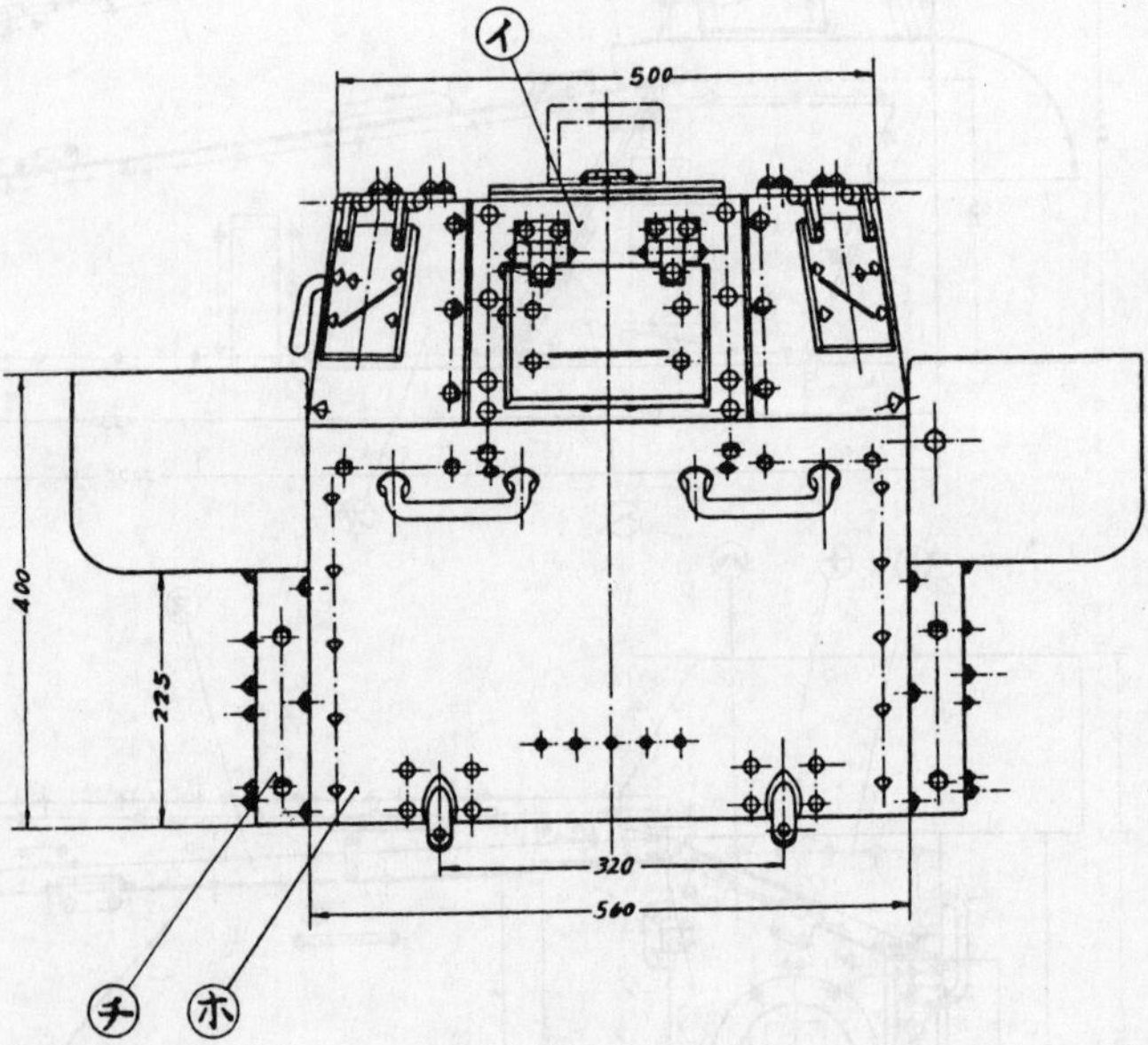

九八式小作業機 防楯前後面図

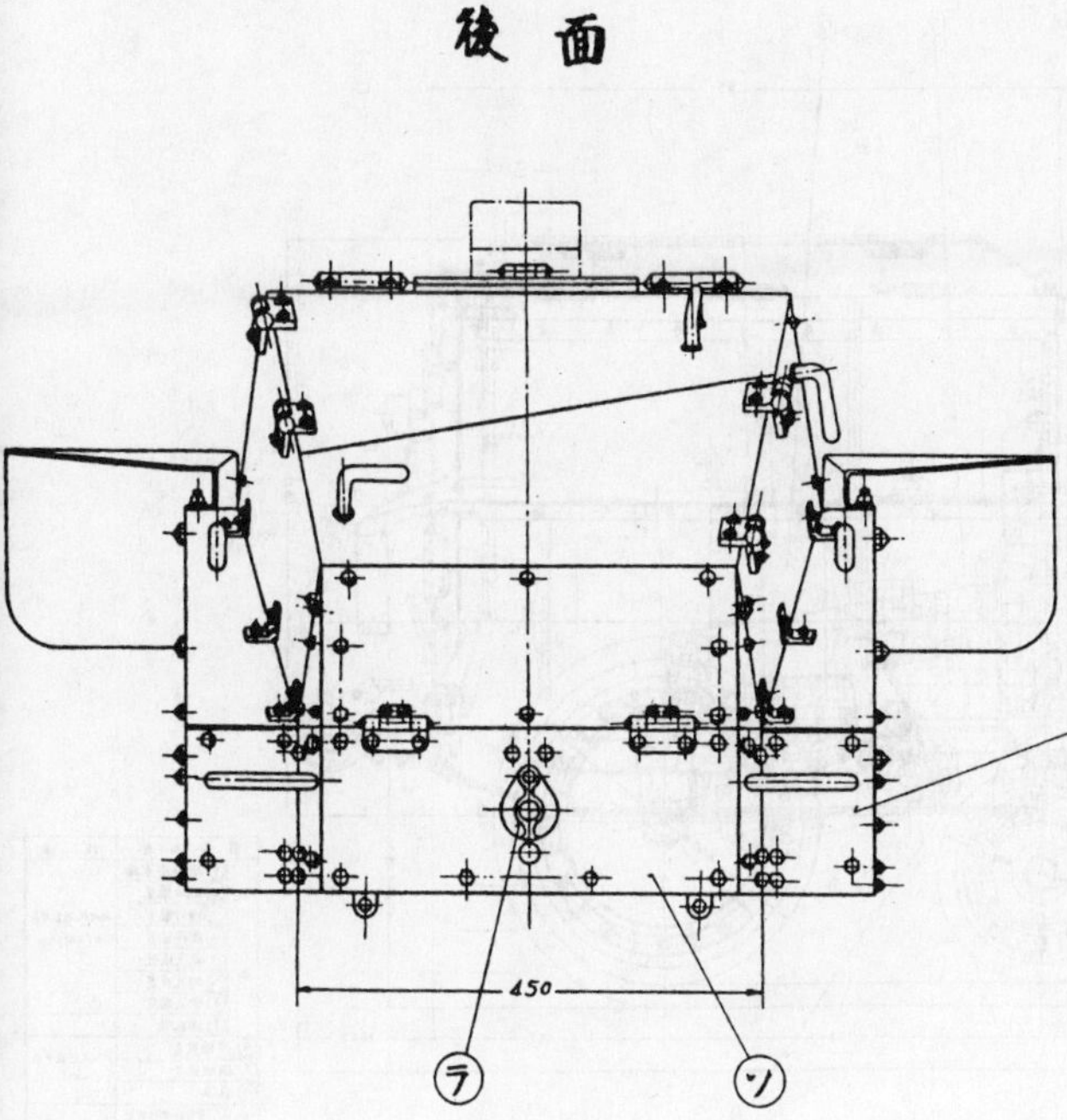

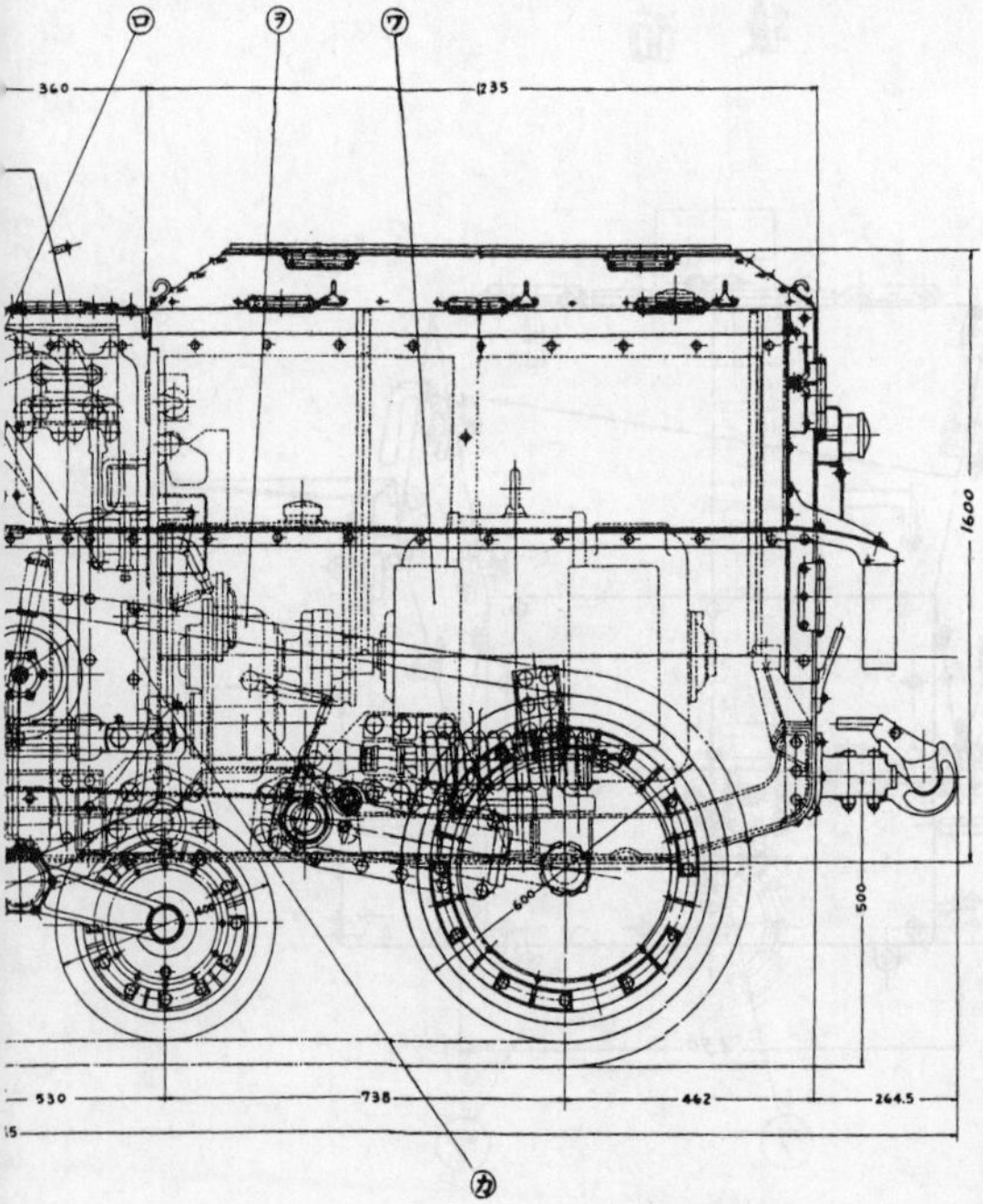

区分名称		摘要
機関部	イ 発動機本体	九七式軽装甲車ノモノニ同ジ
	ロ 配油装置	
	ハ 冷却装置	
	ニ 燃料装置	
	ホ 吸気装置	
	ヘ 排気装置	
	ト 電気装置	
	チ 調速機	
リ 伝動装置		九七式軽装甲車ノモノニ同ジ
ヌ 操縦装置		
ル 車体		
発電部	ヲ 発電機伝動装置	
	ワ 発電機	
	カ 配電盤	
	ヨ [illegible]装置	

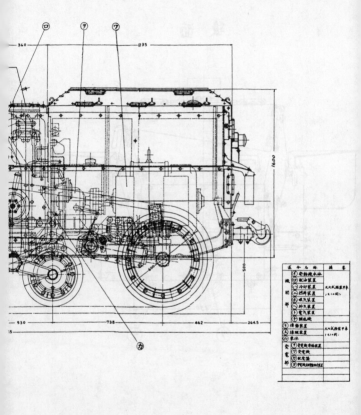

九八式小作業機 発電車側面図

昭和18年6月2日仮制式制定

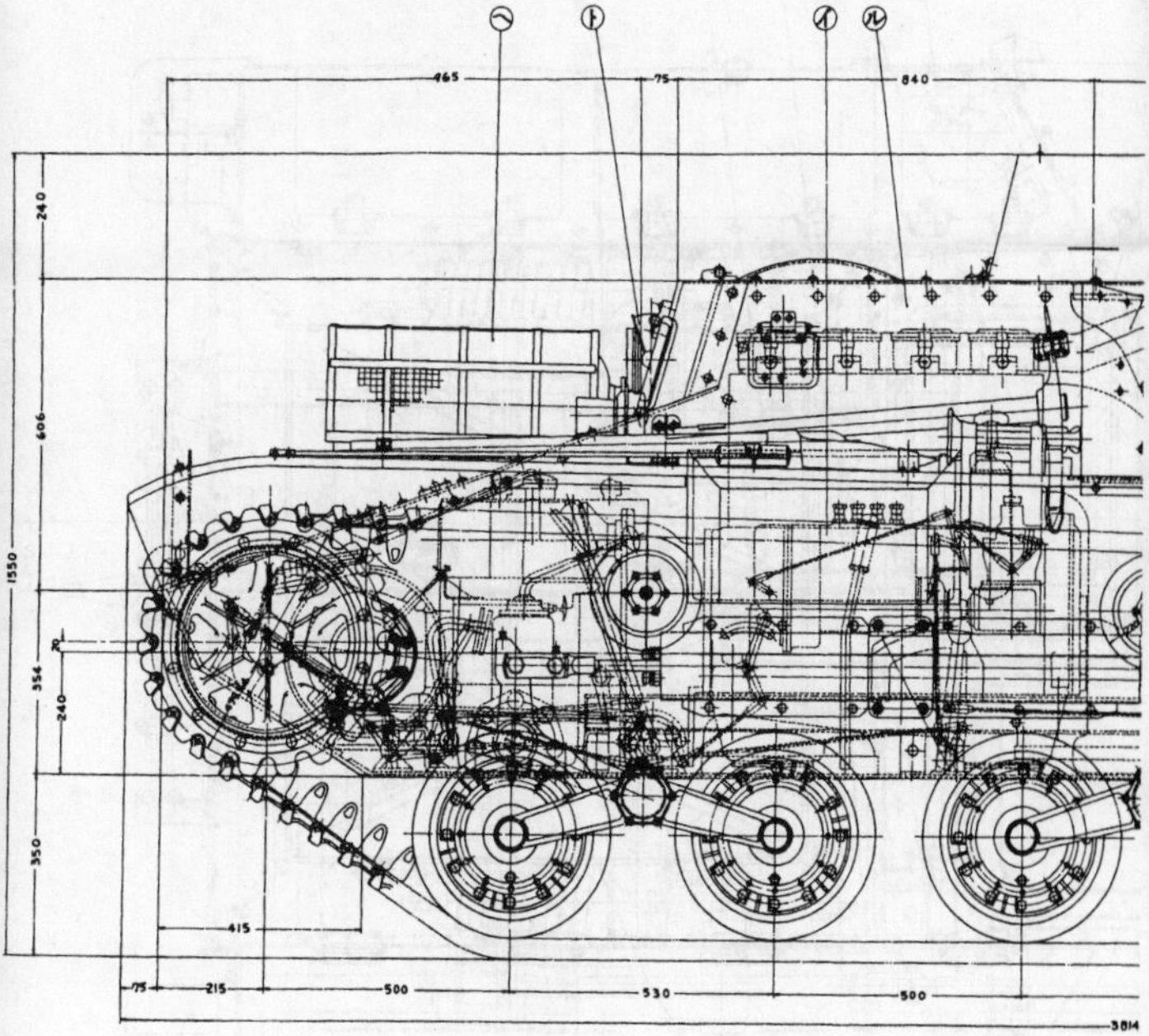

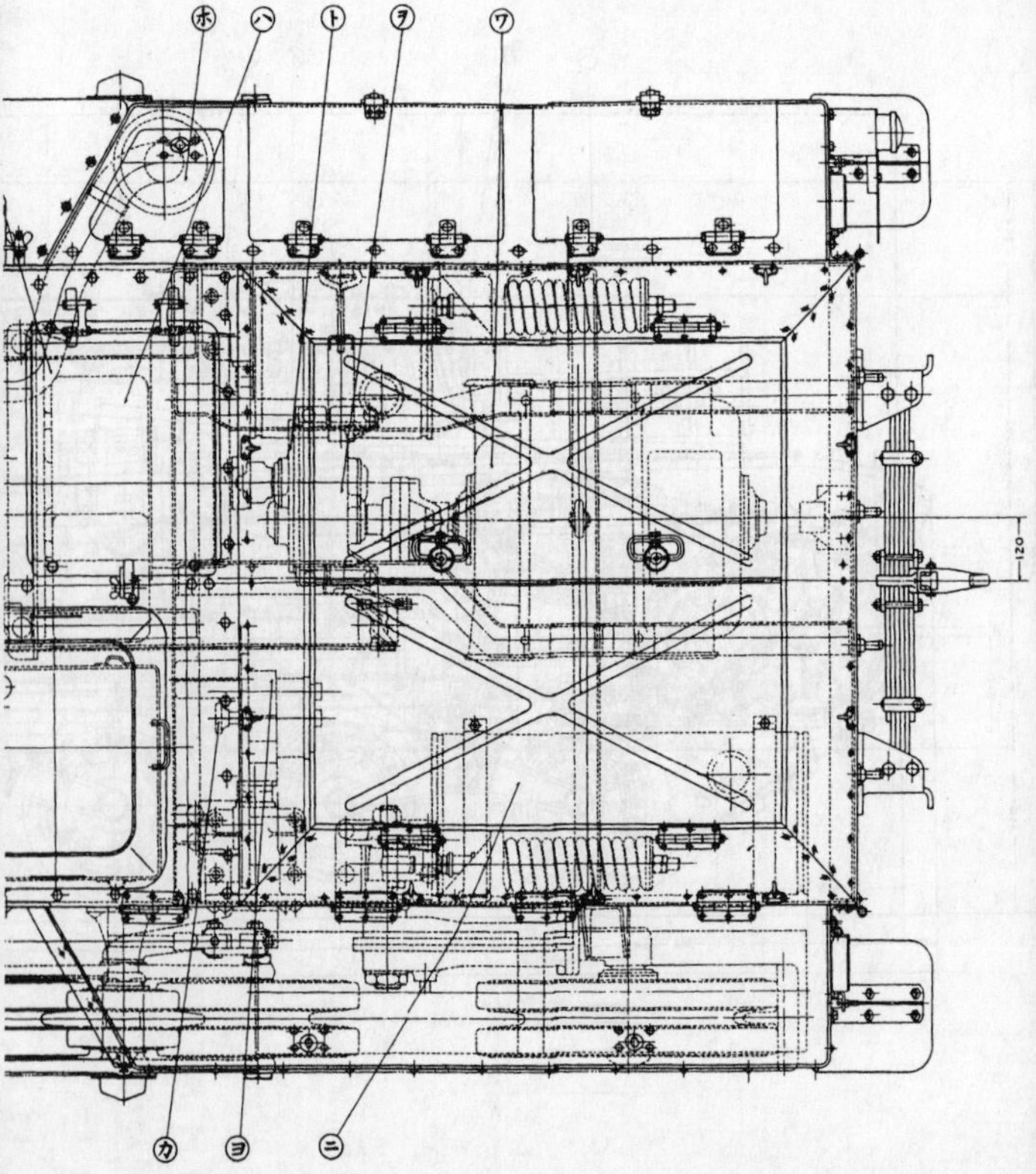
ホ
ハ
ト
ヲ
ワ
120
カ
ヨ
ニ

九八式小作業機 発電車平面図

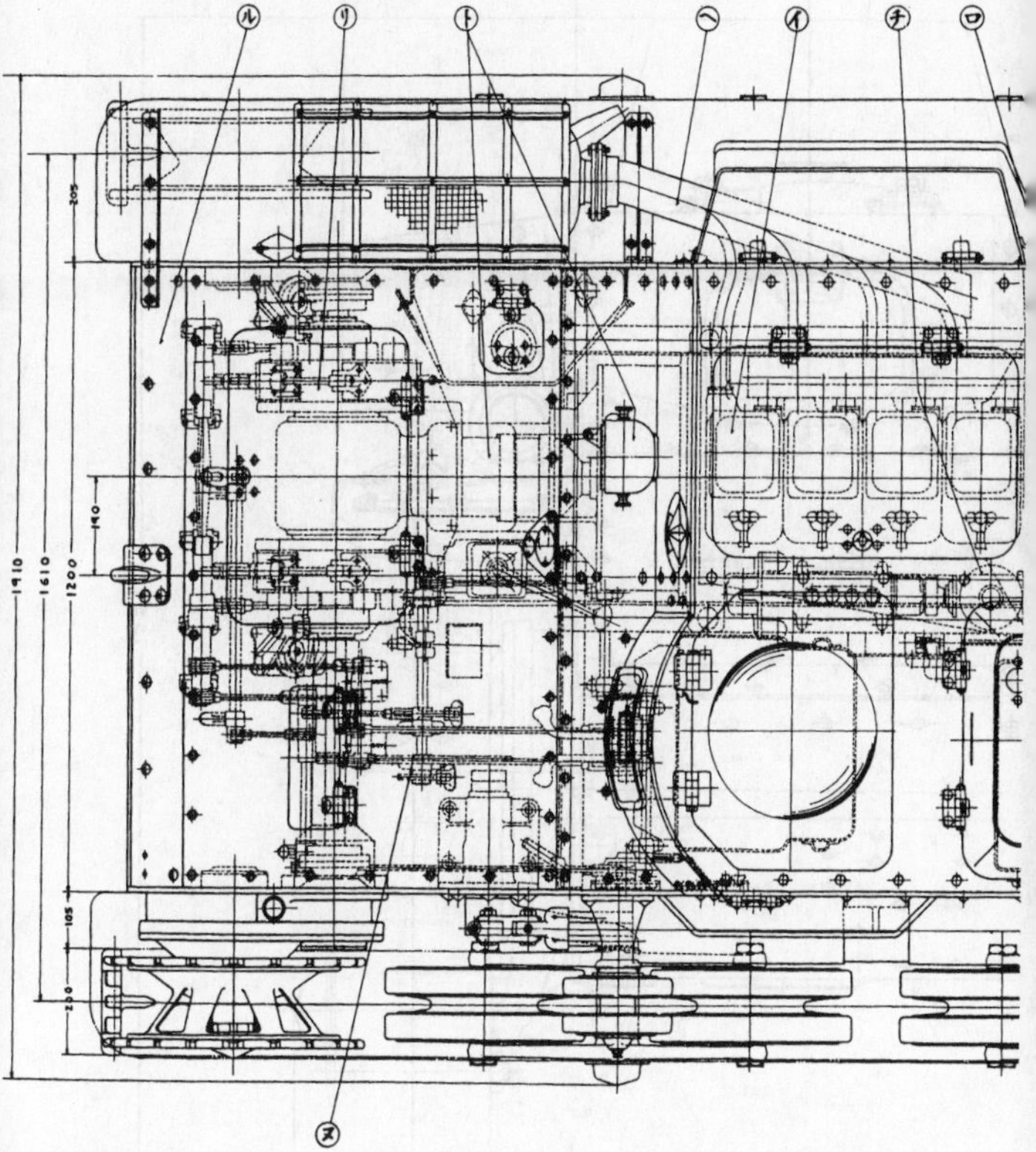

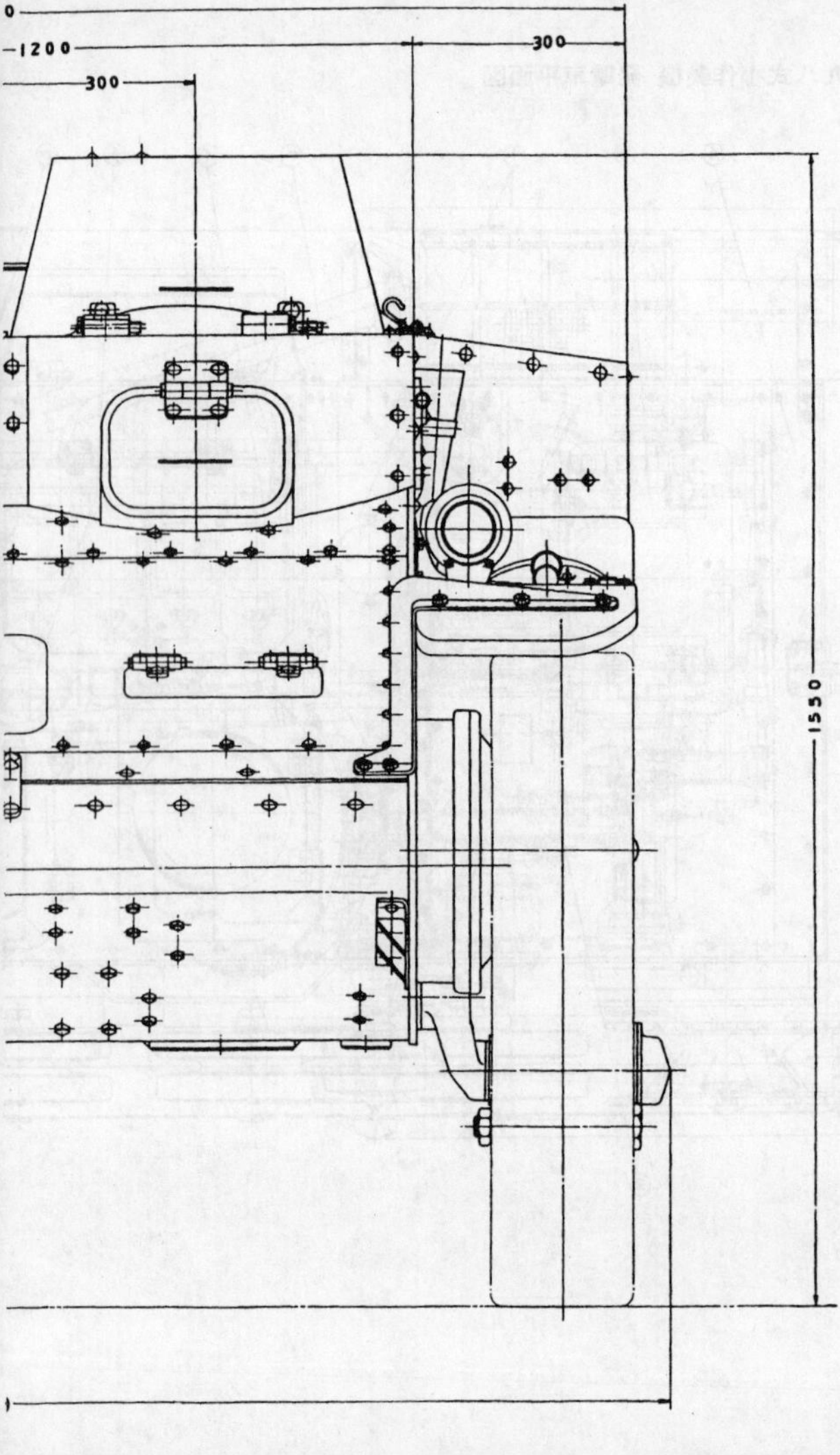
0
-1200
300
300
1550

九八式小作業機 発電車前面図

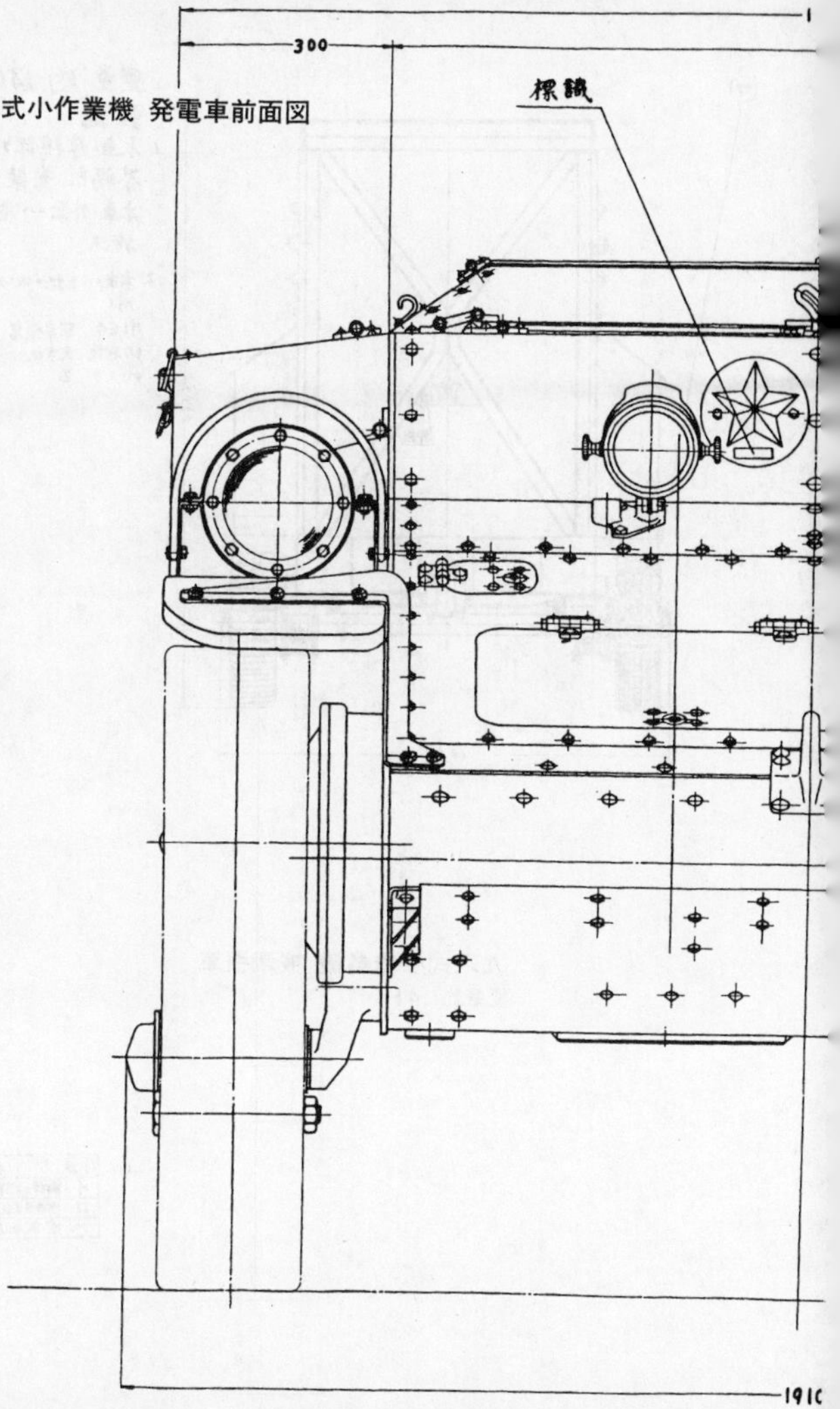

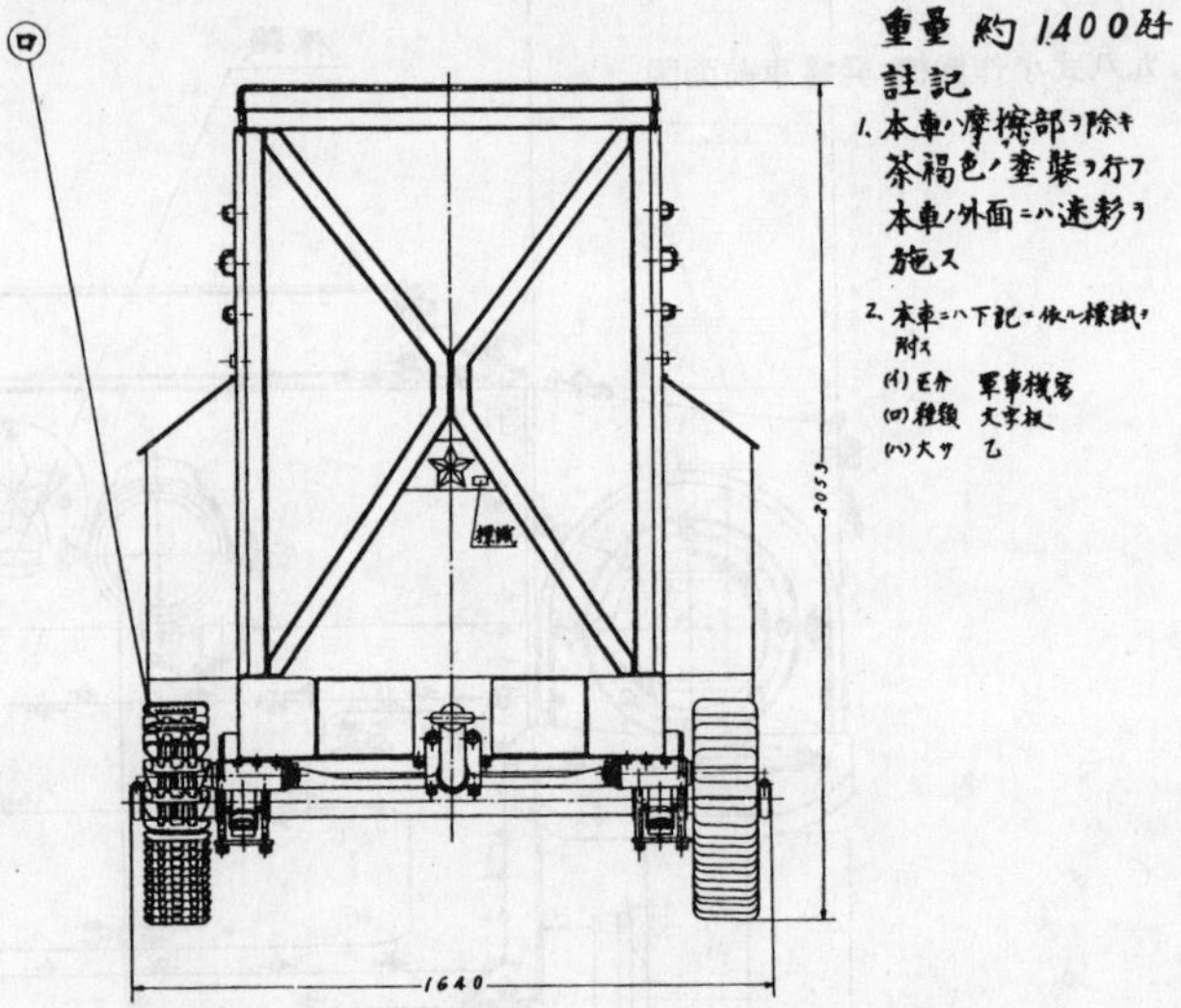

重量 約 1400瓩
註記
1. 本車ハ摩擦部ヲ除キ
茶褐色ノ塗装ヲ行フ
本車ノ外面ニハ迷彩ヲ
施ス
2. 本車ニハ下記ニ依ル標識ヲ
附ス
(イ) 区分 軍事機密
(ロ) 種類 文字板
(ハ) 大サ 乙
ロ
標識
2053
1640

九八式小作業機 被牽引車
重量約1.4トン

符號	名稱
イ	桁桿及牽引装置
ロ	無限軌道装置
ハ	懸架装置

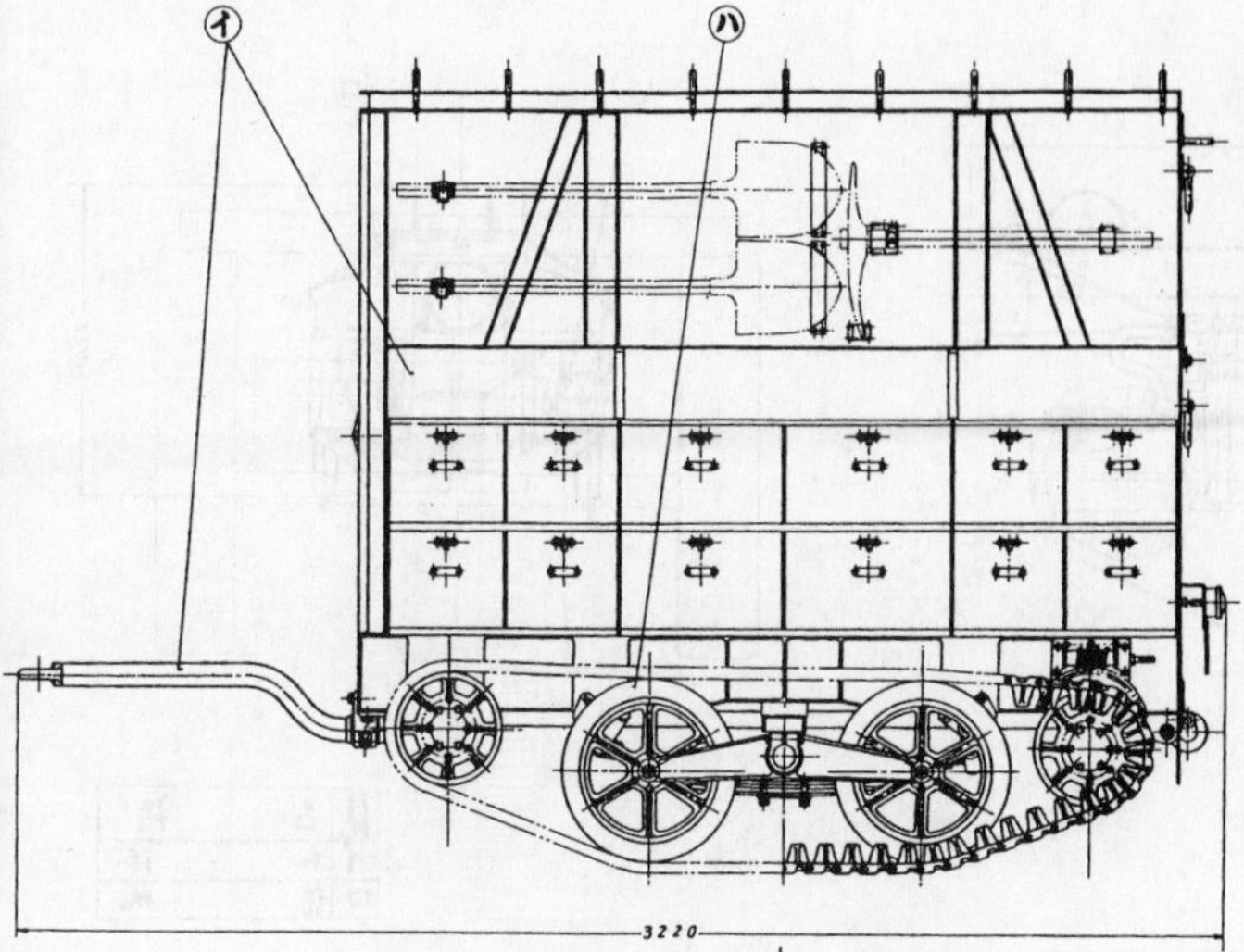
イ
ハ
3220

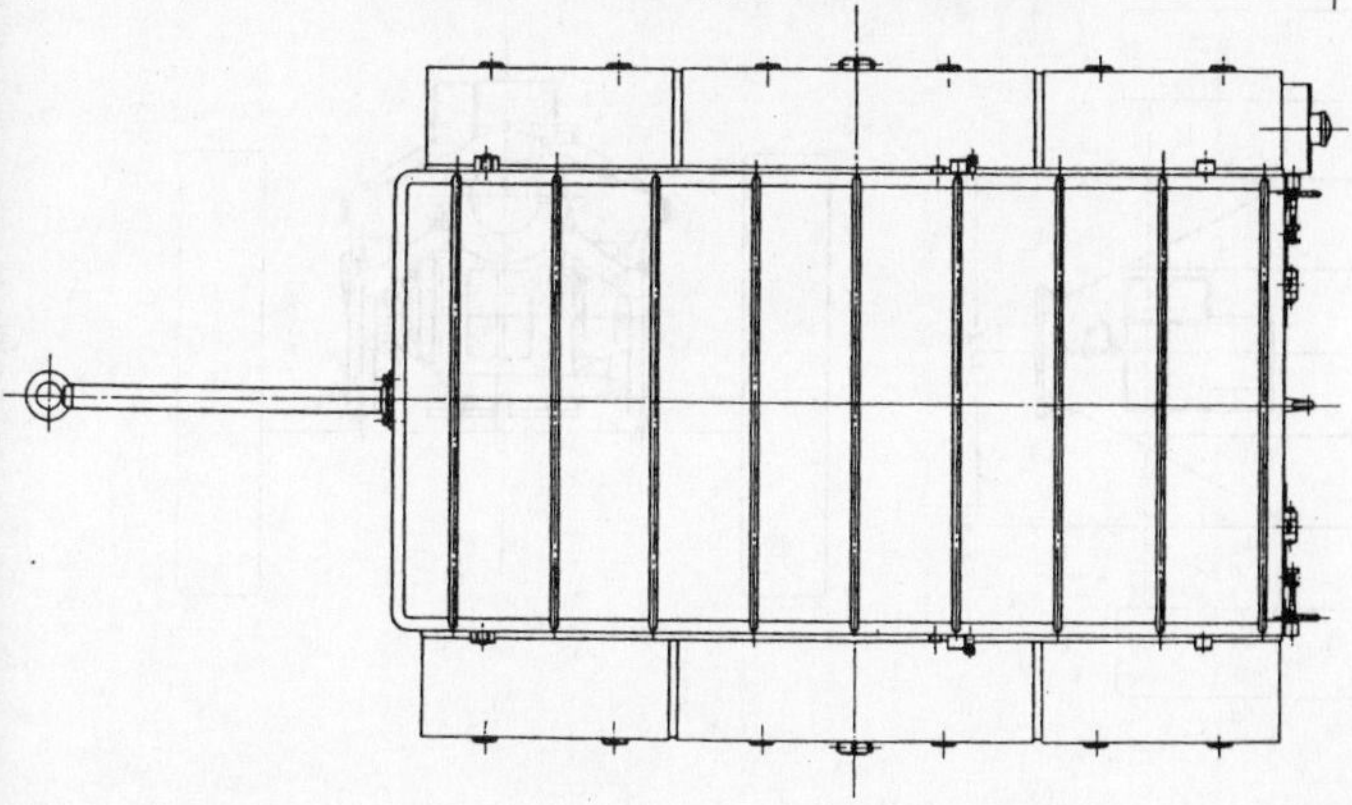

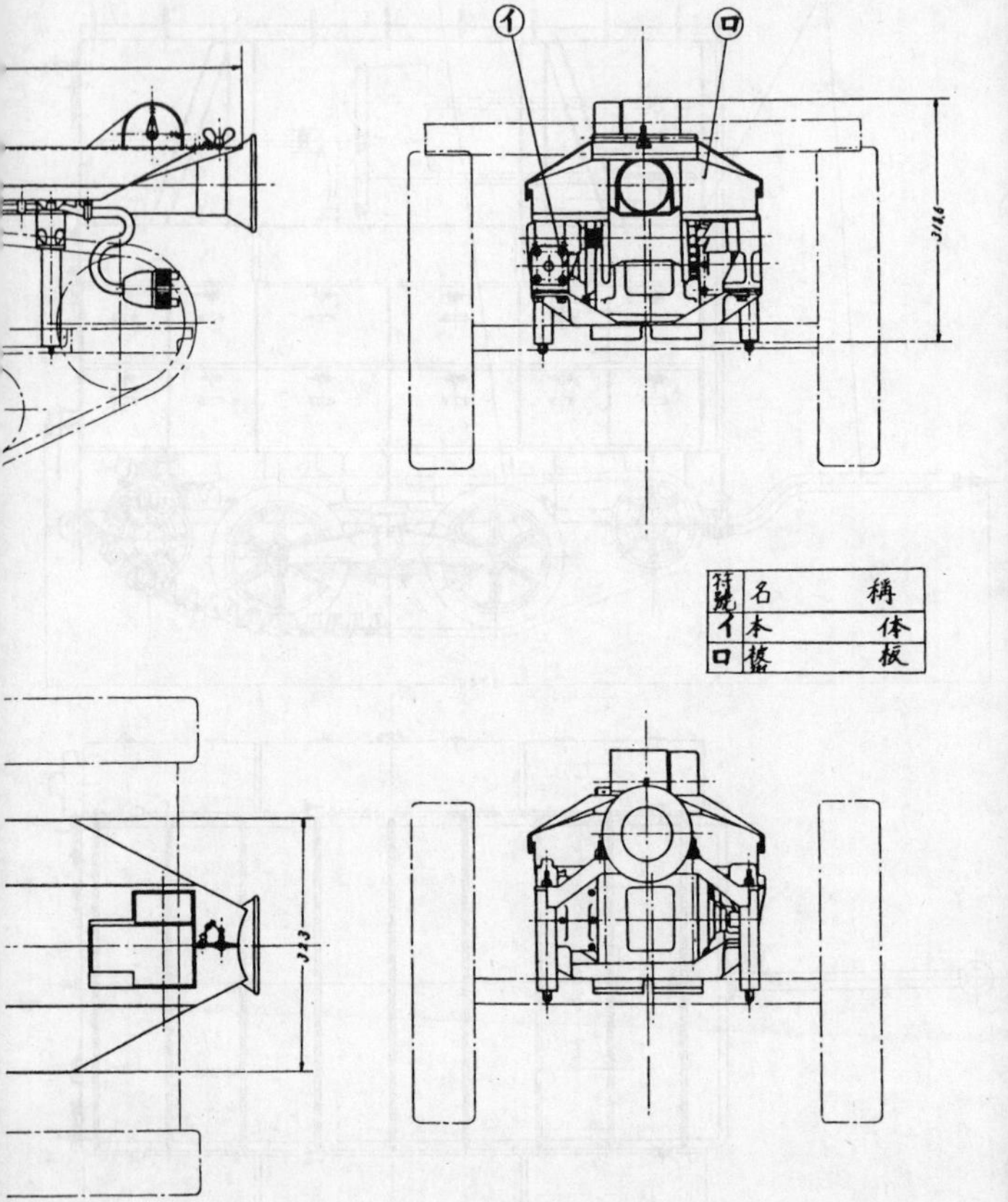

符號	名稱
イ	本体
ロ	蓋板

九八式小作業機 一号機全体

重量約35キロ

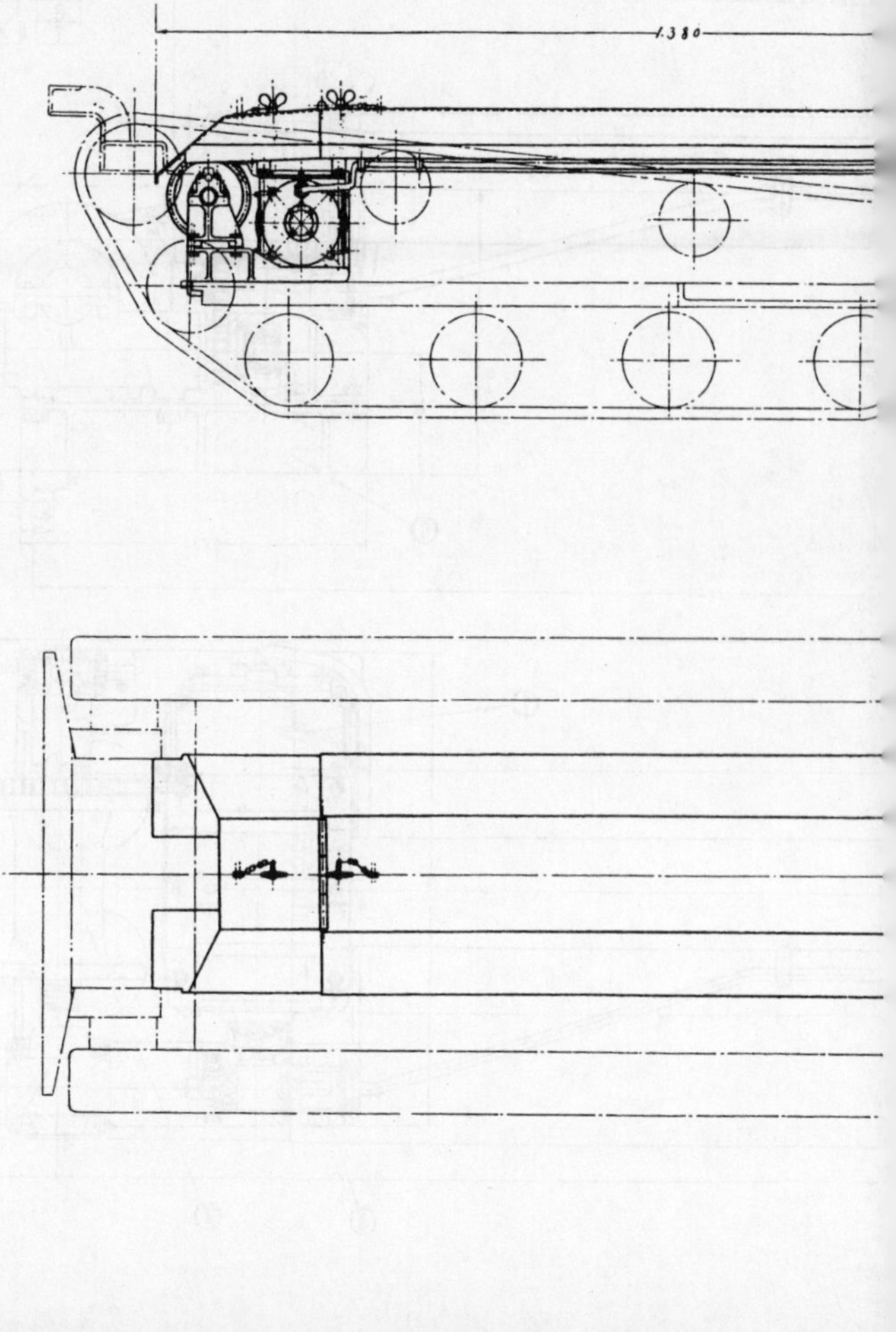

番號	名稱
1	電動機
2	捲取裝置
3	誘導管
4	栓拔裝置
5	開路器
6	床板
7	標識索

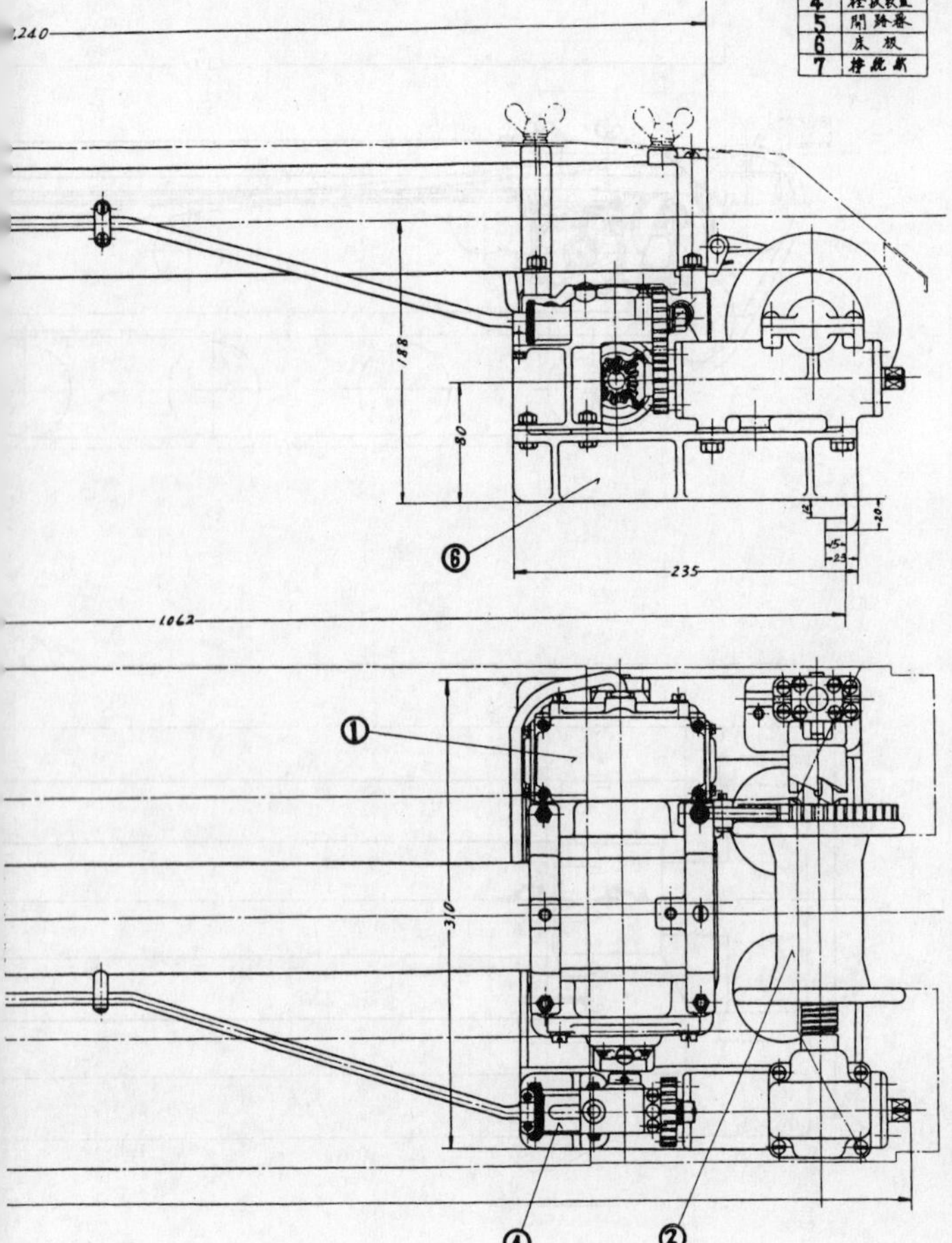

九八式小作業機 一号機組立

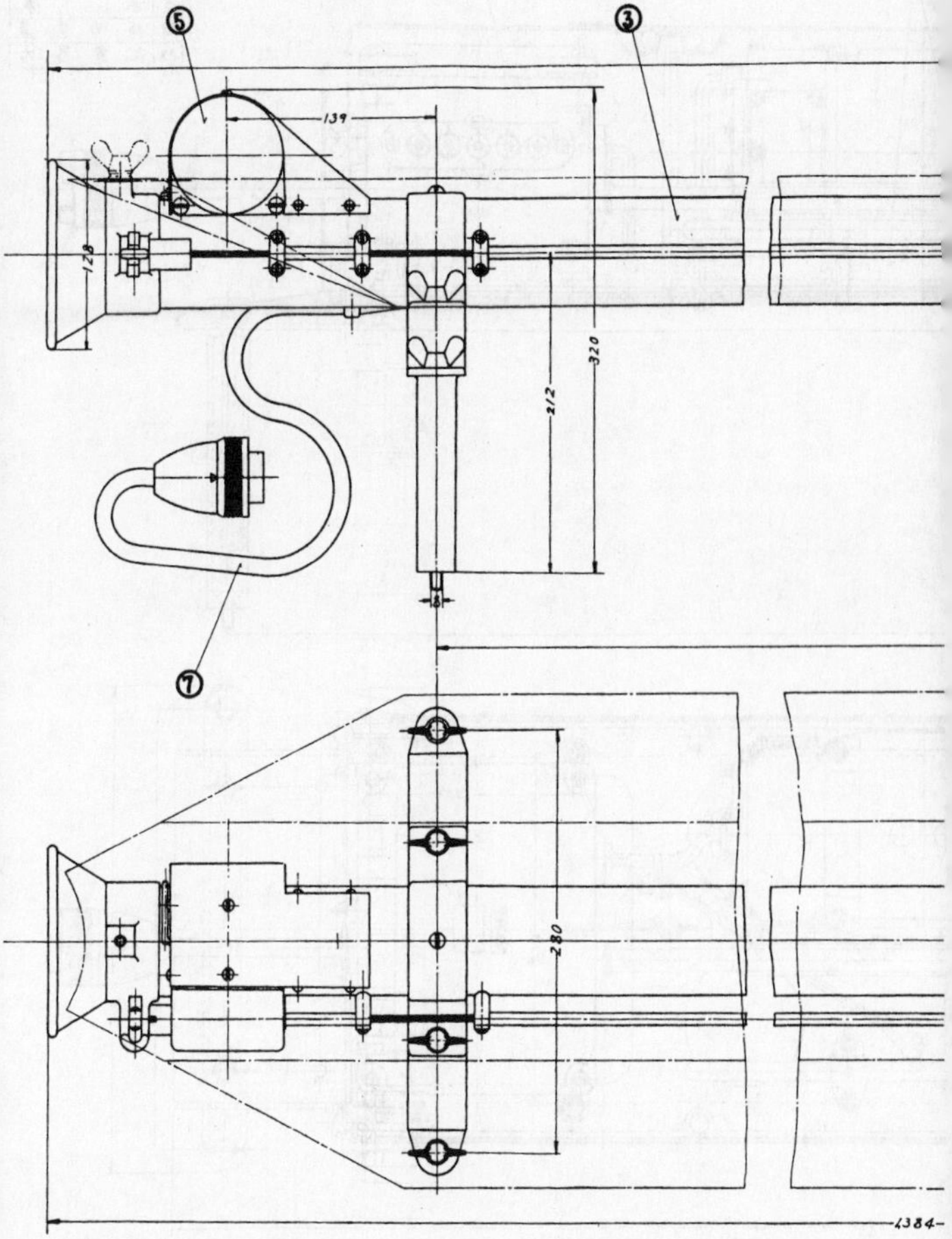

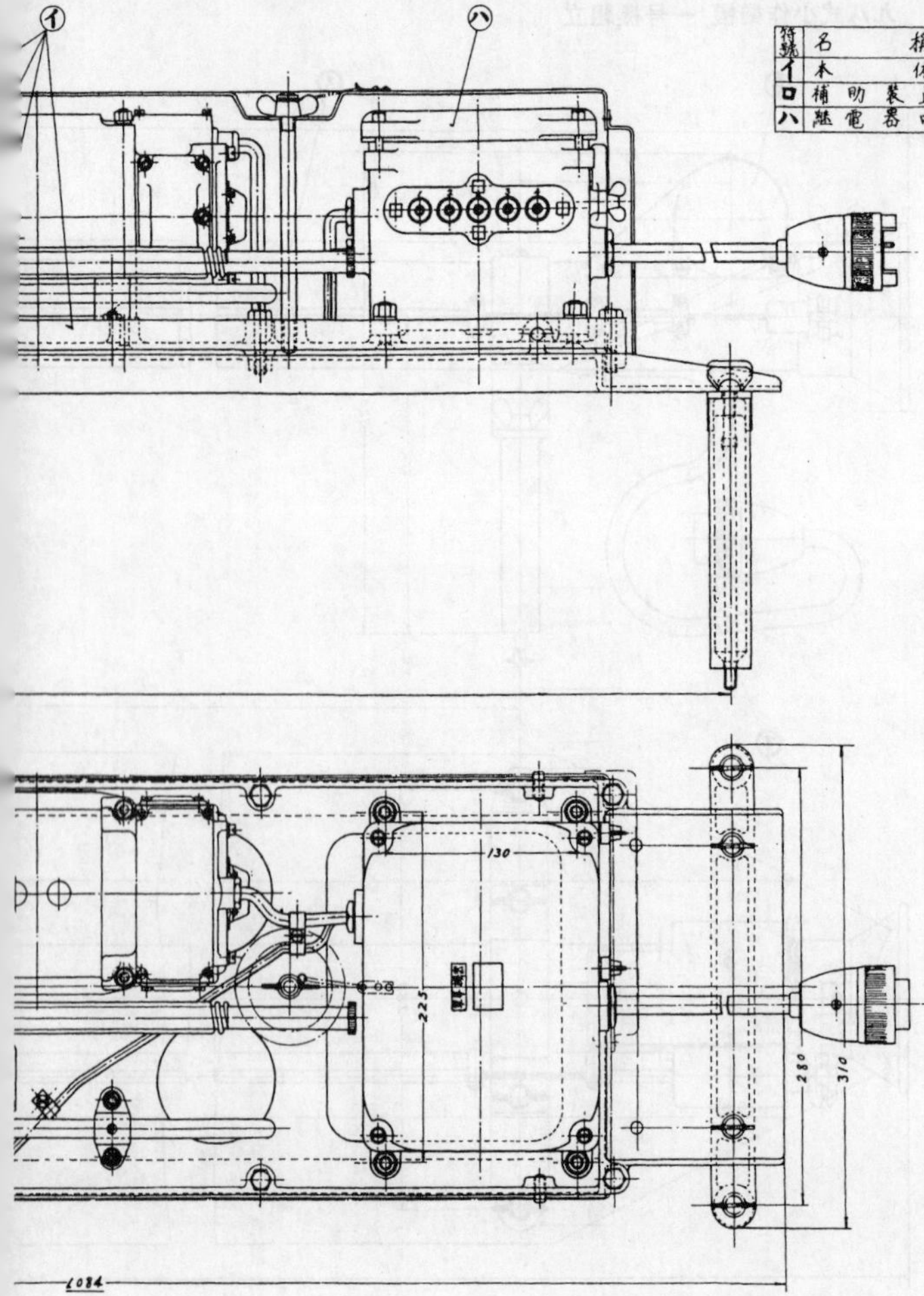

符號	名稱
イ	本体
ロ	補助装置
ハ	継電器函

九八式小作業機 二号機

重量約40キロ

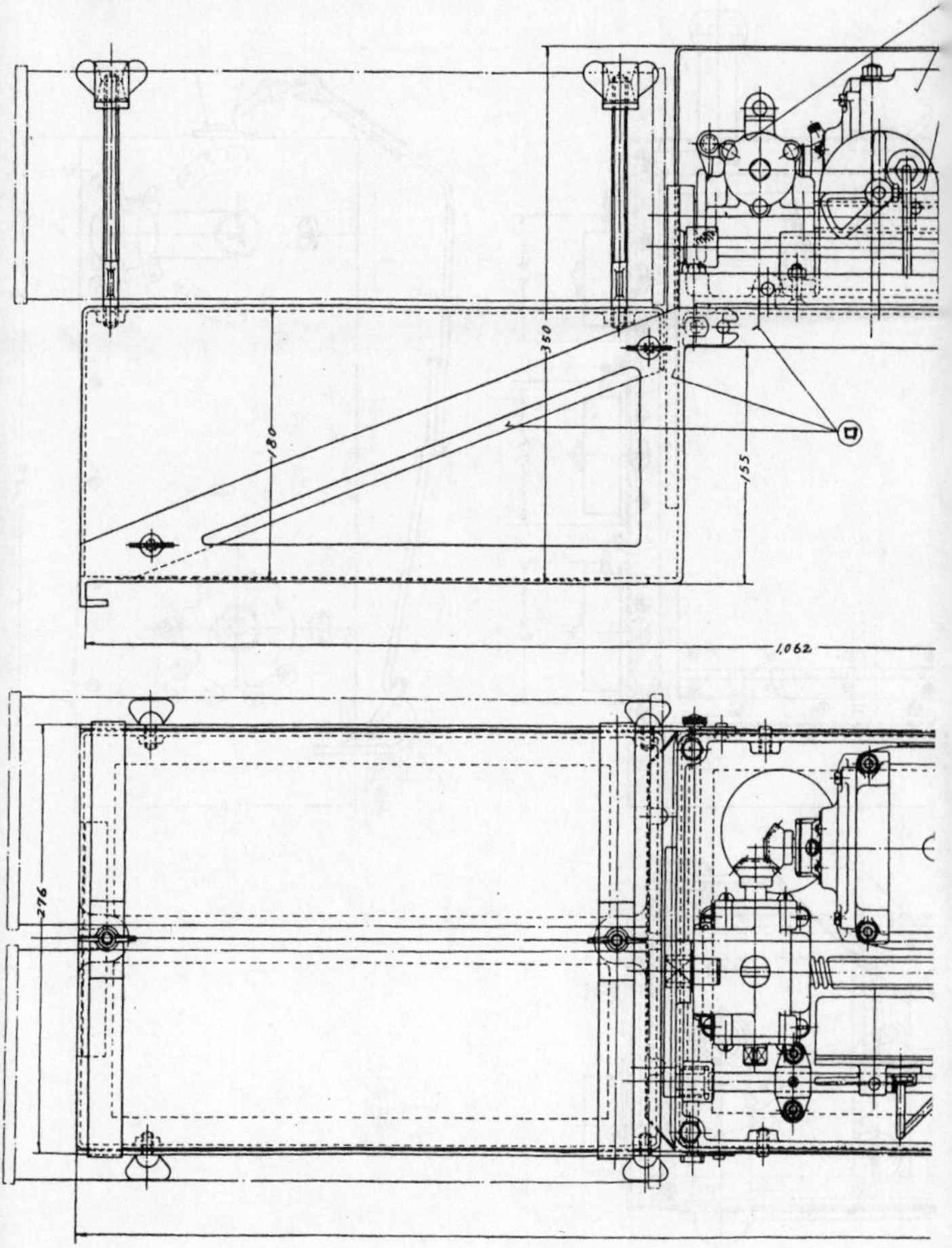

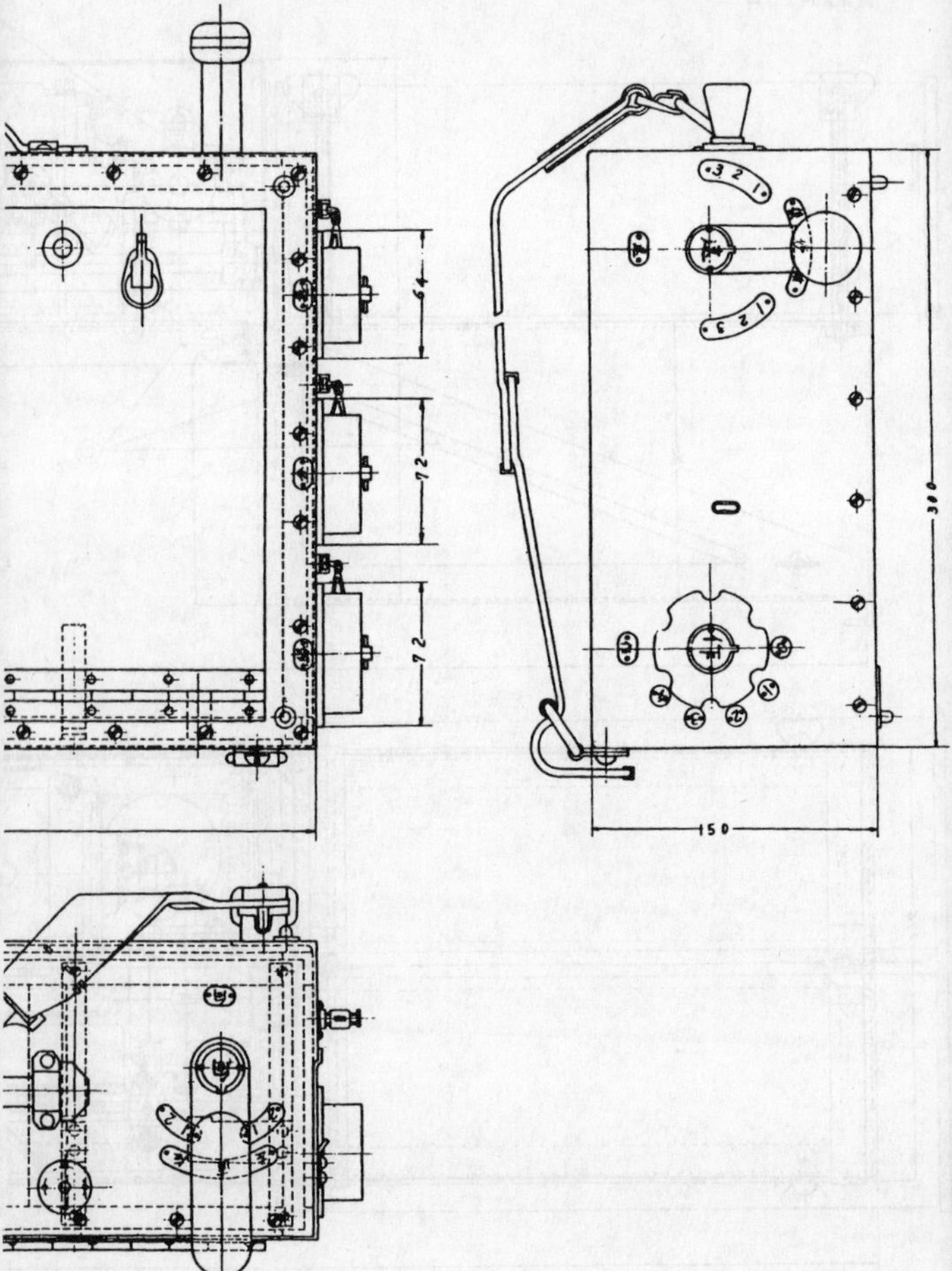
64
72
72
300
150
3 2 1
1 2 3

九八式小作業機 操縦器甲本体組立

重量約32キロ（抵抗箱共）

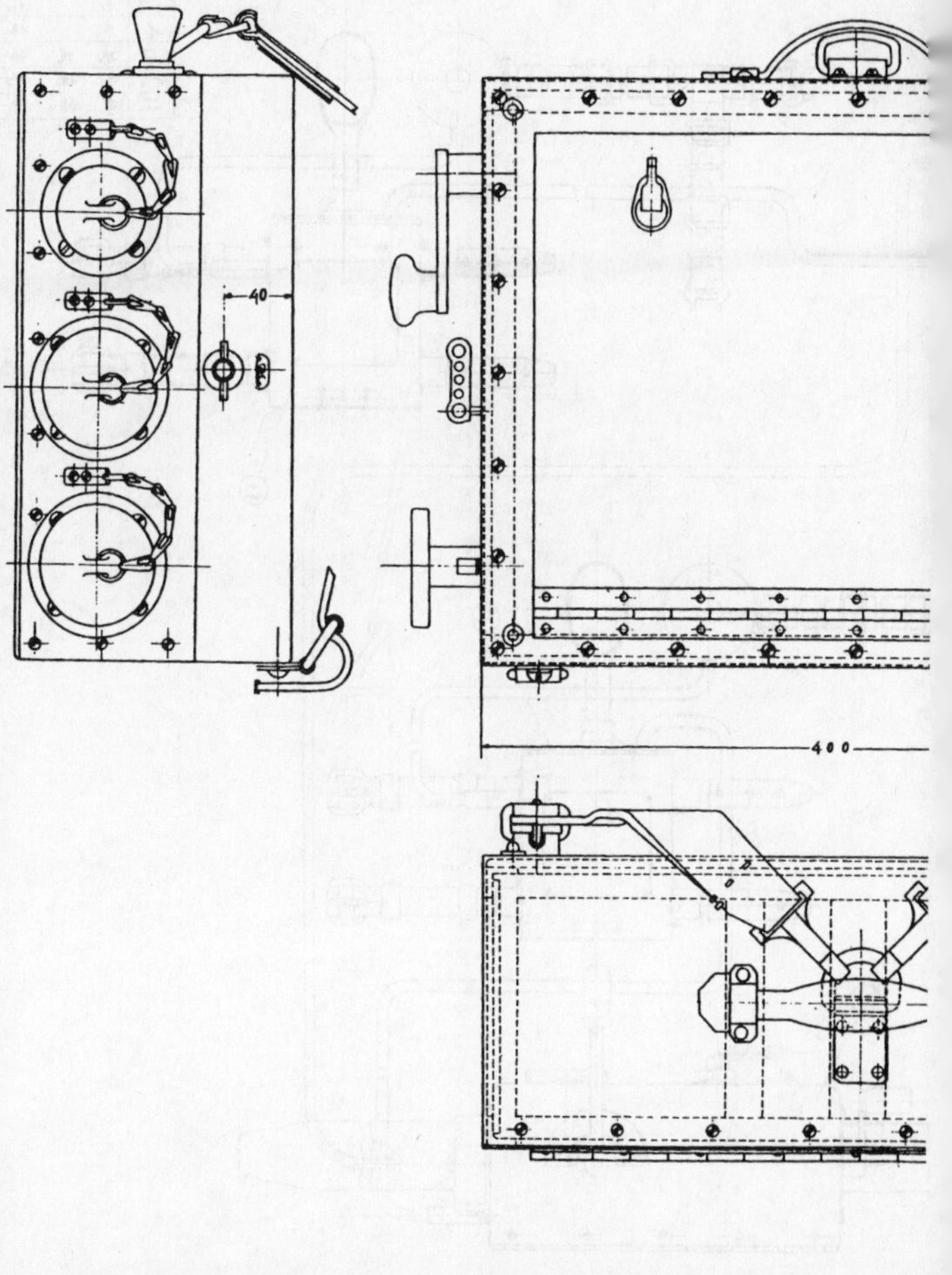

重量約41kg

符号	名称
イ	本体
ロ	抵抗箱
ハ	制御器
ニ	電話機

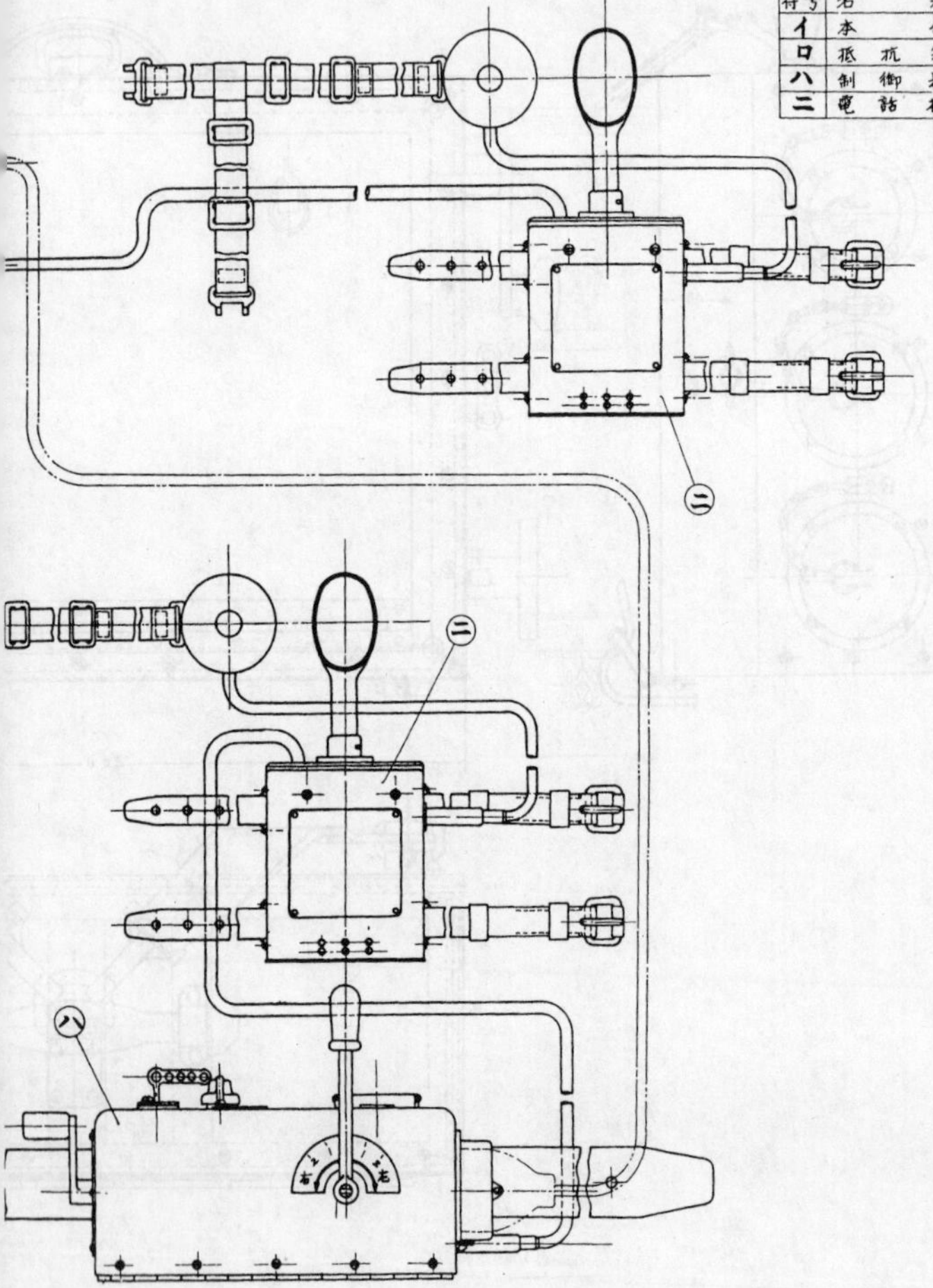

九八式小作業機 操縦器乙

重量約41キロ

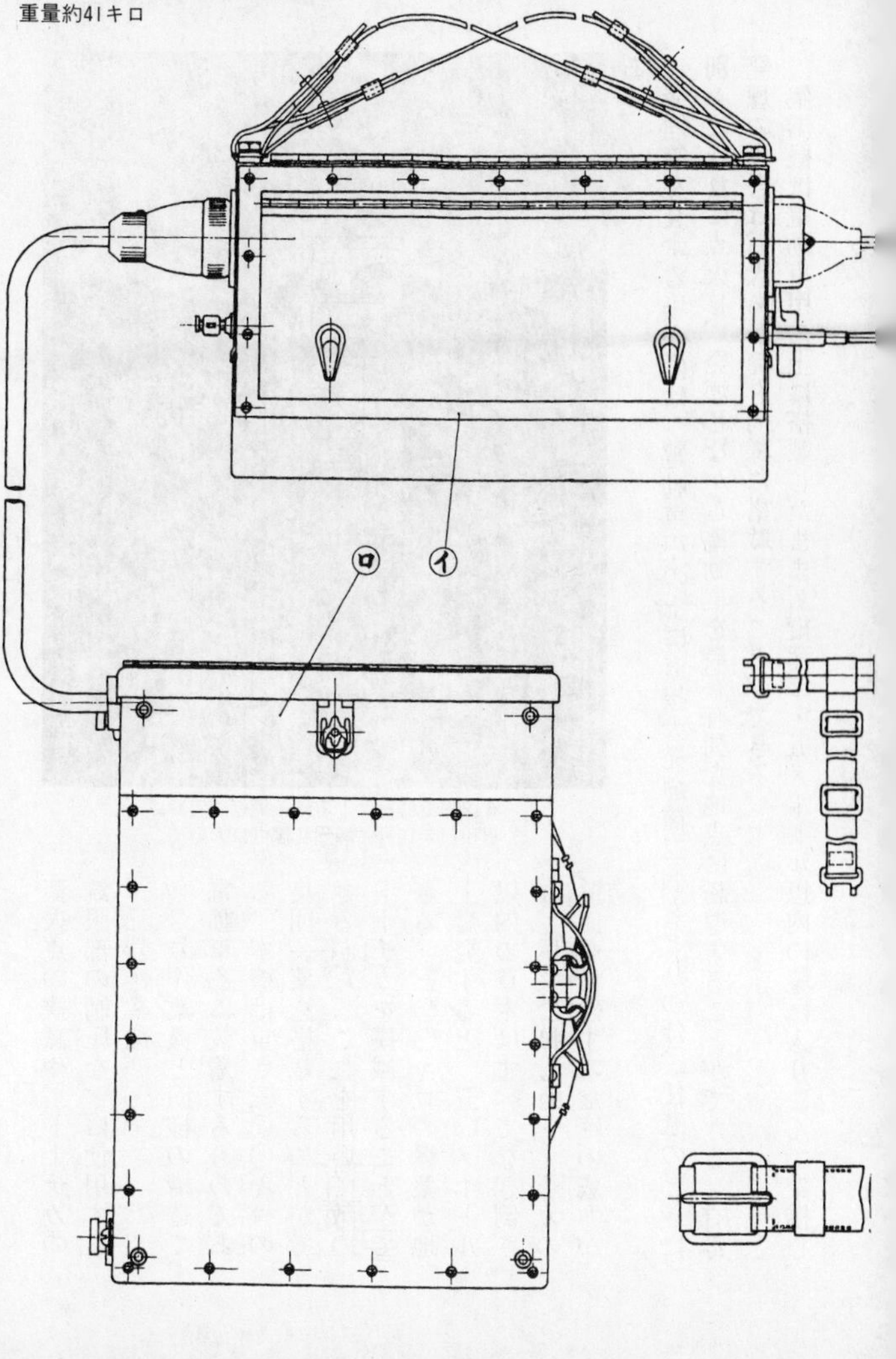

有線操縦器材による鉄条網爆破実験。
昭和14年10月、満州札欄屯において。

蓋火点の撲滅や、トーチカの銃眼部の制圧などに使用する。

三号作業機

二号作業機と同様の構造で、電動車乙に装着するものである。本機は重さ三〇〇キロの集団装薬を搭載することができるから、これを用いて敵のトーチカを撲滅することができる。三〇〇キロの爆薬が地上爆発すると、五〇メートル以内の草木はすべてなぎ倒され、爆薬に接したトーチカの壁面を粉砕するだけの威力がある。

発煙筒を装する場合には、電動車甲の上に直接大発煙筒一個をとりつけ、任意のときに別々にこれに点火し、発煙しながら電動車を最も有利な地点に誘導することができる。有毒発煙の場合は、大あか筒を同様に搭載することができる。

架橋機は電動車甲の上に搭載したまま、縦深二・五メートル以内の壕に入りこんで架橋し、

有線操縦器材によるトーチカの爆破実験。昭和14年11月、満州ハイラル要塞にて。

歩兵の通過を容易ならしめるもので、軽合金製梯子である。

防楯は電動車乙に装着し、偵察兵を乗車させて操縦器乙により、敵状偵察を行なうことができるものである。

操縦器

操縦器には甲、乙の二種がある。甲は直接操縦する場合に使用する。乙は本体、携帯操縦器および一三心小型電纜、絡車、絡車軸よりなり、携帯操縦器は一〇〜二〇センチぐらいの大きさで、身体に帯革で装着することもできる。これを操縦陣地から離隔した展望点に携行し、一三心電纜を通じて本体につなぐと、携帯操縦器からの信号で、リレーが作動し、直接操縦する場合と同じように操縦することができる。

電纜および捲取車

電纜と捲取車は操縦用および送電用の共通に使用される。電纜は四心入ジュート巻高圧電纜で、各心線は絹糸二重横巻きとし、ラテックスゴムを浸透して、屈曲、圧縮による被覆の損傷を防ぐとともに、耐水性をもたせ、かつ銅心線に鋼線を加えて張力を大きくするよう考案されたものである。

捲取車は二輪車架台に装着し、電纜二五〇メートルを一本として巻き取り、電纜を延伸しつつ通電することができる。捲取車は電動車の運行距離にしたがって、数巻を直列に接続して使用する。接続器はすべて同一構造とし、電纜の巻き始め、巻き終わりの区別なく接続できる構造とした。

発電車

発電車はディーゼル機関をもつ九四式軽装甲車に直流八〇〇ボルト、一五キロワットの発電機一を搭載し、軽装甲車の機関を利用して発電するもので、走行中に発電することはできない。電動車甲のみを負荷とする場合は三車、電動車乙の場合は二車を同時に運行させる能力をもつ。

分電筺

後方発電車から送電される電源を、三ヵ所の操縦地点に分送するもので、分岐開閉器三などをもつ。

「いて」号装置

「て」号装置は曳線投擲装置のことで、鋼索、麻綱または電線などを引いた弾丸をロケットまたは臼砲などで放射し、各種の目的に使用する装置である。研究の内容としては、各種曳線弾を投擲する弾道、射程などの問題、線または索などがもつれたり、切断したりせず、スムースに所望の射程に延びるための工夫、展張した鋼索、電線などを利用し、所要の作業を行なう手段、方法などの研究である。「い」号装置と併用し、その欠陥を補うように考えられた「いて」号装置もこの一例である。

「いて」号装置は「い」号装置とともに一応、兵器としての体裁が整い、北満方面で実用するため秘密裡に準備を完了した。この兵器は地形錯雑で有線操縦兵器を使用できない場合に使用するもので、九センチ臼砲で鋼索をつけた錨弾を発射し、前方に支点を設け、この鋼索をガイドとして電力で推進する特殊装置を利用し、爆薬、破壊筒を所望の地点まで推進する装置である。

器材はなるべく「い」号装置と共通性をもたせるよう整備された。錨弾の付着力は尋常土で一トン以上あり、凍結地においても支点の構成を期待できるが、ただ、頼みとするのが一本の鋼索であることと、九センチ臼砲では射程が短いなどの欠点があった。「いて」号装置は突撃作業よりも、むしろ断崖攀登、索道、渡河作業など、各種工兵作業に有効で、研究すべきことがたくさんあった。

有線操縦の応用の一つとして、「いす」号装置と呼ぶ水上有線操縦兵器を開発した。「す」は水上の「す」をとったものである。本装置の目的は、大河の渡河作戦において、水際障碍物の破壊、煙幕の展張などのため、小型舟艇を操縦して作業をするもので、取り扱いは容易だった。「いす」号装置も「いて」号装置と同様に、「い」号装置と共通の発電車、分電器、絡車などを使用するように整備され、いつでも必要に応じて使用できるようになっていた。「いす」号は「い」号、「いて」号を装備した独立工兵第二十七連隊には装備されなかったが、昭和十九年夏、東満の鏡泊湖で同連隊がこの兵器の訓練を実施した。「い」号および「いて」号のほかに独立工兵第二十七連隊に装備された兵器に「かは」号器材がある。

「かは」号の「か」は高圧《かうあつ》電気の「か」、「は」は破壊の「は」をとったもので、高圧電気の殺傷、破壊あるいは焼夷効果を戦闘に応用する研究(か号研究)の一つとして開発された。

戦場で高圧電気の殺傷力を実用に供するためには、大体つぎのような電圧が必要であると考えられた。

一、土地が著しく乾燥しあるいは凍結したり、または防寒服を着用した場合など　一万ボルト以上

二、土地が普通の状態で普通の被服を着用した場合など五〇〇〇〜一万ボルト

三、土地が湿っており暑い季節で汗ばむ場合など二〇〇〇〜三〇〇〇ボルト

戦場での兵器の運動性を考慮して、一応連続一万ボルトの電圧を得られるように試作された。

つぎに焼夷、破壊効果の対象としては、敵の通信網の焼夷、破壊を主として、あわせて敵陣地内の地下施設の照明設備の焼夷、破壊などが考えられた。

こうして、高圧電気警備器材である「かけ」号と同様に、「かは」号器材が試作された。当初は六輪自動貨車に搭載したが、後に九七式中戦車に搭載して、独立工兵第二十七連隊に装備された。「かは」車はわずか四両だけで、材料廠内に強電隊を編成して訓練にあたった。

本器材をあつかう工兵は全員九八式防電具というゴム製のぶ厚い絶縁具を身につけたが、

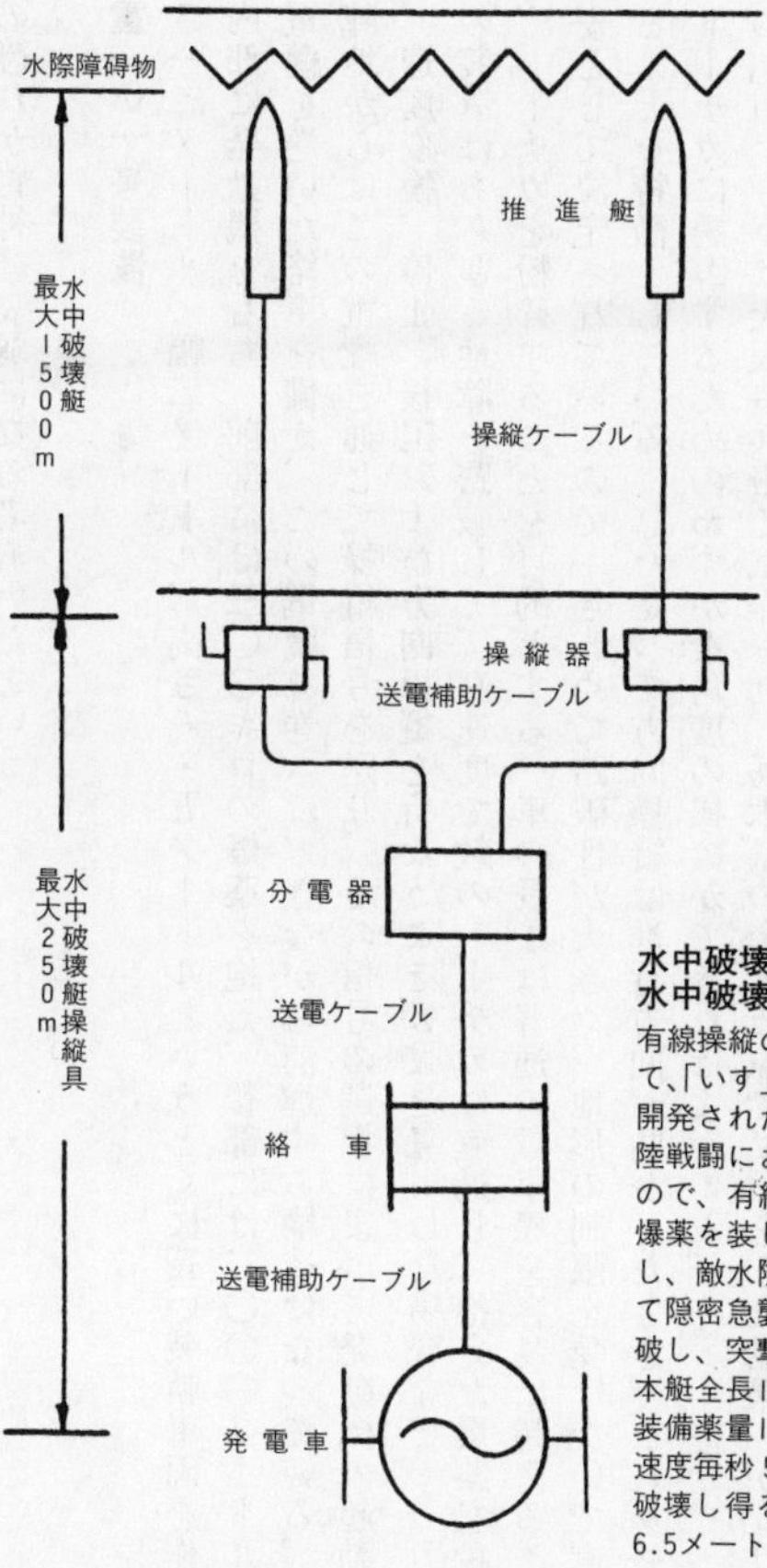

水中破壊艇と
水中破壊艇操縦具配置要領

有線操縦の応用の一つとして、「いす」号装置の呼称で開発された。渡河および上陸戦闘において使用するもので、有線操縦方式により爆薬を装した推進艇を操縦し、敵水際障碍物に突入して隠密急襲的に障碍物を爆破し、突撃路を開設する。
本艇全長10メートル
装備薬量115キロ
速度毎秒5メートル
破壊し得る障碍物の深さ6.5メートル

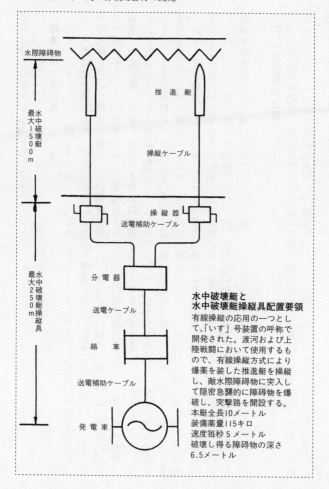

感電の恐れから神経哀弱になる者もいたという。

超重「い」号装置

長さ一二メートル、幅二メートル、高さ一・五メートルというとくに長い装軌車両を作った。内部に発動機をもち、前部には三〇キロの爆薬を抱え、後部には二〇〇〇メートルの四心電纜を巻いた絡車を備え、この電纜を巻きほどきながら前進する構造になっている。後方の陣地からはこの電纜を通じて操縦信号を送り、その信号の選択によって発動機の起動、前進、速度変換、停止、後退および方向操縦を行なうことができる。

この装置はあらゆる地障を踏破して、高速度で敵のトーチカに直進し、抱えた爆薬を投下して、トーチカを粉砕することを目的とする。車の長さは普通の戦車壕を容易に超えることを目安として決定されているので、きわめて踏破性が大きく、地形の制限を受けないで直進できることを特徴としている。したがって方向操縦は進行方向が曲がったとき、これを修正してトーチカに誘導するためのわずかな角度の操縦ができればよかった。

この「い」号車は大阪造兵廠で試作され、栃木県の金丸ヶ原で試験をした結果、かなりの成績を収めたが、整備にはいたらなかった。

「い」号装置の運用

「い」号装置は通常一組の兵器を一小隊の人員で運用する。小隊は操縦三分隊と発電一分隊とからなり、三つの作業頭を並列し、協力して一つの目標の攻撃に任じるのを通常の用法とする。

一例として、二線の鉄条網の後方にあるトーチカを撲滅する場合について攻撃の要領を想定すると、三つの作業頭はそれぞれ二台の電動車を準備する。すなわち第一作業頭は第一線鉄条網破壊のために、電動車甲二台および一号作業機を、第二作業頭は第二線条網破壊のため、同じく電動車甲および二号作業機を、第三作業頭はトーチカの撲滅のため、三〇〇キロの爆薬を積んだ電動車乙および三号作業機を準備する。

各作業頭はそれぞれ電動車を十分擬装して敵前に近接させ、まず第一作業頭が第一線条網を爆破すると、第二作業頭がこの破壊口を通過して前進し、第二線条網を爆破する。第三作業頭はこの二つの破壊口を通過してトーチカに迫り、これを爆破するのである。各作業機の一台はそれぞれの予備車で、作業がうまくいかなかったとき、ただちにこれに対応する処置がとれるようにするものである。

発電車は操縦点の後方二〇〇～五〇〇メートルの遮蔽した地点に置き、展開地点もできるだけ遮蔽したところを選ぶ。操縦地点だけを前方の地形を十分展望できるところに選定して、潜望鏡で見ながら操縦するのが通常である。

電動車の音響はきわめて微弱であり、かつ小型であるので、十分擬装して遮蔽したコースを前進させると、敵側から注意して見ていても、至近距離までその接近に気づかないほどである。運動性はかなり良好であるから、弾痕などで土地が凸凹になっていないかぎり、満州の普通の地形ならばたいていのところは容易に通過することができる。

操縦距離は通常一〇〇〇メートルぐらいが限度だが、平坦なところなら一五〇〇メートル

有線操縦器材の運用例

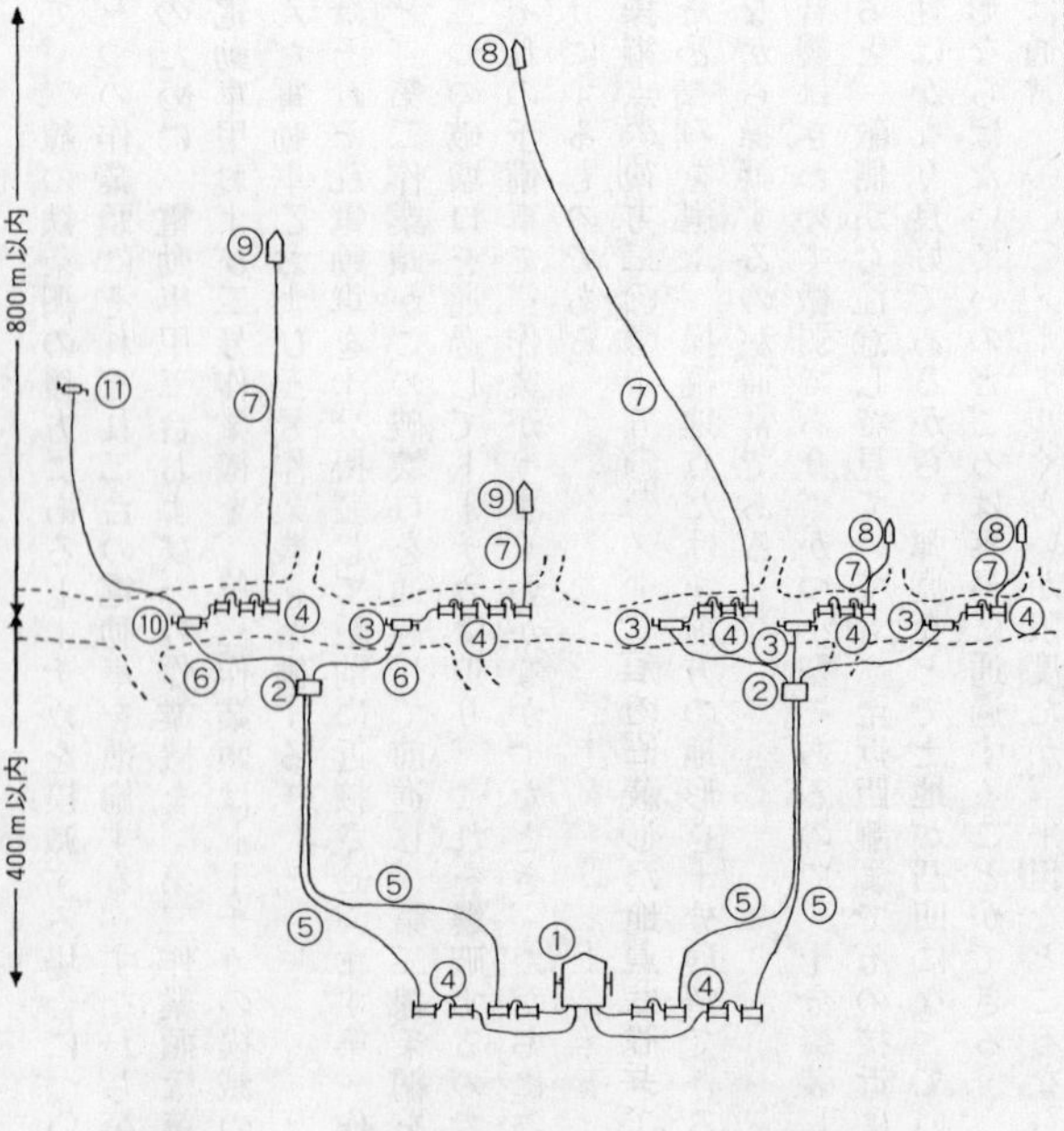

①発電車
②分電匡
③操縦器甲
④捲取車
⑤電　纜（送電用）
⑥同　上（配電用）
⑦同　上（操縦用）
⑧電動車甲
⑨電動車乙
⑩操縦器（本体）乙
⑪副操縦器

ぐらいまで可能である。これより遠くなると、途中の電纜による電圧降下のため、電動車の運動性が低下するのをまぬがれない。

器材の運搬は、遠距離のときは一組の器材をだいたい自動貨車一台に積んで運ぶことができる。近距離とくに敵前においては簡単な手押車か人力によって運搬することができるので、敵前の展開もそれほど困難ではなかった。

独立工兵第二十七連隊

昭和十五年八月十五日、奇しくも終戦のちょうど五年前のこの日、満州の公主嶺において、有線操縦器材を運用する部隊が創設され、独立工兵第二十七連隊と名づけられた。

連隊は、本部、三個中隊および一材料廠からなり、「い」号兵器と「いて」号兵器を二重装備する部隊だった。初代連隊長には「い」号兵器の研究主任を務めた草場大佐（後に少将）が任命され、特別教育を受けた将校、下士官を召集し、全員現役兵で編成した当時としては比類のない精強な部隊ができあがった。

昭和十五年十月、東満国境に近い興源鎮の山の中に移駐し、東満国境の堅固な陣地を突破することを唯一の任務として、訓練に専念した。将校以下みな、その重責を自覚し、猛訓練を積み、自由自在にこの兵器を使いこなすようになった。

一般中隊は三コ小隊、小隊は操縦三コ分隊（分隊は予備車をいれて二両保有）と、発電一コ分隊に分かれていた。もう一つの中隊には操縦三コ分隊のほかに、「いて」号を使う迫撃一コ小隊があった。

しかし、この部隊は北満で実戦に参加することはなく、昭和二十年四月、三代目の連隊長のときに内地防衛のための編成を下令された。比島に転用する案もあったが、時すでに遅く、沙汰止みになったという。

連隊は関東地方を防衛する第一総軍第十二方面軍の隷下に入り、内地に転進することになった。連隊の集結地については松戸周辺地区、川越周辺地区、筑波山麓地区の三案があったが、秘密保持の面から赤城山麓に最適な場所を見つけ、五月下旬ようやく群馬県勢多郡富士見村に集結した。大河原地区の六角堂で幹部候補生教育を開始するとともに、赤城山中腹の松林に囲まれた急造演習場で、本土決戦に備えて訓練を行なった。その後、連隊主力は鹿島北、鹿島、鹿島神宮、潮来、佐原など鹿島灘一帯に展開し、陣地構築準備中、終戦を迎えた。

方面軍から連隊の解散、復員は八月三十日と指示され、特殊兵器破壊を命じられた。連隊はテスターなどの一般でも使用している点検用計器類および電線などは電気会社に分配し、特殊兵器の収容箱などは農業会に分け与えた。特殊兵器は駐屯地周辺の広場、森林などに集積し、不発焼夷弾の生ゴムに油を注いで焼却あるいは爆破したうえ、さらに要部を叩き壊して車両類はその場に埋め、その他は利根川の阪東橋から川底に投棄した。

これら一連の特殊兵器の破壊処分にあたって最も苦労したのは、高圧発電車すなわち九七式中戦車と、小作業機用の発電車すなわち九四式軽装甲車の計九六両で、穴を掘ってその中で爆破したが、装甲板がめくれてかえって外形が大きくなり、破壊に手間どった。連隊が保有していた爆薬一八トンのうち、一六トンをそのために使い、八月二十三日の爆音は凄まじいものであった。

その後、連隊は書類一切を焼却し、残務整理要員八〇名を残して解散した。

戦後、進駐してきた米軍は特殊兵器に異常な関心を示し、利根川に投棄した小作業機の残骸を県が潜水夫を使って引き揚げ、米軍に引き渡した。

あとがき

　歩兵は緋色、砲兵は黄色、騎兵は萌黄色など、日本陸軍では兵科の色が決まっていた。工兵は鳶色である。とび色というのは説明がむずかしい色だが、茶褐色のとびの羽色といえばいいだろうか。赤銅色に日焼けした精悍な工兵を想わせる色である。

とび色は室町時代に禅の世界で用いられだしたワビ、サビを表現する色で、それが工兵の本領と一致するところから、とび色になったという。ちなみに明治の工兵発足時の襟章は白色だったが、明治十九年に定色の改変があったときに、工兵が白から鳶に、輜重兵が紫から藍に変わった。

　筆者が神保町の古書店で初めて工兵器材の資料を見つけたのは昭和四十一年のことだった。「実体曲線描画機」という器材の取扱法だが、何に使うものかさっぱりわからなかった。しかも、表紙が油にまみれているのか、赤黒く汚れているような感じで、とりあえず購入はしたが、内容を確かめもせず、そのままましまっておいた。じつは油に汚れていたのではなく、その色が工兵を象徴するとび色なのであって、工兵器材の教範はみなとび色の表紙がついているのである。表紙が油に汚れても目立たないようにとの配慮かもしれないが、現場を重視する工兵ならではの、他の兵科には見られない特色といえよう。

　その後今日まで工兵器材関係の資料などを注意して探してきたが、一般兵器に比べてはるかに少ないようだ。特定の電話機の教範はよく見かけるが、そのほかたくさんの種類があったはずの工兵器材の教範は、いまだにごく少数しか見たことがない。

このような状況で工兵について書くのはまだ早いと思っていたが、最近、強力な援軍が現われた。それは靖国偕行文庫の創設である。平成十一年秋に靖国神社内に開設された同文庫は、靖国神社の蔵書に偕行社の蔵書を加えた約七万点以上の書籍、資料を保管し、これを一般に公開している。

蔵書の七割以上は戦史、戦記を中心とする軍事関係で、その中には貴重な資料もたくさん含まれているが、とくにありがたいのは、われわれ一般人にはほとんど入手できない部隊史などの限定出版物がたいてい揃っていることだ。本書を手がける直接の動機となったのも、『誰も知らない軍事極秘戦闘工兵　独立工兵第二十七連隊』という書物を索引で発見し、さっそく閲覧してみると、その内容はまさに筆者が知りたかったことに符合したことにある。それからというもの不朽の名著とうたわれる『日本陸軍工兵史』や、偕行社の雑誌「偕行」に連載された「工兵概史」などを同文庫で閲覧し、全般の整理がついたので、一念発起して本書を起草したものである。

下書きが終盤にさしかかった今年七月、友人から某古書店の通販目録に資料が出ていると の情報があり、ファックスで転送してもらった。見ると工兵器材の教範などが数十点列記されている。後に聞いたところでは関西方面で出たものらしいが、これだけの量が一括して市場に出たことはかつてなかった。しかもかなり貴重なものが含まれている。筆者はすぐさま電話で注文をいれたが、無念、入手できたのは一点だけと惨敗を喫した。この店は昔ながらの先着優先なので、この資料をめがけて注文が殺到したようだ。最近は軍事史の研究家や蒐集家が増えているようで、喜ばしい傾向であるから、よしとしなければならないだろう。

一冊だけ入手した資料というのは、全頁ガリ版刷りで、表題には墨痕あざやかに「兵器ニ関スル綴」とある。昭和十五年頃、工兵第十六連隊の将校が作成したもので、様々な文書が綴じ込まれている。たとえば十四年式拳銃や三八式歩兵銃など工兵が使用した小火器から、九三式戦車地雷、九三式小火焔発射機、試製投擲破壊筒、試製九九式破壊筒、九七式三十キロ発電車など秘密扱いの説明書がある。図面も手書きであるから、本書には使用していないが、工兵器材の教範は秘密扱いが多いことと、発行部数が少ないため、部隊教育ではガリ版の複製資料を使ったのであろう。

工兵資料については陸上自衛隊施設学校からも教示を受けた。同校防衛館には陸軍工兵学校の将校集会所にあった坑道掘進のレリーフが保存、展示されていて、訪れる者に今も工兵魂を語りかけてくるようだ。

平山晋氏から貴重な写真を提供していただき、本書に華を添えることができた。資料を死蔵せず、積極的に公開する同氏の姿勢に頭が下がる思いである。

最後に、筆者の入門シリーズの中で一番の難関となった本書に、逐次的確な助言をいただいた光人社NF文庫の藤井利郎氏にあらためて感謝の意を表したい。

平成十三年八月

佐山二郎

主要参考資料

『陸軍省大日記類』防衛研究所図書館所蔵＊『日本陸軍工兵史』吉原矩・昭和三十三年＊『工兵沿革大要』『工兵沿革史』施設学校教育部戦史室＊『旧陸軍技術本部における工兵器材研究審査の回顧』井上作巳・昭和三十二年＊『工兵概史』昭和五十四年「偕行」＊『日本野戦工兵の想い出』谷田勇・昭和五十年＊『有線操縦装置い号』草場季喜・昭和四十年＊『散らざりし対ソ特攻隊　独立工兵第五連隊』独工五戦友会・昭和五十五年＊『誰も知らない軍事極秘戦闘工兵　独立第二十七連隊』部隊史全般編纂委員・昭和六十年＊『軍事と技術』陸軍技術本部＊『研究彙録』陸軍工兵学校＊『各種器材取扱法』

NF文庫書き下ろし作品

NF文庫

工兵入門 新装版

二〇二一年三月二十二日 第一刷発行

著 者 佐山二郎

発行者 皆川豪志

発行所 株式会社 潮書房光人新社

〒100-8077 東京都千代田区大手町一-七-二

電話/〇三-六二八一-九八九一(代)

印刷・製本 凸版印刷株式会社

定価はカバーに表示してあります

乱丁・落丁のものはお取りかえ致します。本文は中性紙を使用

ISBN978-4-7698-3208-9 C0195

http://www.kojinsha.co.jp

NF文庫

刊行のことば

第二次世界大戦の戦火が熄《や》んで五〇年——その間、小社は夥しい数の戦争の記録を渉猟し、発掘し、常に公正なる立場を貫いて書誌とし、大方の絶讃を博して今日に及ぶが、その源は、散華された世代への熱き思い入れであり、同時に、その記録を誌して平和の礎とし、後世に伝えんとするにある。

　小社の出版物は、戦記、伝記、文学、エッセイ、写真集、その他、すでに一、〇〇〇点を越え、加えて戦後五〇年になんなんとするを契機として、「光人社NF（ノンフィクション）文庫」を創刊して、読者諸賢の熱烈要望におこたえする次第である。人生のバイブルとして、心弱きときの活性の糧《かて》として、散華の世代からの感動の肉声に、あなたもぜひ、耳を傾けて下さい。

＊潮書房光人新社が贈る勇気と感動を伝える人生のバイブル＊

NF文庫

陸軍工兵大尉の戦場　最前線を切り開く技術部隊の戦い
遠藤千代造
渡河作戦、油田復旧、トンネル建造……戦場で作戦行動の成果を高めるため、独創性の発揮に努めた工兵大尉の戦争体験を描く。

地獄のX島で米軍と戦い、あくまで持久する方法
兵頭二十八
最強米軍を相手に最悪のジャングルを生き残れ！　日本人が闘争力を取り戻すための兵頭軍学塾。サバイバル訓練、ここに開始。

ドイツ国防軍宣伝部隊　戦時におけるプロパガンダ戦の全貌
広田厚司
第二次大戦中に膨大な記録映画フィルムと写真を撮影したプロパガンダ・コンパニエン（Ｐｋ）——その組織と活動を徹底研究。

真珠湾攻撃でパイロットは何を食べて出撃したのか
高森直史
海軍料理はいかにして生まれたのか——創意工夫をかさね、合理性を追求した海軍の食にまつわるエピソードのかずかずを描く。

ケネディを沈めた男　日本海軍士官と若き米大統領の日米友情物語
星　亮一
太平洋戦争中、敵魚雷艇を撃沈した駆逐艦天霧艦長花見少佐と、艇長ケネディ中尉——大統領誕生に秘められた友情の絆を描く。

写真　太平洋戦争　全10巻　〈全巻完結〉
「丸」編集部編
日米の戦闘を綴る激動の写真昭和史——雑誌「丸」が四十数年にわたって収集した極秘フィルムで構築した太平洋戦争の全記録。